W9-CEW-046

3차 산업혁명

3차 산업혁명

THE THIRD INDUSTRIAL REVOLUTION

수평적 권력은 에너지, 경제, 그리고 세계를 어떻게 바꾸는가

제러미 리프킨 JEREMY RIFKIN

안진환 옮김

민음사

THE THIRD INDUSTRIAL REVOLUTION:
How Lateral Power Is Transforming
Energy, the Economy, and the World
by Jeremy Rifkin

유럽연합(EU)이 21세기 전반에 우선적으로 이루어야 할 목표는 바로 제러미 리프킨이 주창한 바와 같이 '3차 산업혁명에 이르는 길을 이끄는 것'이다. 이산화탄소 배출량을 줄이는 것은 이야기의 일부에 불과하다. 저탄소 경제로의 변환이 필요한 때가 도래한 것이다.

이것은 유토피아를 말하는 것도 아니고 미래 지향적인 비전을 밝히는 것도 아니다. 25년 후면 우리는 각각의 빌딩이 자체의 '미니 발전소'를 갖추고 깨끗하고 재생 가능한 에너지를 생산해 이용하도록, 그리고 자체의 필요를 채우고 남는 잉여 에너지는 다른 용도에 이용하도록 만들 수 있을 것이다.

이 모든 것이 바로 제러미 리프킨이 그렇게나 설득력 있게 묘사한 3차 산업혁명의 기본적인 특징들이다. 재생 가능한 에너지의 보다 폭넓은 이용, 필요한 에너지를 스스로 생산하는 빌딩 건설, 그리고 수소를 이용해 에너지를 축적하는 방식으로의 전환 등이 대표적 예다.

EU의 미래는 바로 여기에 그 성패가 달려 있다. 그리고 우리는 이 '미래'라는 단어를 우리보다 우선순위가 낮은 무언가를 뜻하는 것으로 이해하며 현실에 안주해서는 안 된다.

우리는 3차 산업혁명을 도입하여 주도할 수 있는 기회를 놓치지 말아야 한다. 이것이야말로 유럽 경제가 미래 지향적이며 지속 가능한 토대를 구축할 수 있는 기회이고, 나아가 장기적인 경쟁력을 확보할 수 있는 기회이기 때문이다.

— 유럽의회 의장 한스게르트 푀테링

2008년 6월 12일 EU의 2차 시민 아고라 연설에서

차례

서론 009

1부 3차 산업혁명

1 모두가 놓친 진짜 경제 위기 019
2 새로운 내러티브 053
3 이론을 넘어 실천으로 111

2부 수평적 권력

4 분산 자본주의 159
5 보수와 진보를 뛰어넘어 201
6 세계화에서 대륙화로 233

3부 협업의 시대

7 애덤 스미스에게서 벗어나라 277
8 교실의 탈바꿈 329
9 산업 시대에서 협업의 시대로 371

감사의 말 387
주(註) 389
찾아보기 415

서론

워싱턴 D.C.

우리의 산업 문명은 현재 중대한 기로에 서 있다. 산업적 생활방식을 구성하는 석유 및 여타의 화석연료 에너지는 마치 일몰과 같이 서서히 지고 있으며, 이러한 에너지들을 토대로 움직이는 수많은 기술 또한 시대에 뒤진 구식이 되었다. 화석연료를 기반으로 구축한 산업 인프라 역시 전체적으로 노화하고 있으며 점점 황폐해진다. 그 결과 세계 전역에서 실업률이 위험한 수위로 치솟고, 각국의 정부와 기업 그리고 소비자는 빚에 허덕이며, 생활수준은 모든 곳에서 곤두박질쳤다. 뿐만 아니라 세계 인구 중 7분의 1에 달하는 10억 명의 사람이 지구 곳곳에서 굶주림에 시달리고 있다.

더욱 심각한 것은 화석연료에 기초한 산업 활동의 결과로 기후변화라는 어두운 그림자가 서서히 우리를 덮치고 있다는 사실이다. 과학자들은 우리가 현재 지구의 기온 및 화학작용이라는 잠재적 격변에 직면해 있으며, 그것이 전 세계적으로 생태계를 불안정하게 만들고 있다고 경고한다. 또한 금세기 말에는 동식물이 대멸종 위기에 처할 가능성이 높으며 그로 인해 인류의 생존까지 위협받을 것이라고 우려한다. 따라서 갈수록 보다 안정적이고 지속 가능한 미래로 우리를 안내할 새로운 경제 내러티브가 아주 절실하다.

1980년대에 들어서자 화석연료가 주도하는 산업혁명은 정점에 이르렀고 인류가 야기하는 기후변화가 걷잡을 수 없이 지구에 위기를 불러오고 있다는 증거가 하나둘씩 나타나기 시작했다. 지난 30년간 나는 탄소 후 시대(post-carbon era, 탈탄소화 시대)를 안내할 새로운 패러다임을 찾았다. 지금까지 다양한 연구 결과, 내가 깨달은 것은 역사상 거대한 경제 혁명은 새로운 커뮤니케이션 기술이 새로운 에너지 체계와 결합할 때 발생한다는 사실이다. 새로운 에너지 체제는 더욱 상호 의존적인 경제 활동을 창출하며 상거래를 확대할 뿐 아니라 보다 밀접하고 폭넓은 사회적 관계를 촉진한다. 여기에 수반되는 커뮤니케이션 혁명은 새로운 에너지 체계에서 생성되는 새로운 시간적·공간적 동력을 조직하고 관리하는 수단이다.

1990년대 중반, 나는 커뮤니케이션과 에너지의 새로운 수렴 현상이 목전에 닥쳤음을 인식했다. 인터넷 기술과 재생 가능한 에너지들이 곧 서로 융합하여 세계를 변화시킬 3차 산업혁명(Third Industrial Revolution, TIR)을 위해 새롭고 강력한 기반을 창출할 것이다. 다가오는 시대는 수억의 사람이 가정이나 사무실 또는 공장에서 자신만의 녹색 에너지를 생산할 것이며, 현재 우리가 인터넷에서 정보를 창출하고 교환하듯 '에너지 인터넷'으로 에너지를 주고받을 것이다. 이런 식의 에너지 민주화는 인간관계를 근본적으로 재정립해 비즈니스와 정치, 자녀 교육의 방식은 물론이고 시민 생활에 참여하는 방법에까지 영향을 끼칠 것이다.

나는 펜실베이니아 대학교 워튼 스쿨의 최고 경영자 프로그램(Advanced Management Program, AMP)에서 3차 산업혁명이 지닌 비전을 소개했다. 워튼 스쿨은 내가 지난 16년간 부교수로 재직하면서 과학과 기술, 경제, 사회 등의 새로운 트렌드를 강의한 경영대학원이다. AMP는 5주 교육프로그램으로 세계 각국에서 모인 CEO들과 기업 경영자들에게 21세기에 직면할 여러 현안 및 도전을 가르친다. 내가 이 프로그램에 소개한 3차 산업혁명의 개념은 곧 여러 기업의 내부로 흘러들어갔고, EU의 정상들 사이에서도 흔히 통용되는 정치 용어로 자리 잡았다.

2000년경, EU는 지속 가능한 경제 시대로 이행하기 위해 탄소 의존도를 현격히 줄이는 여러 정책을 적극적으로 추진했다. 유럽인은 그에 따라 목표와 벤치마크를 준비하고 연구개발 우선 사항을 재설정하며 새로운 경제적 여정을 위한 규약과 규정, 표준을 확립하는 데 주력했다. 이와 대조적으로 미국은 실리콘밸리에서 내놓는 '킬러 앱(killer app)'과 최신 장치에 정신이 팔려 있었고, 주택 보유자들은 서브프라임 모기지(비우량 주택담보대출)가 바람을 넣은 부동산 시장 호황에 흥분과 기대감에 빠져 있었다.

당시 원유에 대한 불안한 예측과 끔찍한 기후변화에 대한 경고, 그리고 수면 아래에서는 사실상 경제가 흔들리고 있다는 여러 징후에 관심을 가진 미국인의 숫자는 매우 적었다. 전국적으로 만족하는, 심지어 안주하는 분위기가 팽배하자 국민은 미국은 역시 운이 좋으며 다른 국가에 비해 우월하다고 확고하게 믿었다.

이러한 조국에서 다소 이방인이 된 나는 1850년 호러스 그릴리가 불만 가득한 이들에게 전했던 "서쪽으로 가게 젊은이, 서쪽으로."라는 현명한 조언을 무시하고 반대편으로 방향을 틀어 유럽으로 가기로 마음먹었다. 왜냐하면 미국과 달리 유럽은 인류의 미래를 전망하며 새로운 아이디어를 진지하게 검토하고 있었기 때문이다.

이 시점에서 많은 미국인이 의아한 표정으로 다음과 같이 말할 것이다.

"잠깐, 유럽은 무너지고 있을 뿐 아니라 과거에서 벗어나지 못하는 동네잖아! 그냥 하나의 큰 박물관일 뿐이라고. 여행하기에는 좋은 곳일지 몰라도 세계 무대에서는 더 이상 강력한 경쟁자로 여기지 않는 대륙이야."

나 역시 유럽의 수많은 문제와 결함, 모순을 모르는 것은 아니다. 그러나 이런 식의 경멸적인 비방은 미국이나 여타 국가의 정부에도 그대로 적용될 수 있다는 것이 내 생각이다. 그들이 지닌 많은 한계를 지적하자면 말이다. 그리고 미국인은 자만심에 도취하기 이전에 미국이나 중국이 아니라 EU가 세계 최대의 경제기구라는 사실에 주목해야 한다. EU 27개 회원국의 국내총생산(GDP)은 미국 50개 주의 GDP를 초월한다. 국제적으로 군사 활동을 활발히 전개하고 있지 않지만 EU는 여전히 국제 무대에서 엄청난 영향력을 행사할 수 있는 세력이다. 보다 중요한 것은 세계의 여러 정부 가운데서 미래 인류의 생존을 심각하게 고민하며 큰 질문을 던지는 곳이 오직 EU뿐이라고 해도 과언이 아니라는 점이다.

이런 연유로 나는 동쪽으로 향했다. 지난 10년간 내 시간의 40퍼센트 이상을 EU에서 보내며 때로는 주 단위로 대서양을 가로질러 양 대륙을 오갔고 여러 정부와 비즈니스 공동체 그리고 시민사회단체들과 협업하여 3차 산업혁명의 개념을 발전시켰다.

2006년 나는 EU 의회의 리더들과 공동 연구를 수행하며 3차 산업혁명 경제개발계획의 초안을 그리기 시작했다. 그리하여 2007년 5월, EU 의회는 공식 선언문을 작성해 3차 산업혁명을 EU의 장기적인 경제 비전이자 로드맵으로 공인했다. 현재 EU 회원국은 물론이고 EU 집행위원회 내의 다양한 기관에서 3차 산업혁명의 비전을 구현하고 있다.

EU 의회의 선언문이 나온 지 1년 후, 다시 말해 글로벌 금융위기가 닥치고 불과 몇 주 지난 2008년 10월, 나는 서둘러 워싱턴 D.C.에서 모종의 회합을 주최했다. 이 회합에는 재생 에너지, 건설, 건축, 부동산, IT, 전력설비, 운송 및 물류 등에 종사하는 세계 각국 대표 기업들의 CEO와 최고 경영진 80명이 참석했다. 여기서 우리는 작금의 위기를 기회로 전환할 수 있는 방법을 논의했다.

모임에 참석한 기업 리더들과 동업자 단체들은 이제 더 이상 단독으로 움직일 수 없다는 데에 동의하고 3차 산업혁명 네트워크를 결성하기 위해 힘을 모았다. 글로벌 경제를 광범위한 탄소 후 시대로 진입하게 유도한다는 목표를 달성하려면 네트워크가 있어야 각국의 정부와 지역 기업들 그리고 시민사회단체들과 공조할 수 있다. 그렇게 해서 필립스, 슈나이더 일렉트릭, IBM, 시스코 시스템스, 악시오나 에너지, CH2M 힐, 아럽(Arup), 에이드리언 스미스 앤드 고든 길 건축, Q-셀 등을 포함하는 경제개발 그룹을 결성했다. 이 그룹은 동종으로는 세계 최대 규모의 경제개발 네트워크로, 현재 각국의 경제를 3차 산업혁명 인프라로 전환하는 마스터플랜을 개발하기 위해 여러 도시와 지역 그리고 중앙 정부들과 공동 작업을 펼쳐 나가고 있다.

3차 산업혁명의 비전은 아시아와 아프리카, 아메리카 대륙의 각 나라로 빠르게 퍼져 나갔다. 2011년 5월 24일, 나는 34개 회원국 대표가 참석한 가운데 파리에서 열린 경제협력개발기구(OECD) 50주년 기념 컨퍼런스에서 기조연설을 할 때 3차 산업혁명의 다섯 가지 핵심 경제계획을 발표했다. 아울러 이 프레젠테이션에서 나는 각 나라에서 탄소 후 시대의 산업사회를 준비할 때 본보기로 이용할 수 있는 OECD 녹색 성장 경제계획도 처음으로 공개했다.

이 책은 3차 산업혁명의 비전과 경제개발 모델을 내부 관계자의 관점에서 설명한다. 또한 그것의 성패에 결정적인 역할을 수행할 각국의 정상과 글로벌 CEO, 사회적 기업가, 비정부기구(NGO) 들과 같은 참가자들을 살펴보고 그들의 성향까지 고찰한다.

3차 산업혁명을 위한 EU의 청사진을 설계하면서 나는 독일의 앙겔라 메르켈 총리, 이탈리아의 로마노 프로디 총리, 스페인의 호세 루이스 로드리게스 사파테로 총리, EU 집행위원회 마누엘 바호주 위원장, 그리고 유럽이사회의 다섯 정상 등을 포함해 다수의 유럽 지도자와 함께 일하는 특권을 누렸다.

그렇다면 우리 미국인이 유럽에서 벌어지고 있는 이러한 일에서 배울 수 있는 점은 없을까? 나는 분명 배울 것이 있다고 믿는다. 먼저 우리의 유럽 친구들이 하는 말에 귀를 기울이고 그들이 시도하는 행동에 주목할 필요가 있다. 비틀거리며 나아가고 있긴 해도 유럽인은 적어도 화석연료의 시대가 끝나가고 있다는 사실을 인정하고 녹색 미래로 진입하는 경로를 그리기 시작했다.

안타깝게도 미국인은 대부분 과거에 너무도 훌륭했던 경제체제가 이제는 생명유지장치에 의존하고 있다는 사실을 인정하고 싶지 않은 마음에서 계속 부인하는 행태만 보인다. 우리도 유럽처럼 잘못을 인정하고 정신을 차려야 할 때가 왔다.

그렇다면 미국인이 할 수 있는 것은 무엇일까? 비록 유럽이 먼저 설득력 있는 내러티브를 제시하기는 했지만, 이야기 만들기와 그 전달에 관해서라면 미국만큼 재능 있는 나라가 없다. 매디슨 애비뉴와 할리우드 그리고 실리콘밸리가 특히 그 방면에 탁월하다. 그동안 미국에 우위를 안겨 준 것은 생산 및 제조 감각이나 군사력이라기보다는 미래를 생생하고 명확하게 그려 내는 묘한 능력이었다. 이러한 능력으로 기차역을 떠나기도 전에 목적지에 도착한 듯한 느낌을 사람들에게 전할 수 있었던 것이다. 만약 미국인이 진정으로 3차 산업혁명이라는 새로운 내러티브를 이해하고 받아들인다면(분명 그렇게 될 것으로 믿는다.) 미국인은 예의 그 월등한 능력을 발휘하며 발 빠르게 움직여 그 꿈을 현실로 바꿔 놓을 것이다.

위대한 산업혁명의 마지막을 장식할 3차 산업혁명은 부상하는 협력의 시대를 위한 기초적 인프라를 마련할 것이다. 40년에 걸쳐 구축할 3차 산업혁명 인프라는 수십만 개의 사업체와 수억 개의 일자리를 창출할 것이다. 이번 산업혁명을 완성하면 근면한 사고와 사업 시장, 대규모 노동력을 특징으로 200년에 걸쳐 회자된 영리주의 전설은 종결될 것이다. 동시에 협력적 행동 방식과 소셜 네트워크, 창의적 전문가 및 기술 인력이 특징인 새로운 시대의 개막을 알릴 것이다. 다가오는 반세기에는 1차, 2차 산업혁명의 전통적인 중앙집권화 경영 활동이 3차 산업혁명의 분산 사업 관행으로 점차 대체될 것이다. 또한 경제 및 정치 권력에서 볼 수 있는 전통적인 계급 조직이 사라지고 사회 전반에 걸쳐 교점 중심으로 조직되는 수평적 권력(Lateral Power: 이 책에서 power는 힘이나 권력 또는 동력이나 전력을 가리킨다. 문맥에 따라 '권력, 힘, 파워, 동력, 전력' 등으로 표현했다. — 옮긴이)이 그 자리를 대신할 것이다.

언뜻 보기에 수평적 권력의 개념은 우리가 전반적인 역사에서 경험한 권력 관계와 너무 심하게 모순된다고 느낄 수 있다. 권력은 어쨌든 위에서 아래로 피라미드처럼 구성되는 것이 전통이기 때문이다. 그러나 오늘날 인터넷 기술과 재생 가능한 에너지의 융합으로 생겨난 공동 권력은 근본적으로 인간관계를 상하 구조가 아닌 수평 구조로 재조정하고 있으며, 이는 우리 사회의 미래에 심오한 변화를 안겨 줄 것이다.

21세기 중반에 접어들면 점점 더 많은 상업 활동을 인공지능을 갖춘 기술적 대체물이 관리 및 감독할 것이다. 그로 인해 인류의 상당수는 일에서 해방되어 비영리 시민사회에서 사회적 자본을 창출하는 데 주력할 것이고, 더불어 세기 후반부에는 사회적 자본 창출이 지배적인 영역으로 자리 잡을 것이다. 상업은 여전히 인류의 생존에 필수적인 부분이겠지만 더 이상 인간의 염원을 정의하는 무엇이 되지는 못할 것이다. 만일 다음 반세기 동안 우리가 인류의 물질적 니즈를 충족하는 데 성공한다면(가능성이 높진 않지만 필수조건이다.), 인류 역사의 다음 시기에는 초월적인 관심사들이 훨씬 더 중요한 원동력이 될 가능성이 높다.

본문에서 우리는 3차 산업혁명 인프라와 3차 산업혁명 경제의 근본적 특징 및 작용 원리를 탐구하고 다음 40년 동안 우리가 밟을 가장 가능성 높은 행보를 예측한다. 한편 세계 각국과 공동체에 혁명을 구현하는 과정에서 생겨날 장애와 기회도 살펴볼 것이다.

3차 산업혁명은 우리가 금세기 중반에 다다르기 전에 비극적인 기후 변화를 피할 수 있으며 지속 가능한 탄소 후 시대에 도달할 수 있다는 희망을 안겨 준다. 우리는 그러한 희망을 현실화할 수 있는 과학과 기술, 전략을 이미 보유하고 있다. 이제 남은 문제는 우리가 너무 늦기 전에 저 앞에 놓인 경제적 가능성을 인식하고 그곳에 도달할 의지를 끌어모을 수 있느냐 여부일 뿐이다.

1부

3차 산업혁명

1

모두가 놓친 진짜 경제 위기

새벽 5시. 나는 러닝 머신 위를 달리면서 한 케이블 방송의 아침 뉴스를 건성으로 듣고 있었다. 그때 리포터가 흥분한 목소리로 자칭 '티 파티(Tea Party)'라는 새로운 정치 운동에 대한 소식을 전했다. 나는 좀 더 자세히 듣기 위해 러닝 머신에서 내려섰다. 텔레비전을 보니 노란색 바탕에 똬리를 튼 방울뱀을 그려 놓고 그 밑에 '나를 건드리지 마라.'라고 쓴 깃발을 든 중년의 미국인이 화면을 가득 채웠다. 어떤 이들은 카메라를 향해 '대표 없는 과세 없다.', '국경을 봉쇄하라.', '기후변화는 거짓말이다.'라고 적힌 팻말을 들이밀었다. 리포터의 목소리는 시위자들의 구호와 섞여 간신히 알아들을 수 있었다. 그는 자발적인 풀뿌리 운동 운운하며 유권자들의 희생으로 자신의 배만 불리기에 급급한 진보적 정치인들과 워싱턴 D.C.의 거대 정부에 저항하는 그 운동이 지금 전국적으로 빠르게 확산되고 있다고 말했다. 나는 지금 내가 보고 듣는 내용이 믿기지 않았다. 마치 내가 거의 40년 전에 조직했던 무언가의 왜곡된 반전을 보고 있는 듯했다. 이 무슨 잔인한 운명의 장난이란 말인가?

1973년 보스턴 오일 파티

1973년 12월 16일, 동이 트자마자 눈이 내리기 시작했다. 보스턴 시내의 패늘 회관을 향해 걸어가는 내 얼굴 위로 차가운 바람이 스쳤다. 패늘 회관은 한때 조지 3세와 그의 법인체들이 펼치는 식민지 정책에 대항했던 샘 애덤스 및 조지프 워런과 같은 급진파가 모이던 아지트나 다름없던 곳이다.(그들은 악명 높은 영국 동인도회사를 가장 큰 증오의 대상으로 여겼다.)

도시는 벌써 몇 주간 궁지에 빠져 있었다. 평소 교통체증이 심했던 도심 지역은 기름이 동이 난 주유소가 늘어나자 며칠 사이에 무척 한산해졌다. 아직 문을 닫지 않은 몇몇 주유소에는 자동차들이 몇 블록에 걸쳐 길게 늘어서서 한 시간 혹은 그 이상을 기다렸다. 운 좋게 기름을 넣은 운전자들은 주유기에 적힌 가격을 보고 놀라지 않을 수 없었다. 불과 2~3주 만에 휘발윳값이 배로 뛰어 당시 세계 최대 원유 생산국이던 미국을 대혼란에 빠뜨렸다.

미국인이 왜 그렇게 흥분하는지 이해할 만했다. 미국이 20세기의 주도적 위치에 올라 초강대국으로 군림할 수 있었던 것이 바로 풍부한 석유 매장량과 돌아다니기 좋아하는 국민에게 저렴한 자동차를 안겨 주던 약빠른 능력 덕분이었음을 알기에 특히 그랬다.

미국인의 국민적 자부심에 충격을 준 사건은 아무런 경고 없이 갑작스레 찾아왔다. 두 달 전, 석유수출국기구(OPEC)가 미국이 4차 중동전쟁 동안 이스라엘 정부에 군용 장비를 지원하기로 결정한 것에 대한 보복으로 석유금수조치를 결정했던 것이다. 그리하여 '오일 쇼크'는 파문을 일으키며 전 세계로 퍼져 나갔고, 12월에 이르러 국제 유가는 배럴당 3달러에서 11.65달러까지 치솟으며 월 가와 중산층을 극심한 공포에 빠뜨렸다.[1]

새로운 현실은 가장 먼저 동네 주유소에서 뚜렷하게 나타났다. 많은 미국인은 거대 정유회사가 뜻밖의 횡재를 누리고자 독단적으로 기름값을 올려 상황을 악용한다고 믿었다. 그렇게 되자 보스턴 및 전국 각지의 운전자들의 분위기는 급격히 나빠지기 시작했다. 이것이 바로 1973년 12월 16일 보스턴 항구에서 일어난 격렬한 사건의 배경이다.

이날은 영국 왕조를 향한 식민지 민중의 반심에 불을 지른 보스턴 티 파티(일명 보스턴 차 사건)라는 역사적인 사건의 200주년 기념일이었다. 모국에서 아메리카 대륙 식민지로 수입되는 차와 여타의 상품에 새로운 세금을 부과한 것에 분노한 샘 애덤스는 일단의 불만 세력을 규합했고, 그들 중 일부는 보스턴 항구에 정박한 화물선을 급습하여 차 상자를 깨뜨리고 그 안의 차를 모조리 바다로 던져 버렸다. "대표 없이 과세 없다."라는 표현은 곧 급진파들의 플래카드 구호가 되었다. 영국의 식민지 지배에 대한 최초의 공개적인 저항은 군주국과 13개 식민지 사이에 일련의 반발과 역반발을 야기했고 결국 1776년의 독립선언과 독립전쟁으로 이어졌다.

기념일을 앞둔 몇 주 동안 거대 정유사를 향한 분노는 갈수록 쌓여만 갔다. 언론의 자유, 집회의 자유와 같이 기본 권리로 여겼던 저렴한 휘발유와 자유로운 이동성에 대한 권리가 바가지요금을 부과하는 거대 정유사들 때문에 위협받는 사실에 많은 미국인이 분노를 감추지 못했다.

당시 나는 1960년대의 시민평등권 운동과 반전 운동에 참여했던 28세의 젊은 사회운동가였다. 그 1년 전에는 몇 년 후면 맞이할 1776년 독립

선언 200주년 기념일에 맞춰 다양한 역사적 사건을 기념하기 위해 닉슨 행정부가 설립한 '미국 200주년 위원회'에 대한 급진적 대안으로 '민중 200주년 위원회'라는 전국적인 조직을 출범시키기도 했다.

이러한 대안을 만들어 낸 부분적인 이유는 뉴레프트(New Left: 1960~1970년대의 신좌익) 운동에 동참한 동료에게서 점점 소외감을 느꼈기 때문이다. 나는 상인과 정비공, 경찰관, 소방관 그리고 가축시장이나 철도 조차장, 인근의 제강소 등에서 일하는 노동자가 주로 거주하는 시카고 남부의 노동자 계층 동네에서 자랐기에 애국심이 핏속에 흘렀다. 다른 지역에서 온 방문객은 동네 곳곳의 현관마다 걸려 있는 성조기를 보고 놀라지 않을 수 없었다. 우리 동네는 1년 365일이 국기 다는 날이었다.

나는 아메리칸 드림을 꿈꾸며 자라면서 토머스 제퍼슨과 벤저민 프랭클린, 토머스 페인, 조지 워싱턴 등과 같은 건국의 아버지들이 지닌 급진적 의식을 마음속 깊이 존경했다. 이들은 기꺼이 목숨을 내걸고 삶과 자유에 대한 침해할 수 없는 인간의 권리와 행복을 추구한 혁명적인 사상가들이었다.

뉴레프트 운동에 참여한 동료들은 대부분 미국의 엘리트 교외 거주지에서 자란, 나보다 집안 배경이 좋은 친구들이었다. 사회정의와 평등 그리고 평화를 추구하는 데 헌신하긴 했지만, 그들은 시간이 지날수록 해외의 혁명적 투쟁에서, 특히 2차 세계대전 후에 발생한 반식민지주의 투쟁에서 점점 더 많은 영감을 얻기 시작했다. 모종의 지침을 세우고 이타적 행위를 독려하기 위해 마오쩌둥과 호치민, 체 게바라의 사상을 논하던 수많은 정치 모임들이 떠오른다. 지난 200년 동안 세계에서 일어난 모든 반식민지주의 투쟁은 우리 미국의 혁명가들에게 영감의 원천이 된 것이라고 믿으며 성장한 나로서는 이 모든 것이 매우 낯설기만 했다.

미국 독립 200주년 기념행사는 젊은 세대에게 미국의 급진주의 약속과 다시 연결될 수 있는 매우 특별한 기회를 제공할 터였다. 특히 닉슨 대통령과 일단의 영리 목적 후원자들이 주도하는 백악관 공식 기념행사가 우리가 기념해야 할 미국의 영웅들에게 보다 어울리는 경제적·사회적 정의보다는 귀족적 특권에 대한 군주적 과시를 근본으로 삼는 것으로 보였기에 더욱 그러했다.

우리는 보스턴 티 파티 기념일을 정유사에 항거하는 시위의 날로 계획했다. 거리로 나와 시위에 동참해 줄 사람이 과연 몇이나 될지는 전혀 알 수 없었다. 거대 정유사에 반대하는 시위는 역사상 한 번도 없었고, 그래서 사람들의 반응이 어떠할지 예측할 방도도 없었다. 눈까지 내리기 시작하여 참가자 수가 당황스러울 정도로 적으면 어쩌나 하는 우려는 점점 깊어만 갔다. 1960년대에는 반전 시위를 계획할 때 일정을 항상 봄철로 잡았다. 당연히 보다 많은 군중을 끌어모으기 위한 의도였다. 사실 경험 많은 사회운동가들 중에서도 한겨울에 집단 시위를 조직했다는 기억은 없다.

모퉁이를 돌아 패늘 회관이 있는 길목으로 들어서는 순간 나는 놀라움을 금치 못했다. 수천 명의 인파가 회관을 향해 길게 늘어서 있었다. 그들은 '정유사가 책임져라.', '거대 정유사를 타도하자.', '미국 혁명 만세' 등의 격문이 적힌 플래카드와 팻말을 들고 '엑슨 타도'라는 구호를 외치며 회관 안으로 꾸역꾸역 밀려들었다.

내가 먼저 연단에 올라 시위자들에게 오늘을 '에너지 독립'을 위한 또 다른 미국 혁명의 시작을 알리는 날로 기억할 것을 촉구하는 짧은 열변을 토했다. 그런 후 우리는 200년 전 '티 파티 시위자들'이 그리핀스 항구로 향할 때 이용했던 노선을 그대로 밟으며 거리 시위에 돌입했다. 부두로 향하는 우리의 행렬에 학생과 노동자, 중산층 전문직 종사자, 가족 전체가 나선 그룹 등 수천 명의 보스턴 시민이 추가로 동참했다. 살라다

티 컴퍼니의 선박(원래의 배를 재현해 놓은 것)이 정박해 있는 선창에 도착했을 무렵에는 시위대가 2만 명을 넘어섰으며, 그들은 모두 부둣가에 늘어서서 '거대 정유사를 타도하자.'라는 구호를 외쳐 댔다. 시위는 세심하게 준비한 200주년 기념행사를 압도했다. 멀리 북쪽의 글로스터 지역과 여타의 지역에서 온 낚싯배들이 일종의 함대를 이뤄 경찰의 봉쇄를 뚫고는 연방 및 지방 고위 관리들이 공식 행사를 기다리는 살라다 티 컴퍼니의 선박으로 향했다. 낚시꾼들은 선박에 올라 선상을 장악했으며, 어떤 이들은 돛대 꼭대기에 올랐고 또 어떤 이들은 차 상자 대신 빈 휘발유 통을 강으로 내던졌다. 이를 지켜보던 시위자들은 연신 환호성을 질러 댔다. 다음 날《뉴욕 타임스》를 위시한 미국의 여러 신문은 이 사건을 '1973년 보스턴 오일 파티'라 칭했다.[2]

2차 산업혁명의 종반전

이 사건이 발생한 지 35년이 흐른 2008년 7월의 어느 날, 유가는 국제 원유 시장에서 배럴당 147달러라는 기록적인 가격에 도달했다.[3] 불과 7년 전만 해도 배럴당 24달러에 약간 못 미치는 수준이었다.[4] 2001년, 나는 수년 안에 유가가 50달러를 넘어설 것이라고 전망하며 석유파동이 터질 것이라고 경고했다. 당시 나의 의견에 많은 이가 회의적이었으며 심지어는 조롱하는 태도까지 보였다. 대부분의 지질학자와 경제학자는 물론 석유업계 관계자들까지 나서서 적어도 자신들이 살아 있는 동안에는 그럴 가능성이 없다고 반박했다. 하지만 얼마 지나지 않아 유가는 가파르게 상승했다. 2007년 중반 유가가 배럴당 70달러 선을 넘어서자 전 세계적으로 전반적인 상품 및 서비스의 가격 또한 동반 상승했다. 이는 글로벌 경제의 모든 상업적 활동이 사실상 원유나 여타 화석연료에 의존한다는 매우 단순한 이유에 기인했다.[5] 우리의 식량 대부분은 석유화학 비료와 농약을 사용하여 재배한다. 시멘트나 플라스틱 등과 같은 대부분의 건설자재와 제약 제품도 화석연료로 만든다. 우리가 입는 옷 대부분 역시 석유화학 합성섬유로 만든다. 교통과 동력, 난방, 전력 또한 모두 화석연료에 의존한다. 세계의 전체 문명은 석탄기의 탄소 퇴적물을 토대로 건설되었다고 해도 과언이 아니다.

인류가 어떻게든 살아남는다고 가정했을 때 5만 년 후 태어나서 살아갈 후손들은 지금의 우리를 어떻게 평가하고 생각할지 궁금해진다. 분명 우리를 '화석연료 사람들'이라 부를 것이며 우리가 과거를 청동기시대나 철기시대 같은 이름을 붙였듯이 현시대를 탄소 시대로 정의할 것이다.

석유 가격이 배럴당 100달러를 넘어서자, 다시 말해서 몇 년 전만 해도 상상할 수 없었던 일이 터지자 곡물 가격이 차례로 가파르게 상승하면서 22개의 나라에서 각종 시위와 폭동이 발발했다. 멕시코의 토티야 시위, 아시아 몇몇 지역의 쌀 폭동이 그것이다.[6] 확산된 정치적 불안은 공포를 낳았고 결국 원유와 식량의 연결성에 관한 범세계적인 논의를 촉발했다.

인류의 40퍼센트에 해당하는 인구가 하루 2달러 이하의 금액으로 살아가는 까닭에 주요 식량 가격의 변화는 그 수준이 미미하더라도 크나큰 위험 요소로 작용한다. 그런데 2008년경 콩과 보리 가격은 두 배나 뛰었고 밀은 거의 세 배, 쌀은 네 배나 올랐다.[7] 유엔 식량농업기구(FAO)는 사상 초유로 10억 명에 달하는 사람들이 배고픈 채 잠이 든다고 밝혔다.

선진국의 중산층 소비자들까지 유가 폭등에 영향을 받기 시작하자 두려움은 더욱 확산되었다. 기본적인 품목의 가격이 천정부지로 치솟았다. 기름값과 전기요금이 오르고, 건설자재와 의약품, 포장자재 등의 가격이 그 뒤를 따랐다. 이런 식으로 가격이 오른 상품의 목록이 끝없이 이어졌다. 봄이 끝나갈 무렵 물가는 엄두도 못 낼 정도로 상승했고, 구매력은 지구 곳곳에서 빠르게 하락했다.

2008년 7월, 글로벌 경제는 일제히 멈춰 섰다. 바로 화석연료 시대의 종말을 알리는 거대한 경제 지진이 시작된 것이다. 그로부터 60일 후 발생한 금융시장의 붕괴는 여진에 불과했다.

대부분의 국가원수와 경제학자, 비즈니스 리더 들은 지금도 세계를 뒤흔든 경제 붕괴의 진짜 원인이 무엇인지 헤아리지 못한다. 그들은 여전히 신용시장 거품과 정부 부채가 유가와 아무런 관련이 없다고 굳게 믿는다. 이 두 가지가 석유 시대의 종말과 밀접한 관계가 있다는 사실을 이해하지 못하는 것이다. 신용 위기와 부채 위기는 단지 규제가 철폐된 금융시장을 잘못 관리해서 발생했다는 사회적 통념이 지속되면 될수록 세계 각국의 리더는 위기의 근원에 접근하지 못할 것이며 결국 근본적인 치유책도 내놓지 못할 것이다. 이 부분은 잠시 후 다시 살펴보기로 하자.

나는 2008년 7월에 일어난 이 일련의 사건을 세계화의 정점으로 정의한다. 세상 사람들 대부분이 아직 잘 모르고 있지만, 우리는 이미 화석연료와 석유에 의존하는 경제 시스템 내에서 글로벌 경제성장을 확대할 수 있는 최댓값, 즉 그 외곽 한계에 도달해 있다.

현재 우리는 석유 시대와 그에 기반한 2차 산업혁명의 종반전에 접어들었다. 이것이 바로 받아들여야 할 냉정한 현실이다. 인류의 모든 구성원은 이 현실을 받아들이고 서둘러 전혀 새로운 에너지 체제와 새로운 산업 모델로 옮겨 가야 한다. 만약 그렇게 하지 않으면 문명의 종말까지 감수해야 할 것이다.

세계화 측면에서 우리가 문제에 직면한 이유는 '글로벌 피크 오일 생산' 때문이 아닌 '1인당 글로벌 피크 오일' 때문이다. 글로벌 피크 오일 생산은 석유지질학자들이 세계 석유 생산이 이른바 허버트 종형 곡선의 정점에 도달하는 단계를 가리키기 위해 사용하는 용어다. 피크 오일 생산은 최종적으로 채굴 가능한 석유 매장량이 절반 정도 고갈되었을 때 발생한다. 곡선의 윗부분이 석유 채굴의 중간점을 나타내기 때문이다. 그 이후 생산은 증가했던 속도만큼 빠르게 하락한다.

매리언 킹 허버트는 1956년도에 쉘 오일 컴퍼니에 몸담았던 지구물리학자였다. 그는 미국 48개 주의 석유 생산이 1965년에서 1970년 사이에 정점에 다다를 것이라고 예측하는 논문을 발표하면서 유명해졌다. 당시 미국은 세계 최대의 원유 생산국이었고 바로 그 이유 때문에 그의 예상은 동료들의 비웃음을 샀다. 미국의 위대한 강점을 잃을지도 모른다는 개념은 상상조차 할 수 없는 일이었고, 그래서 바로 묵살되었다. 그러나 허버트의 예언은 옳은 것으로 드러났다. 1970년, 미국의 석유 생산은 정점에 달했으며 이후 기나긴 시간 하락하기 시작했다.[8]

지난 40년간 지질학자들은 글로벌 피크 오일 생산이 언제 발생할지 그 시점을 놓고 격렬한 논쟁을 펼쳐 왔다. 낙관론자들은 자신들의 모델을 토대로 아마도 2025년에서 2035년 사이에 일어날 것이라고 예상했다. 반면 세계 최고의 지질학자 몇몇을 포함한 비관론자들은 2010년에서 2020년 사이가 될 것이라고 예측했다.

파리에 사무국을 둔 국제에너지기구(IEA)는 세계 주요 석유 소비국들이 설립한 OECD 산하의 에너지 집단 안보체제로서 각국 정부에 에너지에 관한 정보와 예측을 전달하는 기관이다. IEA는 2010년 세계 에너지 전망 보고서에서 글로벌 피크 오일 생산에 관한 논란을 잠재우는 듯한 내용을 밝혔다. 즉, 원유의 글로벌 피크 생산은 추정컨대 2006년 하루 생산량이 7000만 배럴에 다다르면서 이미 발생했을 가능성이 높다는 것이다.[9] 이러한 공식 인정은 국제 석유 공동체에 큰 충격을 던지며 원유에 중점적으로 의존하는 글로벌 기업의 등골을 서늘하게 만들었다.

IEA는 글로벌 경제의 급격한 붕괴를 막으려면 석유 생산량을 하루 7000만 배럴에 못 미치는 수준으로 유지해야 한다고 했다. 하지만 그조차도 할 수 있으려면 향후 25년간 기존 유전에서 남아 있는 원유를 최대한 추출하거나 찾아는 놓았지만 생산량이 적을 것 같아 손대지 않던 유전까지 파헤치고, 갈수록 찾기 힘든 새로운 원전을 찾아내는 등의 작업에 8조 달러라는 어마어마한 비용을 투자해야 할 것이라고 전망했다.[10]

그러나 여기서 우리의 주요 관심사는 바로 1979년 2차 산업혁명이 최고조에 달한 시점에 일어난 '1인당' 피크 오일에 관한 부분이다. 영국석유회사(BP)가 시행한 연구와 이후 동일한 결과를 보여 준 다른 연구에 따르면, 공평하게 분배한다는 전제 아래 이용 가능한 원유가 바로 그해에 1인당 피크 오일에 도달했다고 한다.[11] 그 후로 지금까지 우리는 더 많은 유전을 찾아냈지만 동시에 세계 인구는 그보다 더 빠르게 증가했다. 현재 세계에 알려져 있는 모든 원유를 지구상에 생존해 있는 68억 인구에게 공평하게 나누어 준다면 1인당 이용 가능한 양은 1979년보다 더 적을 것이다.

1990년대와 2000년대 초 중국과 인도의 경제는 가파른 상승 곡선을 탔다.(2007년 인도는 9.6퍼센트, 중국은 14.2퍼센트 성장했다.) 이는 곧 인류의 3분의 1이 새로 석유 시대에 합류했음을 의미했고, 결국 기존의 석유에 대한 수요가 급증하면서 유가가 치솟아 앞서 언급한 배럴당 147달러까지 올랐으며, 그 직접적인 여파로 물가가 상승하고 소비가 하락하면서 글로벌 경제가 멈춰 선 것이었다.[12]

2010년, 경제는 주로 고갈된 재고 물량을 보충하기 위해 조금 회복하는 기미를 보이기 시작했다. 그러나 성장을 시작함과 동시에 유가가 따라 움직였고, 2010년 말에는 배럴당 90달러까지 올랐다. 결국 다시 연쇄적인 생산 및 공급 과정 전체에 걸쳐 가격이 상승했다.[13]

2011년 1월, IEA의 수석 경제학자인 파티 비롤은 경제적 생산량의 증가와 유가 상승 사이의 불가분의 관계를 주목하라고 촉구했다. 그는 경제 회복에 탄력이 붙으면 "유가가 위험 지대에 진입하여 글로벌 경제를 위협할 것"이라 경고했다. IEA에 따르면 대부분 부유한 선진국인 OECD 34개 회원국의 2010년 원유 수입은 연초 2000억 달러 수준에서 연말에는 7900억 달러까지 치솟았다. EU의 2010년 원유 수입 상승폭은 700억 달러에 달했는데, 이 비용은 그리스와 포르투갈의 재정 적자를 합친 금액과 맞먹었다. 미국만 해도 원유 수입 상승 폭이 720억 달러였다. 이러한 비용 증가는 OECD의 GDP가 0.5퍼센트 손실되었다는 것을 의미한다.[14]

2010년 개발도상국은 원유 수입 비용이 200억 달러 정도 증가하자 더 큰 타격을 입었다. 이는 GDP의 거의 1퍼센트에 달하는 수입이 사라진 것과 같기 때문이다. 특히 GDP 대비 원유 수입 비용의 비율은 2008년에 보였던 것과 동일한 수준에 육박했다. 글로벌 경제의 붕괴 직전과 유사한 상황이었다. 이에 대해 IEA는 "원유 수입 비용의 증가가 경제 회복에 큰 위협이 되고 있다."라며 공개적으로 우려를 표명했다.[15]

IEA가 2010년 보고서를 공개한 바로 그날, 《파이낸셜 타임스》의 경제 칼럼니스트 마틴 울프는 중국과 인도 그리고 서구 열강 사이에 일고 있는 '1인당 생산량'의 역사적인 수렴 현상에 관한 논문을 발표했다. 미국의 저명한 싱크탱크인 컨퍼런스 보드(Conference Board)가 발표한 자료에 따르면, 1970년대에서 2009년 사이에 미국의 1인당 생산량 대비 중국의

1인당 생산량 비율은 3퍼센트에서 19퍼센트로 증가했고, 인도의 비율은 3퍼센트에서 7퍼센트로 올랐다.[16]

울프는 미국의 1인당 생산량 대비 중국의 1인당 생산량이 2차 세계대전 후 경제 회복을 개시했을 무렵의 일본과 유사하다고 썼다. 일본의 1인당 생산량은 1970년대 미국의 70퍼센트 수준까지 올랐으며, 1990년에는 미국의 90퍼센트 수준까지 상승했다. 만약 중국이 이와 유사한 궤적을 밟는다면 2030년에 미국의 70퍼센트 수준에 도달할 것이다. 그러나 일본의 사례와는 다른 한 가지 차이점이 있다. 2030년이면 중국 경제는 미국 경제의 세 배 규모가 될 것이며, 미국과 서유럽의 경제를 합친 것보다 더 커질 것이라는 점이다.[17]

미국 연방준비제도이사회(FRB) 의장 벤 버냉키는 2010년 11월의 한 연설에서 2/4분기에만 신흥 경제국들의 실질 총생산량이 2005년 초 수준에 비해 41퍼센트 증가했다고 지적했다. 그 기간에 중국의 총생산량은 70퍼센트, 인도의 총생산량은 55퍼센트 증가했다.[18]

이 모든 것은 과연 무엇을 의미하는가? 총 경제 생산량이 21세기 초 8년 동안과 같은 속도로 다시 증가한다면(지금 현재의 상황이 그렇다.) 유가는 배럴당 150달러나 그 이상 수준으로 빠르게 되돌아갈 것이다. 이는 여타의 모든 재화와 용역의 비용을 급상승시킬 것이고 또다시 구매력 하락과 글로벌 경제의 붕괴를 초래할 것이다. 다시 말해서 지난 10년간 경제적 탄력을 되찾기 위해 쏟아부은 각각의 모든 노력이 배럴당 150달러 수준의 유가를 만나면서 멈출 것이라는 얘기다. 재성장과 붕괴 사이의 이러한 거친 선회는 글로벌 경제의 종반전을 고할 것이다.

반대론자들은 유가 상승 원인이 공급에 대한 수요 압력 때문이라기보다는 큰돈을 벌기 위해 원유 시장을 도박판으로 만드는 투기꾼들 때문이라고 반박한다. 투기꾼들 때문에 문제가 악화된 것일 수도 있지만, 이론의 여지가 없는 한 가지 사실은 지난 수십 년간 우리가 새로 발견하는 원유 1배럴 대비 3.5배럴에 해당하는 원유를 소비해 왔다는 것이다.[19] 바로 이 현실이 우리의 현재 상황과 미래 전망을 결정짓는 주요 요인이다.

오늘날, 점차 고갈되는 원유에 대한 수요 증가의 압력은 중동의 정치적 불안 때문에 더욱 심각해지고 있다. 2011년, 튀니지·이집트·리비아·이란·예멘·요르단·바레인 등 중동 여러 나라의 수많은 젊은이가 지난 수십 년 동안, 혹은 수세대에 걸쳐 이어져 온 부패 독재 정권에 대항하기 위해 거리로 쏟아져 나왔다. 1960년대 서구 젊은이들의 저항을 연상케 하는 중동 젊은이들의 모반은 막대한 역사적 중요성을 갖는 세대 교체이다.

종족에 대한 전통적 충성은 물론 페이스북 프로필과도 동질감을 느끼며 글로벌 공동체의 일원으로 부상하는, 교육 수준이 높은 젊은 세대에게 예전의 방식들은 그저 혐오의 대상일 뿐이다. 구세대의 가부장적 사고와 엄격한 사회규범, 국수적 행동 방식 등은 투명성과 협력적 행동방식, 개인 간의 관계를 중시하며 소셜 미디어 네트워크 내에서 성장한 신세대에게는 너무도 낯설기만 하다. 이는 신세대와 구세대의 의식 자체에 역사적인 분열이 일고 있음을 뜻한다.

국민의 궁핍을 대가로 자신의 배만 불리는 독단적이고 잔악한 통치자들의 지배를 받으며 실력보다는 배경이 좌우하는 부패 사회에서 살아가는 데 진력이 난 젊은이들은 변화를 요구했다. 불과 몇 주 만에 그들은 튀니지와 이집트 정부를 몰락시켰고 리비아를 내전으로 몰아넣었으며 요르단과 바레인 정권을 붕괴 직전으로 몰고 갔다.

중동 지역이 그토록 피폐해지는 데 중심적 역할을 한 것이 바로 석유다. '검은 황금'으로 통하던 석유는 오히려 음울한 저주로 작용했다. 중동 지역 대부분이 소수 독재 정권이 지배하는 단일 자원 사회로 변모했기 때문이다. 이슬람의 수장들은 석유를 유통하여 억만장자가 되었고, 그와 동시에 그들은 빈약한 복지 지원금과 정부 고용 정책으로 국민을 침묵시켰다. 그 결과 이들 나라는 탄탄하고 다면적이며 기업가 정신이 살아 있는 경제와 이를 관리할 만한 인력을 창출할 수 있는 경제적 환경을 조성하지 못했다. 결국 수세대에 걸쳐 수많은 젊은이가 자신의 잠재 능력을 제대로 계발하지도 못한 채 시들어 버렸다.

구세대에 비해 자율적이며 대담한 오늘의 신세대는 나약한 어른들의 사고와 관습에서 탈피하여 권력에 맞서면서 그들조차도 상상하지 못했던 놀라운 승리를 맛보았다. 구체제가 점점 힘을 잃어 가고 있으며, 비록 발전이 더디고 고통스러운 긴축이 따르겠지만 수세대에 걸쳐 아랍 세계 사람들의 운명을 결정지었던 기나긴 가부장적 통치가 향후 10년 후까지 지속될 가능성은 매우 적다.

현재 우리가 중동에서 목도하는 것은 계층적 권력에서 수평적 권력으로 대전환이 이루어지고 있다는 사실이다. 서구의 대형 미디어 복합 기업에 대항하기 위해 음악과 정보를 공유하면서 시작된 인터넷 세대가 중동에서는 독재 정부의 중앙집권화 통치에 대항하는 방식으로 수평적 권력을 선보인다. 점점 더 심각해지는 중동의 정치적 불안은 앞으로 수년 동안 세계시장의 유가에 큰 타격을 입힐 것이다.

2011년 초, 리비아에서 정치적 대격변이 발생하자 자국 내 수많은 유전이 문을 닫았다. 그 결과 하루 160만 배럴에 해당하는 원유 생산을 중단하면서 유가를 배럴당 120달러로 끌어올렸다.[20] 석유 산업 분석가들은 사우디아라비아나 이란에서 원유 생산에 이와 같은 비슷한 차질이 생긴다면 하룻밤 사이에 유가가 20~25퍼센트 상승할 수도 있다고 우려한다. 이는 글로벌 경제 회복에 대한 그 어떠한 희망조차도 처참하게 뭉개는 결과를 낳을 것이다.[21]

중동에서 일고 있는 정치적 격변을 가까이에서 지켜보는 국제 감시원들은 해당 지역이 예전으로 돌아가 정상화될 가능성은 전혀 없다고 믿는다. 석유 시대의 종말이 역사상 가장 중앙집권적이고 엘리트주의적인 에너지 체제를 오랜 시간 지배해 온 독재 정부들의 몰락을 의미하기도 한다는 사실은 결코 우연의 일치가 아니다.

중동 지역에 사는 젊은이들의 이와 같은 자각은 박수와 지원을 받아 마땅한 훌륭한 일이다. 하지만 향후 수년간 두 가지 연관된 현상이 줄다리기하면서 석유파동이 난무할 것임을 인식해야 한다. 유가를 150에서 200달러 이상까지 끌어올리는 총수요의 증가와 역시 비슷한 수준의 유가 인상을 초래하는 중동 지역 산유국들의 정치적 불안정으로 인한 생산 차질이 바로 그 두 가지 현상이다.

월 가의 붕괴

그렇다면 신용 거품과 금융 위기는 2차 산업혁명의 종반전에 어떤 식으로 반영되는가? 그 관계를 이해하려면 다시 한 번 20세기 후반부로 되돌아가 볼 필요가 있다. 중앙 통제형 전력과 석유 시대, 자동차, 교외 지역 건설 등이 특징인 2차 산업혁명은 두 개의 단계를 거치며 발전했다. 2차 산업혁명의 초기 인프라는 1900년에서 대공황이 시작된 1929년 사이에 형성되었다. 이 유아적 수준의 인프라는 2차 세계대전이 끝날 때까지 불확실한 상태로 방치되었다. 그러다 1956년, 주간(洲間)고속도로법을 도입하면서 자동차 시대를 위한 성숙한 인프라를 마련하는 단계에 들어섰다. 당시 인류 역사상 가장 야심차고 가장 많은 비용이 들어가는 공공 프로젝트로 알려졌던 대륙 간 고속도로 체계는 전례 없는 경제적 팽창을 유발했고 미국을 지구상에서 가장 번영한 사회로 만들었다. 얼마 지나지 않아 유럽에서도 이와 비슷한 고속도로 건설 프로젝트를 개시했으며 이 또한 상응하는 경제적 상승 효과를 안겨 주었다.

많은 수의 기업과 수백만의 미국인이 고속도로 출구 근처에 새롭게 조성한 교외 지역으로 이주하기 시작하면서 주간 고속도로 인프라는 건설 붐을 촉진했다. 1980년대에 주간 고속도로 건설을 완료하자 상업용 부동산과 주거용 부동산은 최고조로 급증했으며 더불어 2차 산업혁명도 정점에 도달했다. 이를 기점으로 상업용과 주거용 건설업자 수가 수요를 크게 넘어섰고, 이는 1980년대 말에서 1990년대 초까지 이어진 부동산 시장의 불황을 초래했다. 그렇게 초래된 심각한 경기 침체는 세계 곳곳으로 빠르게 확산되었고, 2차 산업혁명은 1980년대부터 기나긴 하락세로 접어들었다. 그런데 어떻게 미국 경제는 1990년대에 다시 침체에서 벗어나 재성장할 수 있었던 것일까?

미국 경제는 수십 년간 평온하게 이어진 2차 산업혁명 발전 시기에 축적한 예금과 기록적인 대출 및 빚의 조합을 이용해 회복했다. 미국인은 어느새 쉽게 돈을 쓰는, 돈 씀씀이를 제어하지 못하는 국민이 되어 갔다. 그러나 미국인이 사용하던 돈은 새로운 수입에서 창출한 신규 자금이 아니었다. 1980년대 2차 산업혁명의 성숙기가 지나면서 미국의 임금 수준은 서서히 현상을 유지하다 하락하기 시작했던 것이다.

당시 새로이 부상한 정보통신(IT) 혁명과 인터넷 혁명은 과대 선전의 영향이 컸다. 캘리포니아의 실리콘밸리와 보스턴의 128번 도로 주변, 워싱턴의 495번 주간 고속도로 주변, 그리고 노스캐롤라이나의 리서치 트라이앵글 등과 같은 신규 혁신 단지들은 첨단 기술의 보고를 안겨 줄 것이라고 약속했다. 그리고 언론은 마이크로소프트와 애플, AOL 등과 같은 기업이 출시하는 첨단 기기를 두고 환상적이라며 과도한 칭찬을 섞어 신나게 떠들어 댔다.

1990년대의 커뮤니케이션 혁명이 새로운 일자리를 창출하고 경제 및 사회 환경을 바꾸는 데 일조했다는 것은 부인할 수 없는 사실이다. 하지만 그럼에도 불구하고 IT 부문과 인터넷 자체만으로 새로운 산업혁명이 생성될 수는 없었다는 사실이 남는다. 그렇게 되기 위해서는 새로운 커뮤니케이션 기술이 새로운 에너지 체계를 만나야 한다. 이것은 모든 역사적인 거대 경제 혁명의 예에서 증명된 사실이다. 새로운 커뮤니케이션 체제는 결코 독자적으로 일어설 수 없다. 서론에서 언급했듯이 커뮤니케이션 체제는 새로운 에너지 체계를 만들어 내는 활동의 흐름을 관리하는 메커니즘의 역할을 한다. 재차 강조하건대, 새로운 경제 시대를 위한 장기 성장곡선을 확고히 하는 것은 수십 년에 걸쳐 커뮤니케이션과 에너지의 연계 인프라를 마련하는 데 있다.

문제는 타이밍과 관련이 있었다. 1990년대에 등장한 새로운 커뮤니케이션 기술은 1세대 전기 커뮤니케이션 기술과 근본적으로 달랐다. 전화와 라디오 그리고 텔레비전은 중앙집권화한 화석연료 에너지를 중심으로 조직한 경제와 그 특정한 에너지 체제에서 나오는 무수한 사업 관행을 관리하고 광고하기 위해 고안한 중앙 주도형 커뮤니케이션이었다. 이와 대조적으로 새로운 2세대 전기 커뮤니케이션은 사실상 분산형이며, 재생에너지와 같은 분산형 에너지와 그러한 에너지 체제에 수반되는 수평적 사업 활동을 관리하는 데 적합하다. 결국 새로운 분산형 커뮤니케이션 기술은 분산형 에너지와 연결되어 새로운 인프라와 새로운 경제 기반을 창출하기 위해 20년을 기다려야 했던 것이다.

1990년대와 21세기 첫 10년에는 정보통신기술(ICT) 혁명이 구시대의 중앙 주도형 2차 산업혁명에 접목되었다. 시작부터 부자연스러운 만남이었다. 정보통신기술은 노화된 산업 모델의 생명을 연장하는 데 일조하며 생산성을 증가시키고 관행을 간소화하며 새로운 사업 기회와 일자리를 어느 정도 창출했다. 하지만 중앙집권화 에너지 체제와 상업 인프라를 접목할 때 따르는 내재적 제약으로 분산형 커뮤니케이션의 잠재력을 결코 완전히 발휘할 수 없었다.

이 기간 동안 우리는 새롭고 강력한 커뮤니케이션·에너지 혼합체 대신 2차 세계대전 이후 40년 동안 창출하고 축적한 부에 의지해 살면서 경제를 성장시키기 시작했다. 신용카드 문화가 부른 손쉬운 대부는 중독성이 매우 강했다. 구매 역시 중독성 습관으로 변해 갔고 소비 또한 대중 집단의 축제처럼 여기기 시작했다. 우리는 마치 무의식적으로 죽음의 나선에 올라 2차 산업혁명 종형 곡선의 내리막길을 달리며 평생 축적한 방대한 부를 모두 탕진하고 파멸에 이르려고 마음먹은 것 같았다.

결국 우리의 탕진 계획은 성공했다. 1990년대 미국 가정의 평균 저축률은 8퍼센트 내외였다. 2000년에 들어서면서 그것은 1퍼센트 내외로 급락했고,[22] 2007년에는 많은 미국인이 버는 것보다 더 많은 돈을 쓰는 것으로 나타났다.

당시 글로벌 경제의 상승은 미국의 구매력에 힘입은 바가 컸다. 그러나 미국인들은 이러한 상황이 미국 가정의 은행 잔고가 줄어들어 발생했다는 사실을 별로 인정하고 싶어 하지 않았다.

1990년대 중반, 미국인들은 빚에 허덕였다. 파산이 기록적으로 늘어나 1994년에만 83만 2829명이라는 어마어마한 수의 사람들이 파산을 신청했다.[23] 그리고 2002년에는 157만 7651건으로 치솟았다.[24] 그럼에도 신용카드 빚은 계속 증가했다.

모기지 금융업계가 맞돈이 없거나 매우 적어도, 또는 신용도가 낮거나 금융거래 실적이 없어도 대출이 가능한 서브프라임 모기지라는 2차 신용 수단을 밀어붙이기 시작한 것도 바로 이때쯤이었다. 수백만 명의 미국인이 이 미끼를 물고는 감당할 능력이 안 되는 주택을 구입하기 시작했다. 그에 따른 주택 건설 시장의 호황은 미국 역사상 가장 큰 거품을 만들어 냈다. 불과 몇 년 사이에 몇몇 지역에서 주택의 가치가 두 배 혹은 세 배로 치솟았다. 주택 보유자들은 집을 매우 수익성이 좋은 투자 대상으로 보기 시작했다. 그리고 많은 이가 그 새로운 투자 대상을 수익 창출원으로 활용하면서 모기지를 두세 차례 차환(借換: 새로 꾸어서 먼저 꾼 것을 갚는 행위 — 옮긴이)하여 필요한 현금을 확보한 후 신용카드 빚을 갚거나 흥청망청 쇼핑하는 데 썼다.

2007년, 부동산 거품은 결국 터졌고 주택 가격은 곤두박질쳤다.[25] 자신이 부유하다고 생각했던 수백만 명의 미국인이 돌연 미뤄 놓았던 모기지 이자를 갚을 능력이 없는 상황에 처했다. 압류 건수가 급증했고 국제적인 폰지 사기를 자발적으로 불러일으킨 수많은 은행과 대출기관은 마비되었다. 2008년 9월, 리먼 브라더스가 파산했다. 이어서 수십억 달러에 달하는 서브프라임 모기지 채권 및 대출을 보유한 AIG가 도산 위기를 맞았다. 만일 이러한 위기를 넘기지 못했다면 미국 경제는 물론 세계경제의 상당 부분 또한 함께 붕괴했을 것이다. 은행들은 황급히 대출을 중단했다. 대공황과 같은 규모의 경제 불황이 곧 닥칠 것처럼 보였다. 이렇게 되자 미국은 7000억 달러라는 거금을 투입하여 월 가의 금융기관을 구제하지 않을 수 없었다. 그들은 이러한 긴급구제금융을 결정하면서 '너무 거대해서 망하게 할 수 없는' 기관들이기 때문이라는 논리를 펼쳤다.

이른바 대불황은 그렇게 시작되었고 달이 갈수록 실질 실업률이 지속적으로 증가하면서 2009년 말에 10퍼센트(구직을 포기해 조사되지 않은 사람들과 풀타임 일자리를 원하지만 자리가 없어 파트타임으로 일하는 사람들까지 포함하면 17.6퍼센트)에 이르렀다. 거의 2700만 명의 미국인이 여기에 해당했으며,

할 일이 없거나 능력 이하의 일을 하는 사람들의 비율은 1930년대 대공황 이후 가장 높은 수치였다.[26]

오바마 대통령의 구제금융 패키지는 은행 시스템을 살리긴 했지만 미국의 가정에는 별다른 영향을 미치지 못했다. 2008년, 미국의 누적 가계 빚은 거의 14조 달러에 육박했다.[27] 20년 전 평균 가계 빚이 수입의 83퍼센트, 10년 전에는 92퍼센트, 그리고 2007년에는 130퍼센트 수준이었다는 사실을 생각하면, 현재 미국 가정이 얼마나 깊은 빚의 나락에 빠져 있는지 가늠할 수 있다. 경제학자들은 미국 가정의 소비 및 저축 패턴에 생긴 심오한 변화를 '마이너스 저축'이라는 새로운 용어를 사용하여 설명하기 시작했다.[28]

2010년, 결국 실직 상태, 또는 능력 이하의 일을 하거나 감당 못할 빚을 진 상태에 있던 290만 명의 주택 보유자들은 압류 통지를 받았다.[29] 더 불길한 것은 1990년대 중반 65퍼센트였던 GDP 대비 가계 빚 비율이 2010년 100퍼센트까지 증가했다는 사실이다. 이는 미국 소비자들이 더 이상 구매력으로 세계화를 지원하지 못할 것이라는 확실한 신호이기도 했다.[30]

신용 거품과 금융 위기는 다른 요인들과 단절된 상태에서 일어난 현상이 아니다. 즉, 2차 산업혁명의 둔화에서 비롯되었다는 얘기다. 그러한 둔화는 1980년대 말에 시작되었다. 주간 고속도로의 건설로 비롯된 교외 지역 건설 붐이 정점에 달하면서 자동차 시대와 석유 시대가 최고점에 다다랐다는 신호를 알린 시점부터 말이다.

1980년대에 미국을 세계경제의 정상의 자리에 올려놓은 것은 풍부하고 저렴한 석유와 자동차의 결합이었다. 그러나 불행히도 미국인들은 그렇게 축적한 부를 모으는 데 걸린 시간의 반도 안 되는 시간 안에 모두 탕진해 버렸다. 실질 경제가 서서히 움직임을 멈추는 와중에 경제 엔진을 인위적으로 활성화하기 위해 비정상적으로 소비를 늘린 탓이었다. 예금이 바닥나자 미국인들은 수조를 더 빌려 미국의 천하무적 경제 기량에 대한 신화에 의지해 살며 보유하지도 않은 돈을 계속해서 써 나갔다. 그리고 이 모든 것이 세계화 과정을 부채질한 것이다. 전 세계의 수많은 사람은 미국의 달러를 받고 물품과 서비스를 기꺼이 제공할 준비가 되어 있었다.

세계적인 구매 잔치와 여기에 보조를 맞춘 총생산량의 극적인 증가는 점점 줄어드는 석유 공급에 대한 수요를 끌어올렸다. 그 결과 유가는 세계시장에서 급격히 상승했다. 유가가 급격히 상승하자 곡물부터 가솔린에 이르기까지 글로벌 공급망 전체에 걸쳐 모든 상품의 가격이 상승했고, 결국 2008년 7월에 유가가 배럴당 147달러에 이르면서 구매력은 세계적으로 붕괴하기 시작했다. 60일 후, 은행업계는 회수가 불가능한 대출금으로 궁지에 몰리자 모든 신용거래를 차단했고 주식시장은 추락했으며 세계화는 정지 상황에 이르렀다.

18년간 신용 확대에 의존해서 살아 온 미국은 이제 실패한 경제라는 꼬리표를 달았다. 1980년 GDP의 21퍼센트였던 금융 부문 총부채는 27년간 꾸준히 증가하여 2007년에는 116퍼센트라는 믿을 수 없는 수준이 되었다.[31] 미국과 유럽 그리고 아시아의 금융시장이 매우 밀접하게 뒤얽혀 있기 때문에 신용 위기는 미국뿐만 아니라 전 세계 경제를 집어 삼켰다. 더욱 걱정스러운 것은 국제통화기금(IMF)이 2015년이면 미국 연방정부의 부채가 GDP와 맞먹는 수준으로 증가하여 미국의 미래 전망을 불확실하게 만들 것이라고 예측했다는 사실이다.[32]

산업 시대에 대한 엔트로피 청구서

만약 이것만으로도 고민할 게 충분하지 않다면, 상환하기 훨씬 더 힘들고 거대한 또 다른 부채 덩어리가 쌓여 가고 있으니 걱정 말라. 즉, 1차 및 2차 산업혁명에 대한 엔트로피(entropy: 물질계의 열적 상태를 나타내는 물리량의 하나. 자연현상은 언제나 물질계의 엔트로피가 증가하는 방향으로 일어나는데, 이를 엔트로피 증가의 법칙이라 한다. — 옮긴이) 청구서의 만기가 다가오고 있다는 얘기다. 200년간 산업화 생활 방식을 밀어붙이느라 석탄과 석유, 천연가스를 끝없이 태우다 보니 지구 대기에 엄청난 양의 이산화탄소를 방출했다. 사용한 에너지, 즉 엔트로피 청구서는 태양의 복사열이 지구에서 벗어나지 못하도록 막고 재앙을 초래하는 기후변화로 위협을 가하며 미래의 삶에 파괴적인 결과를 예고하고 있다.

2009년 12월, 192개국을 대표하는 각국 정상들은 인류가 직면한 가장 큰 난제, 즉 산업화가 유발한 기후변화에 대한 해결책을 논의하기 위해 코펜하겐에 모였다. 2007년 3월 유엔의 기후변화에 관한 정부 간 패널(Intergovernmental Panel on Climate Change, IPCC)이 파리에서 발표한 보고서에는 문제의 심각성에 대한 냉혹한 진단이 실렸다. 100여 국가의 2500명이 넘는 과학자가 현상을 분석해서 내린 결론이었다. 이는 15년에 걸쳐 발표한 일련의 보고서 중 네 번째로, 역사상 가장 대규모의 과학 연구라고 평가된다.[33]

나는 유엔의 보고서를 읽자마자 지난 27년간 모종의 사안을 크게 오해하고 있었다는 생각이 들었다. 나는 1980년에 출간한 『엔트로피(*Entropy*)』에서 처음으로 기후변화를 다뤘다. 그 책은 기후변화와 관련해 대중의 인식을 최초로 환기한 책이었다. 이후 나는 1980년대의 상당 시간을 지구온난화가 불러일으킬 장기적인 위협에 대중이 관심을 갖도록 유도하는 데 투자했다.

1981년, 100명이 넘는 상하 양원 의원들로 구성된 미국 의회 입법 서비스 단체인 미래정보교환회의에서 산업화로 발생하는 이산화탄소 배출의 열역학적 영향에 관해 두 차례 비공식(그리고 비공개를 전제로 한) 강연을 해 달라고 요청해 왔다. 내가 알기로는 이 강연회가 미국 의회에서 기후변화를 다룬 최초의 논의였다.

1988년, 내가 이끄는 연구소는 기후변화에 대응하는 글로벌 운동을 어떻게 펼칠지 방안을 모색하기 위해 세계 각국의 환경 NGO들과 과학자들이 참석하는 최초의 모임을 주최했다. 그러고 나서 우리는 기후학자, 환경단체, 경제개발 전문가 등의 연합체인 글로벌 그린하우스 네트워크를 창립했고, 이후 10년의 장기 계획을 세워 기후변화에 대한 논쟁을 학계에서 공공정책 무대로 이동시키는 노력을 펼쳐 나갔다.

이렇게 지구온난화의 심각성을 알고 오래전부터 경각심을 가졌으면서도, 나는 많은 동료와 마찬가지로 지구 온도의 상승 속도를 계속 과소평가했다. 이 부분이 바로 내가 오해한 사실이다. 다시 말해 나는 예기치 못한 플러스 피드백 루프(feedback loop: A가 B를 생성하며 그로 인해 A도 더 생성되는 순환 — 옮긴이)가 초래할 수 있는 강력한 상승효과를 제대로 인식하지 못했던 것이다. 예를 들어 대기 속 이산화탄소가 증가하면 기온이 상승해 북극의 얼음이 녹아 지구의 열기가 잘 빠져나가지 못한다. 감소한 눈(雪) 표면은 반사 능력의 소실(흰색은 열을 반사하고 검은색은 열을 흡수한다.)을, 즉 지구를 빠져나가는 열의 양이 감소하는 것을 의미한다. 이는 다시 지구의 온도를 높이고 눈을 더 빨리 녹여 플러스 피드백 루프를 더욱 가속화한다. 이 하나의 순환을 지구의 생물권 곳곳에서 갑작스러운 여타의 변화들이 나름의 피드백 루프를 촉발하며 생성하는 거의 무한한 순환의 가능성과 곱해 보면 우리에게 닥칠 위험이 얼마나 엄청난지 가능할 수 있다.

유엔의 네 번째 기후 보고서는 지구의 화학적 성질이 변한다는 사실을 실로 긴급히 인식해야 한다고 촉구한다. 결코 좋은 소식이 아니다. 과학자들은 21세기가 끝나갈 무렵이면 지구의 평균기온이 적어도 섭씨 3도 이상 상승할 것이라 경고한다.[34] 이 수치는 그보다 월등히 높아질 수도 있다. 섭씨 3도 정도로는 그리 심각하게 여겨지지 않는다면, 그러한 기온 변화가 우리 행성을 300만 년 전의 선신세(pliocene)로 되돌려 놓는 것임을 이해할 필요가 있다. 그 시대의 세상은 지금과 매우 달랐다.

과학자들은 섭씨 1.5도에서 3.5도 사이의 경미한 온도 변화라도 100년 이내에 동식물이 대멸종할 수 있다고 말한다. 시뮬레이션 모델을 살펴보면 멸종 비율이 낮게는 20퍼센트에서 높게는 70퍼센트까지 나온다.[35] 우리는 과학자들이 던지는 경고의 심각성을 제대로 인식할 필요가 있다. 지구는 지난 4억 5000만 년의 시간 동안 다섯 차례 생물학적 멸종의 파고를 경험했다.[36] 엄청난 전멸이 일어났을 때마다 다시 생물학적 다양성을 회복하기까지는 1000만 년이라는 어마어마한 시간이 소요되었다.[37] 그렇다면 기온의 상승은 생명체의 생존율 또는 멸종률에 어떤 식으로 영향을 끼치는 것일까?

간단한 예를 하나 살펴보자. 과학자들은 생태계가 심한 스트레스를 받아 나무가 사라질 것이라고 크게 우려한다. 21세기 후반기에 미국 북동부 지역이 마이애미와 같은 기후로 변한다고 가정해 보자. 인간은 빠르게 다른 곳으로 이주할 수 있지만 나무는 그렇게 할 수가 없다. 각각의 나무는 지난 수천 년에 걸쳐 비교적 안정적인 온도권에 적응하며 오늘에 이르렀다. 게다가 나무는 번식 속도가 매우 느린 축에 속한다. 그러므로 불과 몇 십 년 사이에 기온이 급격히 바뀌면 나무는 자신에게 맞는 온도권으로 빠르게 이동할 수 없다. 그 결과 지구촌 생명체들의 생존력에 지대한 영향을 미칠 수밖에 없다. 지표면의 25퍼센트를 덮고 있는 숲이 아직 이 세상에 남아 있는 많은 생명체에게 서식지를 제공하고 있기 때문이다.[38] 따라서 갑작스러운 나무의 손실은 동물의 생태를 사정없이 파괴할 것이다.

코스타리카에서 연구 중인 과학자들은 지난 16년 동안 기온이 상승하는 사이에 나무의 성장률은 서서히 하락했다는 사실을 밝혔다.[39] 연구원들은 전 세계에 걸쳐 이와 유사한 현상이 기록되고 있으며 우리가 이미 대멸종의 초기 단계에 진입한 것인지도 모른다는 우려를 가중시키고 있다고 말한다.

지구온난화는 물의 순환에 가장 큰 영향을 미친다. 기온이 섭씨 1도 상승할 때마다 대기의 수분 보유 수용력은 7퍼센트 증가한다.[40] 이는 물의 분배 방식에 급격한 변화를 초래해 강수량은 증가하지만 지속 기간이나 빈도는 감소한다. 결과적으로 홍수가 더욱 자주 발생할 뿐 아니라, 가뭄 또한 더욱 오래 지속된다. 오랜 기간 특정 기후에 적응해 온 생태계는 이러한 갑작스러운 강수량 변화에 빠르게 발맞출 수 없기 때문에 불안정한 상태로 변하거나 죽어 사라진다.

우리는 이미 지구의 기온이 0.5도 상승할 때 발생하는 수문학적 변화를 허리케인의 강도로 경험하고 있다.[41] 2005년《사이언스》에 발표된 한 연구에 따르면, 1970년대 이래로 4등급과 5등급 태풍의 발생 빈도가 두 배나 증가했다고 한다.[42] 카트리나와 리타, 구스타브, 아이크 등은 금세기 내에 인류에게 닥칠 재앙에 대한 냉정한 경고장인 셈이다.

과학자들은 또한 해수면이 상승하여 세계 곳곳의 해안 지대가 사라질 것이라고 예상한다. 인도양의 몰디브나 태평양의 마셜 제도와 같이 작은 섬으로 이루어진 나라들은 완전히 바다 밑으로 사라질지도 모른다. 세계 최고의 산맥들 위에 쌓인 눈 역시 점점 녹고 있다. 2050년이면 몇몇 빙하의 부피가 60퍼센트 이상 감소할 것으로 추정된다.[43] 인류의 6분의 1 이상에 해당하는 인구가 산악 계곡 지역에 거주하며 관개와 위생 시설, 식수 등을 눈에 의존하고 있다.[44] 10억 명이 넘는 사람을 40년 이내에 다른 지역으로 이동시킨다는 것은 감히 엄두도 낼 수 없는 일로 보인다.

과학자들이 특히 우려하는 대상은 바로 북극이다. 최근의 연구들은 2050년경에 북극 여름의 얼음층이 지금보다 75퍼센트 감소할 것이라고 예측한다.[45] 2008년 8월, 북극 주변에 개빙 구역이 펼쳐졌다. 이는 최소한 12만 5000년 만에 처음 발생한 현상이다.[46]

기후학자들의 가장 큰 걱정거리는 (예견하긴 힘들지만) 생물권에 방대한 변화를 촉발할 수 있는 능력을 보유한 현재의 모델들이 추정하는 것보다 훨씬 더 큰 폭으로 기온을 상승시킬 피드백 루프들이다. 마지막 빙하기의 개시 이래로 시베리아의 아북극 지역을 덮어 온 영구 동토층을 예로 살펴보자. 대략 프랑스와 독일의 영토를 합친 만큼 큰 이 지역은 그 시점 이전에는 야생 생물로 가득한 울창한 목초지였다. 영구 동토층은 마치 타임캡슐처럼 유기물을 땅속에 가두어 버렸다. 과학자들은 시베리아의 영구 동토층 아래 갇혀 있는 유기물이 지구의 모든 열대우림에 있는 유기물보다 더 많다고 한다.

유엔의 기후변화에 관한 정부 간 패널은 네 번째 평가 보고서에서 이 영구 동토층의 문제점을 지나가는 말로 언급했다. 그것이 녹는다면 대기 중에 어마어마한 양의 이산화탄소를 방출하여 현재 추정하는 것보다 훨씬 더 큰 폭으로 기온이 상승할 수도 있다고 지적하면서 말이다. 그러나 이러한 상황을 확인할 만한 자료는 제시하지 않았다.

하지만 최근《네이처》에 발표한 현장 연구 결과는 많은 연구원에게 충격을 안겨 주었다. 지구 기온이 상승하여 이미 놀라운 속도로 영구 동토층이 녹고 있다는 내용이었다. 페어뱅크스에 위치한 알래스카 대학교

북극생물학연구소의 과학자들은 금세기가 끝나기 전에 한계점을 넘어 엄청난 양의 얼음 표면이 녹을 것이고 이는 방대한 양의 이산화탄소와 메탄을 대기 중에 방출할 것이며 그 결과 지구의 기온이 급격히 상승할 가능성이 높다고 경고한다. 이 모든 일이 불과 몇 십 년 안에 일어날지도 모른다는 얘기다.[47] 실제로 이런 일이 발생한다면 대규모 생태계 파괴와 지구 생명체의 비극적인 멸종을 막기 위해 인류가 할 수 있는 일은 아무것도 없다.

EU는 코펜하겐에서 열린 기후회의에서 세계 모든 국가가 2050년까지 이산화탄소 배출량을 450피피엠으로 제한하는 규제를 제안했다. 그렇게 해서라도 지구의 기온 상승을 섭씨 2도 이내로 유지하길 희망했던 것이다. 이 수준의 기온 상승도 생태계에 치명적인 영향을 미칠 가능성이 높지만, 그래도 인류는 어떻게든 생존할 수 있을 터였다. 그러나 불행히도 세계 여타 지역의 많은 국가는 기후변화의 참화를 피하기 위한 이 최소한의 조치조차 취하지 않으려 했다.

그런데 예상 밖의 인물이 나타나 EU의 제안을 다시 수면 위로 부상시켰다. 미국 정부의 수석 기후학자이자 나사의 고다드 우주연구소 책임자인 제임스 한센이었다. 그는 자신의 팀이 최근 연구한 결과에 따르면 이산화탄소 배출량을 450피피엠으로 제한했을 때 상승하는 기온의 정도를 EU가 잘못 계산했다고 밝혔다. 한센 팀은 빙하를 시추 분석한 결과 산업화 이전 수준의 대기 중 이산화탄소량이 지난 65만 년 동안 300피피엠을 넘지 않았다고 지적했다. 오늘날 산업화 수준의 대기 중 이산화탄소량은 이미 그 정도를 훨씬 넘어 385피피엠에서 빠르게 증가한다는 얘기였다. 한센 팀의 연구는 인간이 야기하는 기후변화가 금세기 말이나 그 얼마 후 시점에 지구의 기온을 충격적인 수준인 섭씨 6도 상승으로 이끌 수도 있으며 이는 인류 문명의 완전한 종말을 뜻할 수도 있다고 경고했다.

한센은 인류가 문명이 발달하고 생명체가 환경에 적응하며 살 수 있는 수준의 행성을 보존하고 싶다면 고(古)기후의 증거와 현재 진행 중인 기후변화에서 알 수 있듯 대기 중 이산화탄소량은 최대 350피피엠으로, 어쩌면 이보다 더 낮은 수준이어야 할 것이라고 결론을 내렸다.[48]

그러나 현재 인류 문명을 구하는 데 필수적이라고 한센이 주장하는 350피피엠에 맞추기 위해 경제활동 구조를 변화하려는 정부는 지구상에 단 한 곳도 없다.

코펜하겐 기후회의에서는 대혼란이 벌어졌다. 각국의 정부는 서로를 향해 지구의 미래를 놓고 지정학적 게임을 벌이고 있다고 주장하며 단기적인 경제 이득을 인류의 생존보다 우선시한다고 비난했다. 회의 종료 몇 시간 전, 오바마 대통령은 미리 알리지도 않고 불쑥 나타나 중국과 인도, 브라질, 남아프리카공화국 정상들 간의 비공개회담에 참석하게 해 달라고 요구했다. 이러한 요구는 국제 외교회담 역사상 유래 없는 일이었다. 결국 세계 각국의 대표는 온실가스 감축에 대한 협약을 맺지 못한 채 자국으로 돌아갔다. 전체적으로 이는 매우 수치스러운 결과가 아닐 수 없다. 인류가 초래한 기후변화가 인류의 생존에 인류 역사상 가장 큰 위협이 되고 있는데도 인류의 지도자들은 세계를 구하기 위한 단 하나의 방식에도 합의하지 못했으니 말이다.

우리는 현재 몽유병에 걸린 듯하다. 화석연료에 기반한 산업 시대가 점점 저물어가고 지구는 잠재적으로 세상을 뒤엎을 기후변화에 직면해 있다는 증거가 쌓이고 있는데도 인류는 대체적으로 현실을 인정하려 들지 않는다. 대신 우리는 석유와 천연가스에 대한 중독을 달래기 위해 점점 줄어들고 있는 화석자원을 찾는 데에만 급급하고 있다. 실제로 최종 단계에 들어섰다면 해야 할 필요가 있는 일에 대한 상상을 뛰어넘는 불편한 제안은 피하려고 애쓰면서 말이다.

이러한 근시안적인 태도는 2010년 멕시코 만 기름 유출 사고를 바라보는 대중의 반응에서 그 어느 때보다 여실히 드러났다. 영국석유회사가 임차한 멕시코 만의 원유 시추 시설이 심해에서 폭발하여 11명의 노동자가 숨지고 해표면에서 약 1.6킬로미터 아래까지 뻗은 파이프라인이 파손되었다. 이로 인해 거의 500만 배럴에 달하는 원유가 세상에서 가장 소중하게 보존된 생태계 중 하나를 뒤덮었다.[49] 대중은 망연자실한 채 그저 해저 깊숙한 틈에서 뿜어져 나와 야생 생물을 죽이고 섬세한 서식지를 파괴하며 멕시코 만을 죽음의 바다로 만드는 시커먼 기름을 수주 동안 무기력하게 바라보기만 했다. 이 환경 대참사는 우리가 경제 엔진을 계속 돌리려고 필사적으로 애쓰는 가운데 갈수록 생태계를 파괴할 가능성이 높은 무모하고 위험한 행동을 저지르며 희귀한 화석연료를 찾아 헤매고 있다는 사실을 고통스럽게 상기시켰다.

이렇게 역사상 최악의 기름 유출 사고와 그로 인한 대대적 환경 파괴를 경험한 이상 누구나 우리의 기름 의존도와 그것이 환경에 미치는 영향에 대한 전 국민적 토론이 벌어질 것으로 예상했을 것이다. 실제로 그러한 토론을 벌이고 싶어 한 미국인들이 수백만 명에 달했지만, 설문 조사에 의하면 더 많은 수의 미국인들은 영국석유회사의 과오와 그러한 사고를 피할 안전수칙을 적절히 확립해 놓지 못한 정부의 무능이라는 보다 협소한 문제에 분노의 포화를 집중시켰다. 사실 미국에는 멕시코 만과 여타의 연안에서 계속 원유를 채굴하길 바라는 사람들이 더 많다. 그것이 미국의 에너지 독립을 확보할 수 있는 최상의 방법이라고 믿고 있기 때문이다.[50]

전 공화당 부통령 후보인 세라 페일린의 '파라, 계속해서 파라.'라는 유명한 슬로건은 많은 환경 전문가에게는 비웃음을 샀지만 많은 미국인 사이에서는 긍정의 반향을 일으켰다. 이른바 녹색 대통령이라는 오바마 대통령조차도 멕시코 만 기름유출 사고가 일어나기 불과 몇 주 전, 오래 전에 발효된 남동대서양 심해 유정 굴착 중지 명령을 해제하라고 공식적으로 요구했다.

페일린과 오바마가 이 정도로 어리석을 줄은 몰랐다. 잠재 위험성이 큰 이렇게 외진 지역에서 원유를 채굴해 봤자 미미한 양만 생산할 뿐이다. 미국 정부가 과연 알래스카 국립야생보호구역, 동부 및 서부 해안 지역, 멕시코 만의 동쪽 지역, 로키 산맥 등지에서 유정 굴착을 일부 허용해야 하는지를 놓고 벌어지는 뜨거운 논쟁을 예로 들어보자. 유수의 정유 및 가스 회사를 모두 대표하는 미국석유협회가 2011년 의뢰한 연구에 따르면, 미국에서 원유가 매장되었다고 추정되는 모든 곳을 판다 하더라도 2030년까지 하루 평균 200만 배럴밖에 추가로 얻지 못한다. 이는 현재 미국 석유 소비량의 10퍼센트에도 못 미치는 양이다. 이러한 미미한 수준의 생산량 증가가 석유 시대의 종말을 미연에 방지하는 데에 그 어떤 주목할 만한 영향을 미치겠는가.[51]

많은 이가 화석연료가 주도하던 산업 시대가 끝나가고 있다는 사실을 여전히 받아들이려 하지 않는다. 내일 당장 지구의 모든 석유가 말라 없어진다는 뜻이 아니다. 석유는 계속해서 생산될 것이지만 그 양이 줄고 가격이 상승할 것이라는 의미다. 그리고 석유는 단일 세계시장에서 취합되고 가격이 책정되기 때문에 특정 국가가 '에너지 독립'이라는 슬로건 아래 따로 떨어져 나갈 수 있는 비법은 존재하지 않는다. 그렇다면 전통적인 천연가스는 어떠한가? 그것의 글로벌 생산 곡선 또한 석유와 비슷한 상태로 움직인다.

그렇다면 중국의 석탄과 캐나다의 타르샌드, 베네수엘라의 중유, 미국의 셰일 가스는 어떠한가? 아직은 비교적 풍족하지만 이 에너지원은 추출하는 데 많은 비용이 들 뿐 아니라 원유나 천연가스보다 훨씬 더 많은 양의 이산화탄소를 배출한다. 만약 우리가 화석연료 시대의 종말을 늦추기 위해 오염 물질을 더 많이 방출하는 이들 에너지원에 의존한다면, 지구 기온의 급격한 상승이 필연적으로 우리 운명의 최종 결정권자가 될 것이다.

원자력은 어떠한가? 1979년 미국 펜실베이니아 주 스리마일 섬의 원전 사고와 1986년 러시아 체르노빌 원전 사고가 발생하자 세계 대부분의 나라는 1980년대와 1990년대 초반 내내 원자력발전소의 건설을 중단했다. 그러나 불행히도 사람들의 기억은 오래가지 못했고, 원자력산업은 이후 가면을 바꿔 쓰고 부활의 날개를 펴며 기후변화 논쟁에 끼어들었다. 원자력은 이산화탄소를 배출하지 않기 때문에 화석연료에 대한 '깨끗한' 대안이자 지구온난화에 대한 해결책의 일부가 될 수 있다고 주장한 것이다.

원자력은 결코 깨끗한 에너지원이었던 적이 없다. 방사성 물질과 폐기물은 항상 인간과 여타 생명체 그리고 환경에 심각한 위협을 가해 왔다. 2011년 일본에서 지진과 쓰나미로 발생한 후쿠시마 원전 사고(원자력 노심의 부분적 용융으로 인한 사고)는 전 세계에 걸쳐 정치적 지진을 촉발했고, 결국 대부분의 정부는 새로운 원전 건설 계획을 철회하거나 보류하기로 결정했다. 20세기 기술의 부활에 대한 장기적 기대가 수그러들 수밖에 없었다.

혹자는 여기서 어쩌면 클린턴 전 대통령의 정치참모 제임스 카빌이 창안해 선거의 판도를 뒤집었던, 이제는 유명해진 상투 어구인 '문제는 경제야, 이 바보야!'를 인용하고 싶을지도 모르겠다. 맞다. 문제는 경제다. 그러나 우리는 미국의 경제적 고초가 중동에서 수입하는 원유에 대한 과도한 의존과 경제활동을 지나치게 제약하는 과도한 환경적 규제에 기인한다고 오해하고 있다.(사실 미국은 중동이 아닌 캐나다에서 가장 많은 석유를 공급받고 있다.)[52] 문제는 훨씬 더 깊은 곳에 존재한다.

티 파티 운동

많은 미국인이 무언가 아주 잘못 돌아가고 있다고, 경제가 악화되고 생활수준이 거꾸로 뒷걸음질 치고 있다고 느낀다. 이러한 불길한 예감은 2009년 티 파티 운동과 함께 공개적으로 드러났다. 티 파티 운동은 거대 정부와 이권 유도형 정치, 과도한 세금 등에 대한 민중의 반란이다.

거의 50만 명에 달하는 티 파티 운동 참가자들은 이른바 '미국에서 얻어 낼 계약'이란 것을 정하기 위해 가장 우선시해야 할 10가지 항목을 뽑는 온라인 투표를 실시했다. 그렇게 해서 선정된 첫 번째 항목은 미국 헌법을 보호하기 위한 조치였고, 그다음이 바로 이산화탄소 배출량을 제한하기 위한 배출권 입법화에 대한 거부였다. 또한 불안정한 국가에 대한 에너지 의존도를 낮추기 위해 국내에서 입증된 에너지 자원에 대한 탐사를 허용하자는 항목 역시 매우 중요한 우선 사항으로 정했다.[53]

티 파티 운동과 그들의 의제를 처음 들었을 때 나는 이번 사태가 37년 전 보스턴 거리를 휩쓸었던 보스턴 오일 파티에 대한 음울한 응보라는 생각이 뇌리를 스쳤다. 전에는 정유사의 정책에 항거하기 위해 '대형 정유사는 물러가라.'는 구호를 외치며 빈 기름통을 바다로 내던졌다면, 이제는 '파라, 계속 파라.'라는 새로운 주문을 날이 갈수록 크게 외치고 있다.

티 파티 운동가들과 수백만 명의 미국 시민이 현재 미국에서 일어나는 여러 상황을 두려워하고 분노하는 것은 어찌 보면 너무나 정당하고 당연하다. 그들만 그런 것도 아니다. 세계 곳곳의 수많은 사람 역시 같은 두려움을 느끼며 살아간다. 그러나 계속해서 더 많은 석유를 찾기 위해 노력하는 것은 우리를 위기에서 벗어나게 하기보다는 더욱 깊게 빠져들게 만든다. 석유 자체가 위기의 가장 큰 원인이기 때문이다. 석유에 의존하는 2차 산업혁명은 노화하고 있으며 예전의 영화를 되찾기란 불가능하다. 이것이 현실이다.

세계의 모든 사람이 묻는다. "우리는 이제 어쩌면 좋죠?" 일자리를 창출하고 기온의 상승 폭을 감소시키고 문명의 파괴를 피하려면 우리는 세계를 위한 새롭고 강력한 경제적 비전과 이를 구현할 수 있는 실용적인 게임 플랜이 필요하다.

2

새로운 내러티브

경제는 언제나 신뢰의 게임이다. 우리는 상업과 교역을 금이나 은이 뒷받침하는 것으로 간주했지만 실제로는 언제나 그보다 더 중요한 예비 자원인 '대중의 신뢰'가 뒷받침해 왔다. 이 믿음이 강건할 때 경제는 번영하고 미래에 대한 전망도 밝다. 대중의 믿음이 깨지면 경제는 추락하고 미래는 어둡다.

미국은 이제 그 마법을 상실한 것일까? 어디를 둘러보나 사람들은 서로 싸우고 칭얼대고 투덜거리며 남 탓만 한다. 그러면서 오래된 모욕과 상처를 되새기며 좋았던 옛 시절만 분별없이 그리워한다. 평화와 사랑의 1960년대 세대를 가장 위대한 세대라고 칭송하며 이후의 세대는 폄하하기에 바쁘다. X세대는 이기적이고 지나치게 자율적이며 밀레니엄 세대는 사고가 안이하고 너무 활동적이며 산만하다는 식이다. 과거에 집착하며 현재에 대해 끊임없이 불만을 토로하고 아직 다가오지도 않은 미래를 한탄하는 나라는 앞으로 어찌 해야 할까? 일반적인 표현을 빌려서 말하자면 '정신을 차려야' 한다.

버락 오바마 대통령이 백악관에 입성할 수 있었던 이유는 아주 잠시 동안이나마 미국인의 마음을 절망의 늪에서 끌어내고 집단의식을 결집시켜 더 잘할 수 있다는 믿음을 심어 주었기 때문이다. 그는 "예, 우리는 할 수 있습니다.(Yes, we can.)"라는 명확하고 멋진 말로 미국인, 특히 젊은 이들에게 희망을 안겨 주었다.

그러나 안타깝게도 이 젊은 대통령은 백악관에 정착하자마자 리더가 가질 수 있는 가장 다루기 힘들면서도 값진 자산, 즉 보다 나은 미래라는 공동의 비전으로 국민을 단결시키는 능력을 허투루 낭비하고 말았다. 공정하게 말하자면, 나는 전에도 국가원수들이 이와 같이 실수하는 모습을 거듭 지켜본 적이 있다. 갓 취임한 대통령은 미래에 대한 야심찬 비전과 열정을 안고 업무에 임하지만 결국엔 당장 해결해야 할 사소한 문제에 얽매이는 일상에 굴복하고 만다.

취임 첫날부터 오바마 대통령은 '경제 되살리기'라는 현안에 관심을 쏟기 시작했다. 그의 행정부는 경제 회생을 미국이 직면한 다른 두 가지 중대한 도전, 즉 에너지 안보 및 기후변화 문제와 함께 묶어서 해결하는 방안에 매달렸다. 대통령은 녹색 경제의 전망을 찬양하며 그것이 수많은 사업 기회와 일자리를 창출할 것이라고 강조하기 시작했다. 상하 양원의 많은 의원도 이 메시지에 공감했다. 그러나 그 모든 것을 포함하는 새로운 경제적 게임 플랜은 지금까지 전혀 빛을 발하지 못했다. 이유는 단순히 공공 부문 지출을 삭감하고 정부 적자를 줄여야 하기 때문이 아니다. 중요한 이유를 조지 부시 전 대통령의 표현을 빌려 말하면 바로 오바마 행정부에 '장기적 비전'이 없기 때문이다.

녹색 경제 회복에 대한 이야기를 꺼낼 때마다 오바마 대통령은 그의 행정부가 현재 진행 중이거나 계획 중인 프로그램과 이니셔티브의 긴 목록을 줄줄이 읊어 댄다. 물론 이러한 이니셔티브에는 크나큰 비용이 따른다. 연방 정부는 이미 에너지 효율을 위해 116억 달러, 풍력 및 태양광과 같은 재생 가능 에너지를 위해 65억 달러, 스마트 그리드(smart grid: 기존의 전력망에 정보기술을 접목하여 전력 공급자와 소비자가 양방향으로 실시간 정보를 교환하여 에너지 효율을 최적화하는 차세대 지능형 전력망 — 옮긴이)에 44억 달러, 그리고 전원 연결(plug-in) 및 연료전지 자동차를 위한 배터리 기술 개선에 20억 달러를 지출했다.[1] 대통령은 또 시간이 날 때마다 녹색 경제에 대한 자신의 굳은 의지와 헌신을 보여 주기 위해 태양광 및 풍력 발전소, 태양광전지판 제조 공장, 전기 자동차를 시험하는 자동차회사 등을 방문한다.

이런 오바마 대통령에게 부족한 것이 있는데 바로 줄거리와 플롯을 제대로 갖춘 큰 틀의 내러티브(narrative, 서사구조)다. 그가 보여 주는 것은 서로 연결되지 않는 한 무더기의 시험 프로젝트와 단독 프로그램으로 세계를 위한 새로운 경제적 비전을 설득력 있게 전달할 이야기가 없다. 그저 발전성 없는 수많은 이니셔티브에 묶여 아무런 성과도 없이 수십억 달러에 달하는 국민의 세금만 낭비하는 양상이다.

선거 기간 동안 위대한 자신감을 갖자고 국민을 고무한 남자가 갑자기 워싱턴의 전형적이고 우스꽝스러운 정책통으로 변해 어떻게 해야 개개의 것이 조화를 이뤄 큰 틀의 이야기를 만들지는 생각하지 않은 채 최신의 기술적 돌파구만 늘어놓고 있다. 만약 오바마 대통령이 차세대 산업혁명의 근본적인 역학을 명확히 이해했다면 필경 그는 미국의 미래를 위한 포괄적인 경제계획을 미국 국민에게 납득시켰을 것이다.

2002년 EU를 위한 지속 가능한 새로운 경제 비전에 브뤼셀이 진지하게 주목하기 시작했을 때에도 줄거리 없는 문장만 난무하는 오바마 대통령의 예와 똑같은 문제가 발생했다.

이 내러티브의 줄거리는 역사상 위대한 경제적 변혁은 새로운 커뮤니케이션 기술이 새로운 에너지 체계와 만날 때 발생한다는 사실을 이해하는 것에서 출발한다. 새로운 형태의 커뮤니케이션은 새로운 에너지원을 이용해 전보다 복잡한 문명을 체계화하고 관리하는 매개체 역할을 한다. 새로이 부상하는 인프라는 시간을 줄이고 공간을 좁혀 사람과 시장이 보다 다양한 경제적 관계를 형성하도록 돕는다. 이러한 시스템이 자리를 잡으면 경제활동이 발전하여 전통적인 종형 곡선을 좇아 상승하고 고점을 찍은 후 한동안 유지되다 하락하는데, 이 모든 과정은 커뮤니케이션과 에너지 매트릭스가 만들어 내는 승수효과의 힘에 따라 일어난다.

인프라를 보다 심오한 차원에서 말하면 경제활동을 위한 모종의 고정된 토대로 역할을 하는 일련의 정적인 집짓기 블록이 아니라(통속적인 경제 설화에서는 늘 그렇게 간주했지만 말이다.) 살아 숨 쉬는 경제를 창출하는 커뮤니케이션 기술과 에너지원 사이의 유기적 관계를 뜻한다. 커뮤니케이션 기술은 경제적 유기체를 감독하고 조정하고 관리하는 중추신경계 역할을 하며, 에너지는 정치적 통일체를 순환하며 경제가 살아서 성장하도록 자연의 산물을 재화와 용역으로 전환하는 데 필요한 자양분을 공급하는 혈액 역할을 한다. 결국 인프라는 갈수록 많은 수의 사람이 보다 복잡한 경제적·사회적 관계를 맺도록 돕는 살아 있는 시스템과 유사하다.

인쇄에 도입한 증기력 기술은 인쇄물이라는 매개체를 1차 산업혁명을 관리하는 주요 커뮤니케이션 도구로 변형시켰다. 롤러 방식의 증기 인쇄기와 이후 등장한 윤전기, 그리고 라이노타이프(linotype: 인쇄물의 기계 조판에 사용하는 식자기의 하나 — 옮긴이)는 인쇄의 속도는 높이고 비용은 크게 줄였다. 신문과 잡지, 책의 형태로 만들어진 인쇄물은 미국과 유럽 지역에서 빠르게 퍼지면서 역사상 처음으로 대중의 읽기 및 쓰기 능력을 장려했다. 1830년대에서 1890년대 사이에 양 대륙에서 발생한 공교육의 확산은 글을 아는 노동인구를 탄생시켜 석탄 동력의 증기기관 철도 및 공장 경제의 복잡한 운영을 체계화하도록 도왔다.

20세기 첫 10년 동안, 전기 커뮤니케이션은 석유 동력의 내연기관과 조우해 2차 산업혁명을 일으켰다. 공장의 전기화는 대량생산 제품의 시대를 열었는데, 그중 가장 획기적인 제품이 자동차였다. 헨리 포드는 가솔린 동력의 '모델 T'라는 자동차를 대량생산하기 시작하면서 사회의 공간적·시간적 방향을 완전히 바꾸어 놓았다. 사실상 하룻밤 사이에 수백만 명이 말과 마차를 자동차로 바꾸기 시작했다. 급증하는 연료 수요를 충족하기 위해 초기 단계의 석유업계는 유전 탐사와 굴착에 박차를 가했고, 그에 힘입어 미국은 세계 최대의 원유 생산국이 되었다. 불과 20년 동안 시멘트 고속도로가 미국 전역에 깔렸고, 수많은 가구가 몇 년 전만 해도 고립된 시골 마을로 치부하던 교외 지역의 새로운 공동체로 이주하기 시작했다. 수천 킬로미터의 전화선이 설치되었고, 뒤이어 라디오와 텔레비전이 등장해 사회생활을 재구성하며 석유 경제와 자동차 시대의 광범위한 활동을 관리하고 선전하는 커뮤니케이션 그리드를 창출했다.

오늘날 우리는 다시 한 번 커뮤니케이션 기술과 에너지 체계가 수렴하는 출발점에 서 있다. 다시 말해 인터넷 커뮤니케이션 기술과 재생 가능한 에너지의 결합이 3차 산업혁명을 일으키고 있다는 뜻이다. 21세기에는 수억 명의 사람이 자신의 가정과 직장, 공장에서 직접 녹색 에너지를 생산하여 지능적인 분산형 전력 네트워크, 즉 인터그리드로 서로 공유할 것이다. 오늘날 사람들이 인터넷상에서 나름의 정보를 창출해 서로 공유하는 것과 똑같은 방식으로 말이다.

음반업계는 수백만 젊은이가 온라인상으로 음악을 공유하기 전까지는 분산형 권력을 이해하지 못했고, 결국 10년도 채 안 되어 매출의 급락을 경험하고 말았다. 브리태니커 백과사전은 분산형 및 협력형 권력의 진가를 제대로 인식하지 못해 위키피디아에 세계 최고의 참조 출처 자리를 내주었다. 신문사들 역시 블로그스피어의 분산형 권력을 심각하게 받아들이지 않는 바람에 사업을 접거나 활동의 상당 부분을 온라인으로 옮기는 상황이다. 개방된 공동 공간에서 사람들이 분산된 에너지를 공유했을 때 미치는 파급 효과는 이보다 훨씬 더 크다.

3차 산업혁명의 다섯 가지 핵심 요소

3차 산업혁명은 1차 산업혁명이 19세기에, 2차 산업혁명이 20세기에 영향을 끼친 것처럼 21세기에 크나큰 영향을 끼칠 것이다. 나아가 앞선 두 차례의 혁명이 그랬듯이 우리가 일하고 살아가는 방식의 모든 측면을 근본적으로 바꿔 놓을 것이다. 화석연료에 기반한 산업혁명의 경제적·사회적·정치적 생활 대부분을 특징지었던 상의하달식 사회구조는 물러가고 분산 및 협력 관계가 주를 이루는 녹색 산업 시대가 부상할 것이다. 우리는 현재 사회구조가 계층적 권력에서 수평적 권력으로 이동하는 심오한 변화의 시기를 목도하고 있다.

과거의 모든 커뮤니케이션 및 에너지 인프라와 마찬가지로 3차 산업혁명의 여러 핵심 요소는 동시에 구축해야 한다. 그렇지 않으면 토대가 부실할 수 있다. 그 이유는 각각의 핵심 요소가 다른 핵심 요소와 밀접한 관계를 맺고 기능하기 때문이다. 3차 산업혁명의 다섯 가지 핵심 요소는 다음과 같다.

(1) 재생 가능 에너지로 전환한다.

(2) 모든 대륙의 건물을 현장에서 재생 가능 에너지를 생산할 수 있는 미니 발전소로 변형한다.

(3) 모든 건물과 인프라 전체에 수소 저장 기술 및 여타의 저장 기술을 보급하여 불규칙적으로 생성되는 에너지를 보존한다.

(4) 인터넷 기술을 활용하여 모든 대륙의 동력 그리드를 인터넷과 동일한 원리로 작동하는 에너지 공유 인터그리드로 전환한다.(수백만 개의 빌딩이 소량의 에너지를 생성하면 잉여 에너지는 그리드로 되팔아 대륙 내 이웃들이 사용할 수도 있다.)

(5) 교통수단을 전원 연결 및 연료전지 차량으로 교체하고 대륙별 양방향 스마트 동력 그리드상에서 전기를 사고팔 수 있게 한다.

2010년 가을, EU는 이 다섯 가지 핵심 요소를 모든 개별적 발전 단계에서 통합하고 조화해야 할 중대한 필요성을 깨달았다. 외부에 유출된 EU 의회의 한 문서는 밀물처럼 쇄도할 재생 가능 에너지를 수용할 수 있도록 유럽의 전력 그리드를 업데이트하려면 2010년부터 2020년까지 EU에서 1조 유로라는 막대한 비용을 지출해야 할 것이라고 경고했다. 그 내부 문서에는 "유럽은 재생 가능 에너지를 전통적 에너지원과 대등한 위치에서 경쟁하게끔 개발할 수 있는 인프라가 여전히 부족하다."고 적혀 있다.[2]

EU는 2020년 무렵이면 필요한 전기 중 3분의 1을 녹색 자원에서 얻어 낼 것으로 기대한다. 이는 곧 수많은 지역 에너지 생산자들이 그리드에 공급하는 간헐적인 재생 가능 에너지를 관리할 수 있도록 동력 그리드를 디지털화하고 지능화해야 한다는 의미다.

또한 그런 식의 간헐적인 재생 가능 에너지의 양이 전체 전기 생산량 중 15퍼센트를 넘어서면 수소 저장 기술 및 여타의 저장 기술을 신속히 개발하여 EU의 인프라 전반에 빠르게 보급해야 할 것이다. 그렇지 않으면 그 가운데 많은 양의 전기를 상실할 테니까 말이다. 마찬가지로 건설 및 부동산 업계에 인센티브를 부여해 EU의 수백만 채 건물을 현장에서 재생 가능 에너지를 생성하고, 남는 양은 스마트 그리드로 돌려보낼 수 있는 미니 발전소로 개조하도록 장려하는 일도 중요하다. 이러한 요건을 충족하지 않는다면 EU는 시장에 맞추어 출시할 예정인 수백만 대의 전기 자동차 및 수소 연료전지 자동차에 충분한 양의 녹색 전력을 제공할 수 없을 것이다. 만약 앞의 다섯 가지 핵심 요소 중 한 가지라도 발전이 뒤처진다면 여타 요소들이 제대로 기능할 수 없어 결국 인프라 자체가 위태로울 것이다.

EU는 금세기의 시작과 함께 두 개의 목표를 세웠다. 하나는 유럽을 지속 가능한 저탄소 배출 사회로 탈바꿈하는 것이고, 다른 하나는 유럽을 세계에서 가장 활기찬 경제체제로 만드는 것이다.

저탄소 배출 경제가 된다는 것은 화석연료를 토대로 가동되던 2차 산업혁명에서 재생 가능 에너지로 돌아가는 3차 산업혁명으로 탈바꿈한다는 뜻이다. 결코 쉬운 일이 아니지만 유럽과 미국이 목재 기반 연료에서 석탄 동력의 증기 기술로 전환하는 데 반세기 이상이 걸렸고, 석탄 및 증기 동력의 철도 기술에서 석유 및 전기, 자동차 경제로 바뀌는 데에도 그 정도의 시간이 걸렸다는 사실을 명심할 필요가 있다. 이러한 역사적 트렌드는 재생 가능 에너지 시대로 전환하는 것도 이와 비슷한 기간 내에 가능할 것이라는 확신을 우리에게 심어 준다.

새로운 3차 산업혁명의 내러티브를 찾는 것은 쉽지 않았다. 작가라면 누구나 알고 있듯이, 줄거리를 갖추는 것은 시작에 불과하다. 거기서 내러티브를 발전시키는 게 필수적이라는 의미다. 훌륭한 내러티브는 스스로 성장해 나름의 생명력을 갖추고 종종 작가가 예기치도 않은 방향으로 작가를 이끌기도 하는 유기적 과정을 거친다. 이번 경우에는 인터넷 커뮤니케이션 기술과 재생 가능 에너지의 결합이라는 애초의 줄거리가 우리를 3차 산업혁명의 양방향 내러티브를 함께 구성하는 다섯 가지 핵심 요소로 인도해 주었다. 결국 우리는 스토리를 탐색하다가 놀라운 여정에 올라 예상 밖의 전개와 방향 전환을 경험했다는 얘기다.

녹색 에너지를 위한 선택

2000년과 2001년, 유럽에서는 이미 2020년까지 재생 가능 에너지의 비중을 20퍼센트로 높인다는 목표를 놓고 진지하게 논의하고 있었다. 이는 21세기의 첫 20년이 끝나갈 때쯤 전력 중 30퍼센트를 녹색 에너지원에서 얻는다는 것을 의미했다. 재생 가능 에너지로 20퍼센트 전환(핵심 요소 1에 해당)한다는 것이 일종의 기준점이 된 것이다.

새로운 재생 가능 에너지 체계로 전환하는 것은 몇 년 전에 사람들이 예상했던 것보다 훨씬 더 빠른 속도로 현실화되고 있다. 전통적인 화석연료와 우라늄은 점점 고갈되고 있다는 이유로 세계시장에서 지속적으로 가격이 상승하고 있다. 우리가 치러야 하는 비용은 (지구의 기후와 생태계의 안정성에 악영향을 미치는) 이산화탄소 배출이 야기하는 외적 영향의 증가로 인해 더욱 가중되고 있다.

한편 새로운 녹색 에너지 가격은 새로운 기술적 혁신들과 조기 채택, 규모의 경제 등으로 인해 빠르게 하락하고 있다. 태양광발전 비용은 매년 8퍼센트의 비율로 내려가 8년마다 절반 수준으로 떨어질 것으로 기대된다.[3] 전기요금이 매년 5퍼센트 정도의 합당한 수준으로 인상될 것으로 예상할 때 2012년경에 태양광발전이 유럽 시장에서 그리드 패리티(Grid Parity: 대체 에너지원으로 전기를 생산하는 비용이 화력발전이나 원자력발전으로 전기를 생산하는 비용과 같거나 그보다 적게 드는 상황을 말한다.)에 도달할 것으로 추정된다.[4]

화석연료 에너지의 비용 상승과 재생 가능 에너지의 비용 하락, 이 둘 사이의 점점 벌어지는 격차는 글로벌 경제의 대변동과 새로운 경제 패러다임의 출현을 위한 장을 열어 주고 있다. 태양광 및 풍력 에너지 부문의 상업적인 성장은 과거 개인용 컴퓨터와 인터넷 부문의 극적인 성장을 연상케 한다. 최초의 개인용 컴퓨터가 대중 시장에 소개된 것은 1970년대 후반이었다. 2008년 무렵 개인용 컴퓨터의 수는 무려 10억 대를 넘어섰다.[5] 마찬가지로 인터넷 사용자의 수도 21세기 첫 10년 동안 두 배로 증가하면서 2010년에 20억 명을 넘어섰다.[6] 현재 태양광 및 풍력 에너지 설비의 수는 2년마다 두 배로 증가하고 있으며, 앞으로 20년 동안 개인용 컴퓨터와 인터넷 사용자 수가 증가한 것과 같은 유형의 경로를 따를 것이다.[7]

그렇지만 구형 에너지산업 역시 한동안 계속 강력한 세력을 유지할 것이다. 그 주된 이유는 정부의 에너지 정책을 좌지우지할 수 있는 막강한 재력을 보유하고 있기 때문이다. 정부의 보조금과 여타 형태의 편애 등과 같은 인위적 지원을 받아 구형 에너지 부문은 갓 성장하는 녹색 에너지 산업을 능가하는 부당한 이점을 누리고 있다. 석유와 석탄, 가스, 원자력 업계는 녹색 에너지의 성장세를 마지못해 인정하면서도, 글로벌 경제를 이끌기엔 불충분하고 힘이 부족해서 기껏해야 화석연료와 원자력의 보완 수단밖에 되지 못할 것이라고 주장한다. 그러나 그들의 주장은 몇 가지만 철저히 검토하면 헛소리임을 알 수 있다.

과학자들은 한 시간 분량의 태양광만으로도 글로벌 경제를 1년 동안이나 돌릴 수 있다고 말한다.[8] EU 지역만 놓고 봐도 전체 건물 지붕의 40퍼센트와 건물 측면의 15퍼센트가 태양광발전 설비를 적용하기에 적합하다. 유럽태양광산업협회(European Photovoltaic Industry Association, EPIA)는 적용 가능한 모든 건물에 태양광발전 설비를 설치하면 EU 전체 전기 수요의 40퍼센트에 해당하는 1500기가와트의 전력을 생산할 수 있다고 추산한다.[9]

2007년 과학 전문잡지 《사이언티픽 아메리칸》에 발표한 연구에 따르면, 미국 남서부 지역 일사량 중 2.5퍼센트만 전기로 전환해도 2006년 미국 전체 전기 소비량과 맞먹는 정도의 전력을 얻을 수 있다. 연구는 또한 해당 지역이 2050년 무렵이면 미국 전기 수요의 69퍼센트를, 전체 에너지 수요의 35퍼센트를 감당할 수도 있다고 결론 내렸다.[10]

유럽은 현재 태양광 에너지 부문에서 세계의 여타 지역을 월등히 앞서가고 있다. 2009년을 기준으로 전 세계에 설치된 모든 태양광발전 설비의 78퍼센트가 EU의 관할 아래 있다. 미국과 일본, 중국은 크게 뒤처져 있다는 얘기다.[11]

2009년 EU는 다른 무엇보다도 풍력발전 설비를 가장 많이 설치했다. 새로운 에너지원 배차의 38퍼센트에 해당한다. 풍력발전 산업은 현재 EU 전체에 걸쳐 20만 명에 달하는 인력을 고용하고 전기 수요의 4.8퍼센트를 책임지고 있으며, 2020년이면 유럽 시장에 17퍼센트에 해당하는 전기를 공급할 것이다. 또한 2030년이면 유럽 전기 수요의 35퍼센트를 감당하며 50만 명에 육박하는 인력을 보유할 것이다.[12]

미국은 나라 전체에 수차례 동력을 공급하고도 남을 정도의 풍력 자원을 보유하고 있다.[13] 2010년 10월 구글과 금융회사 굿에너지는 버지니아 주 노퍽에서 뉴저지 북부에 이르는 약 560킬로미터 해안에 연안 풍력 설비와 동부 지역을 잇는 수중 송전선을 설치할 계획이라고 밝혔다.[14] 이 새로운 송전선은 동부의 여러 주가 연안 풍력 발전을 늘리는 것은 물론이고 에너지 소비에서 녹색 전기의 비중을 크게 높이는 계기를 안겨 줄 것으로 기대된다.

스탠퍼드 대학교에서 이루어진 지구의 풍력 생산능력에 관한 연구에서는 지구에서 이용 가능한 바람의 20퍼센트를 활용하면 현재 세계가 사용하는 전기의 일곱 배에 달하는 양을 공급할 수 있다고 추산한다.[15] 앞으로 10년 안에 수백만 가정과 사무실, 공업용지 들이 발전 설비를 갖추고 나면 도시 및 외곽 건축 부지 주변에 세워지는 독립형 풍력발전 터빈들이 녹색 풍력 에너지 시장에서 급성장하는 필수 부분이 될 가능성이 매우 높다. 미국의 사우스웨스트 윈드파워 등과 같은 기업은 평균적인 한 가정에 필요한 전기의 25~30퍼센트를 생산할 수 있는 소형 풍력 터빈을 공급한다. 이 풍력 터빈의 가격은 1만 5000달러에서 1만 8000달러 사이이며, 비용 회수 기간은 14년으로 비교적 짧다.

수력발전은 현재 세계에서 생산하는 녹색 에너지의 가장 큰 부분을 차지한다. EU는 수력발전으로 18만 메가와트의 전력을 생산하는데, 상당 부분을 원숙 단계에 이른 대규모 발전소에 의존한다. 전문가들은 이 분야의 미개발 잠재력이 분산형 소규모 수력발전 설비에 있다고 말한다. 유럽 전역에서 경제적으로 실행 가능한 지역에 소규모 수력발전 설비를 갖추면 연간 147테라와트시의 전력을 생산할 수 있다는 것이다. 영국은 소규모 수력발전 설비를 갖추면 앞으로 85만 가구에 동력을 공급할 수도 있다고 연방 환경국이 밝혔다.

미국에서 수력발전은 현재 재생 가능 전력 생산의 75퍼센트를 차지한다. 전기동력연구협회(Electric Power Research Institute, EPRI)는 대규모 댐과 소규모 수력발전, 파랑 발전을 합쳐 2050년이면 수력 전기 2만 3000메가와트를 추가 확보할 수 있다고 추정했다.[16]

지구 표면 아래에 존재하는 지열 에너지는 아직 그 누구도 손대지 않은 녹색 에너지의 방대한 보고다. 지구의 내부 온도는 섭씨 4000도 이상이며, 이 에너지는 지속적으로 지구의 표층으로 흘러나오고 있다. 유럽에서 지열 에너지가 가장 많이 나오는 나라는 이탈리아와 프랑스다. 그 밖의 독일과 오스트리아, 헝가리, 폴란드, 슬로바키아 등도 지열 에너지가 풍부한 편이다.

미국에는 지구 표면에서 약 3킬로미터 아래 사이에 저장되어 있는 지열 에너지가 약 300만 쿼드(quad)나 되며, 이는 미국의 에너지 수요를 3만 년 동안이나 충족할 수 있는 열량이다.[17]

세계에 설치된 지열 에너지 생산설비는 2005년부터 2010년까지 20퍼센트가 증가했다. 그러나 현재 지열 에너지로 전력 수요의 100퍼센트를 충족할 만한 잠재력을 갖춘 39개 국가 중 언급할 만한 수준의 설비를 갖춘 나라는 9개국에 불과하다.[18]

미국은 현재 총 3086메가와트를 생산하는 발전소들을 갖추고 지열 에너지 분야를 선도하고 있다. 물론 아직 개발하지 않은 엄청난 잠재력을 보유한 나라다. MIT의 어느 연구에서는 다음 15년 동안 3억 달러에서 4억 달러 정도의 비교적 값싼 투자만으로도 지열 에너지를 미국의 전력 시장에서 매우 경쟁력 있는 에너지원으로 만들 수 있다고 추정했다. 그리고 같은 기간 동안, 공공 및 민간 투자 또는 공민 합동 투자로 8억 달러에서 10억 달러를 투여하면 2050년경에 상업적으로 이용 가능한 10만 메가와트 이상의 에너지를 생산할 것이라고 예상했다.[19]

연료 작물과 삼림 폐기물, 도시 쓰레기 등을 이용하는 바이오매스는 성장하는 녹색 에너지 분야의 마지막 부문으로, 녹색 에너지 선택안 중 가장 많은 논쟁을 불러일으켰다. 세계바이오에너지협회는 "세계의 바이오 에너지가 갖는 잠재력은 2050년이면 전 세계 에너지 수요를 충족할 수 있을 정도로 크다."고 주장한다.[20] 전력연구협회(Electric Power Research Institute, EPRI)의 브라이언 해니건은 바이오 에너지가 녹색 에너지 생산에서 중요한 역할을 할 수 있다는 데에는 동의하지만, 현재의 경제적 분석에 기초하건대 2050년 무렵에 세계 에너지 수요의 20퍼센트밖에 제공하지 못할 가능성이 높다고 말한다.[21] 물론 이것도 매우 큰 비중이기는 하다. 천연자원보호협회(Natural Resources Defense Council, NRDC)는 미국에서만 매년 3900만 톤에 달하는 작물 잔해가 활용되지 않은 채 묻힌다고 보고했다. 이는 뉴잉글랜드 전역의 모든 가정이 쓸 전기를 생산하기에 충분한 양의 폐기물이다.[22]

바이오 에너지를 생산할 때는 몇 가지 제약 사항을 감안해야 한다. 예컨대 바이오 에탄올을 생산하기 위해 옥수수를 경작하는 것은 사실상 역효과를 초래하는 활동이다. 작물을 기르고 에탄올을 가공 및 운송하는 과정에 드는 에너지가 최종 생산품의 에너지 가치를 상쇄하기 때문이다.[23]

농작물과 삼림 폐기물로 에너지를 생산할 때 반드시 고려해야 할 점은 이에 들어가는 땅과 물이 식량과 섬유를 생산하는 데 쓰면 더욱 생산적일 수 있다는 사실과 바이오매스를 생성하고 에너지를 가공 및 운송하는 과정에서 온실가스를 배출해 지구온난화를 부추길 수도 있다는 사실이다.

전력 및 열 생산을 위한 도시 쓰레기의 에너지화는 바이오매스의 여러 종류 중 가장 장래성이 높다. 2010년 세계 인구는 약 17억 톤에 달하는 고형 도시 쓰레기를 배출했다. 이 중 10억 톤이 넘는 양이 매립지로 향했으며 겨우 2억 톤만이 에너지로 바뀌었다. 녹색 에너지원으로서 많은 잠재력을 보유한다는 의미다. 이 에너지의 98퍼센트는 대량 연소와 폐기물 고형 연료 연소로 생성하는데, 대기에 유해 가스를 배출하는 등

환경에 부정적인 영향을 미치기도 한다. 나머지 2퍼센트는 상대적으로 덜 해로운 방식인 온도 처리 및 생물학 처리 기술로 생산한다.

파이크 연구소에서 수행한 연구 결과에 따르면 폐기물 온도 처리 및 생물학 처리 기술의 세계시장 규모는 2010년 37억 달러 수준에 도달했고, 계속해서 시 당국과 상업 기관이 보다 새롭고 깨끗한 전환 기술을 채택함에 따라 2016년이면 136억 달러 수준으로 성장할 것이다.[24]

이러한 녹색 에너지를 모두 상용화할 수 있는지 여부는 상업적 확장성이라는 요소에 좌우될 것이다. 이 과정을 촉진하기 위해 각국 정부는 녹색 에너지로 전환할 것을 장려하는 다양한 인센티브를 마련하고 있다. 현재 50개가 넘는 국가와 주, 지방이 '발전 차액 지원 제도'를 운용하며 재생 가능 에너지 생산업자들이 그리드에 되파는 녹색 전력에 대해 시가보다 비싼 값을 매기고 있다.[25] 발전 차액 지원 제도는 조기 채택자들에게 시장 진입과 관련해 수익성 높은 인센티브를 제공하여 태양광 및 풍력 에너지를 위한 상업적 길을 열어 주고 있는 셈이다.

발전 차액 지원 제도는 또한 지난 몇 년 사이에 수십만 개의 일자리를 창출했다. 예를 들어 독일은 2003년 석탄·석유·가스·우라늄을 포함하는 전통적 에너지 분야의 일자리는 26만 개 정도였는데, 2007년에는 재생 가능 에너지 분야의 일자리가 24만 9300개로 전통 분야와 맞먹는 수준으로 성장했다. 더욱 인상적인 것은 주요 에너지 소비에서 재생 가능 에너지가 차지한 비중이 10퍼센트 미만이었다는 사실이다. 다시 말해 10퍼센트에도 못 미치는 기여로 다른 모든 에너지원을 합쳤을 때와 비슷한 수의 일자리를 창출했다는 뜻이다.[26]

스페인은 재생 가능 에너지 체계로 폭발적으로 전환한 또 하나의 예다. 18만 8000개가 넘는 재생 가능 에너지 관련 일자리와 1027개의 재생 가능 에너지 기업을 지원하는 스페인 경제는 전통적 에너지 산업이 제

공하는 수준의 다섯 배에 달하는 일자리를 이 새로운 에너지 분야에서 창출하고 있다.[27]

발전 차액 지원 제도가 없는 미국에서도 재생 가능 에너지 분야의 일자리는 급증하는 반면 전통적 에너지 분야의 일자리는 감소하는 추세다. 풍력 산업에서만 지난 10년간 8만 개가 넘는 일자리가 창출되었는데, 이는 미국 내 석탄업계의 일자리를 모두 합친 것과 같은 수준이다. 더욱이 풍력은 미국의 에너지 분야 전체에서 차지하는 비중이 1.9퍼센트밖에 되지 않는데 석탄은 44.5퍼센트라는 사실을 감안하면 재생 가능 에너지 분야의 일자리 창출 능력이 놀라운 수준임을 알 수 있다.[28]

1억 9000개의 발전소

유럽의 미래는 녹색 에너지에 달려 있다. 문제는 태양광·풍력·수력·지열·바이오매스 에너지를 어떻게 수집하느냐는 것이다. 첫 번째 아이디어는 언제나 햇볕이 내리쬐는 남부 유럽 지역과 지중해에 거대한 태양광 공원을 조성해 에너지를 모으는 것이었다. 이와 유사하게 바람이 풍부한 아일랜드 연안 등지에서 풍력 에너지를 모으고 수력 에너지는 노르웨이나 스웨덴에서 얻는 방안 등이 도출되었다.

제한된 장소에 집중된 화석연료를 챙기는 일에 익숙했던 동력 및 공익사업(utility: 수도, 전기, 가스 등의 공급사업) 회사들, 그리고 금융업계와 정부에는 재생 가능 에너지도 똑같은 방식으로 모으는 일이 지극히 타당해 보였다. 그에 따라 유럽 곳곳에 자원이 풍부한 지역을 중심으로 대규모 집중형 태양광 공원과 풍력 농원이 생겨나기 시작했다.

그러던 2006년, 몇몇 에너지 기업가와 정책 분석가, NGO, 정치인 들은 지속 가능 경제 모델에 관한 논의에 심오한 변화를 안겨 줄 아주 단순한 의견을 내놓기 시작했다. 강도에는 차이가 있지만, 태양은 매일 지구의 모든 곳에 빛을 비춘다. 빈도에는 차이가 있어도, 바람 역시 전 세계에 불고 있다. 우리가 밟는 모든 곳의 밑에는 뜨거운 지열 핵이 존재하며, 우리는 모두 일상적으로 쓰레기를 배출한다. 들녘과 산간에서는 늘 작물 잔해와 삼림 폐기물이 나온다. 인구의 상당수가 거주하는 해안 지역에는 매일 파도와 조수가 밀려오고 밀려 나간다. 계곡 지역에 거주하는 사람들은 산악 빙하에서 꾸준히 흘러내리는 물에 의존하여 수력 전기를 얻는다. 다시 말해 지구의 특정 지역에서만 발견되는 엘리트 자원인 화석연료나 우라늄과는 달리, 재생 가능 에너지는 모든 곳에 존재한다는 얘기다. 이러한 발견은 내 동료들의 생각을 완전히 바꿔 놓았다. 즉, 재생 가능 에너지가 세계 모든 곳에서 다양한 양으로 분포해 있는데, 소수의 특정 지역에서만 이 에너지를 수집하려 애쓸 이유가 어디 있느냐는 것이다.

우리는 곧 화석원료의 경험에 기반한 20세기적 사고로 에너지를 생각하고 있다는 사실을 깨달았다. 우리 중 어느 누구도 거대한 태양광 공원이나 풍력 농원을 반대하진 않았지만(나는 이것들이 탄소 후 3차 산업혁명 경제로 전환하는 데 필수적이라고 믿는 사람이다.) 그것만으로는 충분하지 않을 것으로 판단하기 시작했다.

그렇다면 어디에서나 찾을 수 있는 재생 가능 에너지는 어떤 식으로 수집해야 합당한 것일까? 2007년 초, EU 의회 에너지기후변화위원회는 지구온난화 및 에너지 안보의 다음 단계를 보고서로 만드는 중이었다. 나는 EU 의회의 재생 에너지 분야 권위자 클로드 텀스 의원에게서 전화 한 통을 받았다. 그는 건설업계를 우리의 노력에 보다 적극적으로 동참시킬 것을 권고했다. 클로드는 내가 건축에 지속 가능 설계를 포함하는 유럽과 미국의 대표적인 건설회사 몇몇과 접촉하고 있다는 사실을 알고 있었다. 또 내가 그들에게 기존 건물들을 미니 발전소로 전환해야 할 필요성을 설명하기 시작한 것도 알고 있었다. 그는 EU의 건설업계가 GDP의 10퍼센트를 창출하고 가장 많은 노동자를 고용하는 분야이면서도 일상적인 경제와 관련해서는 '방 안의 코끼리(elephant in the room: 빤히 보이는데도 편의상 무시하는 큰 문제 — 옮긴이)'와 같다고 상기시켰다.[29] 더불어 그는 건설업계가 주요 협력자가 될 수 있을 뿐 아니라 EU 집행위원회 및 각 회원국에서 끊임없이 녹색 성장 관련법 제정과 지속 가능 개발 정책을 좌절시키고 있는 거대 에너지 기업들에 대한 균형추로 역할할지도 모른다고 말했다.

실제로 '문제가 경제'라면 비즈니스 활동을 만들어 내고 새로운 일자리를 창출하는 산업으로서 건설업계만 한 분야가 없다. EU의 27개 회원국에는 1억 9000만 개의 건물이 있다.[30] 이 건물들은 모두 현장에서 재생 가능 에너지를 끌어모을 수 있는 잠재적인 미니 발전소다. 지붕에 쏟아지는 태양광과 외벽에 부딪치는 바람, 가정에서 흘러나오는 하수, 건물 아래에 있는 지열 등을 모두 에너지원으로 활용할 수 있다는 얘기다.

1차 산업혁명이 빽빽한 도심과 공동주택, 연립주택, 초고층 빌딩, 다층 공장 등을 발달시켰고 2차 산업혁명이 편평한 교외 주택지와 공업단지 등을 생성했다면, 3차 산업혁명은 현존하는 모든 건물을 주거지와 미니 발전소 역할을 동시에 수행하는 이중 목적 공간으로 만들 것이다. 이것이 바로 핵심 요소 2에 대한 얘기다.

건설업계와 부동산업계는 이제 기존 건물들을 현장에서 녹색 에너지를 생성해 자체 동력으로 이용하는 미니 발전소로 탈바꿈시키기 위해 재생 가능 에너지기업들과 손을 잡고 있다.

이러한 미니 발전소 신세대의 대표적인 예가 프리토레이(Frito-Lay)의

애리조나 카사그란데 공장이다. 이 공장의 콘셉트는 '넷 제로(net zero: 필요한 에너지를 태양광이나 풍력발전으로 자체 조달하는 건물 또는 시스템 — 옮긴이)'다. 현장에 설치한 태양광 장치를 이용해 공장에 필요한 에너지를 수급하여 감자 칩 제품을 생산한다는 얘기다.[31] 스페인의 아라곤 지역에 있는 GM의 자동차 공장도 이에 해당한다. 이 공장은 지붕 위에 10메가와트를 생산할 수 있는 태양광발전 시설을 설치했는데, 이는 4600개 가정에 전기를 공급할 수 있는 양이다. 초기 투자금 7800만 달러는 10년 안에 전액 회수할 것이다. 따라서 그 이후에 생산하는 에너지는 사실상 공짜인 셈이다.[32] 프랑스의 거대 건설회사인 부이그(Bouygues)는 여기서 한 걸음 더 나아가 파리 교외에 자체 수요를 충족하는 태양광 에너지 외에 잉여 에너지까지 생산하는 최첨단 '능동 동력' 복합 오피스 단지를 건설 중이다.[33] 일반 가정도 집을 미니 발전소로 전환할 수 있다. 6만 달러 정도만 투자하면 집주인은 지붕 위에 태양광전지판을 설치하여 필요한 모든 전기 또는 대부분의 전기를 얻을 수 있다. 추가적으로 생성되는 에너지는 그리드에 되팔 수 있으며 초기 투자금의 회수 기간은 짧게는 4년에서 길게는 10년 정도로 예상한다.

지금부터 25년 후에는 주택, 사무실, 쇼핑몰, 산업 지구, 기술 지구 등 수백만 개의 건물을 발전소와 거주지 역할을 동시에 수행하는 공간으로 건설하거나 전환할 것이다. 앞으로 30년 동안 이루어질 이러한 상업용 건물과 주거용 건물의 전면적 전환은 건설 경기를 활성화하며 수천 개의 새로운 사업체와 수백만 개의 일자리를 창출할 것이고, 여타의 모든 산업에 영향을 미치는 경제적 승수효과를 낳을 것이다.

그렇다면 각 지역 차원에서는 이를 어떻게 해석하면 좋을까? 영국의 캐머런 정부는 에너지 효율을 높이는 동시에 차후의 녹색 에너지 생산을 더욱 효과적으로 활용하도록 자국의 2600만 가구를 단순히 단열 처

리만 해도 25만 개의 일자리를 창출할 것이라고 예상한다.[34]

건물을 미니 발전소로 전환하는 것은 훨씬 더 다양한 사업 기회와 수천만 개의 일자리를 창출할 것이다. 이와 관련하여 건설 및 부동산 분야 앞에 놓인 상업적 가능성을 보여 주는 예를 하나 살펴보자. 2008년, 우리 글로벌 정책 팀은 이탈리아 시칠리아 섬의 주지사인 라파엘레 롬바르도와 해당 지역을 3차 산업혁명 경제로 전환하는 방법을 논의하기 시작했다. 시칠리아의 500만 인구는 서유럽 기준으로 보면 가난한 편에 속하지만 대신 어느 곳보다도 풍부한 일사량을 누린다. 연구 결과 다음 20년 동안 시칠리아 건물들의 지붕 중 6퍼센트만 태양광전지판을 설치해도 1000메가와트의 전기를 만들어 낼 수 있다고 나왔다. 이는 시칠리아 주민 3분의 1에 전기를 공급할 수 있는 양이다. 더불어 이 연구는 이러한 설치 과정을 수행할 수 있는 중소 규모의 건설, 건축, 엔지니어링 회사가 지역 내에 3만 6000개나 있다고 밝혔다. 3차 산업혁명 경제로 부분적 전환만 이루어져도 40억에서 50억 유로에 달하는 시장이 창출되고 20년이라는 기간 동안 시칠리아의 중소기업에 350억 유로에 달하는 추가 수입을 안겨 줄 것이다.[35]

이탈리아의 발전 차액 지원 제도는 이러한 과정을 촉진하는 매우 중요한 상업적 자극제 역할을 한다. 차액은 전기요금 5퍼센트 인상의 형태로 주민이 지불한다. 지금까지 태양광 에너지를 얻기 위한 설비는 대규모 태양광발전 시설 위주였고, 분산형 동력 발전 프로젝트를 위한 설비는 매우 적었다. 그러나 정부가 중소기업 및 주택 보유자의 태양광전지판 설치를 돕는 대출을 지원한다면 이러한 비율은 뒤집힐 수 있다.

녹색 모기지는 또한 건물의 전환도 촉진할 수 있다. 은행과 여타 대부기관은 태양광전지판을 설치하는 주택 보유자와 기업에 저리 대출을 제공할 수 있다. 전지판 설치를 이용한 에너지 절약으로 투자금을 회수하는 기간이 평균 8년에서 9년이라고 가정한다면, 20년 만기 모기지를 받는 사람들은 이 기간의 마지막 11년 내지 12년 동안은 필요한 모든 전기를 그리드 밖에서 생성할 것이다. 매달 절약하는 전기요금은 매달 나가는 상환금으로 활용할 수도 있고 이자율 하향 조정의 기반이 될 수도 있다. 발전 설비 겸비로 구조를 변경하는 건물은 부동산 가치 또한 상승하는 효과를 맛볼 수 있다. 몇몇 은행은 이미 특별 녹색 모기지를 제공하고 있다. 앞으로 녹색 모기지와 같은 제도들이 대부 산업을 개편할 것이며 세계 각국에서 건설 붐을 일으킬 것이다.

지금부터는 시야를 넓혀 건물의 에너지 효율성 증가와 재생 가능 에너지 구비가 제공하는 거시적 고용 효과에 대해 알아보자. 에너지 자원 그룹과 UC버클리 하스 경영대학원의 연구원들은 미국 내 건물들의 재생 가능 에너지 설비와 에너지 효율성 증가에 관한 15개의 개별적 연구를 통합한 자료에 기초해 2009년부터 2030년까지의 에너지 부문에 대한 분석적 고용 창출 모델을 만들어 냈다. 이 모델은 재생 가능 에너지 이용과 에너지 효율성 증가로 나타난 여타 분야의 일자리 감소, 노동자의 소비 증가로 나타난 간접적 일자리 창출, 초기 투자 활동이 다른 상업 활동에 미치는 승수효과 등을 포함하는 넓은 범위의 변수를 모두 고려했다. 이 연구는 "전력 생산의 연간 상승률을 반으로 줄이고 신재생 에너지 의무할당제(Renewable Portfolio Standard, RPS)를 30퍼센트로 목표를 잡는다면 2030년까지 약 400만 개의 일자리를 창출할 것"이라고 예상했다.[36] 만약 신재생 에너지 의무할당제 기준을 40퍼센트로 잡는다면(세계 몇몇 지역은 이미 그 기준이 60퍼센트 수준에 도달했고 다른 많은 지역은 2030년까지 더 높은 수준을 목표로 삼고 있다.) 미국에서 창출되는 완전히 새로운 일자리의 수는 550만 개를 넘을 것이다.

뒤에서 자세히 살펴보겠지만, 이러한 수준의 일자리 증가는 단지 핵심 요소 1과 2, 즉 재생 가능 에너지로 전환했을 때와 건물들의 미니 발전소 설비를 고려했을 때의 결과일 뿐이다. 핵심 요소 1과 2를 핵심 요소 3(에너지 저장 기술의 보급)이나 핵심 요소 4(에너지 유통을 위한 지능형 공익 네트워크의 확립), 핵심 요소 5(전원 연결 및 연료전지 차량으로 교통수단 교체)와 연결되지 않는 독립된 이니셔티브로 봐도 그렇다는 의미다. 예를 들어 앞의 일자리 전망은 인터넷이 발달하기 이전, IT 혁명의 출범 이후 20년 동안에 생겨날 일자리를 예측하는 것과 매우 흡사하다. 3차 산업혁명의 다섯 가지 핵심 요소가 모두 상호 연결되면, 경제를 위한 새로운 신경계가 형성되고 에너지 효율이 급증하면서 실로 엄청난 수의 새로운 사업 기회와 일자리가 생겨날 것이다.

대형 에너지기업들이 경제를 지배하며 정부 정책과 국제 관계 지정학에 영향력을 행사하던 100년의 세월이 지난 후, 이렇게 수백만의 미니 에너지 사업가를 창출함으로써 에너지의 생산과 분배를 민주화하려는 새로운 계획이 추진되고 있다. 이러한 변화는, 어느 참관인의 말마따나 '시민에게 파워를' 돌려주는 것이다.

태양이 언제나 비치는 것도 아니고 바람이 늘 부는 것도 아니라서

풍부하고 깨끗한 재생 가능 에너지가 우리에게 지속 가능한 세상에서 살아갈 수 있다는 희망을 안겨 주는 것은 사실이지만 나름의 문제점이 없는 것은 아니다. 태양이 언제나 비치는 것이 아니고 바람도 항상 부는 것은 아니다. 또 불필요할 때 부는 바람은 어떻게 할 것인가? 재생 가능 에너지는 대부분 중간 중간에 끊길 수도 있는 불규칙성이 있는 반면 석유·석탄·원자력 등과 같은 하드 에너지는 유한하고 환경은 오염시킬지

언정 비교적 규칙성이 있는 고정 자원이다.

2002년 5월, 나는 당시 EU 집행위원회 위원장인 로마노 프로디를 워싱턴 D.C. 소재 EU 대사관에서 만나 잠시 담소를 나누었다. 나는 그에게 2020년까지 재생 가능 에너지의 비중을 20퍼센트로 높인다는 유럽의 목표에 대해 우려의 뜻을 표했다. 이는 유럽 전력의 거의 3분의 1이 바람과 태양 그리고 여타의 불규칙성 에너지에 의존한다는 것을 뜻했다. 나는 이렇게 말했다.

"로마노, 머릿속으로 그림을 한번 그려 봅시다. 2020년이 되어 EU가 재생 가능 에너지 20퍼센트라는 목표를 달성했다고 가정하는 겁니다. 7월 중순, 매우 무더운 여름인데 유럽 전역에 벌써 몇 주째 구름이 해를 가리고 있습니다. 게다가 운 나쁘게도 바람도 별로 불지 않습니다. 엎친 데 덮친 격으로 기후변화로 발생한 가뭄 때문에 수위가 낮아져 수력 발전소도 돌릴 수 없는 상황이네요. 그래서 유럽 전역에 전기 공급이 중단된다면, 그때는 어떻게 될까요? 이런 상황을 방지하려면 어떻게 해야 할까요?"

전직 교수이자 저명한 경제학자로서 이탈리아의 국무총리를 두 차례나 역임했으며 유럽에서 가장 존경받는 정치인 중 한 명으로 꼽히는 로마노는 의외로 꽤나 겸손하고 조용한 성격이었다. 그는 내 말의 진의를 파악하려는 듯 턱에 손을 괴고 잠시 생각하더니 공을 내 쪽으로 되던졌다.

"뭐 좋은 아이디어라도 있소?"

그가 물었고 기다렸다는 듯이 내가 답했다.

"그럼요, 있고말고요. 가급적 빨리 재생 가능 에너지를 저장할 수 있는 기술을 개발하여 상용화하는 연구에 투자해야 합니다. 그렇지 않으면 재생 가능 에너지가 있다 해도 탄소 후 시대로 이동할 수 있는 규모로 이용할 수 없습니다. 저장할 방법이 없으면 끝장인 겁니다." (8년 후 빌 게이츠는 이에 공명하여 비용 효율적이며 신뢰할 만한 저장 기술이 지속 가능한 미래를 여는 열쇠라고 말한다.)

유럽의 전력 및 공익사업 회사들은 이미 그리드상의 전력 중 15~20 퍼센트 이상을 재생 가능 에너지로 조달하면 그리드가 날씨에 영향을 받지 않을 수 없을 것이며 대륙 전역에 걸쳐 주기적인 정전과 절전에 직면할 것이라고 불평했다. 사실 흐름 전지와 플라이휠, 축전기, 양수식 저장 장치 등을 포함해 여러 종류의 유망한 저장 기술이 있다. 나는 전부터 다양한 가능성을 조사하고 연구했으며 로마노 프로디 위원장을 만나기 얼마 전에 앞의 모든 가능성을 발전시키는 한편, 수소를 저장 매개체로 활용하는 기술에 가장 큰 기대를 거는 것이 좋겠다는 결론을 내렸다. 수소는 다루기 쉬우므로 장기적으로 유용한 저장 매개체가 될 수 있다고 판단했다.

과학자들과 엔지니어들은 이미 오래전부터 수소를 탄소 후 시대를 위한 성배로 여기며 연구했다. 수소는 우주에서 가장 가볍고 풍족한 성분(별의 주요 성분)으로 탄소 원자를 전혀 포함하지 않는다. 수소는 지구의 모든 곳에서 발견할 수 있지만 자연 속에 자유로이 떠다니며 존재하는 것은 아니다. 대신 다른 에너지 자원에 내장되어 있다는 얘기다. 예를 들면, 수소는 석탄과 석유, 천연가스에서 추출할 수 있다. 사실 다양한 산업 및 상업 활동에 사용하는 수소의 대부분은 천연가스에서 뽑는다. 수소는 또한 물에서도 추출할 수 있다. 아마 대부분 고등학교 시절에 물의 전기분해라는 화학 실험을 해보거나 지켜본 경험이 있을 것이다. 각각 양극과 음극으로 이루어진 두 개의 전극을 전해질을 추가해 전도성을 높인 깨끗한 물에 담근다. 여기에 직류 전기를 가하면 음극에서는 수소가 기체로 발생되어 나오고 양극에서는 산소가 기체로 발생되어 나온

다. 이 문제의 관건은 바로 태양광과 풍력, 수력, 지
무탄소 에너지원을 이용해 물을 수소와 산소로 나누
사용될 전력을 만드는 것이 경제적으로 타당한지 여부

나는 거의 50년간 우주 비행사들이 수소 연료전지
는 우주선을 타고 지구 주위를 돌았다는 사실을 로마노에게 상기시켰고 이러한 기술을 지구로 가지고 내려와 재생 가능 에너지의 저장 매개체로 활용할 때가 왔다고 덧붙였다.

활용 원리는 다음과 같다. 지붕 위 태양광전지판에 햇빛이 내리쬐면 전력이 생산되고 이 전력의 대부분은 해당 건물에 에너지를 공급한다. 그렇지만 만약 당장 필요한 에너지 이상으로 많은 전력이 생산되면 그 잉여 에너지는 수소를 생성해 저장 시스템에 격리하기 위해 물을 전기분해하는 과정에 사용하면 된다. 그렇게 저장한 수소는 태양이 비치지 않을 때 다시 연료전지를 이용해 전력으로 전환하여 동력을 공급할 수 있다.

로마노는 곧바로 깊은 관심을 보였다. 그는 이미 수소에 대해 꽤 많이 알고 있었다. 그의 형 비토리오는 세계적인 핵물리학자로 EU 의회의 의원이자 해당 분야의 전문가였다. 비토리오와 나는 좋은 친구가 되었고, 그는 수소를 재생 가능 에너지의 저장 매개체로 이용하는 원리와 그 혜택을 입법 관계자들과 관련 업계에 교육하는 중요한 임무를 기꺼이 떠맡았다.

우리가 만난 지 몇 주 지나지 않아 나는 수소를 재생 가능 에너지의 저장 매개체로 이용할 수 있는 가능성을 전략적 제안서로 만들어 로마노에게 전달했다. 로마노 프로디 위원장은 시간을 낭비하지 않고 계획을 바로 실행에 옮겼다. 2003년 6월, 브뤼셀의 한 회의에서 그는 유럽을 수소 경제로 전환하기 위해 EU 집행위원회가 진행할 20억 유로 규모의 수

연구 프로젝트를 소개했다. 개회사에서 그는 3차 산업혁명의 인프라를 위한 저장 매개체로 수소를 이용하는 것이 어째서 역사적 중요성이 있는지 설명했다.

"유럽의 수소 프로그램이 왜 선견지명이 있는 선택인지 명확히 이해할 필요가 있습니다. 금세기 중반까지, 재생 가능 에너지원을 기반으로 삼는 완전히 통합된 수소 경제로 단계를 밟아 이동한다는 것이 우리가 대내외에 천명하는 목표이기 때문입니다."[37]

핵심요소 3을 위한 준비가 끝난 것이다.

2006년 나는 독일도 자체의 수소 연구 개발 프로젝트를 시작해야 한다고 권고하는 두 번째 제안서를 준비해 메르켈 총리에게 전달했다. 그녀는 곧바로 나의 조언에 따라 새로운 저장 기술을 발전시키기 위해 상당한 규모의 자금을 집행했다. 2007년 EU 집행위원회는 바호주 위원장의 지휘 아래 74억 유로 규모의 공동 기술 이니셔티브(Joint Technology Initiative, JTI)라는 공민 합작 프로젝트를 발표했다. 이는 수소 연구 개발 단계에서 유럽 전역 배치 단계로 이동하기 위한 프로젝트였다.[38]

이렇게 토대를 마련한 세 가지 핵심 요소, 즉 재생 가능 에너지 체계의 창출과 미니 발전소로 건물 변형 그리고 수소 형태로 부분적 에너지 저장 등은 네 번째 핵심 요소의 필요성을 대두시켰다. 수백만 개의 건물에서 생성되고 저장되는 에너지를 유럽 전역에 분배할 수 있는 수단의 필요성을 말이다.

에너지 인터넷

2005년 무렵, 스마트 그리드를 창출한다는 아이디어는 널리 퍼졌지만 공식적으로 EU나 회원국의 이니셔티브에 포함되기까지는 여전히 어려움을 겪었다. IBM과 시스코 시스템스, 지멘스, GE 등은 모두 스마트 그리드를 전자 운송을 위한 새로운 고속도로로 만든다는 희망을 품고 해당 분야에 들어올 채비를 서둘렀다. 기존의 동력 그리드가 정보 에너지 네트워크로 변형되어 에너지를 직접 생산하는 수백만 명이 피어투피어 방식으로 잉여 에너지를 공유하도록 길을 열어 줄 터였다.

이러한 지능형 에너지 네트워크는 사실상 삶의 모든 측면을 수용할 것이다. 가정과 사무실, 공장, 차량 들은 서로 지속적으로 소통하며 상시 체제로 정보와 에너지를 나눌 것이다. 스마트 공익사업 네트워크는 기상 변화에 연계되어 전력의 흐름과 실내 온도를 기상 조건과 소비자 수요에 맞춰 지속적으로 조정할 것이다. 네트워크는 또한 가전 기기들의 전력 사용량까지 조절할 것이다. 만약 그리드 내 에너지 사용량이 최고조에 다다르거나 과부하 상태에 이르면 소프트웨어를 이용해 예컨대 가정 내 세탁기가 전기를 아끼도록 헹굼 과정을 한 차례 건너뛰라는 지시를 내릴 수 있을 것이다.

하루 24시간 중에서도 시간대별로 그리드 내의 전기요금이 달라지기 때문에 모든 건물의 디지털 미터기에 표시되는 실시간 정보가 역동적 가격 책정을 이끌어 낼 것이며, 소비자들은 자율적으로 전력 사용을 줄이거나 늘릴 수 있다. 전력 사용의 일정 부분을 조정받는 데 동의하는 소비자들은 일정 수준의 전기료 공제 혜택을 받을 것이다. 역동적 가격 책정은 또한 지역의 에너지 생산자들이 전력을 그리드에 되팔 수 있는 최적의 시기나 그리드와 접속을 끊어야 할 시기 등도 알려 줄 것이다.

미국 정부는 최근 전국적으로 스마트 그리드를 개발하기 위해 자금을 할당했다. 이 자금은 디지털 전기 미터기와 송전 그리드 센서, 에너지 저장 기술 등의 설치에 사용할 것이며, 이는 첨단 기술 방식으로 전력을 배분하여 기존의 동력 그리드를 에너지 인터넷으로 탈바꿈할 것이다. 텍사스 주 샌안토니오의 CPS 에너지, 콜로라도 주 볼더의 엑셀 유틸리티(Xcel Utility), 캘리포니아 주의 서던 콘에디슨(Southern ConEdison), 셈프라(Sempra), PG&E 등과 같은 기업들은 앞으로 몇 년 동안 스마트 그리드를 위한 기본 설비를 구축할 계획이다.

스마트 그리드는 새로운 경제의 중추가 될 것이다. 인터넷이 수천 개의 새로운 사업과 수백만 개의 새로운 일자리를 창출했듯이, 지능형 전력 네트워크 역시 유사한 이득을 안겨 줄 것이다. 한 가지 차이점이 있다면 '이 네트워크는 인터넷보다 100배 혹은 1000배 더 커질 것'이라는 사실이다. 시스코의 네트워크 시스템 솔루션 그룹에서 마케팅 담당 부사장으로 일하는 마리 하타르의 전망이다. 하타르는 그 이유를 이렇게 밝힌다.

"인터넷이 보편적으로 보급되긴 했어도 전체 가구에 연결된 것은 아니다. 반면 전기가 연결되지 않은 가구는 거의 없다. 바로 세계의 모든 가구가 연결될 수 있다는 뜻이다."[39]

지난 20년간, 각국의 수반과 글로벌 비즈니스 리더는 내게 "연약한 재생 가능 에너지를 가지고 어떻게 복잡한 글로벌 경제의 에너지 수요를 충족할 것이라고 기대하는가?"라는 질문을 던지곤 했다. 정부와 동력 및 공익사업 업계의 보수파 세력은 음반업계의 거물들이 처음 파일 공유의 세계를 접했을 때와 마찬가지로, 분산형 동력이 에너지의 본질 자체를 바꿀 잠재력이 있다는 사실을 잘 모른다.

2세대 그리드 IT의 발명은 경제 방정식을 바꾸면서 권력의 균형을 구식의 중앙집중형 화석연료 및 우라늄 에너지에서 새로운 분산형 재생 가능 에너지로 이동시키고 있다. 이제 우리는 기업과 산업을 수십만 혹은 수백만의 소형 데스크톱 컴퓨터와 연결하는 소프트웨어를 보유한 상태다. 이러한 연결로 발생하는 수평적 권력/능력은 세계에서 가장 큰 중앙집중형 슈퍼컴퓨터의 컴퓨팅 능력을 규모 면에서 능가한다.

이와 유사하게 현재 그리드 IT는 세계 여러 지역에서 전력 그리드를 변형하는 데 이용된다. 수백만 개의 빌딩이 현장에서 재생 가능 에너지를 생성하고 잉여 에너지는 수소 형태로 저장하며 인터그리드상에서 다른 수백만 명과 공유하면 여기서 발생하는 수평적 동력/권력은 중앙집중형 원자력·화력·가스 발전소가 생성할 수 있는 그것을 압도할 것이다.

세계적인 에너지 컨설팅 기업 KEMA가 그리드와이즈 얼라이언스(GridWise Alliance: IT 기업, 전력 및 공익사업 회사, 학계, 벤처캐피털리스트 등으로 구성된 미국의 스마트 그리드 연합회 — 옮긴이)를 위해 연구를 수행한 결과 정부가 국가의 동력 그리드를 스마트 그리드로 전환하는 사업을 장려하는 차원으로 비교적 소규모인 160억 달러 정도만 투자한다면 640억 달러 가치에 달하는 프로젝트를 촉발하고 28만 개의 일자리를 직접 창출할 것이라고 전망했다.[40] 스마트 그리드는 나머지 네 가지 핵심 요소의 성장에 절대적으로 중요하다. 때문에 스마트 그리드를 플랫폼으로 의존하는 재생 가능 에너지 부문과 건설 및 부동산 업계, 수소 저장업계, 전기 차 업계에 수십만 개의 일자리를 창출할 것이다. 하지만 이 수치는 유럽에서 창출될 일자리 수에 비하면 현저히 작다. EU 집행위원회는 다음 10년간 분산형 스마트 그리드 네트워크를 세계에서 가장 큰 경제체제 전체에 온라인으로 연결하기 위한 공공 및 민간 투자에 1조 유로가 필요할 것이라고 예상한다.[41] 이 1조 유로가 창출할 일자리 수가 훨씬 더 많을 것이란 의미다.

분산형 스마트 그리드라는 오늘의 아이디어는 거대 ICT(정보통신기술) 기업들 대부분이 처음 지능형 공익사업 네트워크에 대해 이야기하기 시작했을 때 염두에 두었던 것과는 매우 다르다. 초기에 그들이 그렸던 것은 중앙집중형 스마트 그리드였다. 기업은 스마트 미터기와 센서를 설치하고 기존의 동력 그리드를 디지털화해 공익사업체들이 전력 흐름에 관한 실시간 자료와 같은 정보를 원격으로 모으는 방식을 예상했다. 목표는 그리드 내 전력 흐름의 효율을 높이고 유지 비용을 줄이며 전력 소비에 대한 보다 정확한 기록을 확보하자는 것이었다. 이러한 계획은 개혁적이긴 해도 혁명적이진 못했다. 내가 아는 한, 인터넷 기술로 동력 그리드를 양방향 정보 에너지 네트워크로 전환하여 수백만 명이 자체적으로 재생 가능 에너지를 생성하고 서로 전자를 공유하자는 논의는 거의 없었다.

2005년, 독일의 IBM 임원들은 스마트 그리드의 장래 활용 방안을 놓고 나와 서신으로 의견을 주고받기 시작했다. 나는 이미 동력 그리드의 인터그리드 전환 가능성을 워튼 스쿨의 최고 경영자 과정에서, 그리고 스코티시 파워(Scottish Power), 시너지(Cinergy), 내셔널 그리드(National Grid) 등의 공익사업체를 대상으로 한 프레젠테이션에서 누누이 강조하던 터였다. 지능형 전력 그리드에 대한 아이디어는 2002년에 내가 발표한 『수소 혁명(*The Hydrogen Economy*)』이라는 책의 핵심 주제이기도 했다. 물론 나만이 그것을 말하는 유일한 인물은 아니었다. 특히 아모리 로빈스는 벌써 오래전부터 그러한 전망을 설파하고 있었고, 다수의 전력 및 공익사업 전문가들 역시 그러고 있었다.

비교적 앞선 시기인 2001년, 전력연구협회는 「미래에 대한 전망」이라는 보고서에서 분산형 발전이 컴퓨터 산업이 진화한 것과 비슷한 방식으로 진화할 가능성이 높다고 밝혔다.

> 거대한 메인프레임 컴퓨터는 완전히 통합된 극도로 유연한 네트워크에 연결되며 지리적으로 분산되어 있는 소형 데스크톱과 랩톱 컴퓨터에 자리

를 내주고 물러났다. 우리 업계에서 중앙 발전소들은 물론 계속해서 나름의 중요한 역할을 수행할 것이다. 하지만 우리는 갈수록 더 작고 깨끗하며 보다 널리 분포하는 발전설비가 필요할 것이다. ……이 모든 설비는 에너지 저장 기술이 뒷받침해야 하며…… 그러한 시스템의 기본적 요건은 선진 전자 제어 기술이다. 이는 복잡한 상호 접속이 야기할 정보 및 전력의 엄청난 트래픽을 처리할 때 필수적이다.[42]

독일의 IBM 관계자들은 내게 IBM의 지능형 공익사업 네트워크 개념을 전 세계에 전파하기 위해 애쓰고 있는 네덜란드 사람 귀도 바텔스를 소개해 주었다. 귀도는 미국의 에너지부와 협력하여 스마트 그리드를 발전시키기 위해 노력하는 IT 기업과 전력 및 공익사업 회사들의 컨소시엄인 그리드와이즈의 회장이기도 했다. 귀도와 나는 IBM의 미래를 논의하기 시작했다. 이 기업의 주안점은 여전히 전통적인 중앙관리 방식을 이용하여 그리드를 개선하는 데 놓여 있었다. 서로 연결되어 그리드에 에너지를 되팔기도 하는 마이크로 그리드에 대한 아이디어는 지능형 공익사업 네트워크의 잠재적 기능 중 하나로 인정하면서도 아직 새로운 경제적 비전의 핵심 항목으로 등극하지는 못한 상태였다. IBM 역시 3차 산업혁명으로 향하는 단계를 밟는 일에 분명히 관심이 많은데도 그러했다. 하지만 바텔스와 알란 쉬르는 진정한 분산형 스마트 그리드의 가능성을 제대로 인식했고, 세계 각국의 고객과 3차 산업혁명 인프라를 발전시키기 위해 협력을 이어 나갔다.

또 한 명의 네덜란드인이자 KEMA의 CEO 피에르 나뷰르스 또한 양방향성 정보 에너지 네트워크의 장점을 언급하기 시작했다. 나뷰르스는 EU에서 바텔스와 비슷한 역할을 하는 인물로 스마트그리즈 유럽 기술 플랫폼을 이끌고 있었다. 미국의 그리드와이즈와 마찬가지로 스마트그리즈는 유럽 대륙에 스마트 그리드를 구현하기 위해 EU와 협력하는 IT 기업, 전력 및 공익사업 회사 등으로 구성되었다. 나뷰르스는 수천 개의 마이크로 그리드에서 생성하는 전력을 통합하고 전송할 에너지 인터넷을 창출하기 위해 노력했다.

나뷰르스는 유럽의 전력 및 공익사업 회사에서 (아직 미국에선 볼 수 없었던) 변화가 일고 있다는 사실을 감지했다. 기업 중역실 등에서는 열띤 토론을 벌이고 있었다. 이 회사들은 지난 100여 년 동안 거대 에너지기업과 긴밀한 유착 관계를 맺으며 전력을 생산할 화석연료를 조달해 왔다. 그러나 신세대 간부들은 지방자치제와 중소기업, 협동조합, 주택 보유자들 사이에서 마이크로 그리드에서 직접 재생 가능 에너지를 생산하는 것에 높은 관심을 가지고 있다는 것을 감지한 후 회사의 역할을 재구성할 기회를 찾았다. 이들은 전력 및 공익사업 회사들이 새로운 기능을 추가하여 기존의 전통적 에너지 공급자 및 송배전 관리자 역할과 병행하는 새로운 비즈니스 모델을 그려 보았다. 지능형 공익사업 네트워크를 이용하여 중앙집중형 화석연료와 우라늄 연료에서 나오는 기존의 전자흐름을 보다 잘 관리하면서 동시에 새로운 스마트 그리드의 폭넓게 분포된 역량을 이용하여 수천의 현장 마이크로 그리드에서 나오는 전자를 수집하고 전달하면 어떨까? 다시 말해 단일 방향성 전력 관리에서 양방향성 관리 체제로 이동하자는 얘기였다.

새로운 시나리오에서 이 회사들은 전력의 공급과 전달에 대한 기존의 하향식 제어 시스템을 일부 포기하고 적어도 부분적으로나마 수천의 소규모 에너지 생산자들이 포함된 전력 네트워크의 필수 불가결한 요소가 된다. 전력 및 공익사업 회사들의 역할을 보면 새로운 계획에서는 공익사업 부문이 훨씬 더 큰 중요성을 띤다. 이들 회사가 정보 에너지 네트워크의 관리자가 되어 자사의 에너지를 파는 것에서 점차 탈피하며 자사의 전문지식을 활용해 다른 이들의 에너지를 관리하는 서비스 제공자로 변모하는 것이다. 이 새로운 논리에 따르면 미래의 공익사업체들은 그들의 가치 사슬 전반에 걸쳐 여타 기업의 에너지 이용을 공동 관리할 것이다. IBM과 같은 IT 기업이 여타 기업의 정보 관리를 돕는 것과 마찬가지다. 새로운 사업의 잠재적 기회가 결국 단순히 전자를 파는 전통적인 사업의 전망보다 훨씬 긍정적일 게 분명하다.

이들 회사의 신세대 간부들은 예상치 못한 곳에서 자신들의 비전에 대한 지원사격을 받았다. 2006년 EU에서 공정거래 정책을 담당하는 네일리 크루스 위원이 전력 및 공익사업 부문에 폭탄을 떨어뜨렸다. 앞서 시행한 전기 시장의 규제를 완화해 유럽에서 전력 및 공익사업 분야에 종사하는 몇몇 국영 거대 조직이 국경 너머까지 전선을 펼치고 중소 조직을 인수한 것이 문제의 발단이었다. EU 집행위원회는 전력의 공급과 유통 양 측면을 독점하여 시장 접근을 통제하는 몇몇 거대 전력 및 공익사업 회사들이 갈수록 염려스러웠다. 크루스는 전력 및 공익사업 회사들을 상대로 전쟁을 선포했다. 그 순간부터 회사들은 전력 공급과 유통 네트워크를 분리해야 했다. 보다 간단히 말하자면 전력 공급 부문과 유통을 위한 송전선을 동시에 소유하는 것을 허용치 않겠다는 것이었다. 크루스는 EU 집행위원회의 의도를 다음과 같이 명백히 밝혔다.

> 진정으로 우려해야 할 문제는 바로 인프라와 공급 활동이 하나로 묶여 있는 시장 구조다. 이는 기본 인프라를 복제하는 데 엄청난 비용이 들어갈 수밖에 없는 모든 네트워크업계가 우려하는 사항이다. 주요 네트워크의 소유주와 운영자는 동일 네트워크를 이용해야 하는 여타의 기업과 종종 경쟁 관계에 놓인다. 이러한 상황에서 과연 통합 시스템을 독점하는 조직이 경쟁자들을 공정하게 대할 수 있을까? 그들이 과연 이기심과 욕심을 버릴 수 있

을까? 어렵다고 판단한다. ……이 부분을 조사한 결과 신규 진출자들은 네트워크에 접속하는 데 많은 어려움을 겪고 있다. 그 이유는 바로 네트워크 운영자들이 계열사들을 편애하기 때문이었다.[43]

크루스는 여기에 "나는 완전한 구조적 분리, 즉 독점 인프라에서 공급 및 소매 사업의 분리를 환영한다."는 개인적인 희망을 덧붙였다.[44]

공정거래 담당 위원의 행동은 외부와 단절된 상태에서 이루어진 것이 아니었다. 3차 산업혁명의 새로운 분산형 녹색 에너지로 들어가는 문을 열기 위한 관련 당사자들의 공동 노력의 일부였다는 뜻이다. 당시 각 지역의 재생 가능 에너지 생산자들이 그리드로 전기를 되파는 일을 전력 및 공익사업 회사들이 방해하고 있다는 증거가 유럽 전역에 점점 퍼지고 있었다. 전력 및 공익사업 회사들의 이러한 방해 정책은 지역의 재생 가능 에너지원을 통한 전력 생산을 늘리라는 EU의 지시를 정면으로 거스르는 것이었다.

EU 집행위원회의 입장과 관련해 크루스는 이렇게 말했다.

"자유화 프로세스의 명백한 목표는 새로운 회사들이 시장에 자유로이 진입해 경쟁력을 높이며 소비자에게 더욱 폭넓은 선택권을 제공하는 것을 보장하는 데 있다. 예컨대 소비자가 녹색 전기 같은 것을 택할 수 있도록 말이다."[45]

독일과 프랑스 정부는 크루스의 의견에 즉시 불만을 표했다. 두 나라는 유럽에서 가장 거대한 전력 및 공익사업 회사를 보유했다(독일은 E.ON과 RWE, 프랑스는 EDF). 적어도 이 분야에 속한 큰손들의 업무 공간에서는 대혼란이 일고 있었지만 이에 대해서는 언론도, 대중도 알지 못했다.

2006년 3월, 크루스가 자신의 선거 운동 중 '분리'에 대해 말하기 시작했을 무렵, 독일에서 네 번째로 큰 전력 및 공익사업 회사인 EnBW의 강인한 CEO 우츠 클라센이 나를 베를린으로 초대했다. 회사와 고객에게 기후변화와 에너지 안보, 그리고 전력 및 공익사업 부문의 변혁에 대해 강연을 해 달라는 것이었다. 프랑스에 필요한 전력의 78퍼센트를 원자력으로 생산하는 EDF가 EnBW의 지분 45퍼센트를 소유하고 있었지만, 클라센은 재생 가능 에너지의 분산형 발전이라는 주제에 지대한 관심을 보였다.[46] 3개월 후, 그는 나를 독일 하일브론으로 초대해 이번에는 회사 임직원 전체를 상대로 강연해 달라고 요청했다. 강연장을 가득 메운 500명 정도의 임직원을 상대로 내가 3차 산업혁명의 비전에 대해 강연을 마치자 클라센이 연단에 올랐다. 그리고 전통적인 화석연료 및 원자력 에너지와 중앙집중형 하향식 전력 흐름에 익숙한 많은 직원이 놀라움을 금치 못하는 일이 벌어졌다. 클라센은 에너지 시장이 변화하고 있으므로 EnBW 또한 변화해야 한다고 말했다. 그리고 이러한 변화에 EnBW가 앞장서서 분산형 에너지 시대의 선두 주자로 거듭날 것이라고 덧붙였다. 그는 기존의 에너지와 사업 모델을 모두 없앤다는 의미가 아니라 새로운 에너지와 그에 수반하는 사업 모델을 위한 공간을 마련하는 것이라고 강조했다.

2008년 초, 아일랜드의 NTR과 스코티시 파워를 포함한 유럽 전역의 전력 및 공익사업 회사들은 새로운 에너지 시대로 입성하기 위해 걸음마 수준의 발걸음을 떼어 놓았다. 구체제의 견고한 방어벽과 같은 존재인 E.ON조차도 미래를 다시 생각하지 않을 수 없었다.

나는 E.ON의 요청으로 2008년 3월 로테르담에서 회사의 회장 겸 CEO인 요하네스 테이센 박사와 2시간짜리 마라톤 토론을 벌였다. 처음 만난 그는 전통적인 독일 비즈니스 리더의 표본처럼 보였다. 전통적인 검정 스리피스 정장 차림에 심각한 표정을 짓고 있었기에 더욱 그랬다. 하지만 알고 보니 그는 매우 다정하고 매력적이었다. 그는 앞으로 10

년이나 20년 후에 유럽의 에너지 수요를 충족하려면 화석연료와 원자력, 그리고 재생 가능 에너지까지 포함하여 이용 가능한 모든 에너지원이 필요하다고 주장했다. 그러나 분산형 발전에 관해서는 아무런 언급도 하지 않았다.

토론 중, 내가 이야기할 때마다 40대로 추정되는 한 영국 신사가 끊임없이 테이센의 귀에 무언가를 속삭이는 모습이 보였다. 토론이 끝나자 그는 내게 다가와 자신을 소개했다. 이름은 켄턴 브래드버리로 E.ON의 미래 전략과 인프라 관리를 책임지는 수석 부사장이었다. 그는 회사가 스마트 그리드와 마이크로 발전, 분산형 전력 등을 이제 막 알기 시작했다며 앞으로 더 많은 것을 알고 싶다고 밝혔다. 특히 몇몇 전력 및 공익사업 회사들이 건설회사들과 협력하여 미니 발전소를 겸하며 그리드로 전기를 되팔기도 하는 스마트 빌딩을 짓고 있는 것으로 안다며 그 방법과 과정을 배우고 싶다고도 했다.

이후 수개월간 우리는 이메일과 전화로 연락을 주고받았다. 나는 그를 IBM의 귀도 바텔스, KEMA의 피에르 나뷰르스, 필립스 라이팅의 루디 프로부스트 등 우리의 정책 그룹에 속한 회원과 연결해 주었다. 그리고 몇 개월 후, 그는 E.ON의 이사회에서 3차 산업혁명이 불러일으킬 몇 가지 새로운 사업 기회들에 관해 프레젠테이션을 했다.

앞서 언급했듯이 신세대 경영진들은 기존의 전통적인 사업 계획은 그대로 유지하면서 새로운 사업 모델을 접목시켜 회사를 변화시키려고 애썼다. 그렇게 되면 회사는 조언자이자 컨설턴트의 역할을 하며 동시에 고객의 에너지 관리를 도울 수 있다. 이는 IBM과 여타 IT기업이 정보 관리 분야에서 취하는 방식이기도 하다. 흥미롭게도 나는 E.ON이 2008년 가을, 깊은 하락세로 접어들었다는 소식을 접했다. 그리하여 그들은 IBM의 파괴적 변화 모델 사례를 연구 대상으로 삼아 3차 산업혁명 패러다임으로 전환하기 위한 회사의 미션과 전략적 계획을 점검하는 등 다양한 시나리오를 탐구했다.

현재 많은 MBA 프로그램의 고전으로 통하는 IBM 사례는 1990년대 중반 IBM이 컴퓨터 판매라는 핵심 사업에서 탈피해 서비스 판매에 초점을 맞추기로 결정한 것과 관련된 내용이다. IBM이 그렇게 결정한 가장 큰 이유는 단순히 컴퓨터만 판매해서는 더 이상 별다른 가치를 창출할 수 없다는 사실을 깨달았기 때문이다. 그 무렵 컴퓨터를 판매하는 회사는 수십 개에 달했고, 특히 아시아의 경쟁사들은 IBM 제품과 동일한 품질의 제품을 더 저렴한 가격에 공급했다. 그런 상황에서 계속 제품 측면만 강조하다가는 갈수록 마진 감소의 폭만 키울 게 뻔했다.

IBM의 당시 CEO 루이스 거스트너는 불길한 징조를 알아차리고 새로운 사업 모델을 구상하기 시작했다. 먼저 그는 "IBM이 가장 잘할 수 있는 일이 무엇인가?"라는 질문을 던졌다. 대답은 바로 "정보의 흐름을 관리하는 것"이었다. 그렇게 새로운 비전을 확립한 20세기 최대의 기술기업 IBM은 새로운 영역에 뛰어들어 보다 나은 정보 관리를 원하는 많은 회사에 컨설팅 서비스를 제공하기 시작했다. 얼마 지나지 않아 재계에는 최고정보책임자(CIO) 직무를 경영진에 도입하는 붐이 일었다.

전력 및 공익사업 회사들이 가장 잘할 수 있는 일은 '에너지를 관리하는 것'이다. 그러나 고객이 진정으로 원하는 것은 에너지 사용을 줄이는 효율적인 에너지 체계의 도입 방법에 필요한 정보와 조언이다. 날로 경쟁이 치열한 가운데 몇몇 산업 분야에서는 에너지 비용이 인력 비용을 능가하기 시작한 이 시대에 특히 그 중요성이 급증한 것이 있다면 바로 '에너지 절약'이다. 이는 상당한 이득을 통해 마진이 줄거나 붕괴하는 것을 막을 수 있는 몇 안 되는 영역 중 하나이다.

그렇다면 E.ON과 여타의 전력 및 공익사업 회사들은 더 많은 전기를 팔기 위해 노력하는 일에서 새로운 사업 모델, 즉 고객에게 조언하고 전기 절약 프로그램을 창출하는 일로 옮겨 가려면 어떻게 해야 할까? 경영 관점에서 볼 때 가장 어려운 측면은 장기간에 걸쳐 기존 사업 모델을 점차 줄여 나가는(완전히 없애지는 않는) 동시에 새로운 사업 모델을 적극적으로 추진해야 한다는 데 있다. 이 미묘한 과정을 얼마나 잘 수행하느냐가 결국 전력 및 공익사업 부문 신세대 경영자들의 능력을 평가하는 척도가 될 것이다.

IBM은 매우 다른 두 종류의 스마트 그리드를 계획하고 있는 듯 보인다. 바로 미국을 위한 개혁적 모델과 유럽을 위한 혁명적 모델이다. 앞서 언급했듯이 IBM이 품었던 슈퍼 그리드에 대한 최초 비전은 개혁에만 초점을 맞춘 제한된 계획에 불과했다. 그리드를 디지털화하여 성능을 개선하고 전력 및 공익사업 회사들에 실시간 정보를 제공하여 운영의 효율을 높이도록 돕겠다는 것 말이다. 적어도 우리가 들은 바로는 그랬다.

그러한 IBM의 전략은 2007년 초부터 바뀌기 시작했다. EU는 물론이고 갈수록 많은 수의 회원국과 지역, 도시, 그리고 재계의 다양한 기업이 3차 산업혁명 모델로 다가서는 현상을 인식했기 때문이다. 그때부터 IBM은 EU를 위한 분산 및 지능형 공익사업 네트워크를 거론하기 시작했다. 업계의 한 분석가는 내게 분산형 모델이 EU의 구조에 더 적합하다고(IBM에서 그렇게 보고 있다고) 털어놓았다. 어쨌든 EU는 다른 곳에 비해 통치 유형이 현저히 수평적이며 덜 계급적인 회원국 및 지역들의 네트워크가 아니던가. 그렇다면 미국 및 북미를 위한 IBM의 계획은 무엇일까? 위의 분석가는 그 문제에 대해서도 명백히 밝혔다. 중앙집중형 슈퍼 그리드가 더 잘 맞을 것으로 본다는 얘기였다.

지금까지 미국의 전력 및 공익사업 회사들은 대부분 3차 산업혁명 모델을 도입하는 문제에 대해 말을 아꼈다. 에디슨 전기협회(Edison Electric Institute, EEI) 소속으로 미국의 전력 및 공익사업 부문의 막강한 로비스트인 에드 레기는 이 문제와 관련해 퉁명스럽게 일갈한다.

"필경 우리는 우리 사업의 확대에 조금이라도 부정적인 영향을 끼치는 것은 어떤 것이든 지지하지 않을 것이오. 투자자들이 지분을 소유하는 모든 공익사업 설비는 토머스 에디슨이 창안한 중앙형 발전 모델을 토대로 만들었소. 대형 발전소들이 있는데…… 분산형 발전은 이것들을 없애려는 것이잖소. 지역적 발전이라니, 말도 안 되는 소리요."[47]

미국에는 중앙집중형 하향식 시스템, 유럽에는 분산형 협력 시스템, 이렇게 두 개의 다른 스마트 그리드를 구축한다는 중차대한 결정을 할 때는 많은 것을 고려해야 한다. 업계 관계자들은 미국의 기존 전력 그리드를 지능형 공익사업 네트워크로 전환하려면 2010년에서 2030년 사이에 대략 1조 5000억 달러가 들어갈 것이라고 예상한다.[48] 만약 그 스마트 그리드가 양방향성이 아닌 단일 방향성으로 설계된다면, 미국은 유럽에 합류해 3차 산업혁명 시대에 들어설 기회를 상실할 것이며, 그와 함께 글로벌 경제의 리더 역할을 유지할 가능성도 잃고 말 것이다.

전원 연결 및 연료전지 교통수단

3차 산업혁명을 완성하려면 마지막 한 가지 핵심 요소를 더 충족해야 한다. 바로 교통수단의 교체다. 빌딩을 미니 발전소로 변형하고 에너지 인터넷을 구축하면 전원 연결 및 수소 연료전지 차량에 동력을 공급하는 인프라가 마련될 것이다.(수소 연료전지 차량은 2011년부터 출시되기 시작했다.) 미국 정부는 자동차 시장에 신세대 전기 자동차를 입성시키기 위해

24억 달러를 투자했으며, 전기 자동차를 구매하는 소비자에게 7500달러의 세금 감면 혜택까지 부여했다.[49]

전원 연결 차량은 에너지 및 교통 부문에서 상전벽해와 같은 변화를 일으켰다. 자동차업계는 지난 100년간 정유회사와 매우 친밀한 관계를 유지했다. 전력 및 공익사업 회사가 그랬던 것과 똑같이 말이다. 그러한 관계가 이제 조금씩 벌어지고 있다. 지난 1년 사이에 주요 자동차회사는 대형 전력 및 공익사업 회사와 21세기 스마트 전원 연결 교통수단을 위한 인프라를 준비하자는 내용의 협정을 맺었다.

전력공사는 새로운 전원 연결 차량에 전기를 공급하기 위해 고속도로 주변과 주차장, 정비소, 상업적 공간에 전기 충전소를 서둘러 설치하고 있다. GM은 2011년 콘에디슨, 뉴욕 에너지국, 노스이스트 전력공사 등의 공익사업 기관과 파트너 관계를 맺고 시보레 볼트를 출시했다. 베를린에서는 다임러 자동차회사와 독일 제2의 전력회사 RWE가 손을 잡고 수도 주변 곳곳에 전기 스마트 자동차 및 벤츠 자동차를 위한 충전소를 설치하는 프로젝트에 착수했다. 토요타는 프랑스 제1의 공익사업 회사인 EDF와 협력하여 프랑스와 여타 국가에 자사의 전원 연결 자동차를 위한 충전소를 설치했다.

에어로 바이어런먼트, 쿨롬 테크놀로지스, 에코탤리티 등과 같은 중소기업은 이미 전기 자동차 충전소 시장에 뛰어들었고, GE와 지멘스, 이튼(Eaton) 등의 기업 역시 자체 개발한 전기 차량 충전기로 경쟁에 뛰어들 준비를 하고 있다. 대당 3000달러에서 5000달러 사이를 호가하는 충전기들은 현재 공공 충전소 설치를 위해 뛰고 있는 여러 시 당국에 팔려 나갔다. 그러나 이 회사들은 잠재적으로 수익성이 매우 높은 거주지 시장을 예의 주시하고 있다. 앞으로 수백만 명에 달할 전기 자동차 구매자가 거주지 내에 1000달러 정도 하는 충전기를 설치할 것으로 기대하기 때문이다. 전기 충전 시장은 현재 6900만 달러 규모에서 2013년 무렵에는 전기 차량의 생산 증가로 13억 달러 규모로 급성장할 것이다.[50]

2010년 글로벌 경영 컨설팅 회사인 PRTM이 수행한 연구 결과에 따르면, 2020년경 전기 차량의 가치 사슬이 약 3000억 달러에 달하며 글로벌 경제에 100만 개 이상의 일자리를 창출할 가능성이 높다고 한다. 그 가운데 27만 5000개의 일자리는 미국 자동차 회사가 공격적인 노력을 기울이면 창출할 수 있다.[51]

2030년 무렵이면 전원 연결 전기 자동차와 수소 연료전지 자동차를 위한 충전소를 거의 모든 곳에서 볼 수 있을 것이며, 그것들이 주요 전기 그리드로 전기를 보내고 받는 분산형 인프라를 형성할 것이다. 또한 2040년이면 승용차 주행거리의 75퍼센트는 전기 동력을 이용하는 셈이 될 것이다.[52]

3차 산업혁명 인프라에 내포된 분산형 전력의 엄청난 잠재력은 전원 연결 전기 차량과 수소 연료전지 차량을 바퀴 달린 발전소로 간주하면 더욱 명확히 알 수 있다. 자동차는 평균 96퍼센트의 시간 동안 주차 상태이기 때문에, 그 사이에 양방향 전력 네트워크에 연결해 웃돈을 받고 그리드로 전력을 되팔 수도 있다. 녹색 에너지에 의존하는 완전 전기 및 수소 연료전지 자동차의 전체 전기 저장 능력은 현존하는 미국 전력 그리드 전체의 네 배에 달한다. 이러한 자동차들의 25퍼센트만 전기의 가격이 적절한 시간대에 에너지를 그리드에 되판다고 가정해도 미국 내 모든 전통적인 중앙집중형 발전소를 대체할 수 있다.[53]

자동차회사들은 전원 연결 자동차와 수소 연료전지 자동차를 출시하기 위해 치열한 경쟁을 벌일 수밖에 없다. 그러나 업계 내부에서는 전기 자동차를 선호하는 사람들과 전기 자동차는 단지 완전 수소 자동차로 이동하기 위해 거치는 과도기적 전략일 뿐이라고 믿는 사람들이 열띤 논쟁을 벌이고 있다. 대부분의 자동차회사는 전기 자동차와 수소 자동차를 모두 출시하는 쪽으로 준비 중이다. 다임러도 그중 하나인데, 경영진은 특히 연료전지 자동차의 전망을 크게 낙관하고 있다. 내가 어떻게 해서 처음 다임러의 계획을 들었는지 이야기하면 다음과 같다.

나는 메르켈 총리의 경제고문인 옌스 바이트만에게 총리가 독일 재계의 리더 10여 명을 초청해 독일의 녹색 경제 전망과 세계의 3차 산업혁명 전환 과정에서 독일이 주도할 수 있는 역할을 논의하는 작은 만찬을 주최하는 게 어떻겠냐고 제안했다. 공교롭게도 만찬이 열리기 몇 주 전 글로벌 금융시장이 멈추는 바람에 만찬장 분위기는 우울하면서도 자기 성찰적으로 흘렀다. 행사를 반쯤 진행했을 무렵 누군가가 만찬장에 황급히 들어와 총리에게 귓속말을 했다. 잠시 후 총리는 좌중을 주목시키고 방금 전 미국 하원이 부시의 종합구제금융 안건을 부결했다는 소식을 전했다. 만찬 참석자들은 믿기지 않는다는 반응을 보였다. 그러한 결정이 독일 기업에 어떤 영향을 미칠 것인지 곰곰이 궁리하는 모습 또한 역력했다.

분위기를 밝게 바꾸고 미래에 대한 보다 긍정적인 논의를 재점화하려는 의도로 총리는 다임러의 회장인 디터 체체 박사에게 다임러의 미래 계획이 무엇이냐고 물었다. 그는 자동차업계를 혁신하기 위해 다임러가 2015년까지 수소 연료전지 승용차와 트럭, 버스의 대량생산 체제를 갖춘다는 목표 아래 적극적으로 움직이고 있다고 답했다. 체체 박사는 또한 내연기관에서 연료전지로 전환하는 것이 독일 경제를 탈바꿈하는 데 중대한 분수령이 될 것이라고 덧붙였다.

메르켈 총리를 포함하여 만찬장에 있던 모든 사람은 놀라움을 금치 못했다. 다임러와 여타의 기업이 전기 및 연료전지 차량의 생산에 공을 들이고 있다는 사실은 다들 익히 알고 있었지만 다임러 회장이 직접 이렇게 공개적으로 구체적인 목표까지 내세우며 단호히 추구할 것이라고 밝힌 것은 처음이었기 때문이다.

총리는 좌중의 반응을 살핀 후 시선을 나에게 잠시 고정했다. 앞서 언급했듯이 2006년 나는 그녀에게 독일 정부 역시 수소 연구 프로그램에 적극 돌입해야 한다고 권고했다.(그리고 그녀는 나의 권고를 따랐다.) 세계에서 가장 오래된 자동차회사를 수소 위주의 미래로 입성시키겠다는 체체의 결정은 내연기관을 도입하면서 2차 산업혁명을 출범시켰던 독일이 이제 새로운 경제 시대로 들어서기 시작했다는 것을 알리는 듯했다.

2009년 9월 다임러는 EnBW, 린드(Linde), OMV, 쉘(Shell), 토털(Total), 바텐팔(Vattenfall), 독일 수소 및 연료전지 기술협회와 손을 잡고 2015년에 연료전지 차량이 대량으로 쏟아져 나올 것에 대비하기 위해 독일 전역을 잇는 연료전지 충전소 네트워크를 구축하기로 결정했다.[54]

다임러의 이러한 모험이 성공할지는 아직 아무도 장담하지 못한다. 우리가 전기 배터리에 안주할지, 연료전지에 의존할지, 혹은 둘 다 사용할지 누구도 확신할 수 없지만, 한 가지 확실한 것은 2차 산업혁명의 핵심 기술인 석유 동력의 내연기관이 이제 설 자리를 잃어가고 있다는 사실이다. 우리 후손들은 분명 조용하고 깨끗하며 스마트한 차량, 수평적이고 협력적인 분산형 양방향 네트워크에 연결된 차량을 운전할 것이다. 이 사실 하나만으로도 우리가 한 경제 시대의 끝자락에, 그리고 새로운 시대의 문턱에 서 있음을 알 수 있다.

빌딩의 발전소화와 일정 에너지의 수소 형태 저장, 스마트 인터그리드를 통한 분배, 전원 연결형 무공해 교통수단 등으로 창출하는 새로운 에너지 체제는 3차 산업혁명의 문을 열어 준다. 전체 시스템이 양방향으로 막힘없이 매끄럽게 통합되는 방식이다. 이러한 상호연결성은 산업간 교차 관계를 위한 새로운 기회를 창출하며, 그 과정에서 2차 산업혁명의 여러 전통적 사업 파트너 관계를 단절시키고 있다.

3차 산업혁명이 기존의 경제활동 방식에 미치는 파괴력을 가늠해 보려면 지난 20년간 인터넷 혁명이 안겨 준 심오한 변화를 생각해 보면 된다. 정보 및 커뮤니케이션의 민주화는 글로벌 상거래와 사회적 관계의 성격을 근대 초기에 인쇄 혁명이 그랬던 것처럼 현저히 바꿔 놓았다. 이제 사회 전반에 걸친 에너지 민주화가 인터넷 기술을 이용해 관리했을 때 어떤 영향력을 가질지 한번 상상해 보길 바란다.

3차 산업혁명이 확대되면 특히 가난한 나라가 많이 발전할 것이다. 인류의 40퍼센트에 해당하는 인구가 아직도 하루 2달러 이하로 살아가는 사실을 명심할 필요가 있다. 이들 대부분은 극심한 빈곤 속에서 전기 공급도 받지 못하며 살고 있다. 전기를 이용할 수 없으면 말 그대로 (그리고 비유적으로도) '파워'가 없는 상태에 머물 수밖에 없다. 수억 명의 사람을 빈곤에서 벗어나게 하는 데 가장 중요한 단일 요소가 있다면, 그것은 바로 신뢰할 만한 녹색 전력을 저렴하게 이용하도록 하는 것이다. 전기 없이는 그 어떠한 경제적 발전도 일어날 수 없다. 에너지 민주화와 전기에 대한 보편적 접근성은 세상에서 가장 빈곤한 사람들의 삶을 개선하고자 할 때 필수 불가결한 출발점이다. 미니 발전을 위한 소액 금융의 확대는 이미 저개발국과 개발도상국에서 큰 변화의 바람을 불러일으키며 많은 이에게 경제적 희망을 안겨 주고 있다.

그렇다면 이제 시작만 하면 되는 것이 아닐까? EU는 이미 3차 산업혁명을 구성하는 다섯 가지의 핵심 요소를 하나의 단일 시스템으로 통합해야 한다는 사실을 이해하기 시작했다. 그러나 여전히 그 계획이 좌초되도록 위협을 가하는 강력한 균형추가 존재한다는 점이 문제였다.

더 이상의 파일럿은 없다

"더 이상 파일럿(pilot: 어떤 프로젝트의 시험 프로그램 — 옮긴이) 버스만 만들고 있을 순 없습니다." 거대한 회의 테이블 한쪽 끝에서 확고한 목소리가 들려왔다. 열 쌍의 눈이 일제히 다임러의 그룹 연구 및 선진 엔지니어링 부문을 책임지고 있는 부사장 허버트 콜러를 향해 돌아갔다. 콜러의 옆자리에 있던 KEMA의 CEO 피에르 나뷰루스가 "파일럿을 끝냅시다."라고 거들며 정곡을 찔렀다. 우리의 시선은 곧바로 EU 집행위원회 위원장인 마누엘 바호주로 향했다. 모임의 주최자인 그의 반응이 궁금했다. 그는 잠시 뜸을 들이다가 입가에 가벼운 미소를 내비쳤다. 유사한 안도의 반응이 곧 좌중에 돌기 시작했다.

콜러는 방안의 모든 사람이 품고 있던 좌절감을 대표로 토로한 셈이었다. 테이블에는 세계적인 몇몇 기업의 대표가 자리하고 있었다. 이들의 공통점은 바로 자신의 기업들이 2차 산업혁명 구조에서 탈피하여 새로운 상거래 시대로 들어서고 있다는 사실이었다. 이들은 또한 각자의 개별적인 노력이 어떤 식으로 전체적인 경제계획에 들어맞는지 이제 막 인식했다. 이들 모두가 원하는 것은 규모의 확대였다. 그것이 신속한 시장 침투를 확보할 수 있는 열쇠임을 깨달았기 때문이다.

때는 2006년 12월 6일. 바호주 위원장에게 이 모임을 주최해 달라고 요청한 사람이 바로 나였다. 유럽과 미국의 대표 기업 몇몇이 모여 EU를 지속 가능성과 상업성 양 측면에서 세계에서 가장 성공적인 경제체제로 만드는 방안에 대해 의견을 교환하면 많은 도움을 얻을 수 있다고 제안했다.

바호주 위원장의 계획은 다소 복잡했다. 그의 지휘 아래, EU는 '20-20-20 by 2020' 방안을 준비 중이었다. 그것을 통해 기후변화의 위협을 해결하는 일에서 유럽이 다른 어떤 나라보다 훨씬 앞서나가자는 의도였다. 이 계획의 목표는 (1990년 배출 수치를 기준으로) 2020년까지 온실가스 배출을 20퍼센트 줄이고 에너지 효율성을 20퍼센트 상승시키며 재생 가능 에너지의 비중을 20퍼센트 증가하는 것이다. 이 목표를 이루려면 27개 회원국의 적극적 동참이 필요했다. 결국 독일의 메르켈 총리는 유럽이사회의 교대 의장직을 수행하던 2007년 봄, 여타의 EU 회원국을 결집하여 이 야심찬 계획을 지지해 달라고 촉구했다.

그렇지만 EU는 2002년 3월 유럽 각국의 정상이 모여 유럽을 세계에서 가장 경쟁력 높은 경제체제로 만들기 위해 정진하기로 합의한 리스본 어젠다의 목표를 달성하는 일에도 마찬가지 열성을 보였다. EU는 이미 세계를 선도하는 경제체제였다. 앞서 언급한 바와 같이, EU 27개 회원국의 GDP는 미국 50개 주의 GDP를 능가했으며, 지금도 그러하다.[55] 그럼에도 EU에는 앞으로 몇 년 후에 미국은 물론이고 아시아의 떠오르는 거인들인 중국과 인도에도 뒤처지게 될지 모른다는 우려가 팽배했다.

EU는 그렇게 지구에서 가장 지속 가능성이 높은 경제로 도약하겠다는 목표를 분명히 밝혔다. 그러나 기후변화와 관련된 목표를 달성하면서 경제성장도 이룩하는 것이 과연 가능한 일인가? 이 모순처럼 보이는 어젠다가 결국 EU 회원국과 바호주 위원장의 집행위원회 양쪽 모두에서 끊임없이 긴장을 형성하는 원인이었다.

방 안의 사람들은 위원장에게 "충분히 해낼 수 있다."라는 희망적인 이야기를 전하기 위해 모인 터였다. 이 모든 상황이 우리로 하여금 "더 이상의 파일럿은 없다."는 대응을 내놓게 만들었고, 그와 더불어 회의의 취지도 바뀌었다.

내연기관과 바퀴를 성공적으로 결합한 최초의 발명가 고틀리에프 다임러와 카를 벤츠가 설립한 다임러는 최초로 수소 연료전지 자동차를 대량생산 출시하여 다시 한 번 자동차 시장을 선도하겠다는 굳은 결의를 보였다. 회사는 연구 개발에 박차를 가하며 지난 수년간 전지 자동차 실험을 성공적으로 진행했다. 사실 다임러의 수소 동력 버스는 (다른 회사가 만든 수소 버스와 함께) 벌써 함부르크와 암스테르담, 런던, 베를린, 마드리드 등지에서 CUTE 프로젝트의 일환으로 승객을 태우고 운행 중이었다. CUTE는 유럽 청정 도시 운송(Clean Urban Transport for Europe)의 준말로, 가스 동력의 기존 내연기관을 물과 열기만을 배출하는 무공해 차량으로 대체하기 위해 EU가 추진하는 프로젝트였다.

다임러와 여타 회의 참석 기업들이 직면한 문제는 다름 아닌 규모 확대와 관련한 것이었다. CUTE 버스에 대한 전체 주문량이 고작 47대에 머무는 바람에 버스 한 대당 생산 비용이 무려 100만 유로에 달했다. 유럽은 물론 미국과 일본, 중국 등에서 시행하는 여타의 많은 프로그램과 마찬가지로 CUTE는 파일럿 프로젝트였다. 각국 정부가 파일럿을 선호하는 이유는 바로 규모를 확대하고 상업성을 확보하기 위해 적잖은 공적 자금을 투입할 필요 없이 흥미로운 녹색 에너지 기술을 도입할 수 있기 때문이다. 콜러의 말은 그러니까 이제는 어느 쪽으로든 태도를 분명히 해야 할 때가 되었다는 의미였다. 그는 운송의 이 새로운 혁명이 소비자 시장에 효과적으로 안착하려면 정부가 먼저 공적 자금을 이용해 대중교통용 차량을 대량으로 구매하는 방법밖에 없다는 사실을 깨달았다. 정부의 이러한 대대적 초기 투자만이 더욱 광범위한 상업 시장으로 이동하는 데 필요한 생산 비용 감소와 규모의 확대를 안겨 줄 수 있다는 얘기였다. 버스 40대로는 어림도 없었다.

방 안의 모든 사람이 비슷한 사연을 갖고 있었다. 그들은 파일럿에 지친 상태였고, 새로운 경제 혁명이 일어나길 갈망하지만 좌절감을 느끼고 있었다. 심지어 그들의 혁신적 기술과 제품이 영원히는 아닐지언정 수십 년 동안 창고에서 먼지만 뒤집어쓸까 봐 우려했다.

사일로 효과

EU가 기후변화를 완화하고 에너지 안보를 확보하며 지속 가능한 세계 최고의 21세기 경제를 창출하려면, 다시 말해 이 모든 것을 동시에 이루려면 반드시 해결하고 넘어가야 할 두 번째 문제가 있다. 바로 EU 집행위원회 산하 각 부처와 기관들의 구조가 사일로 효과(Silo Effect: 조직 간의 장벽과 부서 이기주의를 의미하는 경영학 용어 — 옮긴이)를 조장하도록 짜여 있다는 사실이었다. 이는 곧 프로그램과 프로젝트가 자율적이고 독립적이어서 다른 부서들이 진행하는 노력과 전혀 연결되지 않는다는 의미였다. 이러한 현상은 사실 브뤼셀에서만 찾아볼 수 있는 게 아니다. 전 세계 각국 정부의 고질적인 문제라는 얘기다. 주요 이니셔티브를 관련 부처와 기관에 연결하지 못해 각국 정부는 사회의 전반적 안녕을 증진하는 데 필요한 시너지 효과와 보다 거시적인 접근 방식을 제대로 확보하지 못하고 있는 것이다. 사일로식 사고는 필연적으로 고립된 파일럿 프로젝트만 양산하기 마련이다.

바호주 위원장과 휘하 위원들 역시 이 문제를 잘 알고 있었으며 부처 및 기관 간의 합작 이니셔티브를 장려하기 위해 노력을 기울였다. 나는 특히 3차 산업혁명 경제계획의 다양한 요소를 형성하는 데 핵심 역할을 수행할 주요 위원의 '큰 그림' 사고방식에 깊은 감명을 받았다. EU 집행위원회의 부위원장 귄터 페어호이겐과 마르고트 발스트룀, 에너지 위원 안드리스 피에발그스, 과학 및 연구 위원 야네즈 포토치닉, 환경위원 스타브로스 디마스, 공정거래위원 네일리 크루스, 경제 및 재정 위원 호아킨 알무니아 등이 그들이다. 그럼에도 자신의 텃밭을 지키고 영역을 보호하려는 욕구가 강한 관료주의적 환경에서 체계적인 사고를 갖기란 결코 쉬운 일이 아니다.

이런 환경이 바로 내가 말하는 단체장의 심연(director general abyss)이라는 현상을 야기하는 것이다. 이는 장관급이나 혹은 그보다 윗선인 국가정상급 수준에서 합의한 '큰 그림' 아이디어들이 실무 부처나 기관으로 내려가면서 점점 중량감을 잃고 갈수록 그 비전과 영역이 좁아지다가 결국 흔적만 남고 마는, 다시 말해 무수한 보고서와 연구 결과, 분석 평가 속에서 점차 시들해지다가 본래 목적이 그것의 관리 책임자조차도 몰라볼 정도로 무뎌지는 것을 말한다.

산하 각 부처 및 기관의 다양한 이니셔티브에 대한 조율 및 조정 책임자인 EU 집행위원회 사무총장 캐서린 데이는 많은 프로젝트 사이에서 시너지와 일관성을 추구해야 할 필요성을 염두에 두고 다수의 지속 가능 개발 노력을 제 궤도에 올려놓기 위해 끈질긴 노력을 기울였다.(이 점은 실로 높이 평가해야 마땅하다.) 그러나 그녀와 여타 위원의 최선의 노력에도 불구하고 여러 이니셔티브를 각기 분리해서 독자적 테두리 안에 묶어 두려는 고질적인 관료주의적 욕구 역시 여전히 팽배했다.

우리는 끝없는 파일럿 프로젝트와 사일로 효과를 해결하기 위한 방안을 바호주 위원장과 논의할 요량으로 그 회의에 참석했다. 참석자 중 몇몇은 이미 EU의 기술 플랫폼 일부에 적극적으로 참여하고 있었다. EU의 기술 플랫폼이란 유럽 경제를 발전시킬 새로운 EU 광역 프로그램을 추진할 목적으로 주요 산업 및 부문의 대표로 구성된 EU 공식 공공 및 민간 연구 이니셔티브를 말한다.

예컨대 프랑스의 거대 건설회사 부이그를 대표하는 엔지니어 클로드

랑글레는 유럽 건설 플랫폼에서 핵심 역할을 하는 리더였다. 앞서 소개한 우리 그룹의 회원이자 KEMA의 CEO 피에르 나뷰르스는 유럽의 IT 기업과 전력 및 공익사업 회사로 구성된 기술 플랫폼인 스마트 그리드 유럽의 회장직을 수행하고 있었다. 이 두 대표는 바호주 위원장에게 유럽의 36개 기술 플랫폼들 사이에는 다양한 잠재적 시너지가 분명 존재하는데도 대부분 서로 대화도 나누지 않고 그 어떤 정보도 공유하지 않는다고 지적했다. 우리는 36개의 플랫폼 중 그 임무가 서로의 성공에 결정적 영향을 미치고 나아가 EU에 3차 산업혁명을 안착시키기 위해 통합할 필요가 있는 13개의 플랫폼을 추려 냈다. 여기에는 건설 기술 플랫폼, 스마트 그리드 플랫폼, 다양한 재생 가능 에너지 플랫폼, 수소 연료 전지 기술 플랫폼, 유럽 도로 및 철도 운송 플랫폼, 지속 가능 화학 플랫폼 등이 포함되었다. 이들 플랫폼을 통합하면 부상하는 3차 산업혁명의 기술과 산업 부문의 핵심 구조를 갖추는 것이었다. 바호주 위원장의 반응은 다음과 같았다. "함께 모여서 서로 대화를 나눠 봅시다. 그래서 무엇을 도출하는지 한번 보자 이겁니다." 우리는 즉시 행동에 들어가 유럽 정책고문국(BEPA)의 대표고문인 마리아 다 그라사 카르발류의 도움으로 2007년 봄 13개의 플랫폼 대표와 협력 방안을 논의하는 모임을 몇 차례 가졌다.

바호주는 주요 부분을 연결하기 위해 적어도 나름의 노력은 기울였다. 그러나 EU와 각국 정부가 녹색 파일럿 프로젝트만 만지작거리며 독자적 이니셔티브에 발목이 묶인 채 저 너머로 나아갈 수 없는 것처럼 보이는 데에는 보다 깊은 이유가 있었다. 바로 그들이 '저 너머'가 무엇을 의미하는지 모르는 것이 문제였다. 새로운 경제 혁명의 이야기를 전하며 연관이 없어 보이는 여러 기술적·상업적 이니셔티브가 어떻게 더 큰 전략의 구성 요소가 되는지 설명하는 하나의 설득력 있는 내러티브가 없기 때문이었다. 바호주의 회의에 참석한 비즈니스 리더들은 그러한 큰 비전을 펼치며 EU가 기회를 놓쳐서는 안 된다는 점과 세계에서 가장 규모가 큰 경제를 3차 산업혁명 도입에 전념하도록 이끌어야 할 필요성을 위원장에게 설득하려고 모인 것이었다.

준비 작업은 그해 초에 이미 완료한 상태였다. 이러한 큰 변화(대륙 경제의 산업 인프라를 변형하여 새로운 경제 시대를 여는 것)에 EU를 매진케 하려면 유럽 경제의 엔진인 독일의 도움이 필요했다. 마침 우연히도 독일의 새로운 총리 앙겔라 메르켈은 취임한 지 몇 달 만에 나를 베를린으로 초대하여 독일 최고의 경제학자 중 한 명과 21세기의 일자리 창출과 경제 발전을 위한 방안을 논의해 달라고 요청했다. 나는 그 자리에서 먼저 총리에게 이런 질문을 던졌다. "독일 경제, EU 경제, 나아가 글로벌 경제를 한 에너지 시대의 끝자락에서 그리고 그 에너지를 토대로 구축한 산업혁명의 마지막 단계에서 과연 어떻게 발전시킬 수 있을까요?" (유가는 세계시장에서 상승하고 있었지만 아직 2008년 7월의 배럴당 147달러라는 정점에는 이르지 않은 상태였다.) 이어서 나는 3차 산업혁명 비전에 대한 기본적인 개요를 서술한 후 독일이 새로운 경제 시대로 향하는 길을 이끌 것이라는 내 확고한 믿음을 피력했다.

토의를 마친 후 우리는 와인 한잔씩을 나누며 보다 격식 없는 대화를 나누었다. 나는 메르켈 총리가 이전 헬무트 콜 총리 정부에서 환경부장관을 지냈으며 물리학자 출신임을 알고 있었다. 그녀는 분산 및 협력형 3차 산업혁명 창출의 모든 기술적인 측면을, 그리고 그 혁명에서 쏟아져 나올 방대한 상업적 기회를 매우 잘 이해했다. 특히 그것이 독일을 위해 바람직한 아이디어라 맘에 든다고 말했다. 나는 3차 산업혁명이 왜 특히 독일에 바람직한 아이디어인지 그 이유를 물었다. 그녀가 분명 독일이 변화를 주도하고 세계경제에서 쥐고 있는 우위를 유지하고 싶은 경제적 이유를 논할 것이라 생각했다.(당시 독일은 세계 제1의 수출국이었다.) 그러나 총리는 초점을 경제에서 정치로 전환하며 이렇게 말했다. "제러미, 당신은 독일의 역사와 정치를 좀 더 깊이 알 필요가 있어요. 독일은 여러 지역을 합친 연방 국가입니다. 이곳의 모든 정치 역학은 지역 중심으로 돌아갑니다. 연방 정부는 중재자인 셈이지요. 우리의 역할은 지역 간의 합의를 도출하고 협력을 촉진하며 나라를 발전시키는 겁니다. 3차 산업혁명은 그 분산 및 협력적 특성 때문에 독일의 정치 역학에 잘 들어맞는다고 할 수 있습니다."

총리의 열정은 꼭 필요한 요건이었다. 특히 앞서 언급했듯이 그녀의 정부가 2007년 1월부터 유럽이사회의 6개월 교대 의장직을 맡기 때문에 더욱 그랬다. 그녀의 재임 기간에 유럽이사회의 국가수반들로 하여금 기후변화와 에너지 안보 문제에 관한 구속력 있는 합의에 도달케 하는 일이 긴요했다.

당시 메르켈의 연정 파트너였던 사회민주당 역시 3차 산업혁명에 큰 열의를 보였고 이후 EU 집행위원회에서 제안한 20-20-20 벤치마크가 유럽이사회의 지지를 얻는 일에서도 중요한 역할을 했다는 사실을 언급하지 않을 수 없다. 독일의 사민당 소속 환경부장관인 지그마어 가브리엘은 특히 기후변화에 대한 목표를 도출하는 것과 관련해 다른 26개 회원국의 환경장관이 합의하도록 적극적으로 움직였다. 독일의 사회주의자 외무장관인 프랑크발터 슈타인마이어 또한 다른 회원국의 외무장관이 기후변화 벤치마크에 뜻을 함께하도록 만들기 위해 노력했다. 녹색당은 연정에 참여하진 않았지만, 지난 20여 년 동안 독일 정계에서 예언자적 역할을 수행하며 기후변화의 위험성을 경고하고 탄소 후 재생 가능 에너지로 전환할 필요성을 강조했다. 독일은 운 좋게도 메르켈 총리가 유럽이사회를 이끄는 동안 '20-20-20 by 2020' 방안을 통과시키고,

더불어 EU를 세계를 위한 새로운 지속 가능 경제 및 환경 어젠다의 중심에 올려놓아 명성을 떨칠 수 있는 절호의 기회를 맞이한 셈이었다.

EU 의회가 3차 산업혁명을 지지하다

메르켈의 유럽이사회 의장직 수행과 더불어 기후변화와 에너지 독립에 대한 관심, 그리고 '20-20-20 by 2020' 벤치마크를 실현하려면 어떤 종류의 경제적 이니셔티브가 필요한지에 대한 관심이 점점 고조되었다. 21세기 유럽을 위한 녹색 경제 모델에 대한 전망이 브뤼셀과 회원국들의 정계에서 널리 회자되기 시작한 것이다.

우리는 EU를 위한 3차 산업혁명의 비전과 전략을 EU 의회에 납득시킬 목적으로 브뤼셀에서 일련의 전략회의와 화상회의 등을 열기 시작했다. 유럽 사회주의당의 리더이자 의회에서 가장 존경받는 원로인 조 라이넨은 당시 입헌위원회의 위원장인 동시에 선언문 초안 작성을 책임지고 있었다. 그는 EU 의회 내에서 기후변화 문제에 가장 큰 열의를 보이던 녹색당 소속 클로드 텀스 의원, 그리고 우리의 브뤼셀 사무소를 대표하던 노련한 정치고문 안젤로 콘솔리와 공동 작업을 펼쳤다. 공식 선언문이 의회를 통과하면 EU의 입법기관이 유럽의 3차 산업혁명 경제를 위해 장기적 지속 가능 계획을 실행에 옮긴다는 약속을 천명한 것이었다.

선언문 채택 안건이 EU 의회에서 통과되는 일은 사실 매우 드물다. 그만큼 그동안 통과된 선언문이 별로 없다는 얘기다. EU 의회의 규정에 따라 주어진 시간이 3개월뿐이라는 사실을 알고 있던 우리 그룹은 다수의 찬성표를 끌어내기 위해 정당의 리더와 의회 내 주요 위원회 위원장들의 지지를 확보하는 데 집중하기로 결정했다. 그러나 다양한 이해관계와 까다로운 정치적 제휴가 난무하는 입법기관에서 이는 여간 어려운 일이 아니었다. 통과에 필요한 표를 확보하기 위해 라이넨은 의회의 주요 정치 그룹을 대표하는 다섯 명의 존경받는 의원, 즉 유럽인민당의 안데르스 비크만, 자유당의 비토리오 프로디, 사회주의당의 지타 구르마이, 녹색당의 클로드 텀스, 그리고 좌파 정당의 대표격인 움베르토 귀도니와 공조 체제를 구축했다. 이들의 부단한 노력, 특히 콘솔리 고문의 노력 덕분에 우리는 EU 의회 의장 한스게르트 푀테링의 공개적인 지지는 물론, 좌우를 불문한 유럽 주요 정당의 공식 리더들과 영향력이 막강한 산업·연구·에너지 위원회의 앙겔리카 니블러, 환경위원회의 카를하인츠 플로렌츠, 기후변화위원회의 귀도 사코니 등 주요 위원회 위원장들의 지지 또한 확보했다.

2007년 5월, EU 의회는 공식 선언문을 통과시키며 EU 27개 회원국의 입법기관이 3차 산업혁명을 향해 매진하겠다는 약속을 천명했다. 새로운 경제적 비전에 대한 EU 의회의 강력한 지지는 유럽이 새로운 경제적 여정에 올랐음을 만천하에 알리는 명확한 신호였다.[56]

독일의 유럽이사회 의장국 임기가 끝나기 몇 주 전, 독일 정부는 내게 독일의 에센에서 EU 27개 회원국 환경장관을 대상으로 기조연설을 해 달라고 요청했다. 메르켈 총리가 중개한 '20-20-20 by 2020' 지시를 수반할 수 있도록 새로운 3차 산업혁명 경제 전략을 제시해 달라는 것이었다. 나는 장관들에게 EU에 필요한 것은 단순한 기후변화 대책이나 에너지 대책이 아니라 2050년까지 유럽과 (바라건대) 세계를 무공해 및 무(無)배출 탄소 후 시대로 이끌어 줄 지속 가능 경제개발 계획이라고 말했다. 그리고 그러한 계획을 실행에 옮겨 지구온난화와 에너지 안보라는 두 가지 근본적 난제를 해결해야 한다고 덧붙였다. 환경장관들 대다수는 이미 그러한 깨달음을 얻었지만, 몇몇은 여전히 광범위한 경제적 이니셔티브에 아주 미미하게 결부되는 독자적인 엄격한 환경 정책에 미련을 못 버리는 듯 보였다.

실행 계획 확인

지금까지 우리를 녹색 미래로 인도할 새로운 경제체계의 인프라를 구성하는 다섯 가지 핵심 요소를 자세히 설명했다. 이제 그 실행 계획을 제대로 짰는지 확인해 볼 시간이다.

(1) 탄소에 기초한 화석연료 에너지 체제에서 새로운 재생 가능 에너지 체계로 전환한다. — 확인!

(2) 모든 건물과 주택을 미니 발전소로 변형하여 재생 가능 에너지를 현장에서 생산한다. — 확인!

(3) 모든 건물과 사회 인프라 전체에 수소 또는 여타의 저장 기술을 보급하고 불규칙적으로 생산되는 재생 가능 에너지를 저장하여 지속적이고 신뢰할 수 있는 녹색 전력의 공급 체계를 확보한다. — 확인!

(4) 인터넷 커뮤니케이션 기술을 이용하여 전기 그리드를 지능형 공익사업 네트워크로 전환함으로써 (인터넷상에서 정보가 생산되고 공유되듯이) 수백만 명이 주거지나 건물에서 직접 생산한 녹색 전력을 그리드로 보내 오픈 소스 공유 공간에서 다른 사람과 나눠 쓰도록 한다. — 확인!

(5) 승용차와 버스, 트럭, 기차 등 모든 교통수단을 수백만 개의 건물에서 생성된 재생 가능 에너지에 의존하는 전원 연결 및 연료전지 차량

으로 교체하고 국가 및 대륙 전반에 충전소를 설치하여 사람들이 분산형 전력 그리드에서 전기를 사고팔 수 있게 한다. — 확인!

이 다섯 가지 요소를 합치면 불가분의 기술 플랫폼이 형성된다. 이 신생 시스템은 자산과 기능이 각 요소의 총합과 질적으로 다르다. 핵심 요소를 결합했을 때 생성되는 시너지 효과가 세계를 개혁할 수 있는 새로운 경제 패러다임을 창출한다는 의미다.

유럽은 미국과 일본, 중국을 비롯한 여타 국가보다 한참 앞서서 3차 산업혁명을 향해 나아가고 있다. 그렇지만 EU가 전속력으로 달리고 있다고 말할 수는 없다. 이제 겨우 첫 걸음마를 뗀 수준이기 때문이다. 유럽 내의 비즈니스 공동체, 시민사회, 정관계는 유럽이 장도에 오른 여정의 본질에 점점 더 관심을 갖고 있다. 하지만 아직까지는 모두가 여정에 합류한 것도, 그럴 준비를 갖춘 것도 아니다. EU가 예정된 경로를 끝까지 밟아 갈지도 아직은 의문이다. 하지만 적어도 그러고자 하는 의지와 사명감은 확연히 감지된다. 그래도 어느 시점에는 기력이 쇠하거나 도리어 후퇴할지도 모른다. 그런 일이 일어나면 과연 다른 어떤 나라가 세계를 다음 시대로 선도할지 아직은 잘 모르겠다.

세상만사에 필연이란 존재하지 않는다. 역사를 보면 위대한 문명도 붕괴하고 유망한 사회적 실험도 실패로 돌아가고 미래에 대한 선견지명도 빛을 보지 못한 사례가 무수히 많다. 하지만 이번에는 상황이 다르다. 판돈이 훨씬 더 커졌다는 의미다. 인류는 반세기 이전만 해도 멸종을 걱정한 적이 한 차례도 없다. 그러나 이제 대량살상무기가 확산될 가능성에다 기후변화의 위험성까지 겹쳐 인류의 문명뿐 아니라 인류의 생존까지 크게 위협받는 상황이 전개되고 있다.

3차 산업혁명은 사회의 모든 문제를 즉시 치유해 줄 만병통치약도 아니고 우리를 약속의 땅으로 인도할 유토피아도 아니다. 그러나 우리를 지속 가능한 탄소 후 시대로 데려다 줄 수 있는 실질 본위의 실용적인 경제계획인 것만큼은 분명하다. 혹시 다른 대안이 있을지도 모르지만, 나는 아직 들어 보지 못했다.

3

이론을 넘어 실천으로

2008년 9월, 유난히도 더운 여름이었다. 관측 사상 열두 번째로 더운 날씨였다고 한다.[1] 기후 전문가들은 이 같은 더위에 주목하고 지구가 새로운 국면에 접어든 또 다른 징후라며 경고하고 나섰다. 기후변화는 과학자들이 예측했던 것보다 100년 이상이나 일찍 다가와 우리 눈앞에서 진행되었다.

후끈 달아오른 것은 날씨만이 아니었다. 7월에 유가가 배럴당 147달러를 기록해 최고점에 이르면서 전 세계를 공황 상태로 몰고 갔고 구매력은 곤두박질쳤다. 두 달 후, 서브프라임 모기지 부실 대출로 이미 심한 출혈을 겪은 미국 은행들이 대출을 동결하자 월스트리트는 잔뜩 움츠러들었다.

더불어 세계경제의 미래에 대한 불확실성이 만연했다. 사실 우리에게 미래가 있었는지조차 의문이지만 말이다. '이번만큼은 여느 때와 다르다'는 생각이 사람들의 머릿속에 차올랐다. 전문가들과 정치 지도자들은 입에 담고 싶지 않은 '불황'이라는 표현을 사용하기 시작했다. 비록 거물급 경제인이 회사 건물에서 뛰어내리는 불상사는 발생하지 않았지만, 주식시장이 급락하면서 1930년대 대공황 때 길거리에서 사과를 팔던 실직자들의 모습이 다시금 사람들 뇌리에 떠올랐다.

그런데 '이번만큼은 다르다.'는 것은 무슨 의미일까? 금융계와 정치계는 당시 위기의 본질이 무엇이냐를 놓고 끝없는 지엽적 토론에 2년이 넘는 시간을 허비했지만 사실 그 껍질을 벗겨서 이면을 들여다보려는 의지나 능력은 없어 보였다. 아마 그랬다면 2차 산업혁명이 생명유지 장치로 겨우 연명하는 위독한 상황임을 알아챘을 것이다. '대형 금융기관들은 너무 거대해서 망하게 놔둘 수 없다.'는 생각을 쉽게 용인했고 심지어 그런 생각이 유행처럼 번져 갔다. 반면 한 경제 시대가 종말로 치닫고 있다는 발상은 너무 거대해서 상상조차 하지 못했다. 자연히 이와 관련된 그 어떤 논의도 무기한 보류되었다.

나와 정기적으로 연락을 주고받는 많은 글로벌 기업이나 정치인은 2차 산업혁명이 끝나고 있다는 사실을 받아들일 준비가 안 돼 있었다. 대신, 그 같은 위기가 닥친 것은 모두 규제나 통화, 또는 재정과 관련된 정책이 실패했기 때문이라는 진부한 설명에 연연했다. 그러나 다행히 지난 20세기에 우리가 경험한 산업사회의 방식이 이제 정점을 지나 바야흐로 노화와 쇠퇴의 징후를 보이고 있다는 사실은 감지한 것 같았다. 그런데 더욱 중요한 것은, 그들이 각자 새롭고 급진적이기까지 한 비즈니스 아이디어를 갖고 있으며, 이 아이디어를 적절히 결합하면 가히 혁명적인 발상이 재탄생할 수 있는 가능성이 있다는 사실이었다.

3차 산업혁명 비즈니스 리더들, 변화를 이끌다

나는 미국 100대 건설업체 CEO로 구성된 소규모 엘리트 동업자 단체인 건설업원탁회의 의장이자 워싱턴 정가의 소식통인 마크 카소에게 전화를 걸었다. 사실 이보다 앞서 지난 2007년 10월, 그랜드케이맨 섬에서 개최한 건설업원탁회의 연례 모임에 마크가 나를 연사로 초청한 적이 있다. 당시 EU에서 첫선을 보인 3차 산업혁명 모델에 관한 소문이 미국에 퍼졌을 때였다. 마크는 그 모델의 두 번째 핵심 요소인 전 세계 건물의 구조 변경, 즉 모든 건물을 현장에서 재생 가능 에너지를 생산할 수 있는 미니 발전소로 변형한다는 아이디어에 건설업계 CEO들이 관심을 보일 것이라고 예상했다. 이 단체는 녹색 건설에 관심이 정말 많았다. 상당수의 미국 기업이 동종업계의 유럽 기업과 동일한 맥락의 생각을 하고 있었으며 나름의 방식으로 시도도 했다. 마크와 나는 추후에도 서로 계속 연락하며 지내기로 약속했다.

놀랍게도 그 다음 해에 나는 이 단체로부터 다시 강연 요청을 받았다. 우리는 이 단체 회원인 건설업체를 우리 사무소와 협력 관계에 있는 유관 분야 업체와 연결하는 문제를 논의했다. 그런데 2008년 여름 주택시장이 붕괴되고 에너지 가격이 천정부지로 치솟으며 금융시장이 경직되는 사태가 발생하자 바로 지금이 적기라는 생각이 머릿속에 떠올랐다. 다시 말해 3차 산업혁명의 다섯 가지 핵심 요소 중 하나 혹은 그 이상과 연관이 있는 기업이라면 서로 성격이 다르더라도 모두 한자리에 모여 머리를 맞대고 의견을 나누면 유럽, 미국, 나아가 전 세계적 차원에서 3차 산업혁명의 비전 및 비즈니스 전략을 함께 추진할 방안을 도출할 수 있지 않을까 하는 생각이 들었다. 나와 함께 마크의 건설업원탁회의도 이 모임을 공동으로 주관하기로 했다.

10월 24일, 하루 일정의 회의에 참석하기 위해 글로벌 기업 및 동업자 단체 80곳의 CEO와 고위 임원들이 워싱턴 D.C. 시내에 있는 시티 클럽의 소회의장을 찾았다. 먼저 본회의에 앞서 잠깐 인사하는 시간을 가졌다. 참석자들이 자유롭게 자신을 소개하면서 그 자리에 참석한 이유와 이번 회의에서 기대하는 바가 무엇인지 이야기를 나누는 시간이었다. 겨우 소개하는 시간이 끝났을 무렵 우리는 벌써 비공식적으로 합의에 이를 만큼 공감대를 형성했다.

경제 위기는 3차 산업혁명을 추진하는 기회를 제공해 주었다. 우리가 기울이던 개별적인 노력은 2차 산업혁명 인프라를 기반으로 했기 때문에 규모가 빠르게 확대되지도, 또 잠재력을 충분히 발휘하지도 못했다. 그 대신 부적합한 영역에서 시도하는 생경한 파일럿 프로젝트만이 우리 앞에 놓인 상태였다. 이제 우리는 더 이상 '단독으로 행동'할 수 없었다. 3차 산업혁명의 다섯 가지 핵심 요소는 우리에게 새로운 경제 비전을 제시했다. 열쇠는 함께 힘을 모아 협력하는 데 있었다. 하지만 그 궁극적 목적을 무엇으로 잡아야 옳은 것일까? 우리는 아직 확실히 알지 못했다. 결국 우리는 이 모임을 '3차 산업혁명 글로벌 CEO 비즈니스 원탁회의'라고 명명하고, 각국 정부와 대화하여 새로운 경제 모델을 추진하기로 합의했다.(이 원탁회의가 바로 서론에서 소개한 경제개발 그룹이다.)

12월, CEO 원탁회의의 대표단은 EU 집행위원회 부위원장이자 기업 및 산업 담당 위원인 귄터 페어호이겐을 만났다. 대표단은 세계 최대 태양광전지 업체인 Q-셀의 CEO 앤턴 밀너, 세계적 건설업체인 CH2M 힐의 회장 랠프 피터슨, 재생 가능 에너지의 세계적 선두 주자인 악시오나 에너지의 회장 카르멘 베세릴 등 업계 유력 인사로 구성돼 있었다.

페어호이겐 부위원장은 바호주 휘하 집행위원회 내에서 기후변화 이니셔티브와 관련해 회의적인 입장을 오랫동안 견지한 인물이었다. 그는 온난화가 지구에 중대하고 불길한 위협 요인이라는 사실을 부정하지 않았다. 아니, 이 부분은 그도 공감하는 바였다. 다만 EU가 교역 증진과 온난화 저지 둘 중 어느 쪽도 포기하지 않고 두 마리 토끼를 다 잡는 방향으로 기후 문제에 접근해야 한다는 입장이었다. 사실 지난 수년 동안 나와 페어호이겐 부위원장은 여러 공식 포럼에서 종종 연사 자격으로 만났고, 사석에서 의견을 교환하기도 했다. 대표단과 만난 이후 그는 다섯 가지 핵심 요소를 바탕으로 한 3차 산업혁명 인프라 전략이 대내적으로는 EU 경제의 건전성을, 동시에 대외적으로는 세계경제에서 유럽 경제의 경쟁력을 보장하는 방안이 될 것이며, 2020년까지 '20-20-20'을 이룬다는 EU의 목표를 달성하는 데에도 기여할 것이라고 확신했다. 그는 CEO 원탁회의 대표단과 함께한 공식 오찬 및 기자회견 자리에서 3차 산업혁명을 지지한다고 공개적으로 표명했다. CEO 원탁회의는 3차 산업혁명 전략과 관련해 EU 집행위원회에 조언을 제공하고 협력하는 데 동의했다. 이리하여 우리 그룹의 국제 무대 데뷔는 성공적으로 이뤄졌고, 이는 그룹의 결속을 강화했다.

그러나 3차 산업혁명 비전의 장점을 대중에게 알리는 일 이외에 우리의 임무가 무엇인지는 아직 분명하게 확정되지 않은 상태였다. 우리에게 부족한 부분은 바로 구체적인 전략이 없다는 사실이었다. 그런데 매우 흥미롭게도 우리는 유럽이 아닌 미국에서, 그러니까 미국에서 일곱 번째로 큰 도시인 텍사스 주 샌안토니오에서 해당 전략을 도출할 수 있는 기본 틀을 발견했다.

사실 나는 그해 봄, 그러니까 2008년 3월에 텍사스 주 댈러스에서 미국 모기지 은행협회 강연을 진행했다. 당시는 주거용과 상업용을 막론하고 부동산 시장이 완전히 아수라장이 된 시기였다. 청중은 미국에서 모기지 뱅킹에 종사하는 사람들이었다. 내가 2차 산업혁명이 악화일로를 걷고 있다고 말하자 방 안의 분위기는 어두워졌다. 하지만 나는 부동산 시장이 다목적 산업 분야로 변화할 수 있다는, 즉 주거지가 에너지 생산 주체가 된다는 전망을 강조하면 이들이 다시 기운을 회복할 것이라고 내심 기대했다. 그래서 그 자리에 모인 청중에게 이 나라에 있는 건물을 미니 발전소로 전환하면 부동산업이 다시 활기를 띠고 건설 붐이 일어나며 부동산 관련 주식이 향후 20년 동안 상승할 것이라고 설명했다.

그러나 방 안에 있던 사람들 대부분은 금융 위기가 모기지업계를 쓸고 지나가는 동안 그저 자신의 일자리를 유지하고 조직이 무너지지 않기만을 바라는 것 같았다. 나는 연단을 내려서면서 그들에게 곧이어 닥칠 부동산 담보권 행사 사태만 지나면 뿌리를 잘 내릴 얼마간의 씨앗을 심어 준 것이기를 희망했다.(아니, 희망이라기보다는 합리화에 가까웠을지도 모른다.) 하지만 그들은 강연이 끝날 무렵에 그저 부담감만 더 느끼는 것 같았다.

강연을 마치고 몇몇 고위 인사와 이야기를 나누는데 한 여성이 다가와 자신을 소개했다. 오로라 가이스라는 여성이었는데, 샌안토니오 시의 전력공사인 CPS 에너지의 이사장이라고 했다. 그녀는 3차 산업혁명의 비전과 유럽에서 진행되는 상황에 큰 영감을 받았다며, 6월에 있을 CPS 에너지 연례 이사회에 참석해 강연을 해 줄 수 있느냐고 물었다. 나는 물론 그렇게 하겠다고 답했다.

6월에 열린 CPS 에너지 연례 이사회에는 CPS의 고위직 간부, 시의회 의원, 재계 대표, 시민단체 지도자들이 참석했다. 알고 보니 이 도시는 이미 3차 산업혁명 이니셔티브를 실행할 준비를 잘 갖추고 있었다. 필 하드버거 샌안토니오 시장은 이 도시를 텍사스 제일의 녹색 도시로 만들어 지속 가능한 저탄소 미래 시대를 이끄는 미국 내 선두 도시로 변화시킬 것이라는 야심찬 목표를 이미 세운 상태였다. 때문에 가이스 이사장은 내가 시 지도자들을 만나면 이 같은 녹색 어젠다에 대한 지지 분위기에 활기를 더 해 줄 것이라고 기대했다.

청중은 강연 내용은 대체로 잘 받아들였지만 약간의 저항감이 있었다. 어쨌거나 비전을 제시하는 것과 CPS 및 샌안토니오 시 전체가 3차 산업혁명 청사진에 맞게 변화하는 것은 완전히 다른 문제였다. 특히 미국에서는 한번도 시도한 적이 없는 사안이었다. 오로라와 나는 그녀가 즐겨 찾는다는 텍스멕스 레스토랑에서 마르가리타(과일주스와 테킬라를 섞은 칵테일 — 옮긴이)와 살사 소스, 과카몰리(으깬 아보카도에 양파, 토마토, 고추 등을 섞어 만든 멕시코 요리 — 옮긴이)를 앞에 두고 마주 앉았다.

"오로라, 나한테 좋은 생각이 있어요. 미래를 눈앞에서 보여 드릴게요. 3차 산업혁명은 미래의 일이 아니라 이미 일어나고 있어요. 회사 이사들에게 여권을 준비하고 짐을 챙겨서 스페인행 항공권을 예약하라고 일러두세요. 스페인에 가면 우리 사무소의 유럽 책임자 안젤로 콘솔리가 안내를 할 겁니다. 그곳에 가면 3차 산업혁명을 선도하는 대표 기업의 임원들을 만나고, 최첨단 태양광 설비와 풍력 시설을 시찰하고, 이산화탄소 무배출 빌딩과 3차 산업혁명 기술 단지를 둘러볼 수 있을 겁니다."

며칠 동안 내 제안을 검토하고 이사회와 논의한 끝에 오로라는 긍정적인 답변을 전했다.

2008년 11월에 진행된 스페인 방문은 휴가와는 거리가 먼 분주한 일정이었다. 콘솔리는 CPS 이사들이 매일 14시간씩 바쁘게 움직이도록 일정을 잡았다. 이들은 과학자, 엔지니어, 기업인, 시 공무원, 지역사회 단체 들을 만났다. 모든 일정이 끝날 때쯤 이사들은 피로한 기색이 역력했다. 무엇보다 중요한 것은 이들의 마음이 움직였다는 사실이다. 스페인 방문으로 변화의 계기를 마련한 셈이다. 그곳에서 그들은 미래를 보고 느꼈던 것이다.

그로부터 몇 주 지나지 않아 우리 사무소와 CPS, 샌안토니오 시는 컨설팅 계약을 체결하고 이 도시가 북미 대륙 최초의 탄소 후 시대 도시로 탈바꿈할 수 있는 마스터플랜을 준비하기 시작했다.

세계를 위한 마스터플랜을 준비하다

2009년 4월, 마스터플랜을 수립하기 위한 1차 워크숍이 샌안토니오에서 열렸다. 우리 팀은 3차 산업혁명을 주도하는 세계적 기업, 즉 IBM, 필립스, 슈나이더 일렉트릭, GE, CH2M 힐, 지멘스, Q-셀, 하이드로제닉스, KEMA 등에서 파견한 고위급 전문가들 25명으로 구성되었다. 글로벌 정책 팀에는 캘리포니아 전임 환경보호국(Environmental Protection Agency, EPA) 국장이자 현 국제청정교통위원회(International Council on Clean Transportation) 위원장인 앨런 로이드, 전 GM 수소 자동차 개발 책임자인 바이런 매코믹을 비롯해 세계적으로 유명한 녹색 건축회사와 도시계획업체들(이탈리아의 보에리 스튜디오, 스페인의 악시오나, 클라우드9 등)이 참여했다. 저명한 엔지니어, 시 산하기관 부서장, 시청 대표, CPS 에너지 경영팀으로 이루어진 전문가 그룹도 이 자리에 함께했다.

이와 더불어 우리의 3차 산업혁명 글로벌 CEO 비즈니스 원탁회의에서 추구할 임무도 확정했다. 향후 1년 안에 정책 팀은 모나코 공국과 알베르 2세 대공, 로마 시와 잔니 알레만노 시장, 네덜란드 위트레흐트 주와 바우터르 더용 부지사에게 제시할 각각의 마스터플랜을 만들기로 했다. 이 세 개의 마스터플랜은 우리 웹사이트에서 검토해 볼 수 있다.

나는 여러분에게 우리가 지금까지 한 일과 배운 것을 소개하고 싶다.

그러나 한 가지 미리 알아둘 점이 있다. 이 세 개의 마스터플랜은 모두 현재 다듬어 나가는 과정에 있으며, 파악하기가 결코 쉽지 않은 내용이라는 것이다. 우리는 현재 네 개의 마스터플랜을 진행하면서 날마다 아이디어를 얻고, 아이디어들 사이의 연관성을 수시로 발견하며, 기존 산출 결과를 재검토 및 수정하고, 설정된 목표를 끊임없이 재고한다. 마스터플랜 운영 책임자인 니컬러스 이즐리는 마스터플랜을 작성하는 일이 아찔한 롤러코스터를 타는 것과 비슷하다는 말을 자주 한다. 무척이나 역동적이고 새로운 발견이 연속되는 터라 지속적으로 정신 자세를 다시 가다듬지 않으면 안 되기 때문이다. 목표는 새로운 경제 시대에 필요한 인프라와 운영 시스템을 창조하는 것이지만 그와 동시에 신뢰할 만한 투자 회수 일정을 예측하는 등 재정적 측면도 염두에 두어야 한다. 이즐리는 마스터플랜의 목표를 달성하기 위해 실행 가능한 방법을 찾아내고자 우리와 계약한 자치단체 대표 및 우리 글로벌 팀과 함께 하루 16시간씩 일하면서 산더미 같은 자료와 보고서와 씨름했다. 말하자면 우리는 모두 넓은 교실에 모여 서로에게 배우면서 앞으로 나아갔다.

3차 산업혁명 마스터플랜의 바탕은 주거 공간에 관한 혁신적 구상이다. 앞서 설명한 것을 다시 환기해 보자. 새로운 에너지 체제가 새로운 커뮤니케이션 매체와 만나면 공간에 대한 사고가 근본적으로 변화한다. 독일 심리학자들은 이것을 '게슈탈트(Gestalt) 변화'라고 부른다. 1차 산업혁명은 밀도 높은 수직형 도시를 선호해서 마천루를 세워 하늘로 솟아올라 간 반면 2차 산업혁명은 지방을 분산해 교외 지역을 개발하고 선형으로 밖으로 뻗어 나가는 수평형 공간을 이루었다.

그리고 3차 산업혁명은 이제 완전히 다른 지형을 가져온다. 우리 개발팀은 기존의 도심과 교외 공간을 하나의 생물권 안에 포함하는 마스터플랜을 만들고 있다. 수천 개의 생물권 지역이 제각기 3차 산업혁명 에너지와 커뮤니케이션, 교통 시스템으로 연결되어 결국 대륙 전체를 잇는 하나의 네트워크를 형성한다는 전망이다.

우리에게는 선택의 여지가 별로 없다. 도심과 교외의 복합 시설 속에 매몰되어 숨도 제대로 쉬지 못하는 이 같은 상황은 21세기가 끝날 때까지 이어질 전망이다. 그런데 1차, 2차 산업혁명의 유산으로 남은 이 인프라가 엄청난 양의 화석연료를 먹어 치우며 막대한 이산화탄소를 대기 중에 배출하고 있다. 미국에서는 대략 총에너지의 50.1퍼센트와 전력의 74.5퍼센트가 건물에서 소비되고 있으며, 이 건물들이 미국 전체 이산화탄소 배출량의 49.1퍼센트를 내뿜는다.[2]

2007년, 주거 문제의 심각성이 드디어 피부에 와 닿았다. 그해는 인류 역사에서 중요한 이정표가 되었다. 유엔이 발표한 「2008·2009 세계 도시 상태 보고서」에 따르면, 사상 처음으로 인류 대다수가 도시 지역에 살고 있음을 확인했으며 그중 많은 수가 인구 1000만 이상의 거대도시 및 교외 지역에 거주하는 것으로 나타났다.[3] 바야흐로 호모 어바누스 (Homo urbanus), 즉 도시형 인간의 시대가 도래한 것이다.

거대한 도심이나 교외 중심가에 수백만 명이 고층 건물을 중심으로 떼 지어 몰려 사는 풍경은 하나의 새로운 현상이다. 500년 전만 하더라도 지구상에 사는 보통 사람은 한평생 평균 1000명 정도의 사람을 만났을 것이다. 반면 오늘날 맨해튼 중심가의 평범한 뉴욕 시민 한 사람은 자신의 집이나 사무실로부터 반경 10분 거리 안에서 22만 명에 둘러싸여 생활하거나 일한다.

19세기 이전을 살펴보면, 인류 역사 전체를 통틀어 오직 한 도시(고대 로마)만이 인구가 100만 명을 넘었다. 런던은 1820년이 되어서야 최초로 인구 100만 명 이상인 근대 도시가 되었다. 1900년까지 인구 100만 명 이상 되는 도시는 전 세계에 11곳에 불과했지만 1950년이 되자 75개,

1976년에는 191개로 늘어났다. 현재 인구 100만 명이 넘는 도시는 483개 이상이며, 현재의 놀랄 만큼 빠른 인구 증가 추세로 볼 때 그 개수가 얼마까지 늘어날지는 가늠이 되지 않는다.[4] 현재 지구상에는 하루에 36만 4000명의 아기가 태어나고 있다.[5]

먼 옛날 인류가 생명을 유지하기 위해 태양에너지와 바람, 해류, 동물, 노동력에 의존해야 했던 시절, 지구의 인구는 비교적 적었다. 그러다가 인구가 증가한 전환점은 인류가 지표 아래에 매장되어 있던 엄청난 양의 에너지, 다시 말해 처음에는 석탄, 뒤이어 석유와 천연가스를 발굴하면서부터다. 화석연료는 처음에는 증기기관을, 그리고 다음에는 내연기관을 가동하는 데 사용했다. 그 후 전기로 전환되어 전선을 이용해 공급하면서 여타 신생 기술의 산실 역할을 했고, 결국 식량뿐만 아니라 재화 및 서비스 생산이 극적으로 증가했다. 생산성 증가는 유례없는 인구 증가와 세계의 도시화를 초래했다.

사실 인류에게 닥친 이 같은 급격한 변화를 두고 기뻐해야 할지 슬퍼해야 할지 아니면 그저 담담하게 하나의 기록으로 남기면 되는 것인지 아무도 확실히 말할 수 없다. 왜냐하면 급증한 인구와 도시적 생활 방식 때문에 지구 생태계의 종말이라는 대가를 지불해야 하기 때문이다.

믿기 힘들겠지만, 현재 인간이라는 종은 지구 생물체 중 0.5퍼센트에 불과할 뿐인데도 지구의 1차 순 생산량(광합성을 통해 유기물로 전환된 태양에너지의 순 양)의 약 31퍼센트를 소비한다.[6] 나아가 현재 70억인 인구는 금세기 중반 90억 이상으로 증가하여 지구 생태계에 압박을 가할 것이며, 결국 모든 생명체의 존속이 위협받는 결과를 초래할 것이다.[7]

100층짜리 사무실 빌딩과 주거용 고층 건물이 늘어나고 교외가 팽창하는 시대로 가면서, 도시화는 어두운 이면을 남긴다. 우리가 세계의 도시화를 경축하는 동안, 다른 한편으로는 야생이 소멸되는 또 다른 역사적 순간에 한발 더 다가서는 것이다. 이것은 결코 우연한 사건이 아니다. 인구 폭발, 식량과 물과 건축자재 소비의 증가, 도로 및 철도 교통의 팽창, 도시의 스프롤 현상(urban·suburban sprawl: 도시의 급격한 발전과 지가의 앙등 등으로 도시 주변이 무질서하게 확대되는 현상 — 옮긴이) 때문에 남아 있던 야생 세계가 지속적으로 잠식되고 그곳에 사는 생명체들은 멸종 위기에 처한다.

과학자들은 지금의 어린이들이 살아 있는 동안 '야생 세계'가 지구상에서 거의 자취를 감출 것이라고 경고한다. 아마존 강의 광활한 열대우림 지역을 가로지르는 아마존 횡단 고속도로는 지구상에 남은 마지막 대규모 야생 서식지를 지체 없이 제거해 나가고 있다. 그 외에 보르네오나 콩고 분지 등 다른 야생 지역의 사정도 마찬가지다. 인구가 늘어 더 많은 주거 공간과 자원이 필요함에 따라 인간에게 자리를 내주고 하루가 다르게 빠른 속도로 사라지고 있는 것이다.

고대 로마의 사례는 거대도시 환경에서 지속 불가능한 인구를 유지하려는 시도가 결국 어떤 결과를 초래하는지 진지한 교훈을 남긴다. 상상하기 힘들겠지만, 로마제국 초창기만 하더라도 현재의 이탈리아는 삼림이 무성했다. 그러나 수세기가 지나면서 숲은 벌채되고 땅은 작물과 가축용 목초지를 위한 공간으로 변했다. 숲이 파괴되자 땅은 바람과 홍수에 고스란히 노출되었고 결국 소중한 표토는 고갈되고 말았다.

같은 기간, 로마는 부유층의 호화 생활을 유지하고 그들의 노예와 군대를 먹이고 입히기 위해 지중해 너머에 있는 농경 지역에 의존하는 비중을 점차 늘렸다. 새로운 땅을 정복하여 농지를 식민지화한 로마제국은 말기에 이르자 정부 수입 중 90퍼센트 이상을 농업에서 조달했다.[8] 로마는 끊임없는 수입을 얻고자 이미 황폐해진 땅을 계속 과용할 수밖에 없었고 이것은 더 많은 토양을 유실했다. 3세기가 되자 북아프리카와 지중해 지역의 토양이 고갈되어 농촌 지역 인구가 크게 감소하자 농경지를 버리고 떠나는 이농 현상이 발생했다.[9]

농업에서 나오던 수입이 줄어들자 중앙정부의 힘은 약화되었고 제국 전체에 걸쳐 공공서비스가 줄어들었다. 결국 도로와 사회 기반 시설이 황폐해지기에 이르렀다. 과거 막강한 세력을 자랑했던 로마군은 이제 초라한 행색에 형편없는 무기만 지닌 채 제국을 지키는 임무보다는 먹을 것을 찾아 나서는 데 더 많은 시간을 보내야 했다. 병사들이 집단적으로 병영을 버리고 떠나자 마침내 로마는 외부 세력의 침략에 노출되었다. 6세기에 이르자 침략자들은 바로 로마 문턱까지 다가왔다. 한때 서방에 알려진 세계의 대부분을 지배했던 로마제국은 결국 붕괴되고 말았다. 로마 시는 한창 전성기일 때 100만 명 이상의 인구를 자랑했으나 쇠락과 함께 사람들도 빠져나가 결국 10만 명도 채 안 되는 인구가 폐허에서 살았다.[10] 로마제국의 무릎을 꿇게 한 무서운 적은 외국 군대라기보다는 바로 대자연의 힘이었다.

자, 이제 40년 후 인구 100만 명 이상의 로마 같은 거대도시가 1000여 개 생긴다고 상상해 보자. 생각만 해도 아찔할 뿐만 아니라 이 같은 도시가 지속되기는 어렵다. 파티를 망치고 싶지는 않지만 2007년 인류의 도시화를 기념하는 동안 우리는 이 지구상에서 살아가는 방식을 다시 생각해 볼 기회를 놓치고 만 것 같다. 도시 생활에 박수를 치고 환호할 만한 부분이 많은 것은 분명하다. 풍부하고 다양한 문화, 사교 생활, 밀도 있는 상업 활동 등이 얼른 머리에 떠오른다. 문제는 그 규모다. 우리는 인구를 줄이고 지속 가능한 도시 환경을 개발할 방법이 무엇인지, 에너지와 자원을 보다 효율적으로 사용하고 오염을 줄이며 인간적 척도에 맞는 주거 설비를 육성할 수 있는 최선의 방법이 무엇인지 고민해야 한다.

도시화와 교외의 팽창으로 대변되는 이 시대는 인간을 자연 세계와 점점 멀리 떨어지게 만들었다. 지구라는 풍요로운 선물을 정복하고 지배하고 사용하면서 그런 행위가 미래 세대에게 그 어떠한 악영향도 미치지 않을 것이라고 믿으면서 말이다. 인간 종족을 보존하고 우리와 함께 살아가는 동료 생명체를 위해 지구를 보호하려면 인류 역사의 다음 단계에서 우리 자신과 살아 있는 지구를 재통합할 방법을 찾아야 한다.

우리의 마스터플랜은 이와 같은 현 상황을 염두에 둔 것으로 기존 주거 공간과 작업 공간, 놀이 공간을 이들 모두가 속한 보다 넓은 생물권과 다시 연결하는 3차 산업혁명 인프라를 확립하는 것이 목표다.

로마 생물권

새로운 생물권 개념이 무엇인지 알고자 할 때 로마만 한 사례가 또 있을까? 잔니 알레만노 로마 시장이 서구 문명 최초의 대도시였던 로마를 3차 산업혁명 도시로 탈바꿈할 40개년 마스터플랜을 수립해 달라고 요청했을 때 우리는 기쁜 마음으로 수락했다.

그런데 로마를 둘러싼 고대 성곽을 넘어 생물권까지 아우르도록 로마의 개념을 확장한다는 것은 무슨 의미일까? '생물권'이란 바닷속 밑바닥부터 성층권에 이르는 약 60여 킬로미터의 생태 구역으로 그 안에서 지구화학적 과정과 생물학적 시스템이 상호작용하여 지구상 모든 생명체가 존속할 수 있는 최적의 조건을 형성한다. 지구의 생물권에서 일어나는 복잡한 상호 반응 고리는 마치 하나의 내부 신경계처럼 작동하여 시스템 전체가 총체적으로 잘 가동되게 한다.

지구 생물권이 분리될 수 없는 하나의 유기체처럼 기능한다는 사실은 우리로 하여금 인간의 행보에 대한 개념을 다시 생각하게 만든다. 인간 개개인과 인간 종 전체, 다른 모든 생명체가 서로 얽혀 있고 또 그것들 모두가 지구화학 작용과 밀접하게 관련되어 긴밀하고 복잡한 공생 관계를 이룬다고 한다면, 우리는 모두 전체 유기체의 건강에 의존하며 그에 대한 책임성도 지녀야 한다. 책임을 완수한다는 것은 곧 모든 개개인이 우리 이웃과 공동체 안에서 보다 커다란 생물권 전체의 안녕을 증진하는 방식으로 삶을 살아가야 함을 뜻한다.

3차 산업혁명 경제개발계획에 따라 로마 지역은 생물권을 공유하는 공동체 안에 뿌리를 두고 사회·경제·정치적으로 통합된 공간으로 변모할 것이다. 로마 생물권은 세 개의 동심원으로 구성된다. 중심 원 안에는 역사적 중심지와 주거지역을 포함하며, 그 바깥쪽으로는 개방된 공간을 많이 갖춘 산업 및 상업 지구가 링처럼 둘러싼다. 산업 및 상업 지구의 외곽에는 훨씬 더 널찍한 농촌 지역이 형성되어 대도시를 크게 둘러싸는 모습을 갖춘다. 이 생물권 모델에서 강조하는 부분은 지역을 상호 연결하는 것이다. 외곽 농경 지역과 상업 지구 그리고 역사 및 주거 중심지를 하나로 연결하되, 각 지역에서 생산된 재생 가능 에너지를 분산형 스마트 전력 그리드를 이용해 공유함으로써 서로 긴밀하게 연결되는 관계를 형성하는 것이다.

도시 중심지는 개방된 공간에 대한 접근성을 높이고 차량 없는 도로를 확보하여 보행자들이 거리를 마음껏 활보하면서 주변의 역사적 유산을 즐길 수 있도록 하는 방향으로 개조할 것이다. 이런 변화를 위해서는 공공 교통과 자전거 전용 도로, 보행자 전용로를 단계적으로 개선해야 한다.

로마 시가 일차적으로 우려하는 부분은 어떻게 하면 고대부터 중심가였던 이곳에 인구밀도를 높이고 공동체 의식을 함양하느냐 하는 점이다. 안타깝게도 현재 이곳은 현대식 주택이 부족하고 심각한 교통 체증과 대기오염 등으로 시내 인구가 교외로 이동하여 인구가 감소하는 추세다. 로마 시내에는 임대주택은 부족하지만 사무 공간은 남아돈다. 따라서 우리 도시 설계 그룹은 사용하지 않는 상업 건물을 새로운 주거 구역으로 전환해야 한다고 로마 시에 제안했다.(뉴욕과 시카고에서 이미 그렇게 했던 사례가 있다.) 그리고 고대 로마 건축물 디자인의 훌륭한 요소를 반영하는 혁신적인 건축 기술을 사용하기로 했다. 로마의 건축 문화유산을 보전하기 위해 역사적 외관은 건드리지 않는 반면 고대 로마의 저택처럼 건물 가운데에 빈 공간을 마련해 공공 정원을 만든다는 계획이다.

로마 시의 녹지화 계획에는 수천 개의 소규모 공공 정원을 역사 및 주거 중심지 전역 곳곳에 배치하는 것도 포함된다. 슬로푸드 운동을 주창한 카를로 페트리니는 시내에 있는 학교 안에 정원을 만들어 로마 시내 학생들이 가꾸게 하는 프로젝트를 알레만노 시장과 함께 추진하기도 했다.

이렇듯 새롭게 활성화한 주거 중심의 도심지 바깥에는 로마의 경제 허브가 될 녹색 산업 및 상업 지구가 자리한다. 우리는 이 지구를, 로마를 저탄소 경제 모델 도시로 만들 기술 및 서비스를 개발하는 실험실로 변모해 나갈 계획이다. 3차 산업혁명 상업 및 무역을 지향하는 대학 부설 기관과 첨단 기술 벤처기업, 그리고 여타 사업체로 구성된 생물권 과학기술 단지가 바로 이 산업 및 상업 지구에 자리할 것이다.

이미 다른 몇몇 나라에서는 이와 같은 3차 산업혁명 단지를 조성 및 운영하고 있다. 대표적인 예가 피레네 산맥 골짜기에 터를 잡은 스페인 우에스카에 있는 왈카 기술 단지(Walqa Technology Park)다. 이곳은 현장에서 자체적으로 재생 가능 에너지를 생산하여 단지의 가동에 필요한 전력을 거의 충당하는 새로운 유형의 기술 단지다. 현재 왈카 기술 단지에는 12채의 사무용 빌딩을 운영하고 있는데, 마이크로소프트, 보다폰(Vodaphone)을 비롯한 여러 ICT 및 재생 가능 에너지 회사들이 입주해 있다.

산업 및 상업 지구는 상당한 녹지 공간을 갖춘 매력적인 근무 환경으로 설계할 것이다. 탄소 배출 제로 빌딩과 공장으로 구성하여 현지에서 생산한 재생 가능 에너지를 이용해 전력을 공급받고 열과 전력, 분산 에너지를 복합 시스템에 연결할 것이다.

로마 생물권 내에서 로마 대지 15만 헥타르 중 8만 헥타르는 녹색 구역으로 지정되어 있다. 하지만 현재 제대로 활용하지 않고 있어 향후 더 높은 농업 생산력을 갖출 전망이다. 20세기 도시 개발 모델로는 도시가 자신이 소비할 식량을 생산하기가 어려웠다. 이에 따라 식량을 먼 곳에서 생산하여 장거리 운반을 해야 했는데 이것이 바로 온실가스 배출의 주요 원인이었다. 그런데 이 문제를 과소평가하는 경향이 많다. 도시의 탄소발자국을 산출할 때 오로지 도시 안에서 이루어지는 활동으로 발생한 이산화탄소에만 초점을 맞추고, 해당 도시민이 소비할 식량을 다른 지역에서 생산하여 가져오는 과정에서 배출되는 이산화탄소는 고려하지 않는 것이다. 한 도시의 환경발자국은 그 주민들의 식습관에 크게 영향을 받는다. 특히 육식 위주의 식단은 메탄, 아산화질소, 이산화탄소 같은 온실가스 배출량을 증가시키므로 기후변화에 지대한 영향을 미친다.

로마 마스터플랜에서는 (바깥 동심원에 속하는) 지금껏 제대로 활용하지 않던 버려진 농지에 향토 과일과 채소, 곡식을 재배하는 수백 개의 유기농 농장을 세우는 방안을 구상했다. 이렇게 되면 그야말로 최첨단 친환경 농법을 활용하는 이탈리아 슬로푸드 운동의 살아 있는 전시장이 될 것이다. 야외 재래시장, 숙박업체, 식당 들은 지역 향토 음식을 제공하면서 지중해식 식단의 영양학적 우수성을 홍보할 수 있다. 농업연구소, 동물보호구역, 야생동물재활클리닉, 식물유전자원보존은행, 수목원 등도

이 농촌지구에 설립되어 로마 생물권을 활성화하는 데 일조할 것이다.

뿐만 아니라 로마 외곽을 이루는 이 녹색 벨트는 풍력, 태양광, 바이오매스 에너지를 이용하는 대규모 재생 가능 에너지 프로젝트를 시행하는 현장으로서 엄청난 기회를 제공한다. 이 지역에 재생 가능 에너지 단지를 조성하여 전원적 풍경에 자연스럽게 통합할 것이다.

이러한 혁신적 계획은 로마 생물권에 활력을 주고, 비교적 자립적이며 지속 가능한 생태계로 변모시켜 로마 인구를 유지할 기본 에너지와 식량, 섬유의 상당 부분을 제공하도록 설계했다. 이 녹색 벨트는 풍부한 상상력의 기획 및 마케팅을 발판 삼아 거대한 생물권 단지로 변모하여 로마를 찾는 수많은 관광객을 끌어들이는 주요 관광자원의 역할도 할 것이다.

로마 마스터플랜은 알레만노 시장의 의뢰로 라 사피엔자 대학교 건축대학의 리비오 데 산톨리 학장이 관리하고 있으며, 공식적으로 로마 시의 장기적 경제·사회 개발 계획에 핵심 부분으로 포함된 상태다.

거대도시와 그 주변 지역을 하나의 생물권으로 재구상하는 일은 도전적인 과제임이 분명하다. 그러나 또 하나 생각해야 할 문제는, 우리가 제안하는 대규모의 변화를 뒷받침할 재원을 시 당국이나 각 지역, 국가가 과연 어떻게 마련할 것인가 하는 점이다. 특히 지금과 같은 저성장 시대에 정부의 재정수입이 감소 일로에 있는 상황에서 말이다.

샌안토니오 녹색 비즈니스 플랜

우리가 수립한 첫 번째 마스터플랜의 주인공인 샌안토니오 시가 그 답을 찾는 데 도움이 되는 좋은 시험 케이스였다. 샌안토니오는 미국에서 일곱 번째로 큰 도시임에도 여타 주요 대도시에 비해 상대적으로 가난했다. 시의 주요 수입원은 샌안토니오 시 소유의 전력공급회사인 CPS에서 나오는 수익인데 시 전체 수입 중 4분의 1을 차지했다. 그런데 이 부분이 재정적 어려움을 가중시키는 요인이었다. CPS가 시 소유라는 이유 때문에 민간 전력회사에 의존하는 다른 대도시에 비해 지금까지 이 지역의 전기요금은 상대적으로 낮은 수준을 유지했다.

그렇다면 2030년까지 온실가스 배출량 20퍼센트 감축, 재생 가능 에너지 생산량 20퍼센트 증산이라는 샌안토니오의 목표를 어떻게 하면 달성할 수 있을까? CPS가 도시 내에서 판매하는 전력의 상당량을 줄이면 시의 재정수입은 감소할 것이다. 효율성을 높이고 낭비를 줄이기 위해 전기요금을 인상하면 시민들의 경제적 어려움은 가중되어 지역 경제에 부정적인 영향을 미칠 것이다.

샌안토니오는 미국의 주요 대도시 중 하나이긴 하지만, 2차 세계대전 이후 지속된 안정적인 경제발전의 혜택을 거의 받지 못한 많은 라틴계 소수 계층이 거주하는 곳이기도 하다. 시 공무원들, 재계 및 시민단체 지도자들과 미팅을 시작했을 때 나는 이들이 '두 개의 샌안토니오'라고 부르는 문제에 얼마나 신경을 쓰는지 금세 느꼈다. 이 용어를 사용하지 않고 대화를 이어 나간 적이 한번도 없을 정도다. 대부분 백인으로 이루어진 부유한 중산층과 법적 권리를 누리지 못하며 불완전고용 상태로 사는 라틴계 하류층이 공존하는 골치 아픈 현실은, 남쪽의 스페인어권과 북쪽의 영어권이 만나는 교차점인 이 도시에 사는 사람들 모두의 머릿속에 항상 맴도는 듯했다.

그런데 이 도시는 두 문화의 교차점이기는 하지만 역사적인 오점을 안고 있다. 시내 중심가에 18세기에 스페인이 세운 유명한 전도소 알라모(Alamo)가 있다. 이곳은 과거 초기 텍사스 공화국과 멕시코 사이에 영토 분쟁이 한창이던 1836년에 대규모 전투가 벌어진 현장이다. 텍사스는 알라모 전투에서 패배했지만, 결국 독립 전쟁에서는 승리하여 과거 멕시코 영토였던 지역 중 많은 곳을 새로운 텍사스 공화국에 합병했다. 오늘날 알라모는 텍사스 주에서 가장 많은 관광객이 찾는 곳이자 샌안토니오 시의 주요 수입원이다. 그리고 어떤 이들에게는 자부심을 느끼게 하는 곳이지만, 다른 이들에게는 패배와 상실감을 계속 떠올리게 만드는 곳이기도 하다.

CPS는 3차 산업혁명 마스터플랜을 통해 모든 시민을 위한 신선하고 새로운 경제 기류를 형성하고, 이 지역이 북미 최초로 이산화탄소 배출 제로에 가까운 지속 가능한 경제로 탈바꿈할 수 있기를 기대했다. 어느 모로 보나 이것은 거창한 포부가 아닐 수 없었다.

다행스럽게도 샌안토니오는 아무 대책 없이 빈손으로 회의에 참석하지는 않았다. 1980년대 자동차 산업이 절정을 이룬 이후 계속해서 내리막길을 걷는 많은 북부 산업도시들과 달리, 샌안토니오 지역을 아우르는 벡사 카운티는 1980년에서 2008년 사이에 58퍼센트나 빠른 성장률을 보이며 미국 전체 경제성장 속도를 앞서 나갔다.[11] 고용의 20퍼센트를 차지하는 금융 및 보험 산업이 튼실했던 것이 부분적인 이유였다.[12] 벡사 카운티에서 유일하게 뒷걸음질 치는 분야는 제조업이었다. 미국의 제조업 분야 고용이 25퍼센트 성장한 반면 샌안토니오에서는 제조업 분야에서 4만 개의 일자리 순손실을 겪었다.[13]

샌안토니오 시는 향후 20년에 걸쳐 다섯 가지 핵심 요소를 중심으로 한 3차 산업혁명 인프라를 창출하면 수천 명이 일자리를 찾고(특히 제조업과 건설 분야에서) 빠르게 증가하는 청년층이 새로운 직업 기회를 얻을 수 있으리라는 전망에 기대를 걸었다.

샌안토니오 제조업 분야의 취약성이 플러스 요인이 되는 측면도 있었다. 벡사 카운티는 다른 주요 대도시 지역에 비해 제조업 활동이 별로 활발하지 않기 때문에(샌안토니오의 1인당 제조업 일자리 수는 미국 내 다른 지역의 절반 수준에 불과하다.) 샌안토니오는 출발점에서부터 이산화탄소 배출량이 상대적으로 더 적었다.

만일 샌안토니오가 라틴계와 백인 사이의 사회경제적인 격차를 줄이는 동시에 기후변화와 에너지 안보라는 이중 과제에 효과적으로 대응할 수 있다면, 이 도시는 미국의 다른 도시들에 훌륭한 본보기가 될 것이다.

우리는 광범위한 경제적·사회학적 변수를 고려하여 샌안토니오의 세부적인 경제 모델을 만들고 성장 추세를 예측한 다음 모든 산업이 '정상 영업'한다는 가정 아래 2008년부터 2030년까지 샌안토니오의 이산화탄소 배출량이 얼마나 될지 산출했다.(2005년도 이산화탄소 배출 자료를 참고했다.) 그 결과 이산화탄소량이 2008년 2720만 톤에서 17퍼센트 증가하여 2030년에는 약 3180만 톤으로 늘어날 것으로 예상되었다.[14]

그러나 우리가 설정한 지구 전체의 감소 목표치를 달성하려면 샌안토니오 및 벡사 카운티는 2008년 2720만 톤을, 2030년까지 1600만 톤을 조금 상회하는 수준으로 줄여야만 한다. 그리고 21세기 중반까지 현재 배출량의 80퍼센트를 줄이려면 2030~2050년 사이에는 보다 극적인 감소가 있어야 한다. 80퍼센트라는 수치는 지구의 온도 상승을 섭씨 2도 이하로 억제하기 위해 선진국에서 줄여야 하는 양이라고 과학자들이 제시한 것이다.[15]

이 마스터플랜에 따르면 샌안토니오 경제는 완전히 재고해야 한다. 계산기를 두드려 본 결과 샌안토니오의 목표를 달성하려면 2010년에서 2030년 사이에 대략 150~200억 달러에 이르는 투자가 필요했다.[16] 여기서 키워드는 바로 '투자'다. 우리가 작성하는 마스터플랜은 경제개발계획이지 단순히 정부의 지출 내역만을 뽑은 것이 아니다. 대개 정부는 이런 과정에 깊이 연관되면 투자에 대한 회수를 기대하곤 한다.

정부의 재정수입이 줄어서 예산 수지를 맞추기 위해 지출을 줄이는 상황이 되면 불가피하게 던지는 첫 질문이 "변화를 추진할 재정적 여유가 우리에게 있는가?"이다. 그러나 아마도 더 적절한 질문은 "어찌 우리가 변화를 추진하지 않을 수 있겠는가?"일 것이다. 2차 산업혁명이 완전히 내리막길로 접어든 지금 경제성장을 촉진할 수 있는 유일한 방법은 경제를 바꾸는 것이다. 그리고 더 중요한 것은 우리에게 필요한 재원이 이미 존재한다는 사실이다.

일단, 미국의 모든 대도시 지역이나 카운티, 주에서는 기본적으로 지역 경제를 유지하도록 하는 데에만도 매년 GDP의 일정 비율을 투자하는데, 여기에는 새로운 도로나 학교, 교통, 산업 장비, 발전소, 송전선 등에 대한 투자도 해당한다.

현재 미국 기업들은 대불황임에도 불구하고 지난 수년간 1조 6000억 달러에 달하는 이윤을 올리는 기록을 세우며 충분한 적립금을 보유하고 있다.[17] 샌안토니오 시도 2010~2030년 사이에 연평균 약 160억 달러를 지역 경제에 투자할 계획이다. 우리가 계산한 바에 따르면 시의 연간 투자액 중 단 5퍼센트, 즉 매년 8억 달러가량만 투자한다면 목표를 달성하여 새로운 경제 시대로 이행할 수 있다. 다시 말해서 샌안토니오의 민간 및 공공 분야가 경제개발 자금 1년분 금액을 향후 20년간 투자하면, 즉 총 160억 달러를 20년에 걸쳐 투자하면 이 도시는 미국 내 최초로 저탄소 3차 산업혁명 도시가 될 수 있다는 얘기다.[18] 이는 곧 경제 자금의 95퍼센트는 여전히 기존의 2차 산업혁명 인프라에 투자할 수 있으므로 과도기 중에 발생할 수 있는 잠재적 붕괴 위험에도 대비할 수 있다는 의미다.

그런데 필요한 투자액이 이렇게 적은 이유는 무엇일까? 이미 급속히 사양길에 접어들었을 뿐 아니라 지출이 눈덩이처럼 불어나는 낡은 인프라를 유지하려면 새로운 인프라를 구축하는 것에 비해 상대적으로 비용이 더 많이 들기 때문이다. 낡아 빠진 인프라를 고친다 해도 얻을 수 있는 새로운 경제 기회는 거의 없을 뿐만 아니라 실질적으로 추가되는 경제적 가치도 거의 없다. 그런데 이와는 대조적으로 신생 인프라를 구축하면 서로 공생 관계가 될 수 있고 시너지 효과를 일으키는 부수적인 사업체와 벤처기업이 다양하게 양성된다.

반복하지만, 이것은 시가 새로운 인프라를 설계할 때 시스템 전체적으로 접근하는 것을 전제로 한다. 진정한 승수효과는 다섯 가지 핵심 요소가 상호작용하여 새로운 패러다임이 생길 때 일어난다. 3차 산업혁명 인프라를 구성하는 다섯 가지 핵심 요소를 각기 개별적으로 적용했을 때에는 경제에 겨우 한계 가치만 추가할 뿐이지만 이 요소들이 마치 진화하는 유기체처럼 상호작용하는 시스템 안에서 서로 연결되면 새로운 경제가 이룩한다. 그리고 모든 유기체가 그러하듯 성장기·성숙기·노령기의 단계를 밟는다.

내가 이 점을 강조하는 이유는 CPS가 마스터플랜을 시민에게 공식 발표하기 전에 사실 전달에 착오가 생겨서 우리의 노력이 물거품이 될 뻔했던 상황에 봉착했기 때문이다. 터무니없게도 CPS는 3차 산업혁명 계획에 무려 160억 달러가 소요될 것이며 따라서 상당한 폭으로 전기요금을 인상할 것이라고 언론 매체에 밝혔다. 160억이라는 수치를 아무런 상황 설명이나 부연 설명 없이 인용하다 보니 당연히 일부 미디어는 이 마스터플랜이 시의 재정을 바닥나게 할 것이고 당장 전기요금 인상이라는 부담을 시민에게 전가할 것이라고 떠들어 댔다. 우리는 서둘러 진화에 나서야 했다. 160억 달러는 장장 20년에 걸쳐 필요한 비용이며 민간 및 공공 분야에서 이미 지출하는 연간 경제 투자액 중 5퍼센트에 불과하다고 설명했다. 더 나아가 신생 인프라를 구축하면 경제적 승수효과가 나타나 다양한 비즈니스와 일자리가 생기고 경제를 쇄신할 것이라고 설명했다. 그리고 정식으로 보고서를 공개했다. 그러자 재계와 시민단체, 시 의회는 흥분을 가라앉히고 160억 달러라는 수치가 어떤 맥락에서 나왔는지 납득했다. 마침내 시는 이 마스터플랜을 심도 있게 생각하며 평가하기에 이르렀다.

노심의 용융

그러나 언론의 오해는 경미한 차질에 불과했다. 훨씬 더 큰 파장을 일으킨 것은 마스터플랜 발표 전에 CPS 중역들이 중대한 판단 착오를 하여 여론을 들끓게 하고 주요 임원과 이사장이 사임하는 상황까지 초래한 일이었다. 이 정치적 사건으로 발생한 혼란을 시에서 수습하는 동안 마스터플랜은 외면당할 수밖에 없었다. 그러나 다행스럽게도 결과적으로는 이 스캔들 자체와 시장 및 시 의회가 취한 교정 조치는 샌안토니오의 3차 산업혁명 마스터플랜 도입을 오히려 강화하는 계기가 되었다.

처음에 오로라 가이스와 논의할 때부터 CPS와 샌안토니오 시의 미래 에너지원에 대한 우선 순위를 매기는 것이 큰 이슈였다. CPS는 두 종류의 에너지 개발을 진행했는데 양쪽 모두 공격적으로 추진했다. 원자력과 풍력에 투자했으며, 이 두 가지 외에 한편으로 태양광발전에도 투자를 늘려 가는 중이었다.

CPS는 샌안토니오 시 전력의 상당량을 공급하는 원자력발전소 두 곳의 대주주다. 미국과 샌안토니오 시 모두 급격히 경제성장을 이루던 2006년, CPS는 그러한 성장 곡선이 계속 상승세를 타면 2016년경에는 샌안토니오 시는 에너지 부족 사태에 직면할 것이라고 우려했다. CPS 경영진은 예상 부족분을 확보하기 위해서 새로운 화력발전 또는 원자력발전을 이용해 '기저부하 전력량(수시로 변동되는 전력 수요, 즉 전력 부하 중 시간의 변화와 관계없이 항상 유지되는 일정 수준의 부하 또는 하루 중의 부하 변동 중 24시간 계속적으로 걸리는 부하 수준을 기저부하라 한다.)'을 근본적으로 증가시켜야 한다는 결론에 도달했다. 그리고 그들은 원자력발전을 선택했다. 이산화탄소를 발생시키지 않는 청정에너지이므로 시의 지속 가능성 목표를 계속 추진하는 데 기여할 것이라는 이유에서였다.

CPS는 신규 원자로 2기를 개발할 목적으로 NRG 에너지와 파트너 관계를 맺고 도시바를 원도급업자로 합류시킨 후 합작투자회사를 설립했다. '북미원자력혁신(Nuclear Innovation North America, NINA)'이라 명명한 이 프로젝트의 지분은 CPS와 NRG가 각각 40퍼센트씩 보유하고 나머지 20퍼센트는 인수를 원하는 업체에 넘기기로 했다. 2007년, CPS와 NRG는 미국 원자력규제위원회에 원자로 건설 신청서를 제출했다. 1979년 펜실베이니아 주의 스리마일 섬 원자력발전소에서 노심 용융 사고가 발생한 이래 28년 만에 처음으로 원자력발전소 건설 신청이 이루어진 것이다.[19] 샌안토니오 시는 예비 현장 설계 작업에 2억 7600만 달러를 투입하기로 약속했는데, 단 새로운 원자력발전 비용을 충당하기 위해 CPS가 소비자에게 부담시키려고 했던 전기요금 인상분 5퍼센트를 3.5퍼센트로 줄여야 한다는 조건을 덧붙였다.[20]

아울러 CPS는 풍력발전 용량을 상당히 증가시키는 중이었다. 이미 910메가와트의 재생 가능 에너지 생산(이 중 94퍼센트가 텍사스 풍력에서 생산됨) 계약을 체결한 CPS는 미국 내의 시 소유 전력회사 가운데 가장 많은 풍력발전을 진행한다고 자부할 수 있었다. 과연 CPS는 원자력과 재생 가능 에너지 양쪽 모두를 확대할 수 있을까?

여기서 우리가 추가로 고려해야 할 세 가지 요소가 있었다.

첫째, 원자력 확대를 반대하는 거센 여론이 존재했다. 스리마일 섬의 악몽이 아직도 완전히 가시지 않았기에 시민단체들은 환경적 측면의 위험을 우려했다. 또 원자력발전 60년 역사 동안 여전히 해결되지 않은 숙제, 즉 치명적인 핵폐기물 운반 및 처리 문제도 있었다.

둘째, 시 의회는 발전소 2기 건설 비용이 예상액을 초과하여 시와 납세자들이 계속 증가하는 청구서에 짓눌리고 시의 재정수입 및 지역 경제가 악화될 상황을 염려했다.

셋째, 두 가지 에너지 생산 방식 중 과연 어느 쪽이 새로운 경제적 기회를 더욱 고취하고 당시 부족한 일자리를 더 많이 창출할 것인가 하는 문제가 있었다.

이 같은 이슈는 CPS 에너지 측과 공식 미팅에서뿐만 아니라 사적인 자리에서도 계속 제기되는 문제였다. 오로라 가이스는 스페인 현지 시찰 이후 모종의 통찰력을 얻기는 했다. 하지만 CPS가 추구하는 두 가지 에너지 생산방식이 철학적으로 대립한다는 사실도 이해했을까? 보다 심오한 이슈는 샌안토니오 시가 20세기의 전통적이고 중앙집중화한 에너지에 계속 의존할 것인가 아니면 21세기의 분산형 에너지로 장기적 이행을 시작할 것인가 하는 점이었다. 에너지 공급에 관한 완전히 다른 두 방식, 하향식 방식과 수평적 방식이 그들 앞에 놓여 있었다. 후자를 선택한다면 전력 및 공익사업 회사들이 수익을 내는 전략을 완전히 다시 생각해 봐야 할 터였다.

흥미롭게도, 총 133페이지에 달하는 마스터플랜 보고서 안에 원자력발전을 언급한 부분은 단 한 군데밖에 없었다. 우리 팀은 CPS가 고려 중인 다양한 에너지원의 위험성을 세밀히 분석한 CPS 그래프를 보고서에 집어넣었다. CPS는 자체적으로 원자력 시설 하나의 건설 비용이 당초 예상보다 6퍼센트가 낮아질 수도 또는 50퍼센트나 높아질 수도 있다고 분석해 놓았다.(CPS가 대주주인 텍사스 주 원자로 1호기와 2호기는 1980년대에 완공되었는데, 놀랍게도 당초 예상 비용을 500퍼센트나 넘어섰다.)[21] 이와는 대조적으로 풍력발전 건설 비용은 처음 예상보다 10퍼센트 낮아지거나 15퍼센트 높아질 수 있었다. 태양광발전의 건설 비용과 관련된 리스크의 범위 역시 풍력발전과 비슷했다.[22] 이 그래프에는 다음과 같은 설명을 첨부했다.

> 예상 비용과 관련해 추정한 리스크를 면밀히 숙고해야 한다. 불확실성의 상위 범위에 해당하는 비용을 투자하면 재량 자본까지 끌어들일 가능성이 높다. 그렇게 되면 3차 산업혁명을 이행하는 데 기여하는 지속 가능 개발 이니셔티브에 투자할 자본이 고갈될 수도 있다.[23]

신규 원자력발전소 건설에 따른 잠재적 비용 리스크에 관한 이 유일한 언급이 또다시 CPS를 압박했다. 우리가 마스터플랜을 공식 발표하고 한 달밖에 지나지 않았을 때, 그러니까 샌안토니오 시 의회가 85억 달러 규모의 원자력 프로젝트에 4억 달러를 추가 투자하는 문제를 표결에 부치기 3일 전 도시바가 2기의 원자로 건설에 대한 예상 비용을 무려 40억 달러나 높였다는 소식이 시장실로 전해졌다. CPS 고위 경영진 몇몇은 이런 식의 비용 상승을 이미 몇 주 전부터 알고 있었으나 CPS 이사회나 시 의회에 알리지 않았던 것이 분명했다.

이 뉴스가 터지자 혼란이 일었다. CPS의 임시 본부장 스티브 바틀리는 해임되었고, 오로라 가이스 이사장은 이 일과 무관했음에도 신임 훌리안 카스트로 시장으로부터 상황 은닉에 대한 책임을 지고 사임하라는 압력을 받았다. 가이스 이사장은 예상 비용 초과가 알려지기 이전에도 이미 CPS가 새로운 재생 가능 에너지와 분산형 전력으로 이행하는 대신 원자력에 너무 많은 자본을 쏟아붓는다며 우려를 표한 바 있었다. 더욱이 조용히 막후에서 시의 소유 지분 40퍼센트를 20퍼센트로 낮춰 시의 투자액을 줄이려는 노력까지 기울이고 있었다.(그것이 CPS가 예상한 원자력 발전 수요를 충당하기에 딱 알맞은 투자라고 판단했다.) 8월에 카스트로 시장도 이 새로운 투자 감축안에 동의한 바 있었다.

이제 예상 비용이 120억 달러를 웃돌고 그 밖의 다른 독자적인 추산치가 170~200억 달러까지 나오자 시는 상당 부분 발을 빼기로 결정했다.[24] 결국 카스트로 시장의 중재로 CPS는 NRG, 도시바와 합의하여 텍사스 원자력발전소에 대한 자사 지분을 최종적으로 40퍼센트에서 7.6퍼센트로 줄여 총투자액을 10억 달러로 제한했다.[25]

이렇게 하여 샌안토니오 시는 곤란한 상황을 벗어났지만 미국 납세자들은 그렇지 못했다. NRG의 합작회사인 NINA와 도시바는 프로젝트의 순항을 위해 여전히 투자자를 활발히 끌어모으면서 미국 에너지부의 대출 보증을 받으려 노력했기 때문이다. 만약 비용 초과가 발생하여 합작회사의 지불 능력을 위협하는 사태에 이르면 결국 미국 납세자들이 그 비용 중 일부를 부담해야 한다.

원자력발전을 둘러싸고 치열한 논쟁을 벌이는 가운데 샌안토니오 시민에게 또 다른 이슈가 등장해 새로운 논쟁거리로 조명을 받았다. 바로 일자리 문제였다. 2009년 4월, 당시 필 하드버거 시장이 사흘간의 마스터플랜 워크숍에서 우리 글로벌 팀에 강조한 바에 따르면, 시의 주요 관심사는 지속 가능한 전력을 생산하는 동시에 새로운 고용 기회(특히 노동계층과 저소득 계층을 위한)를 창출할 방법을 찾는 것이었다. 다시 말해 우리의 임무는 청정성을 지니는 동시에 사람들에게 일자리를 줄 수 있는 새로운 에너지 옵션을 검토하는 일이었다.

원자력 산업계는 대규모 원자로 건설이 일자리를 창출한다고 선전하기를 좋아한다. 예를 들어 2010년 어느 사설에서 조지 부시 대통령 재임 기간에 EPA 국장을 지낸 크리스틴 토드 휘트먼 전 뉴저지 주지사는 신세대 원자력발전소를 건설하면 전국적으로 '7만 개에 달하는 새로운 일자리'를 만들 수 있다고 주장했다.[26] 그러나 이 문제를 더 가까이 들여다 보면 볼수록 고용 전망은 그리 밝지 않다.

사실 원자로 1기 건설은 겨우 건설직 일자리 2400개만 만들어 낼 뿐이다. 그리고 일단 원자로를 완공하여 가동하면 여기에 필요한 정규직원은 800명에 불과하다. 휘트먼 전 주지사가 제시한 7만 개의 일자리를 창출하려면 2000억 달러 이상을 들여 원자력발전소 22개를 건설해야 하며 이들을 모두 건설하려면 20년 이상이 소요된다. 엄청난 시간과 돈을 투자해서 미미한 고용 증대 효과를 얻는 셈이다. 이와는 대조적으로 미국 내에서 가장 존경받는 과학협회인 참여과학자연대(Union of Concerned Scientists)는 연방 정부가 공익사업회사에 전기의 25퍼센트를 재생 가능 에너지로 충당하도록 의무화하면 거의 30만 개의 일자리를 만들 수 있다고 밝혔다. 게다가 신규 텍사스 원자로 2기 건설에 120억 내지 180억 달러가 들어간다고 할 때 이것은 향후 20년간 3차 산업혁명 인프라 구축 및 시의 탄소 배출량 감축 목표 달성에 필요한 경제 투자 총액과 대략 맞먹는 액수다.[27]

그렇다면 원자력발전소들을 실제로 가동했을 때 생산해서 공급할 추가 전력에 대해선 어떻게 생각하는가? CPS는 전통적인 모델을 기초로 에너지 성장을 전망했는데, 중요한 것은 이 모델이 미래에는 유효하지 않을 수 있다는 사실이다. 공익사업회사들은 오랫동안 연간 부하 증가와 판매 성장을 1퍼센트에서 2퍼센트 사이로 점치곤 했다.[28] 이러한 어림 감정 방식은 지난 58년 중 무려 45년 동안 그대로 유지되었다. 그러나 소비자의 에너지 사용량이 줄고 그들이 자체적으로 생산하는 전력량이 늘어나기 시작하면 수요는 눈에 띄게 줄어들 것이다. 실제로 텍사스 주의 전력 수요는 2009년 3.2퍼센트나 감소했다.[29] 미국 전역과 유럽에 걸쳐 이와 유사한 전력 사용량 감소가 나타나고 있다. 미래 전력 수요와 성장 전망을 재평가해야만 하는 상황인 것이다.

물론 인터넷이나 여타 커뮤니케이션 관련 산업, 그리고 전기 자동차 사용으로 발생하는 전력 수요 증가가 향후 수년 안에 전력 성장을 부추길 수 있다. 문제는 이 수요를 전통적인 에너지(화석연료와 원자력)에서 주로 충당할 것인지 아니면 점차 재생 가능 에너지에서 충당할 것인지에 있다. CPS가 추구하는 방향은 분명히 후자다.

원자력발전 문제로 샌안토니오 3차 산업혁명 계획 실행은 거의 1년 동안 후순위로 밀려났다. 이 글을 쓰고 있는 현재 시 당국과 CPS는 미국의 새로운 탄소 후 시대를 선도한다는 목표를 추구하기 위해, 텍사스식으로 표현하면, 막 다시 말 안장 위에 앉았다. 이들의 에너지 효율 프로그램은 미국 내에서 최고다. CPS와 시는 지난 2년 동안 이미 142메가와트의 전력을 절약했으며 2020년까지 전력 사용량 771메가와트 감축이라는 목표를 설정했다. 재생 가능 에너지에 의한 발전 910메가와트 달성이라는 의미 있는 결과를 바탕으로, 샌안토니오 시는 2020년까지 1500메가와트의 재생 가능 에너지 발전이 가능할 것으로 전망했다.[30] CPS는 샌안토니오 지역 일대의 건물에 4만 개의 스마트 미터기를 설치하는 2개년 이니셔티브를 세우고 스마트 그리드를 조성하기 시작했다. 또 GM과 협정을 맺어 셰비 볼트(Chevy Volt)용 전기 충전소를 제공하기로 했다.[31] 이로써 샌안토니오 시는 3차 산업혁명 경제로 향하는 길에 들어섰다.

반(反)직관적 사업 방식

CPS가 직면한 가장 도전적인 과제는 회사의 비즈니스 모델 및 경영 스타일을 인터넷 커뮤니케이션 기술로 운영하는 새로운 분산형 에너지 시대의 요구에 부합하도록 변모하는 것이다. 유럽의 전력 및 공익사업 회사들도 유사한 도전을 맞고 있으며 세계의 다른 모든 전력 및 공익사업 회사들의 앞날도 크게 다르지 않다.

다른 전력회사들과 마찬가지로 CPS도 자체적으로 전력을 생산하여 최종 사용자에게 판매하는 전통적인 방식으로 운영해 왔다. 이제 CPS는 새로운 비즈니스 모델에 따라 자사의 일부 고객으로부터 전기를 구매하여 다른 고객에게 다시 배분하는 일을 할 것이다. 과거 CPS의 임무는 더 많은 전기를 생산하고 파는 것이었다. 그러나 지금은 에너지 효율을 향상시켜서 역설적이게도 전기를 점점 적게 파는 것이 목표다. 앞으로 한동안 CPS는 중앙집중화한 경영 및 분배 시스템 안에서 화석연료 및 우라늄으로 전력을 생산하는 전통적 방식을 계속 유지하겠지만, 그와 동시에 다른 사람들의 에너지를 관리하고 그들이 에너지 효율을 높이면서 에너지 사용을 최적화할 수 있도록 돕는 새로운 비즈니스 모델에 적극 뛰어들어야 할 것이다.

더불어 우리는 3차 산업혁명 인프라의 전체적 가치 제안에 수반되는 새로운 사업 기회를 고려하라고 CPS에 제안했다. 예컨대 CPS 에너지와 샌안토니오 시가 3차 산업혁명의 다섯 가지 핵심 요소를 구성하는 다양한 요소 및 프로세스와 관련한 자금 조달, 제조 활동, 서비스 제공 등의 비즈니스에 뛰어드는 것이다.

CPS나 시 단독으로는 이런 차원의 경제 전략을 이행할 수 없다는 사실에 주목해야 한다. 미국에서 3차 산업혁명의 선두 지역이 되겠다는 목표를 이루기 위해 샌안토니오 시와 CPS는 고객 전반의 참여를 확보해야 한다. 중소기업, 협동조합, 공동관심 주거단지(Common Interest Development, CID), 주민협회, 환경단체, 소비자단체 등이 모두 샌안토니오와 남부 텍사스의 3차 산업혁명 전략을 돕는 잠재적 주체 또는 파트너가 될 수 있다.

샌안토니오가 직면한 도전 과제들 중 상당수는 주변의 다른 카운티들 입장에서도 남의 일이 아니다. 따라서 우리는 샌안토니오가 텍사스 남부 지역 전체를 아우르는 3차 산업혁명 인프라를 구축한다는 목표를 갖고, 공익사업회사들과 다른 에너지 공급업체, 사용자들을 하나로 묶어 에너지 네트워크의 중심축으로 자리매김할 것을 제안한 것이다.

CPS 에너지 측 사람들과 일하는 동안, 만약 우리 어머니가 지금 이들이 진행하는 급진적인 시도를 보았다면 뭐라고 하셨을까 하는 생각이 내내 머리를 떠나지 않았다. 2007년 96세를 일기로 세상을 떠난 나의 어머니는 1911년 텍사스 주 엘파소에서 출생했다. 어머니 친정 집안은 1890년대에 텍사스에 정착했다. 1901년 1월 10일, 텍사스 보몬트의 스핀들톱(Spindletop)에서 유전 탐광자들이 300여 미터 지하에 있는 유정을 발견했다. 여기서 40미터가 넘는 높이로 분유정이 솟아올랐다. 이 유정 하나에서 하루 10만 배럴의 석유를 채취했는데, 이는 당시 미국에 있던 다른 유정에서 나오는 분량을 모두 합친 것보다 많았다.

어머니가 성장하는 동안, 검은 금덩이를 찾으려는 희망을 품고 수많은 채굴자가 텍사스 땅 속을 파헤쳤다. 많은 이가 성공했고, 텍사스는 사람들 마음속에서 대규모 유정과 동의어로 인식되기에 이르렀다. 이리하여 미국은 2차 산업혁명 시대의 대표적 강국이 되었다.

참으로 이상하게도, 아니 어쩌면 참으로 걸맞은 일인지 모르겠지만, 과거 텍사스 유정 채굴자들의 후예가 오늘날에는 텍사스를 초일류 녹색 에너지 주(州)로 만들기 위해 풍력과 태양광을 활용하고 있다. 이들의 노력으로 미국은 3차 산업혁명의 소프트 에너지로 전환하여 다음 에너지 러시의 고삐를 쥐고 세계를 다시 주도할 수 있는 초석을 마련할 것이다.

텍사스가 이렇듯 180도 변하는 모습을 우리 어머니가 보셨다면 틀림없이 만족스러워하셨을 것이다. 그리고 아마 내게 "깊은 구덩이 안에 들어가 있다면 파는 것을 멈추어라."라는 텍사스의 오랜 속담을 환기시켜 주셨을 것이다. 석유 시대가 끝나가는 시점에 꼭 맞는 텍사스 현지의 지혜가 아닐 수 없다.

모나코, 초고속 전진하다

우리 글로벌 팀이 사흘 동안의 샌안토니오 마스터플랜 워크숍을 끝낸 지 석 달 후 나는 모나코 알베르 2세 대공의 초청을 받아 프랑스 남쪽 코트다쥐르 해안에 위치한 작은 공국 모나코로 팀을 이끌고 갔다.

내가 알베르 대공을 처음 만난 것은 2007년 2월 파리에서였다. 나는 당시 프랑스 자크 시라크 대통령의 요청으로 유엔 기후변화에 관한 정부 간 패널이 파리에서 「4차 평가 종합보고서」를 발표하는 날 세계 각국 정부 및 경제 지도자들을 상대로 고위급 워크숍을 주최했다. 세계경제를 탄소 후 시대로 전환하는 데 필요한 다양한 경제적 이니셔티브를 탐색하는 자리였다. 알베르 대공은 여러 패널 중 한 사람이었다.

일반적으로 모나코 하면 전 세계 부자와 유명인을 끌어모으는 호화 휴양지, 매년 열리는 포뮬러 원 그랑프리 경주, 그리고 화려한 벨 에포크 카지노 등이 가장 먼저 머리에 떠오른다. 그러나 모나코에는 이밖에도 주목할 만한 면이 많다. 알베르 대공의 조부인 알베르 1세는 세계 해양 생태계 보전에 앞장선 최초의 국가수반이었다. 그는 1906년 세계 일주 항해를 하는 동안 해양 생물에 관한 자료를 수집하고 연구를 실시한 후 세계적으로 저명한 해양연구소를 설립했다. 이 연구소는 바닷속 생태계를 보호한다는 기본 취지 아래 해양을 심도 있게 연구하는 최초의 과학 연구기관이었다. 그 후 레니에 3세가 과업을 물려받아 국제적으로 존경받는 해양 보호 운동가가 되었다. 그의 재임 기간에 모나코는 '음용할 수 있을 정도로 깨끗한 오수만을 바다로 배출하는' 최초의 지중해 연안 국가가 되었다.[32]

파리 워크숍에서 강한 인상을 받았던 점은 알베르 대공이 기후변화에 관해 깊이 있는 과학적 지식을 갖췄으며 지구적 위기에 대응해 실용적인 접근법을 취하고 있다는 사실이었다. 기후변화가 세계 해양에 이미 끔찍한 영향을 미치고 있다는 점을 인식한 그는 지구온난화 문제로 관심을 돌려 큰 목소리를 내는 대표적인 세계 지도자가 되었다. 그의 의지에 따라 모나코 공국을 유럽, 나아가 세계가 본받을 만한 모델로 변화시키기 위한 환경 이니셔티브들이 가동되기 시작했다.

2009년 3월, 나는 알베르 대공을 다시 만났다. 그때 나는 모나코에서 개최한 최첨단 3차 산업혁명 기술에 관한 연례회의에 참석 중이었다. 기술 분야 세계 최고의 권위자와 녹색기업 대표, 금융기관이 한자리에 모인 자리였다. 이 회의는 문고 파크라는 기업인이 기획했다. 그는 기술 분야에 아주 예리한 감각을 지녔을 뿐 아니라 주목받기 위해 경쟁하는 수천 가지의 녹색 기술 중에서 성공 가능성 높은 기술을 골라내는 재능이 있었다. 문고는 모나코와 긴밀한 관계를 유지했다. 그는 우리 둘이서 함께 알베르 대공을 만나 상호 관심사에 대해 논의하자고 제안했다.

우리는 책과 고대 지도로 꽉 찬 작은 방으로 안내되었다. 영화「인디아나 존스」 시리즈 첫 번째 편인 '레이더스'에 나올 법한 20세기 초의 서재처럼 보였다. 알베르 대공은 자신을 내세우지 않는 조용한 성격으로, 만약 왕족으로 태어나지 않았다면 일생을 과학 연구에 기꺼이 바치고 살았을 만한 인물로 보였다.

그는 연말로 예정된 코펜하겐 기후회의에 우려를 표명하며, 지구온난화에 대한 체계적이고 경제적인 접근법 개발에 충분한 관심을 기울이지 않는 현실을 걱정했다. 그는 내가 EU를 위해 준비했던 경제개발 모델에 대해 알고 있었고, 3차 산업혁명 시대로 진입하는 데 자신이 어떤 도움을 줄 수 있는지 물었다. 나는 우리에게 필요한 것은 모델을 만드는 일이라고 설명하며, 모나코가 몇몇 최신 아이디어를 위한 좋은 실험의 장이 될 수 있을 것이라고 제안했다. 왜냐하면 모나코가 이미 자체적으로 기후변화 관련 이니셔티브를 많이 진행한 상태였기 때문이다. 알베르 대공은 흔쾌히 동의했고, 우리는 모나코의 3차 산업혁명 시대를 위한 마스터플랜의 초안을 만들기 위해 우리 팀과 모나코의 장관 및 기술 전문가들이 만날 일정을 정했다. 10월까지 마스터플랜을 완성해 알베르 대공이 코펜하겐 기후회의에 참석해 다른 세계 지도자들 앞에서 이를 모범적 전략으로 발표하는 것이 우리의 바람이었다. 주어진 시간이 짧았기에 우리는 소매를 걷어붙이고 곧장 작업에 착수했다.

모나코가 2020년까지 '20-20-20' 목표를 달성하기 위해 우리 팀의 도움을 받은 점은 샌안토니오 시와 다를 바가 없지만, 이 사실만 제외하면 둘은 완전히 다른 사례였다. 모나코는 입헌군주제에 입각한 독립 주권국가이다. 샌안토니오가 하층민이 많은 넓게 뻗은 도시인 반면, 모나코는 지중해와 산맥 사이에 끼어 있는 밀도 높은 도시 지역으로서 세계 최상위 부유층 일부가 거주하는 곳이다. 국민 1인당 GDP는 5만 1092유로이며 실업률은 0퍼센트다. 정부 운용 예산은 7억 4420만 9751유로이고 국민에게 소득세를 부과하지 않는다.[33] 정부의 수입은 20퍼센트의 부가가치세와 5퍼센트의 판매세에서 발생한다. 2제곱킬로미터도 되지 않는 국토에 약 3만 5000명이 거주한다. 통근 인구와 관광객까지 합치면 날마다 그 두 배에 달하는 인구가 모나코를 밟는다고 보면 된다.

사실, 모나코에 거주하는 사람이 누구인지 분명하게 정의할 필요가 있었다. 이것은 우리 글로벌 팀이 모나코 관리들을 처음 만난 날부터 도마 위에 올랐던 문제였다. 우리가 듣기로는 모나코 부자들 중 많은 사람이 그곳에 아주 가끔 와서 살면서 주거지를 별장처럼 사용한다고 했다. 하지만 소득세가 없기 때문에 이들은 모나코의 집을 주 거주지로 주장하고 싶어 한다. 이 때문에 골치 아프지만 그동안 거의 언급하지 않았던 환경문제가 유발된다. 주택 소유자들이 거주지임을 증명하려면 전기, 가스, 수도요금 청구서 사본을 매달 제출해야 한다. 그렇다 보니 집을 비우면서도 가전제품을 일주일 내내 24시간 켜 놓는 일이 빈발하여 에너지를 낭비하는 것은 물론 이산화탄소 배출량까지 증가했다. 정부는 상당한 액수의 보조금을 지급하여 주거지를 녹색 미니 발전소로 전환함으로써(그리하여 청정에너지를 에너지 그리드로 되돌려 보낼 수 있게 함으로써) 부분적이나마 이 문제를 해결하기 위해 노력하는 중이다.(이에 대해서는 뒤에서 다시 다루겠다.)

우리가 첫 번째로 궁금했던 사항은 모나코가 어디에서 에너지를 얻느냐는 것이었다. 전력의 17퍼센트는 해수 펌핑에서, 난방 및 냉방 수요의 25퍼센트는 쓰레기를 소각하는 화력발전에서 얻는다.[34] 그렇다면 나머지 전력은? 주로 원자력발전에 의존하는 프랑스에서 공급받는다.

모나코 건물들은 너무도 협소한 공간 안에 빽빽하게 들어차 있어서 사실상 대규모 에너지단지가 들어설 유휴지가 없다. 그렇지만 모나코만이 갖고 있는 것이 있다. 6킬로미터에 달하는 해안선이다. 이것을 활용하여 파동 에너지와 풍력 에너지를 생산할 수 있으며, 태양광 조도가 특출하게 높아서 태양광이나 광전지를 이용해 에너지 생산에 활용할 수 있다.[35]

모나코가 당면한 도전은 어떻게 하면 건축 유산을 해치지 않고 이 높은 조도의 태양광을 건물에서 채집할 수 있는가 하는 점이다. 모나코 정부는 건물의 색이나 형태를 포함해서 그 외관이나 느낌이 변경되는 것을 원치 않는다고 우리에게 분명히 밝혔다.

모나코의 24퍼센트는 지붕 공간이며, 그중 절반은 광전지 설치에 적합하다. 즉, 남향인 데다 그림자가 지지 않는다. 2020년까지 50기가와트시를 재생 가능 에너지에서 얻는다는 모나코의 목표 중 30퍼센트는 지붕에 설치한 패널에서 얻는 태양광 에너지 발전으로 달성할 수 있을 것이라는 게 우리의 추산이었다.[36] 그리고 건물 앞면을 집광 지점으로 이용하면 태양광 에너지 발전량을 두 배로 늘릴 수 있다. 또 프랑스 국경 바로 너머에 있는 유휴지를 임차하고 태양광 추적 장치를 설치하면 다량의 잠재적 태양에너지를 얻을 수 있다. 이밖에도 우리 팀은 현재 실험 단계에 있는 해상 태양광발전 시스템을 테스트해 볼 것도 제안했다. 이것을 이용하면 지중해 위로 내리쬐는 태양에너지를 채집할 수 있다. 이미 페르시아 만의 아부다비에서 직경 100미터의 해상 태양광발전 시스템 원형을 테스트하고 있다. 먼 바다에 태양광전지 용기(pod)를 띄워 놓는 방식을 이용하면, 모나코가 2020 목표를 달성하기 위해 필요한 재생 가능 에너지의 15퍼센트를 추가로 얻을 수 있다.[37]

모나코 정부는 건물들을 미니 발전소로 바꾸는 문제에 진지하게 임하며, 태양광전지 시스템 설치에 30퍼센트의 정부 보조금(최대 3만 유로)을 지원했다.[38] 그런데 도시를 거대한 발전 시설로 보이지 않게 만들면서 이 모든 것을 얻으려면 어떻게 해야 할까?

우리 건축 팀과 도시계획 전문가들은 에너지 전문가와 상의한 끝에 도시 풍경의 미관을 해치지 않고 에너지를 얻을 수 있는 몇 가지 방법을 찾아냈다. 대부분의 광전지는 진한 파란색인 데다 보기 흉한 패널형 골격에 부착되어 있다. 만약 이런 광전지 패널을 모나코의 건물에 붙인다면 외관이 크게 손상될 것이다.

다행히 요즘 업체들은 작은 광전지를 테라코타 지붕 기와나 건물 차양, 벽, 유리, 셔터, 블라인드에까지 직접 집어넣는 등 가능한 모든 외부 표면에 눈에 띄지 않게 장착한다.

풍력발전 기술 또한 건물에 적용할 수 있다. 이 말에 많은 사람이 의아해할 것이다. 풍력발전이라고 하면 광활한 풍력발전단지에 거대한 발전용 터빈이 죽 늘어선 풍경이 언뜻 떠오르기 때문이다. 그러나 최근에는 그렇게 바람개비처럼 돌릴 필요가 없는 새로운 수직축 터빈을 개발해 조밀한 도시에서 방향 변화가 많은 바람을 흡수할 수 있다. 이러한 수직축 풍력 터빈은 모나코의 기존 건물들 상부에 설치할 수 있으므로 재생 가능 전력 발전량을 늘릴 수 있다.

요즈음은 녹색식물 지붕 및 벽이 많은 추세이므로 우리는 이 방법도 모나코 정부에 권했다. 완공한 기반 시설 위에 식물을 심으면 강우 유출수를 줄일 수 있고 열질량(thermal mass)이 증가하며(여름에는 도시의 열섬 효과를 줄이고 겨울에는 열을 보존하는 데 도움이 된다.) 도시의 생물다양성을 증대할 수 있다. 1998년 스위스의 바젤에서 녹색 지붕 만들기 이니셔티브를 시작한 이래 오늘날 이 도시에 있는 평지붕 지역의 20퍼센트가 녹색으로 덮여 있다. 현재 캐나다의 토론토, 오스트리아의 린츠에서는 새로 짓는 평지붕 건물에는 모두 녹색식물을 심도록 했다. 모나코는 태양광, 풍력, 녹색식물 지붕 등 모든 노력을 통해 모나코 고유의 생물권과 다시 연결하고 이에 대한 자각도 고취할 수 있을 것이다.

모나코에 관해 마지막으로 언급할 것이 하나 더 있다. 세계 일류로 꼽히는 지역은 모두 자신만의 고유한 문화적 내러티브를 지닌다. 모나코의 그것은 바로 빠른 자동차다. 사람들 마음속에서 자동차 경주와 모나코는 동의어로 느낄 정도다. 우리는 마스터플랜에서 모나코가 기존의 가솔린 내연기관 대신 수소 연료전지 차량으로 공공 버스를 교체하여 세계에 모범을 보여 달라고 제안했다. 모나코는 나라 규모가 작기 때문에 신속하게 최저 비용으로 전환할 수 있다. 그렇게 되면 세계 최초로 이산화탄소 배출량 제로인 대중교통 시스템을 갖춘 나라가 될 것이다.

나는 모나코에서 워크숍 총평을 마친 후 우리 정책 그룹의 바이런 매코믹 그리고 문고 파크와 호텔 바에 앉아서 문고가 예전부터 구상해 온 흥미로운 아이디어를 놓고 자유롭게 의견을 교환했다. 전 세계의 전기 충전차와 수소 자동차들이 참가하는, 모나코를 대표할 제2의 자동차 경주대회를 매년 개최하면 어떨까? 차량들은 태양광전지로 집전된 전력이나 수직축 풍력, 또는 모나코 건물들에서 채집한 재생 가능 에너지를 통해 전력을 얻어 움직이도록 한다. 2차 산업혁명이 지나가고 이제 3차 산업혁명이 도래하는 것을 보여 줄 수 있는 이보다 더 훌륭한 방법이 있을까? 나는 바이런의 반응이 궁금했다. 그는 일생을 GM에서 수소 연료전지 자동차를 비롯한 미래형 자동차 개발을 진행하는 책임자로 일하며 이 분야에서 잔뼈가 굵은 사람이었기 때문이다. 그의 대답은 신속하고 진중했다. "당장이라도 참가하고 싶군요."

우리 팀이 모나코 일정을 마치고 짐을 챙겨 공항으로 가는 동안 나는 부자와 유명인들의 메카였던 바로 이곳이 최첨단 하이테크를 바탕으로 한 지속 가능성을 새로운 미적 표준으로 삼는 지역으로 새로 자리매김할 가능성을 다시금 곰곰이 생각해 보았다.

'탄소 제거'에 앞장서는 위트레흐트

모나코가 즐기는 곳이라면 위트레흐트는 일하는 곳이다. 천성적으로 열심히 일하고 기업가 정신이 투철하며 지나칠 정도로 실용적인 사람들이 사는 이 작은 주는 네덜란드 내륙에 위치해 있다. 위트레흐트는 비즈니스가 지배하는, 진지하고 현실적인 성격의 지역으로 EU 내에서 성장 속도가 가장 빠른 축에 속한다. 실업률이 낮고, 생활수준은 비교적 높으며, 세계 정상급 대학교가 있어서 유럽 지식 경제의 허브 역할도 한다.

우리와 함께 일했던 다른 지역과 달리 위트레흐트는 계획 수립이 부족하여 어려움을 겪지는 않았다. 실제로 상당히 많은 계획을 갖고 있었다. 10개년 계획, 20개년 계획 등 지방정부 수준에서는 보기 드문 세밀함을 갖춰 작성된 것들이었다. 수세기 동안 항상 바닷물 범람에 대비하며 살아야 했던 사람들의 DNA 속에는 유비무환의 계획 수립 본능이 새겨져 있어서 절대 지워지지 않는 것이 아닌가 싶다.

요컨대 네덜란드인들은 앞으로 닥칠 가능성이 있는 위험에 대비하는 습관이 있다. 그 어느 때보다 에너지 가격 변동이 심하고, 에너지 부족 사태가 악화되고, 인간이 불러온 기후변화 때문에 환경적·사회적 혼란이 잠재적으로 심화하는 요즈음은 더욱더 그런 습관에 매달린다.

이런 점을 염두에 두고 위트레흐트는 야심찬 어젠다를 설정했다. 2020년까지 지구온난화의 주범인 온실가스를 30퍼센트(EU 목표치보다 10퍼센트 높다.) 감축하여 EU 내 지방들을 3차 산업혁명으로 인도하는 선두주자가 되고 2040년까지 탄소 중립(carbon neutrality: 탄소를 배출하는 만큼 그에 상응하는 조치를 취해 실질 배출량 결과를 0으로 만드는 것 — 옮긴이)을 이루겠다는 것이다. 현재 위트레흐트와 같은 구상을 품고 있는 지방은 겨우 손으로 꼽을 정도밖에 안 된다.

이 같은 목표를 이루도록 돕기 위해 위트레흐트와 3차 산업혁명 글로벌 CEO 비즈니스 원탁회의는 협력적 파트너 관계를 맺고 21세기 경제 개발을 다시 생각해 보기 시작했다. 우리의 임무는 위트레흐트가 생물권 시대의 선도 지역이 되도록 준비하는 것이었다. 만약 위트레흐트가 빠른 궤도에 진입하여 30년 안에 이산화탄소 배출 제로를 달성할 수 있다면 다른 수많은 지역이 그 뒤를 따르도록 영감을 줄 것이다.

인구밀도가 높은 다른 지역들처럼 위트레흐트도 대도시 지역을 팽창시키고 새로운 교외 지역사회를 건설하여 향후 20년간 늘어나는 인구에 따른 요구에 부응해야 한다. 위트레흐트는 두 개의 신생 지역사회인 레이넨뷔르흐와 수스터뷔르흐 개발 계획을 이미 수립해 두었다. 레이넨뷔르흐가 약 7000가구로 이루어진 지역사회가 될 것이라면 수스터뷔르흐는 약 500가구로 이루어진 계획도시다. 아울러 위트레흐트는 대도시 구시가지에 있는 기존 인프라를 개선할 필요가 있다.

이 지역 역시 다른 고성장 도시나 지방이 직면한 것과 동일한 어려운 도전을 눈앞에 두고 있다. 바로 도시의 구시가지를 버리지 않고 새로운 개발을 확장하기 위한 방안을 찾는 것이다. 경제성장을 유지하고 급증하는 인구와 보조를 맞추면서도 동시에 이 지역의 탄소 배출량을 감축해야 한다는 점 때문에 우리의 임무는 복잡해졌다.

위트레흐트는 '경제적 발전 대 환경적 지속 가능성'이라는 전형적인 대립적 이분법을 택하는 대신 경제성장을 이용해 녹색 재개발의 재원을 조달할 수 있는 가능성을 타진하기 시작했다. 다시 말해, 새 빌딩을 지으면 더 많은 에너지가 필요하고 이산화탄소 배출량이 늘어나는 것이 보통일 텐데, 이 빌딩들이 탄소 중립을 유지하는 동시에 구시가지 인프라의 업그레이드를 지원하도록 만든다는 것이다.

이것은 시카고나 앨버커키, 알메다 같은 도시들의 노후 지역을 재개발할 때 사용한 조세담보금융(tax increment financing, TIF)과 유사한 아이디어다. 그 기본 틀은 지자체가 신규 개발 지역에서 발생한 재산세 수입을, 도시 내 노후 지역을 재단장하는 프로젝트의 재원으로 활용하는 것이다. 그러나 이 같은 이니셔티브의 최종 목표는 경제력 분배의 성격을 띠기 때문에 흔히 로빈 후드의 의적 활동을 흉내 낸 프로그램이라는 비판을 받는다. 부자에게서 도둑질하여 가난한 사람들에게 나눠주는 일과 다를 바 없다는 것이다.

하지만 도시 재개발이라는 개념에 지역 전체의 에너지 절약 및 환경 보호 구상까지 포함한다면 '에너지 금융'은 궁극적으로 부유층과 빈곤층 모두에게 유익할 것이다. 신규 개발에서 나오는 재산세 수입으로 기금을 조성하여, 도시 노후 지역의 건물 소유주들이 건물을 개량하도록 지원하는 보조금으로 쓸 수 있다. 이런 식으로 노후한 건물을 개량하면 에너지 사용이 줄고, 에너지 절약이 늘며, 대기로 배출되는 이산화탄소가 줄어, 결국에는 주택 소유자, 기업들 그리고 사회 전반에 긍정적인 혜택이 돌아갈 것이다.

이와 같이 혁신적 재정 계획을 마련한다 하더라도 도시 전체를 재정비하는 일은 이론적으로 논하는 것보다 실제로 실행하는 것이 훨씬 어렵다. 경제 문제가 으레 그렇듯 핵심은 우선 순위를 정하는 데에 있다. 그렇다면 어떤 건물을 먼저 개량할지 어떻게 결정할까? 단독주택들에 단열재를 보강하는 것은 분명 좋은 생각이며 에너지 사용량도 상당량 줄일 수 있다. 가령 시카고에 있는 마천루인 윌리스 타워를 개보수하면 2500가구에 전력을 공급할 수 있는 양의 전기를 절약할 수 있다.

그러므로 위트레흐트 주에는 포괄적이면서도 재정적으로 타당한 계획이 필요하다는 사실이 분명해졌다. 시카고의 도시계획회사이자 우리 글로벌 개발 팀에 속해 있는 에이드리언 스미스 앤드 고든 길 건축에서는 지역사회 전체가 이산화탄소 배출 제로라는 목표를 달성할 수 있도록 돕는 소프트웨어 해법을 제안했다.

이 계획에 따르면 도시의 3D 가상 모델을 만들어야 한다. 첫 번째 단계는 현지 대학의 교수 및 학생들과 함께 위트레흐트 소재 모든 건물을 대상으로 포괄적 에너지 감사를 실시하는 것이다. 공공건물을 시작으로 주거용 건물과 상업용 건물로 감사의 폭을 넓힌다. 그런 다음 각 건물을 에너지 절약 잠재량에 따라 분류한다. 예를 들어 에너지 절약 잠재량이 가장 높은 건물은 적색으로, 두 번째로 높은 건물은 황색으로 표시하는 것이다.

건물의 에너지 절약 잠재량을 계측한 다음에는 각 건물을 개보수하는 데 드는 비용을 추산한다. 그 추산 결과가 나오면 첫 번째로 투자할 건물을 정하는 일은 훨씬 쉽다. 에너지 절약 잠재량을 파악하고 투자 비용을 추산한 이후 남은 단계는 자금 조달을 확보하고 프로젝트 및 제안서들을 면밀히 검토하는 일이다.

가상의 3D 탄소 제거 모델을 만들면 온라인상에서 에너지를 거래하는 장터를 만들 수 있다. 주거 건물 개보수의 가장 큰 걸림돌 중 하나는 바로 수익성 문제다. 때문에 대개 에너지 서비스 회사(ESCO)들은 비교적 마진이 적은 단독주택보다는 수익성 높은 대형 상업 프로젝트에 초점을 둔다. 그러나 인터넷을 통해 에너지 정보를 자유롭게 공유하면 충분한 규모의 잠재적인 해법을 만들어 낼 수 있다. 한 업체가 단독주택 한 채를 위한 제안서를 만들거나 혹은 집주인이 건물을 개보수할 업체를 찾으려고 하는 등 각자 개별적인 노력을 기울이는 대신 적색으로 분류된 건물들을 모두 하나로 묶거나 또는 인접한 황색 건물들을 하나로 묶으면 ESCO는 이 건물들을 집단으로 공동 관리하여 개보수 비용을 파격적으로 낮출 수 있다. 그리하여 규모나 수익성 측면에서 대형 상업용 빌딩 계약 못지않은 프로젝트를 만들어 내는 것이다. 하나의 무리를 이루는 접근 방식을 이용해 지역 내 또는 인접 지역의 ESCO들과 건물 소유주들이 모두 함께 지속 가능성에 대해 공개적인 대화를 나눌 수 있을 것이다. 규모를 늘리기 위해서는 함께 협력하여 집단 개보수에 참여하는데 동의하는 주택 소유자들이 충분히 많이 모여야 하기 때문에 그러한 '동의'를 확보하는 과정을 통해 3차 산업혁명 전략에 대한 주민들의 지지를 강화할 수 있다.

위트레흐트 주는 이 같은 지역사회 참여를 더욱 고취하기 위해서 우선적으로 다룰 프로젝트 목록을 포함해서 3차 산업혁명 마스터플랜의 분석과 권고 사항을 담은 웹사이트를 만들었다. 그리고 시민, 현지 비즈니스 공동체, 대학 연구원, 더 나아가 고등학교와도 대화를 하기 시작했다. 다시 말해 근본적으로 지역 전체를 3차 산업혁명 여정에 끌어들인 셈이다. 이리하여 우리가 만든 마스터플랜은 수평적으로 확대되기에 이르렀다. 그리고 이제 이 마스터플랜은 3차 산업혁명 경제로 전환할 방법을 지역 전체 차원에서 논의하기 위한 하나의 플랫폼이 되었다.

이제 주민들은 마스터플랜 토론 중 일부에 대해 비평하며 자신들 나름대로 아이디어를 제공하고 심지어 선호하는 프로젝트에 대한 인기투표도 한다. 그 과정에서 새로운 주체로 떠오른 이들은 서로 각자의 전문 지식을 나누고 상호 관심사를 공유하면서, 다섯 가지 핵심 요소를 뼈대로 하는 3차 산업혁명 비전을 중심으로 네트워크를 형성한다. 이제 여기서 3차 산업혁명은 공동체의 공동 행사와 같은 것이 되었다. 지역 주민 모두가 참여하여 헛간을 짓는 오래된 미국 풍습의 네덜란드 버전 같은 것 말이다. 이것은 에너지의 민주화인 동시에 진정한 분산 자본주의가 무엇인지 보여 준다.

이 모든 과정이 착착 진행되고 있다. 위트레흐트 주민들은 자신들의 미래 경제에 대해 깊이 몰두하기 시작했다. '님비(NIMBY) 현상' 대신 지역사회의 생물권을 지키고 관리하기 위한 집단적 노력이 자리 잡은 것이다.

앞에서 말한 마스터플랜 참여 경험에서 우리가 얻은 교훈이 있다면 그것은 이 과정 자체가 하나의 공동체적 행사라는 점이다. 즉, 정부, 비즈니스업계, 시민단체 등 세 분야 모두의 적극적인 참여가 필요하다는 얘기다. 한 도시, 지역, 또는 국가의 인프라가 혁신적으로 변화하면 살고, 일하고, 즐기는 방식을 바꾸어 모든 이의 삶에 영향을 끼친다. 따라서 논의 과정의 단계마다 모든 관심 사항이 확실히 대변되도록 한다면 지역사회의 지지를 얻을 수 있다. 목적과 목표에 대한 광범위한 동의와 공감이 없다면 어떤 정치권력이라도 이처럼 근본적인 구조적 변화를 이루기 위해 시민 전체를 규합할 충분한 사회적 자본을 얻을 수 없다.

지금까지 소개한 마스터플랜은 개발 팀과 지자체 양쪽 모두에게 괄목할 만한 경험이었다. 무엇보다도 3차 산업혁명이 우리의 에너지 체계 그 이상을 변화시킨다는 사실을 깨달았다. 다섯 가지 핵심 요소를 바탕으로 한 인프라가 조화를 이룸으로써 등장하는 이 새로운 시스템은 기존 시스템과 확연히 다르기 때문에 완전히 새로운 비즈니스 모델을 창출한다. 1차, 2차 산업혁명 시대의 화석연료로 대표되는 에너지는 수직적 규모의 경제를 선호했고, 공급 사슬 전반에 걸쳐 중앙집중화된 거대 기업을 양성했다. 이런 거대 기업들은 적대적 분위기가 만연한 시장에서 경쟁하며 위계질서를 합리화한 경영진이 관리했다. 이와 대조적으로 3차 산업혁명 시대가 지향하는 풍부한 재생 가능 에너지는 분산된 수많은 기업을 시장이라기보다는 생태계에 가까운 네트워크를 바탕으로 비즈니스 협력 관계를 맺어 준다.

이 새로운 시대에 경쟁적 시장은 협력적 네트워크에 점차 밀려날 것이며, 수직적 자본주의는 분산 자본주의라는 새로운 힘에 점점 자리를 내어 줄 것이다.

2부

수평적 권력

4

분산 자본주의

에너지 체제는 문명의 성격을 결정한다. 즉, 문명의 조직 방식, 상업 및 무역의 결실에 대한 분배 방식, 정치권력의 행사 방식, 사회적 관계의 관리 방식 등을 결정한다. 21세기에는 에너지 생산 및 분배의 통제 중심이 이동할 것이다. 화석연료에 기반한 중앙집권형 거대 에너지기업 중심에서, 거주지에서 직접 재생 가능 에너지를 생산하고 잉여분은 에너지 정보 공유체를 통해 교환하는 수백만의 소규모 생산자 중심으로 바뀔 것이다. 이러한 에너지 민주화에는 향후 100년간 인류가 삶을 총체적으로 지휘하는 방법에 대한 심오한 암시가 들어 있다. 우리는 분산 자본주의(distributed capitalism) 시대에 들어서고 있다.

3차 산업혁명 인프라가 21세기 정치·경제·사회 권력의 분배에 어떤 식으로 극적인 변화를 안겨 줄 것인지 이해하려면 먼저 화석연료에 기반한 1차, 2차 산업혁명이 19세기 및 20세기에 권력 관계를 어떻게 재편했는지 검토해야 한다.

구(舊) 파워 엘리트

석탄, 석유, 천연가스 같은 화석연료는 특정한 장소에서만 생산되기 때문에 엘리트 에너지라 불린다. 화석연료를 안정적으로 확보하고 이용하려면 상당한 군사적 투자와 끊임없는 지정학적 관리가 필요하다. 또한 지하에 매장된 화석원료를 최종 소비자에게 전달하기 위해서는 중앙집권형 하향식 지휘 통제 체계와 대량의 자본 집중이 필요하다. 현대 자본주의의 정수인 자본 집중화 능력은 시스템 전반의 효과적 실행에 특히 중요한 요소다. 이러한 중앙집권형 에너지 인프라는 경제의 다른 부문 전체에 기본 조건을 설정해 주고, 나아가 부문 전체에 걸쳐 유사한 비즈니스 모델이 자리 잡도록 조장한다.

철도 산업을 예로 들자. 논란의 여지는 있지만 철도는 어쨌든 석탄을 동력으로 하는 증기기관이 주도한 1차 산업혁명의 핵심이었다. 철도회사가 1차, 2차 산업혁명을 지배할 중앙집권형 기업의 원형이 되었기 때문이다. 먼저, 철도를 건설하려면 다른 고비용 사업(당시로서는 방직공장, 선박, 운하 등)과는 비교도 안 될 만큼 많은 자본이 필요했다. 가장 부유한 가문도 단독으로는 전체 철도사업에 자금을 댈 수는 없었다. 따라서 대외적으로 펀드를 조성해야 했고 때로는 머나먼 해외 자본에 의존해야 했다. 필요 자본을 확보하기 위해 철도회사들은 유가증권을 발행했다. 처음에는 영국·프랑스·독일 등과 같은 유럽의 투자자들이 미국의 초기 철도 확장 사업에 대부분의 자금을 제공했다.[1] 대규모 자본집적 과정에서 소도시 뉴욕의 증권거래소는 거대 조직으로 탈바꿈했고 월스트리트는

현대 자본주의의 진원지가 되었다.[2]

철도 시대가 도래하면서 소유와 경영이 분리되었다. 전문 경영인이라는 새로운 부류가 나타나 거대 기업을 이끌기 시작했고, 소유권은 세계 곳곳으로 나뉘었다. 새로운 경영자는 이전의 소규모 가족 단위 소유주들, 즉 시장의 시대가 동트던 18세기 후반 애덤 스미스나 장바티스트 세 같은 고전 경제 이론가들이 우러르던 소유주들과 확연히 달랐다.

철도사업을 운영하기 위한 조직화 작업은 전례가 없을 정도로 어려운 문제였다. 험난한 지형 위에 수백 킬로미터의 선로를 놓는 것만도 매우 어려운 일이었는데 더불어 선로 보수, 엔진 및 차량 수리, 사고 방지까지 신경 써야 했으니 거의 재앙 수준이었다. 화물 수송, 운행 중인 차량 수천 대의 최근 위치 추적, 신뢰성 있는 일정 보장, 대륙 전반에 걸친 정시 승객 운송 등은 매우 방대한 과제였고, 따라서 여러 단계의 관리 계층과 엄청난 노동력이 필요했다.

이 새로운 형태의 기업이 얼마나 큰 규모였는지 한번 가늠해 보자. 1891년 11만 명의 노동자가 펜실베이니아 철도회사에 고용되었는데, 당시 미군 전체 병력이 3만 9492명이었다. 더 놀라운 일은 펜실베이니아 철도회사의 1983년 총지출이 9550만 달러로 당시 미국 정부 공공 지출 총계의 25퍼센트에 달했다는 사실이다. 그해 펜실베이니아 철도회사의 수입은 1억 3510만 달러였고 연방 정부의 세입은 3억 8580만 달러였다.[3] 그럼에도 펜실베이니아 철도회사는 미국 철도 교통의 3분의 2를 관할하던 일곱 개의 철도 그룹 중 하나에 불과했다.[4]

대륙횡단철도와 같은 거대한 영리사업을 조직화하는 일은 어마어마한 과제였다. 결국 사업 운영의 합리화가 상업적 이윤을 극대화하는 과정의 필수 요소가 되었다.

그렇다면 비즈니스 모델 합리화에 필요한 것은 정확히 무엇인가? 이 문제를 정확히 꿰뚫은 사람이 바로 20세기 초의 저명한 사회학자 막스 베버였다. 베버가 세운 기준과 운영 원칙이 철도회사에 최초로 적용되고 이어서 다른 산업의 기업에도 채택되었다. 베버가 주장한 현대의 합리적 기업 관료제는 필수 항목이 많은 것이 특징이다. 조직 구조 자체는 하향식 권한 흐름을 갖는 피라미드 형태다. 사업 운영을 총괄하는 원칙은 사전에 정립하며 조직 단계별로 수행할 과업의 정의와 방식에 대한 세부 지시 사항도 미리 정한다. 과업은 최대의 성과를 낼 수 있도록 분업화하며, 작업은 일련의 고정된 단계의 연쇄 고리로 구성되고, 승진은 고과와 객관적 기준에 따라 결정한다. 기업은 이처럼 다양한 합리화 프로세스를 이용해 복합적인 활동을 취합하고 통합해 전반적 운영에 대한 통제를 유지하는 가운데 생산 흐름을 가속화한다.

경영사학자 앨프리드 챈들러는 새로 등장한 철도사업의 경영 구조가 다른 산업이 비즈니스 모델의 원형을 확립하는 데 중요한 역할을 했다고 평가한다.

> 철도회사는 다수의 봉급쟁이 관리자가 필요했던 최초의 기업이었다. 철도회사는 기업의 본사를 최초로 설치하여 이사회에 보고하는 최고 경영자에게는 지휘를, 중간 관리자에게는 운영을 맡겼다. 또한 미국 기업으로는 최초로 본사와 부서별 본부, 일선 조직 사이의 책임과 권한, 의사소통 경로 등을 모두 세세하게 정의해 거대한 내부 조직을 구축했다. 아울러 수많은 관리자의 업무를 통제하고 평가하기 위해 재무적·통계적 플로(flow: 경제 활동으로 일정 기간에 산출한 수량. 국민소득, 국민총생산, 판매액, 임금 따위를 가리킨다. — 옮긴이)를 최초로 개발하기도 했다.[5]

여기서 거듭 강조하는 사실은 이와 같은 하향식 관료제 조직은 글을 읽고 쓸 줄 아는 인력이 필요했다는 점이다. 문서화된 명령을 지휘 계통으로 하달함과 동시에 광범위한 지역에 퍼진 직원에게서 문서화된 보고를 받지 않고서야 어떻게 철도회사와 같은 거대 기업이 그 복잡한 물류 영업을 관리할 수 있겠는가? 당시 읽고 쓸 줄 아는 인력이 갖춘 커뮤니케이션 도구는 바로 인쇄물이었다.(인쇄물은 이후 상업적 계약 문화를 태동시킨다.) 인쇄물이 없었다면 복잡한 시장 거래를 유연하게 운영하는 일도, 공급 체인 전반에 걸친 상업적 활동을 파악하는 일도 불가능했다. 이러한 인쇄물은 현대적 회계와 선하증권, 송장, 수표, 일정표 등 현대 기업 조직의 핵심 경영 도구로 발전한다. 또한 인쇄물은 산업 경제 운영에 필수 요소인 통일된 가격 책정 체계도 촉진했다.

중앙집권형 대형 철도회사들은 그들과 협력 관계에 있던 다른 산업의 변혁에도 바로 영향을 미쳤다. 철도 인프라 구축은 규모가 워낙 큰 사업이라 수백여 하도급업체의 작업을 감독하는 대형 도급업체가 필요했다. 철도회사가 자체적으로 보조사업을 개발하기도 했다. 다른 철도회사와 마찬가지로 펜실베이니아 철도회사도 기관차에 필요한 석탄을 안정적으로 조달하기 위해 광업권을 사들였으며, 철로 제작에 필요한 철강을 확보하기 위해 펜실베이니아 제철소에도 출자했다.[6]

철도사업은 또한 전신 산업의 산파 역할을 했다. 초기 수십 년 동안 철도회사들은 양방향 운행에 단선궤도를 이용했다. 따라서 사고가 빈번했으며 그에 따른 비용 지출도 상당했다. 철도회사 경영진은 선로의 상황을 모니터링하고 조정할 통신수단으로 전보의 이용 가치가 크다는 사실을 즉시 파악했다. 그에 부응해 웨스턴 유니언(Western Union)은 철도 부지를 따라 전신망을 설치하고 정거장마다 전신국을 세워 경쟁자들을 빠르게 압도해 나갔다. 웨스턴 유니언의 성공 요인 가운데 상당 부분은 철도회사와 마찬가지로 중앙집권형 하향식 경영을 도입한 덕분이었다.

철도회사가 채택한 합리적 구조의 거대 중앙집권형 관료제는 석탄과 증기력으로 더욱 복잡해진 상업 관계를 조정하는 데 매우 이상적이었다. 석탄과 증기 동력 기술 및 인쇄물 커뮤니케이션의 융합으로 거리 및 시간을 획기적으로 단축할 수 있게 되자 석탄을 비롯한 광물자원의 채굴 및 공장 수송에서부터 도매상, 유통업자, 소매업자에 걸친 완제품 급송에 이르기까지 공급 체인의 모든 단계에서 상업 활동 또한 빨라졌다.

상업적 흐름이 급격히 증가하자 거래 비용은 그만큼 하락했다. 그 원동력은 대부분 새로 등장한 수직적 '규모의 경제(economy of scale)'의 힘이었다. 중앙집권형 대형 공장에서 만드는 대량생산품의 단위 생산 비용은 감소했고, 제조업자들은 그 절감분을 공급 체인을 따라 최종 소비자에게까지 전달했다. 저렴하게 대량생산한 제품은 소비를 더욱 촉진했고, 소비 증가는 다시 더 많은 공장에서 더 많은 제품을 더 저렴하게 생산하도록 이끌었다.

수직적 규모의 경제는 막 시작한 산업 시대를 정의하는 특징이 되었고, 더불어 거대 기업 운영이 표준으로 자리 잡았으며 철도 산업과 전신 산업의 조직 구조를 모방한 새로운 기업이 급증하기 시작했다. 남북전쟁이 끝나자 대형 도매업체가 출현했고, 곧이어 시카고의 마셜 필즈(Marshall Field's)나 뉴욕의 메이시스(Macy's), 필라델피아의 워너메이커즈(Wanamaker's) 등과 같은 대형 소매업체도 생겨났다. 몽고메리 워드(Montgomery Ward), 시어스 로벅(Sears, Roebuck and Co.) 같은 통신판매회사들이 등장한 것도 비슷한 시기였다.

처음으로 출현한 전국적 식료품 체인업체인 그랜드 유니언(Grand Union), 크로거(Kroger), 주얼 티(Jewel Tea Company), 그레이트 웨스턴 티(Great Western Tea Company) 등은 새로 생긴 대륙횡단철로를 십분 활용해 '먹이사슬'을 강력하게 장악하기 시작했다. 1900년대 초에 이르자 지역시장에 식량을 공급하던 소규모 농장은 기업형 영농회사에 길을 내주었고, 그에 따라 식량 생산도 공장화했다.

이후 브랜드 제품이 화려하게 데뷔하기 시작했다. 퀘이커 오츠(Quaker Oats), 캠벨 수프(Campbell Soup), 필즈버리(Pillsbury: 밀가루 제조사), 하인즈(Heinz), 카네이션(Carnation: 식품회사), 아메리칸 토바코(American Tobacco), 싱거 재봉틀(Singer Sewing Machine), 코닥(Kodak), 프록터 앤드 갬블(Procter and Gamble: P&G의 옛 이름 — 옮긴이), 다이아몬드 성냥 등의 브랜드 제품은 곧 신주류로 자리 잡으며 소규모 가내수공업 토산품을 점차 시장에서 몰아냈다. 브랜드회사들은 예측 가능한 가격 책정 시스템을 구축하며 품질을 표준화했다. 그로 인해 소비는 이제 전국의 시장 어디서나 같은 모습을 띠는 합리적 과정으로 변모했다.

제품 생산과 유통의 합리화를 위해서는 노동력의 합리화도 필요했다. 그 시점에 등장한 최초의 전문 경영인이 바로 프레더릭 테일러였다. 그의 과학적 경영 이론은 노동자의 페르소나를 새로운 중앙집권형 관료제 기업을 유지하기 위해 이용하는 운영 표준에 맞춰 재구성하는 것이 목적이었다. 테일러는 공학자들이 개발한 효율성 원칙을 차용, 노동자에게 적용하며 그들이 '살아 있는 기계'로 전환되길 기대했다. 그래야 표준화한 제품을 쏟아 내는 지속적인 생산공정과 동일한 형태로 그들의 작업을 최적화할 수 있었다.

테일러는 노동자의 효율성을 높이는 최상의 방법은 행동에서 생각을 제거하는 것이라고 믿었다. 어떤 과업을 어떻게 완수할 것인지에 대한 모든 결정권은 경영진에게 맡기는 것이 바람직하다고 판단했다. 그는 이렇게 말했다. "만약 노동자가 나름의 생각에 준거해 노력을 기울인다면 방법론적 효율성이나 자본이 원하는 작업 속도를 강요하기가 불가능하다."[7]

테일러는 중앙집권형 하향식 경영 체계에 합리적 권한 집행이라는 핵심 개념을 도입하여 모든 노동자에게 부과했다. 그는 다음과 같이 썼다.

> 모든 노동자의 작업은 경영진이 최소한 하루 전에 철저하게 계획하고, 각 노동자는 가급적 문서로 된 완전한 업무 지시를 받는다. 지시서에는 그가 수행할 과업뿐 아니라 거기에 이용하는 수단까지 상세히 기술한다. …… 또한 과업의 내용은 물론이고 그 수행 방법과 수행에 허용되는 정확한 시간까지 명시한다.[8]

이 과학적 경영의 원칙은 일선 공장과 사무실에서 가정과 지역사회로 빠르게 퍼져 나가며 효율성을 새로운 산업혁명 시대의 가장 중요한 세속적 가치로 만들었다. 이후 최소한의 시간과 노동, 자본을 투입하여 최대의 결과를 산출하는 것이 사실상 동시대 생활의 모든 측면을 인도하는 필수 불가결한 지침이 되었다.

현대 기업의 새로운 합리성 원칙을 가장 기꺼이 수용한 부문은 공립학교 시스템이었다. 처음에는 미국과 유럽에서, 나중에는 여타 모든 나라의 공립학교들이 이 원칙을 적극적으로 받아들였다. 그리하여 현대 교육의 주된 사명은 생산성이 높은 노동자를 배출하는 것이었다. 학교는 두 가지 임무를 수행했다. 하나는 읽고 쓸 줄 아는 노동인구를 창출하는 것이고, 다른 하나는 권위적인 중앙집권형 조직에 복종하도록 그들을 준비시키는 것이었다. 노동자들은 회사에 들어가면 상부의 지시를 받아 가능한 한 가장 효율적인 방법으로 아래에서 결과물을 산출해야 했고, 자신에게 노동을 지시하는 권위에 대해서 결코 의문을 품어서는 안 되었다.

학교는 공장의 축소판이 되었다. 교실이 하나뿐이던 가정식 학교는 중앙집권형 거대 학교로 대체되었는데, 겉으로 보면 공장으로 착각할 정도였다. 학생은 선생님의 권위에 절대 복종하도록 교육받았다. 매일 숙제를 받았는데 그것을 수행하는 방식에 대한 상세한 지시가 늘 따라붙었다. 시험은 표준화되었고 성과는 응답의 속도와 효율성으로 측정했다. 학생은 독립된 단위로 격리되었고 친구와 정보를 공유하는 것은 부정행위이자 벌을 받아야 할 규칙 위반으로 금지되었다. 또한 학생을 객관적인 기준에 따라 등급을 매겼으며 진급 또한 성적에 따라 결정했다. 이런 식의 교육 모델은 오늘날까지 계속 고수해 왔는데 최근 3차 산업혁명이 태동하면서 비로소 의문이 제기되었다. 3차 산업혁명의 분산적·협업적 성격이 그에 걸맞은 교육 모델을 요구하기 때문이다.

1차 산업혁명 기간에 정립된 중앙집권형 합리적 비즈니스 모델은 2차 산업혁명까지 이어졌다. 1868년에 존 록펠러는 펜실베이니아 스탠더드 오일(Standard Oil Company of Pennsylvania)을 설립했다. 11년 후 록펠러는 미국 정유 업계의 90퍼센트를 지배한다.[9] 1911년 미국 연방대법원은 록펠러 지주회사의 해체를 명령하며 스탠더드 오일에 영업 중인 주별로 회사를 분할하도록 강제했다. 그러자 다른 석유회사가 시장에 뛰어들기 시작했다. 이들 회사는 각기 석유 공급망의 모든 측면을 통합하여 단일 사업으로 만들고 유전과 송유관, 정유공장은 물론 제품의 수송과 마케팅, 나아가 동네 주유소까지 장악했다.

1930년대가 되자 뉴저지 스탠더드 오일, 걸프 오일, 애틀랜틱 정유, 필립스66, 선(Sun), 유니언76, 싱클레어, 텍사코 등 26개의 석유회사가 석유 산업 자본구조의 3분의 2, 채굴의 60퍼센트, 송유관의 90퍼센트, 정유사업의 70퍼센트, 마케팅의 80퍼센트를 소유했다.[10] 1951년, 석유는 미국에서 석탄을 제치고 제1의 에너지원으로 등극했다.[11]

자동차회사도 선례를 따랐다. 20세기가 시작되고 20년 동안 미국과 유럽에는 수십 개의 자동차회사가 생겨났다. 하지만 1929년이 되자 이 분야는 몇 개의 거대 기업과 주변 기업으로 정리되었다. 미국에서는 3대 자동차회사(GM, 포드, 크라이슬러)가 업계를 장악했다.

전화회사는 초기에 그 수가 훨씬 더 적었다. AT&T가 전화사업의 주도권을 잡았고 사실상 1980년대까지 독점권을 행사했으나 역시 분할되었다.[12]

20세기에 수많은 경제학자와 사실상 모든 정치인은 작은 기업의 장점을 극찬했다. 마치 록웰(Rockwell: 20세기 중반 미국인의 일상을 따뜻한 시선으로 표현한 유명 삽화가 — 옮긴이)의 삽화와 같은, 수천 개의 지역 기업이 현대 자본주의를 이끌어 나가는 그림을 묘사했지만, 실제 상업과 무역의 세계에서는 전혀 다른 역사가 펼쳐졌다. 석유의 시대는 그 시작부터 거대성과 중앙집권성이 특징이었다. 석유를 비롯한 화석연료를 동력원으로 사용하려면 대규모 자본이 필요했고 수직적 규모의 경제가 유리했다. 그래서 하향식 지휘 통제 구조가 필요했던 것이다. 석유사업은 세계에서 가장 규모가 큰 산업이며, 또한 이제까지 인류가 구상한 것 중에서 에너지의 수집과 가공, 유통에 가장 많은 비용이 소요되는 산업이다.

석유 문화에서 탄생한 주요 산업, 즉 현대 금융, 자동차, 전력 및 공익사업, 통신, 상업 건축 등 화석연료를 먹고 사는 모든 산업은 대부분 어떻게든 몸집을 불려야 했다. 나름 규모의 경제를 이루어야 했기 때문이다. 그리고 석유 산업처럼 이들 역시 막대한 자본이 필요했으며 중앙집권형 방식으로 조직될 수밖에 없었다.

오늘날 세계 4대 기업 중 세 개가 석유회사다. 로열 더치 쉘, 엑슨 모빌, 영국석유회사(BP)가 그것이다. 이 거대 에너지 회사 아래에 모든 산업 분야를 대표하는 약 500개의 세계적 기업이 포진하고 있다. 이 회사들의 수입을 모두 합치면 22조 5000억 달러에 이르고 이것은 전 세계

GDP의 합계인 62조 달러의 3분의 1에 해당한다. 이 회사들은 자체 생존을 위해 화석연료에 불가분으로 엮인 채 의존하고 있다.[13]

1950년대에 GM의 회장이었던 찰스 어윈 윌슨은 "GM에 좋은 것이 나라에 좋은 것"이라는 취지의 말을 했다.[14] 사실이다. 하지만 우리는 더 심오한 사실을 직시해야 한다. 내연기관은 석유를 동력과 이동성으로 바꾸기 위해 고안한 기계일 뿐이라는 사실이다. 경제의 원동력은 화석연료, 그중에서도 특히 20세기에는 석유였다. 영국의 정치가 어니스트 베빈은 언젠가 재치 있는 말로 이를 대변했다. "천국은 정의로 운영되겠지만 지상은 석유로 운영된다."[15]

석유 시대의 최대 수혜자는 대부분 에너지나 금융 분야 종사자, 또는 1차, 2차 산업혁명의 공급망에 전략적으로 자리 잡은 사람들이다. 그들은 엄청난 부를 수확했다.

2001년 미국 대기업의 CEO들은 노동자 평균임금의 531배를 벌었다. 1980년에는 42배에 불과했음을 참고하라. 더 놀라운 것은 1980년부터 2005년 사이 미국의 소득 증가분의 80퍼센트가 최상위 1퍼센트 부유층의 주머니로 들어갔다는 사실이다.[16] 1976년 미국 상위 1퍼센트 소득자들의 세전 소득은 국가 전체의 9퍼센트였는데, 2007년에는 23.5퍼센트로 늘었다. 반면 그 기간에 미국 청장년층 가계소득의 중간값은 낮아졌고 빈곤층의 비율은 증가했다.[17]

1차, 2차 산업혁명 특유의 하향식 경제생활 구조를 가장 적절하게 묘사한 것으로 '트리클다운(trickle-down: 물이 넘쳐 바닥을 적신다는 뜻 — 옮긴이)' 이론이 있다. 화석연료 기반의 산업 피라미드 꼭대기에 있는 이들에게 수혜를 주면 충분한 잉여의 부가 생성되어 아래쪽에 위치한 소기업이나 노동자에게도 혜택이 돌아가고, 결국 경제 전체에 이익이 된다는 이론이다. 물론 2차 산업혁명 말기를 사는 많은 사람의 생활수준이 1차 산업혁명 초기에 비해 전반적으로 향상되었음은 부인할 수 없는 사실이지만, 탄소 시대의 대부분의 수혜를 꼭대기에 있는 부유층이 누려온 것 역시 사실이다. 특히 미국은 시장에 대한 제약이 거의 없었고 산업 발전의 과실을 널리 공유하려는 노력도 별로 없던 터라 더욱 그랬다.

협업 경제(The Collaborative Economy)

새로 출현한 3차 산업혁명은 이전과 달리 분산형 재생 가능 에너지, 즉 태양력·풍력·수력·지열·바이오매스·조력 등 어디서나 얻을 수 있고 대부분 공짜나 다름없는 에너지를 중심으로 조직된다. 이 분산 에너지는 수백만 곳의 현장에서 수집된 후 지능형 전력 네트워크로 취합 및 공유되어 최적의 에너지 레벨을 이루면서 높은 성과의 지속 가능 경제를 지탱할 것이다. 재생 가능 에너지는 본질적으로 분산성이기 때문에 위계 서열식 지휘 통제 메커니즘과는 맞지 않다. 협업 메커니즘이 필요하다는 의미다.

이 새로운 수평적 에너지 체제는 향후 거기서 증식되어 나올 수많은 경제활동에 대한 조직구조 모델을 확립한다. 산업혁명의 분산성과 협업성이 클수록 생성되는 부의 분배 또한 당연히 더욱 분산될 것이다.

시장 체제에서 일부라도 네트워크 체제로 이동하면 새로운 형태의 기업이 나타난다. 판매자와 구매자 사이의 대립 관계는 공급자와 사용자의 협업 관계로 대체된다. 자기 이익은 공동 이익에 포괄되며, 개별 소유권은 새로 강조하는 개방성과 집단 신탁에 빛을 잃는다. 네트워크의 가치를 높이는 것은 자신의 몫을 줄이는 행위가 아니라 공동의 노력으로 모든 사람의 재산을 똑같이 늘리는 일이라는 전제를 기반으로 기밀성이 아닌 투명성에 초점을 맞춘다.

갈수록 많은 산업 분야에서 네트워크가 시장과 경쟁하며, 오픈 소스 공유체가 소유권 중심의 기업 운영에 도전한다. 마이크로소프트는 전통적 시장구조에 기초해 지적 소유권을 엄격히 통제하는 데 치중한 나머지 리눅스 같은 부류의 등장에 대비하지 못했다. 수많은 오픈 소스 소프트웨어 네트워크의 효시가 된 리눅스 커뮤니티는 수천 명의 소프트웨어 프로그래머로 구성되어 있다. 그들은 자신의 시간과 전문성을 할애하여 협업하며 수백만 명이 사용하는 소프트웨어 코드를 수정하고 개선한다. 코드에 대한 모든 변형과 업데이트, 개선 사항은 공공영역에 속하며, 따라서 리눅스 네트워크에 들어오는 누구나 무료로 이용할 수 있다. 구글과 IBM, 미국 우편국, 코노코(Conoco) 등과 같은 수백의 글로벌 기업이 리눅스 오픈 소스 네트워크에 합류하여 끝없이 확장 중인 글로벌 리눅스 '프로그래머-사용자' 커뮤니티의 일부가 되었다.

주요 백과사전 업체들도 비슷한 일을 겪었다. 브리태니커, 컬럼비아, 엔카르타(Encarta) 등은 전통적으로 세상의 압축된 지식을 학술적 항목으로 정리해 방대한 하드커버 전집에 담기 위해 학자들에게 돈을 지불했다. 그들은 위키피디아(Wikipedia) 같은 것이 출현하리라곤 상상도 하지 못했다. 전 세계 각지에서 수십만의 전문·비전문 학자들이 협업하여 사실상 모든 분야의 모든 주제에 대한 학술적·대중적 논문을 무료로 작성하고 지구상 누구나 그 정보를 이용할 수 있다는 사실은 불과 20년 전만 해도 상상하기 어려운 일이었으리라. 믿기지 않겠지만 위키피디아 영어 버전에는 350만 개가 넘는 항목이 수록되어 있으며 이는 브리태니커 백과사전 항목의 거의 30배에 이른다.[18] 더욱 놀라운 사실은 수만 명의 감시단이 각 항목이 사실인지 확인하고 참조 사항을 달기 때문에 정확도 면에서도 전통적 백과사전에 뒤지지 않는다는 점이다. 오늘날 위키피디아는 전체 인터넷 사이트 중에서 방문자 수 8위를 차지하며, 매일 인터넷 방문자의 13퍼센트를 유인한다.[19]

우리는 네트워크로 음악·영상·의학·여행 정보 등 수천 가지의 관심사를 공유한다. 구글 같은 수평적 검색엔진이나 페이스북, 마이스페이스 같은 소셜 네트워크 사이트들은 우리가 일하고 노는 방식을 바꾸어 놓았다. 15년도 안 되는 기간에 수백만 명 내지 수억 명의 회원을 보유한 수만 개의 소셜 미디어 네트워크들이 꽃피었고, 이들은 모든 영역에 걸쳐 지식을 공유하고 창조와 혁신을 자극하는 새로운 분산 협업 공간을 창조해 냈다. 이 오픈 소스 플랫폼 중 상당수가 새로운 사업을 싹틔우는 온실 역할을 수행하며, 그렇게 태동한 사업 가운데 어떤 것은 가상 공간의 공유물로 남고 어떤 것은 시장이나 비영리 부문으로 옮겨 가고 있다.

사업 방식의 재창조

고도로 자본화된 거대 중앙집권형 공장만큼 산업화 시대의 생활상을 더 잘 나타내는 것도 없다. 육중한 기계들이 들어차 있고 블루칼라 노동자들이 조립라인에서 대량생산 제품을 찍어 내는 그런 공장 말이다. 그런데 만약 수백만 명의 사람들이 각자 집이나 일터에서 일괄 생산 제품 혹은 개별 생산 제품을 제조한다면 어떻게 될까? 게다가 그 품질은 예술의 경지에 이른 선진 공장 제품에 못지않고 가격과 배송도 더 싸고 빠르다면 어떠할까?

수백만 명의 사람이 스스로 에너지를 생산하는 것이 3차 산업혁명 경제의 발달로 가능해지듯이 새로운 디지털 제조 혁명으로 내구재 생산도 같은 일이 일어날 수 있다. 새 시대에는 누구나 자가 전력회사가 될 수 있는 것처럼 자가 제조업자도 될 수 있다. 바야흐로 분산형 제조의 세계가 열리고 있기에 하는 말이다.

이 과정은 이른바 '3D 프린팅'이다. 무슨 공상과학 영화의 내용처럼 들리겠지만 이미 진행되고 있으며 공업 생산의 개념을 완전히 바꾸어 놓을 태세다. 실로 놀라운 프로세스다.

컴퓨터에서 프린트 버튼을 누르고 디지털 파일을 잉크젯 프린터 대신 3D 프린터로 보내면 기계가 3차원 제품을 찍어 내는 방식이다. CAD(computer aided design)를 이용하는 소프트웨어가 3D 프린터에 지시를 내리는데, 가루나 용융 플라스틱 또는 금속을 사용해 한 층 한 층 지어 올리는 방식으로 제품을 만든다. 3D 프린터로 복사기와 똑같이 다수의 동일한 복사 제품을 만들 수 있다. 현재 보석에서 휴대전화, 자동차 및 비행기 부품, 의료용 삽입물, 배터리까지 온갖 종류의 제품을 '프린트'한다. 이 방식을 '첨삭식 제조(additive manufacturing)'라고 부르는데, 재료를 깎아 내고 모아서 이어 붙이는 방식의 '공제식 제조(subtractive manufacturing)'와 구분하기 위해 붙인 이름이다.[20] 업계 분석가들은 앞으로 수백만 명의 고객이 디지털로 주문 제작한 제품을 일상적으로 다운로드받아서 자신의 거주지나 일터에서 직접 프린트할 것이라고 예측한다.

3D 사업가들이 특히 첨삭식 제조에 고무된 이유는 전통적 제조 방식에 비해 원재료가 10퍼센트밖에 들지 않을 뿐 아니라 공장 제조에 비해 에너지 소모도 적어 제조 비용을 대폭 절감할 수 있기 때문이다. 이 새로운 기술을 더 많이 보급하면 현장에서 적시에 맞춤 제작품을 3D 프린터로 제작함으로써 물류 비용을 대폭 절감하는 한편 에너지 소비 또한 크게 줄일 수 있을 것이다. 글로벌 경제 전체에 적용된다고 가정할 때, 원

재료 절감과 제조 과정의 에너지 절약, 운송 비용의 감소 등 디지털 제조 과정의 전 단계에서 절약되는 에너지를 모두 합치면 1차, 2차 산업혁명에서는 감히 상상도 못한 에너지 효율의 질적 개선이 이뤄질 것이다. 여기에 더해 제조 과정에 사용되는 에너지가 현장 생산 재생 가능 에너지로 대체되면 수평적인 3차 산업혁명의 완전한 영향이 극명하게 드러날 것이다.

정보의 생산과 보급에 드는 진입 비용을 획기적으로 낮춘 인터넷 덕분에 구글이나 페이스북 같은 새로운 사업이 출현했듯이, 첨삭 제조는 내구재의 제조 비용을 크게 절감하는 방식으로 진입 비용을 낮춰 수십만의 소규모 제조업자, 즉 중소기업에 새로운 기회를 제공할 것이다. 1차, 2차 산업혁명 경제의 중심이었던 거대 제조회사에 도전하고 경쟁에서 이길 수도 있다는 희망을 안겨 줄 것이라는 얘기다.

이미 위딘 테크놀로지, 디지털 포밍, 셰이프 웨이즈, 라피드 퀄리티 제조, 스트래터시스 등과 같은 신생 기업이 3D 프린팅 시장에 뛰어들어 3차 산업혁명 시대에 걸맞은 제조의 개념을 재창조하고 있다. 제품 제조의 이러한 수평화는 사회 전반에 엄청난 파급 효과를 끼칠 것이다.[21]

분산과 협업 비즈니스 모델이 19~20세기의 전통적 중앙집권형 비즈니스 모델과 근본적으로 얼마나 다른지 감을 잡고 싶다면 엣시(Etsy)의 사례를 살펴보면 된다. 엣시는 웹을 기반으로 사업을 시작해 4년도 안 되는 기간에 날아오른 회사다. 엣시를 설립한 인물은 로브 칼린이라는 젊은 뉴욕 대학교 졸업생이다. 그는 자기 아파트에서 가구를 만들었는데, 수공예 가구에 관심 있는 잠재적 구매자들과 만날 방법이 없었다. 그래서 친구들과 팀을 만들어, 세계 각지에 산재한 온갖 종류의 수공예자와 잠재적 구매자를 한자리에 모을 수 있는 웹사이트를 구축했다. 이 사이트는 세계적인 온라인 전시장이 되었으며, 현재 전 세계 50여 나라 수백만 명의 구매자와 판매자가 상호 연결해 현대 산업자본이 도래하면서 대부분 사라진 수공예 분야에 새로운 생명력을 불어넣고 있다.

1차 산업혁명이 시작되자 직물과 수공예품은 바로 공장 생산 시스템의 희생물이 되었다. 지역의 가내수공업은 중앙집권형 공장 생산, 그리고 대규모 금융자본이 이끄는 규모의 경제와 처음부터 경쟁이 되지 않았다. 단순히 공장 제품이 더 싸다는 이유로 수공예품은 시장에서 거의 사라졌다.

그런데 인터넷이 게임의 법칙을 바꾸었다. 누구에게나 공평한 경쟁의 장을 제공했기 때문이다. 가상공간은 수백만의 판매자와 구매자를 거의 공짜로 이어 주었다. 도매업자와 소매상 등 중간 상인들은 수백만 명이 참여하는 분산형 네트워크로 대체되었고, 공급망의 단계마다 추가되던 거래 비용도 사라졌다. 엣시는 여태 보지 못한 세계적 공예품 바자를 창출한 셈이다. 이 바자는 위계 서열식이 아닌 수평적으로 조직되어 하향식 명령이 아닌 협업으로 움직인다.

엣시가 시장에 도입한 또 한 가지 혁신적 개념은 판매자와 구매자 사이의 개인적 관계 형성이다. 엣시의 웹사이트는 채팅 공간과 온라인 공예 전시회, 제품 세미나 등을 제공한다. 판매자와 구매자가 서로 소통하고 의견을 교환하며 평생 지속될 수도 있는 유대 관계를 맺을 수 있도록 조처한 것이다. 이름도 모를 노동력이 조립라인에서 표준화된 대량생산 제품을 찍어내는 거대 글로벌 기업은 이런 유형의 장인과 후원자 사이의 친밀한 일대일 관계와 경쟁할 수 없다. 칼린은 이렇게 얘기한다. "만드는 이와 사는 이 사이의, 사람 대 사람 관계가 바로 엣시를 이루는 근간이지요."[22]

수평적 피어투피어(peer to peer, P2P)의 확대와 사실상 무료(배송료는 예외)인 거래 비용 덕분에 공예품도 이제 대량생산 제품과 가격 경쟁을 벌일 수 있다. 엣시는 아직 걸음마 단계지만 빠르게 성장 중인 기업이다. 글로벌 경제의 붕괴 여파로 전 세계적으로 내구재 소비가 저조했던 2009년 상반기에도 엣시 바자는 7000만 달러의 매출을 올렸고 판매자와 구매자는 100만 명이 새로 가입했다. 2010년에는 매출이 3억 5000만 달러를 넘어섰다.

최근에 칼린은 나와 이야기하면서 자신의 사명이 글로벌 경제라는 영역에 '공감 의식'을 심는 것, 그리고 보다 공감하는 사회를 위한 기초를 마련하는 것이라고 했다. "수백만 개의 살아 있는 지역 경제를 창출해 경제 안에 다시 공동체 개념을 일으켜 세운다."는 칼린의 비전이 바로 3차 산업혁명 모델의 핵심이다.[23]

엣시 같은 네트워크 사이트가 있으면 소규모 공예품 생산자도 제로에 가까운 진입 비용으로 글로벌 시장에 접근할 수 있다. 마찬가지로 녹색 에너지를 현지에서 생산한다면 그들은 생산 비용까지 낮출 수 있다. 사업장을 미니 발전소로 전환하는 수공업자와 중소 사업자가 늘어날수록 생산 비용은 더욱 빠르게 감소할 것이고 새로운 네트워크 경제에서 유리한 고지를 점할 것이다.

앞서 언급했듯이 1차, 2차 산업혁명 시대에는 화석연료를 추출하고 가공, 유통하는 비용이 워낙 높았기 때문에 오직 소수의 중앙집권형 거대 기업만이 에너지 흐름을 관리할 수 있는 금융자본을 모을 수 있었다. 대형 석유회사가 되려면 대형 은행이 필요했다.

그러나 오늘날은 상황이 달라졌다. 그라민 은행, ASA(Association of Social Advancement), EKI(월드비전 인터내셔널의 소액금융 재단 — 옮긴이) 같은 미소 금융기관 및 여타 대출 기관이 세계 빈곤 지역 1억 명 이상의 차용자에게 대여하는 융자금이 도합 650억 달러가 넘는다.[24] 이러한 무담보 소액 대출을 이용해 전기가 들어오지 않는 지역에 녹색 에너지 발전 시설을 짓는 경우도 늘고 있다. 그라민 은행 계열사인 그라민 샤크티는 수많은 시골 마을에 태양광 주택 설비 및 재생 가능 에너지 설비를 위한 무담보 소액 대출을 지원한다. 그라민 샤크티는 2010년 말까지 총 50만 건의 태양광 주택 설비 자금을 지원했는데, 한 달에 1만 7000건씩 지원한 셈이다. 그라민 샤크티는 수천 명의 여성을 기술자로 훈련시켜 일자리를 제공하는 한편, 설비 유지를 위한 기술력을 확보하고 있다.[25]

그라민 은행은 전 세계의 가난한 창업자에게 무담보 소액 대출을 지원해 상업적 금융이라는 전통적 사업과 빈곤의 악순환 제거라는 비전통적 임무를 성공적으로 조합했다. 여기서 한 걸음 더 나아간 것이 키바(Kiva)다. 비영리 소액 대출 알선 기관인 키바는 순수한 분산 및 협업 금융 모델을 마련했다. 키바는 2005년에 설립되었는데, 그 철학적 전제에서부터 상업적 금융기관과 완전히 다르다. 키바의 설립자들은 "사람들은 본디 관대하다. 따라서 투명하고 책임 있는 방식으로 그 관대함을 실천할 기회를 만들어 주면 기꺼이 다른 사람을 도울 것"이라 믿는다.[26] 이런 사명 의식을 확장하기 위해 키바는 "후원자 관계가 아닌 파트너십 관계를 장려한다."[27] 키바는 창업자별 프로필 페이지를 만들어 놓고 거기에 자신의 사진을 올리고 융자금의 사용 계획도 밝히게 한다. 그것을 보고 대여자들은 누구에게 얼마(적게는 25달러도 가능하다.)를 대여할지를 결정한 후 다른 대여자들과 팀을 이뤄 전체 융자금의 조성을 돕는다. 모든 대여자는 융자금 상환 현황에 대한 업데이트 정보를 매달 받는다.

융자금을 제공하는 구조적 과정은 본질적으로 완전히 분산되어 있다. 창업자가 전 세계 100개가 넘는 다양한 지역에 있는 현장 파트너들에게 융자 요청을 하면 파트너들은 요청 내용이 키바 웹사이트에 올라가기 수주일 전에 융자를 해 준다. 그러고 나서 자신들이 대여해 준 금액만큼 키바로부터 다시 융자를 받아 충당하는 방식이다. 현장 파트너들은 또한 융자금에 대한 이자도 결정한다. 키바는 현장 파트너들에게서 이자를 받지도 않고 키바 등록 대여자들에게 이자를 지급하지도 않는다. 융자금을 완전히 상환하면 키바의 대여자들은 본인의 선택에 따라 그 펀드를 다시 대여하거나 키바에 기부하거나 인출할 수 있다.

키바는 무담보 소액 대출 분야에 이처럼 혁신적인 방법을 도입하여 209개국 50만 명이 넘는 대여자와 57개국 46만 9076명의 소규모 창업자를 연결해 주었다. 지금까지 키바가 융자한 금액은 도합 1억 7833만 8325달러이며 그중 81퍼센트가 여성에게 전했다. 키바의 평균 융자금은 380달러로 상환율은 98.9퍼센트에 이른다.[28] 모든 융자금은 생태계에 악영향을 거의 미치지 않는 소규모 사업을 하는 창업자에게 건넨다.

새로운 협업 비즈니스 프랙티스는 경제생활의 모든 측면에 파고들고 있다. 공동체 지원 농업(Community Supported Agriculture, CSA)은 새로운 3차 산업혁명 비즈니스 모델이 식품의 생산 및 유통에 어떠한 영향을 미치는지 보여 주는 좋은 사례다. 석유화학 기반 농업이 100년이 되어 가는 동안 가족 농장은 거의 다 사라지고 카길이나 ADM 같은 거대 영농기업이 시장을 주도했다. 하지만 도시의 가정과 연결해 직거래로 농산물을 판매하는 신세대 농장주들이 출현해 상황이 다시 바뀌기 시작했다. 이런 식의 공동체 지원 농업은 1960년대 유럽과 일본에서 시작되어 1980년대 중반에는 미국까지 확산되었다.

보통 도시 가구로 구성되는 주주들은 재배 기간 전에 일정량의 고정 선금을 지불해 농가에서 연간 경비를 충당케 한다. 그 대가로 주주들은 재배 기간 내내 농가 작물 중 일정 몫을 받는다. 그 몫이란 보통 집으로(또는 지정된 장소로) 배송되는 잘 익은 과일이나 채소 한 상자 같은 것이다. 그렇게 재배 기간 내내 신선한 청과물을 꾸준히 공급받는다.

공동체 지원 농업에 참여하는 농장은 대부분 생태 농업을 실시하거나 유기 농법을 이용한다. 공동체 지원 농업은 농장주와 소비자가 함께 리스크를 부담하는 조인트 벤처이기 때문에 풍작의 혜택과 흉작의 피해도 소비자에게 일정량이 돌아간다. 날씨 때문이든 다른 이유 때문이든 흉작이면 매주 배달되는 식품 중 일부 품목의 감량으로 주주 역시 손실을 감당한다는 얘기다. 이렇게 위험과 보상을 공유하므로 주주들은 모두 공동 사업을 한다는 유대감을 갖는다.

농부와 소비자가 분산과 협업 방식으로 식품 공급망을 조직할 때 인터넷은 훌륭한 수단이다. 그저 몇 개의 시험 사례에 지나지 않았던 공동체 지원 농업은 몇 년 만에 수만 가구가 가입한 3000개 가까운 사업체로 성장했다.[29]

분산된 인터넷 소셜 공간에서 협업하는 데 익숙한 젊은 세대들이 공동체 지원 농업 비즈니스 모델에 특히 호응하고 있다. 공동체 지원 농업의 성장은 또한 생태발자국(ecological footprint: 인간이 환경에 남기는 영향 또는 그것을 토지로 환산한 지수 — 옮긴이)을 줄여야 한다는 소비자의 자각과 관심이 늘어난 덕분도 있다. 석유화학 비료와 살충제, 대륙과 바다를 건너는 장거리 수송으로 인한 이산화탄소 배출 등을 줄이고, 2차 산업혁명의 식품 생산 및 유통에 수반되기 마련인 광고나 마케팅, 포장 등의 비용을 없애면 모든 주주는 더욱 지속 가능한 생활 방식으로 살 수 있다.

공동체 지원 농업에 참여하는 농부들 중에는 농장의 일부 시설을 풍력이나 태양광, 지열, 바이오매스 등을 이용하는 미니 발전소로 많이 전환하고 있다. 에너지 비용을 현저히 줄이는 것이 1차 목표인데, 그렇게 절감한 비용은 연회비나 가입비를 줄여 주주들에게 혜택으로 돌아간다.

이 외에도 무수히 많은 새로운 형태의 분산 및 협업 비즈니스 프랙티스들이 상업의 전 분야로 급속히 확산되고 있다. 이러한 수평적 확대가 중앙집권형 거대 기업의 경제활동 위계 서열화를 조장했던 기존의 수직적 확대를 대체할 것은 명약관화하다.

전통적인 중앙집권형 시장 자본과 밀접히 연관된 몇몇 사업 분야는 이미 새로운 분산 및 협업 비즈니스 모델의 등장으로 위협받고 있다. 예를 들면 2차 산업혁명의 핵심인 자동차 산업이 그렇다. 3차 산업혁명 경제로 이행하는 지금, 점차 에너지 효율과 탄소발자국 감소를 강조하면서 전 세계적으로 비영리 자동차 공유(car sharing) 네트워크를 활성화하고 있다.

미국에는 현재 전국 각 지역을 중심으로 자동차 공유 사업이 우후죽순처럼 생겨나고 있다. 클리블랜드의 시티휠즈, 미니애폴리스와 세인트폴의 아워카, 시카고의 필리카셰어와 I-GO, 샌프란시스코의 시티카셰어 등이 대표적이다. 이들은 비영리 네트워크 조직으로 현재 수십만 명의 이용자에게 공유 자동차로 이동성을 제공한다. 소액의 가입비를 내고 자동차 공유 네트워크에 가입한 후 스마트카드를 받아 공유 주차장과 차량을 이용하는 방식이다. 이용자는 운행 거리에 따라 비용을 지불하는데, 대부분 비영리로 운영하므로 렌터카를 이용할 때보다 훨씬 경제적이다. 공유 자동차 차대(車隊)는 상당 부분 시장에 나와 있는 자동차 중에서 에너지 효율성이 가장 높은 것으로 구성된다.

시카고의 I-GO는 매우 혁신적인 인터넷 서비스까지 마련했다. 회원이 A 지점에서 B 지점까지 이동할 때 여러 교통수단을 조합해서 사용할 수 있도록 통합 서비스를 제공한다. 예컨대 이용자는 지하철이나 버스를 이용한 후 다시 자전거를 이용해 픽업 장소로 가서 공유 자동차를 타고 목적지까지 이동할 수 있다. 이 서비스의 목적은 자동차 이동 거리를 최소화하여 탄소발자국을 줄이는 데 있다.

공유 자동차 한 대당 최대 20대의 자동차 운행을 줄이는 것으로 추정된다. 자동차 공유자들은 이전에 비해 운행 거리가 44퍼센트 정도 줄었다고 얘기한다. 자동차 공유 네트워크가 줄인 이산화탄소 배출량은 더 놀라운 수준이다. 캐나다 퀘벡의 자동차 공유 서비스인 커먼오토에 따르면, 1만 1000명의 회원이 총 1만 3000톤의 이산화탄소 배출을 줄였다고 한다. 유럽의 한 연구 결과는 자동차 공유로 이산화탄소 배출량을 50퍼센트까지 줄일 수 있다고 한다.[30]

세계 최대 자동차 공유 서비스회사인 집카(Zipcar)는 2000년에 설립된 영리 기업인데, 10년 만에 회원 수가 수십만 명으로 늘어났다. 전 세계적으로 수천 개의 집카 지점이 있으며 8000대 이상의 자동차 중에서 한 대를 고를 수 있다. 2009년 집카의 매출은 1억 3000만 달러로 해마다 30퍼센트라는 놀라운 성장률을 기록 중이다. 2010년 집카는 샌프란시스코에서 하이브리드 전기차 파일럿 프로젝트를 출범시켰다. 집카는 환경에 관심 있는 밀레니엄 세대에게 인기가 있으며 이들은 스스로를 '집스터(zipsters)'라고 부른다.[31]

재생 가능 에너지와 3차 산업혁명 인프라의 확산에 따라 머지않아 집카와 같은 자동차 공유 서비스회사는 주차장에서 직접 녹색 전기를 생산해 전기차를 충전할 수 있을 것이다. 자동차 공유는 자동차 구매 대안 중 하나로 자리매김할 가능성이 매우 높다. 특히 복잡한 도시의 거주민은 자주 사용하지도 않는 자동차를 소유하며 높은 유지비를 감내해야 하는 비실용적인 점을 감안하면 더욱 그렇다.

나는 독일 라이프치히에서 열린 2011 OECD 국제교통포럼에서 집카의 설립자이자 전 CEO인 로빈 체이스를 우연히 만났다. 당시 나는 기조연설을 하기 위해 포럼에 참석한 터였다. 막힘없이 연결되는 대륙 시장을 확장하기 위해서는 2050년까지 각 대륙에 통합된 탄소 후 교통 체계와 물류 네트워크(제5 핵심 요소)를 구축해야 한다는 내용이었다. 로빈은 내가 발표한 다음에 바로 이어진 교통 토론회에 패널로 참가했다. 여기서 그녀는 새로운 자동차 공유 비즈니스 모델이 기존 이동성의 본질을 파괴하는 혁명이 될 것이라고 강조했다. 자동차가 개인 소유물에서 집합적 편의물로 바뀌고 독립적 경험이 협업적 사업으로 전환할 것이라는 얘기였다.

세션이 끝난 후 로빈과 나는 전통적 시장경제의 근간을 흔들며 급부상하는 분산 자본주의에 관해 밀도 있는 대화를 나누었다. 로빈은 현재 버즈카(Buzzcar)라는 새로운 자동차 공유사업을 추진 중이다. 버즈카의 목표는 분산 및 협업 이동성의 개념을 한 단계 더 발전시켜 완전히 수평적인 비즈니스 모델로 확장하는 것이다. 그녀는 수백만 명의 자동차 소유자가 자기 차를 하루에 한두 시간 이내로 사용하고 나머지 시간에는 놀린다는 점에 주목했다. 그녀는 그 수많은 차를 거대한 공유 차대에 참여시켜 다른 사람이 이용 가능한 공유 차량으로 만들고 싶다고 말했다. 그렇게 하면 전 세계의 차 소유자들은 지역 주민에게 이동성을 제공하면서 수입도 창출할 수 있다고 했다. 남은 중요한 과제는 자동차가 아닌 개인, 즉 소유자와 이용자를 보호하는 보장 보험을 판매하도록 보험사를 설득하는 일이다. 로빈은 수많은 보험사와 얘기 중이며 가까운 시일 내에 협상이 타결될 것이라고 했다.

한편 젊은 세대는 차 이상의 것을 공유하기 시작했다. 국제적인 비영리 조직인 카우치 서핑(Couch Surfing)은 여행이라는 영역에서 새로운 분야를 개척하고 있다. 또 그 과정에서 수십만 여행자의 탄소발자국을 줄이고 있다. 카우치 서핑은 여행자와 지역 호스트를 연결하는 네트워크로, 지역 호스트가 자신의 집을 개방하고 숙식을 무료로 제공하는 방식이다. 이미 100만 명이 넘는 카우치 서퍼(couch surfer)가 전 세계적으로 6만 9000개 도시에서 서로의 집을 방문했다.

회원은 서로의 관심사와 관점 등에 대한 정보를 볼 수 있으며 지역 호스트에 대한 다른 회원의 평가도 알 수 있다. 참가자에게는 방문 전에는 물론 방문 후에도 연락을 지속하기를 권장한다. 분산 및 협업 사교 공유체인 카우치 서핑은 다양한 문화권의 사람들에게 삶을 공유할 기회를 제공하기 위해 고안되었다. 카우치 서핑의 목표는 "공감할 수 있는 정직한 소통으로 사람을 통합하는 것"이며, 사명은 우리 모두가 지구촌 확대 가족의 구성원이라는 사실을 널리 알리는 일이다.[32]

카우치 서핑은 2003년 출범 이래 놀라운 성공을 거두었다. 회원은 470만 건의 긍정적인 경험을 보고했는데, 이는 전체 경험 중 99.7퍼센트에 해당한다.[33] 더 인상 깊은 것은 회원이 결국 290만 건의 우정을 쌓았고, 그중 12만 건은 아주 가까운 친구가 되었다는 사실이다.

글로벌 시민이 져야 할 책임은 보다 지속 가능한 방식으로 생활하여 인류의 생물권을 잘 유지할 수 있도록 돕는 일이다. 100만 명 이상의 여행자에게 현지 주택을 숙식처로 제공하는 카우치 서핑은 탄소발자국을 현저히 줄이는 데 일조했다. 일반 여행자들이 머무는 호텔 등은 훨씬 더 많은 에너지를 소모하기 때문이다.

새로 출현한 3차 산업혁명 경제가 불과 몇 년 전만 해도 생소했던 협업적 사업을 만들어 내자 이제는 글로벌 대기업도 여기에 뛰어들었다. 이들이 창안한 새로운 비즈니스 모델 중 어떤 것은 매우 획기적이고 의외여서 상거래의 본질을 완전히 다시 생각해야 할 정도다. '성과 계약(Performance contracting)'이 좋은 예다.

필립스 라이팅 같은 회사가 시와 계약을 체결하고 모든 공공시설과 야외 조명 시설에 에너지 효율이 높은 신형 LED 조명을 설치하기로 한다. 필립스의 거래 은행에서 프로젝트의 비용을 부담하고, 대신에 시는 에너지 절약이 진행되는 수년에 걸쳐 필립스에 비용을 지불한다. 약속한 에너지 절약을 달성하지 못하면 필립스가 손실을 부담한다. 바로 이

것이 3차 산업혁명 경제에서 점점 더 표준으로 정착할 '협업 파트너십'의 한 종류다.

3차 산업혁명의 또 다른 비즈니스 모델은 '절감액배분협약(Shared Savings Agreements)'이다. 성과 계약과 배경은 일부 같지만 다른 목적을 위해 고안되었다. 절감액배분협약은 일부 국가의 주거용 부동산 시장에서 이용하기 시작했는데, 부분적으로 상당한 성공을 거두었다. 미국은 68퍼센트의 가구가 자기 집이 있지만, 자기 집을 소유하기보다는 임차하는 가구가 더 많은 나라도 많다. 예컨대 스페인과 독일은 절반 이상의 가구가 임대 아파트나 다세대 주택에 거주한다.[34] 소유보다 임대차가 많은 곳에서는 부동산 소유주가 건물을 개조해서 미니 발전소로 전환하려는 인센티브가 부족할 수밖에 없다. 임차인이 공과금을 내기 때문이다. 스위스는 주택 소유율이 30퍼센트에 불과하고 대부분의 가구가 주택을 임차하는데, 일부 집주인이 임차인과 절감액배분협약을 체결하기 시작했다. 임대인이 건물을 친환경 미니 발전소로 전환하면 임차인은 절감되는 전기료의 일부를 설비 비용을 충당할 때까지 임대인에게 지불하는 내용의 협약이다. 건물이 자체적으로 녹색 전기를 생산하면 임대인은 추가적으로 건물의 가치가 상승하는 효과까지 얻을 수 있으며, 다시 임대차 계약을 체결할 때 가치의 상승분만큼 임대료를 올릴 수 있다. 하지만 임대료 상승분은 향후 절약할 전기료보다는 낮게 책정하므로 이것은 임대인과 임차인 양자에게 유리한 윈윈 전략이다.

글로벌 경제가 성공적으로 3차 산업혁명 인프라로 이행하려면 기업가와 경영자가 온갖 첨단 비즈니스 모델의 활용법을 배워야 할 필요가 있다. 여기에는 오픈 소스, 네트워크 상거래, 분산 및 협업 연구개발 전략, 지속 가능한 저탄소 물류 및 공급망 관리 등이 포함된다.

사회적 기업가 정신

새로운 경제의 협업적 성질은 근본적으로 전통적 경제 이론과 상충된다. 전통적 경제 이론은 개인의 이기심이 시장에서 작동할 때 경제가 가장 효과적으로 성장한다고 굳게 믿기 때문이다. 또한 3차 산업혁명 모델은 전통적인 소비에트식 사회주의 경제의 중앙집권형 지휘 통제 방식과도 거리가 멀다. 새 모델은 사회적 공유체에서든 시장에서든 수평적인 사업을 선호한다. 함께 공동의 이익을 추구하는 것이 지속 가능한 경제 발전을 이루는 최선의 방법이라고 전제하기 때문이다. 새 시대는 기업가 정신의 민주화를 표방한다. 모든 사람은 자체 에너지의 생산자가 되는 동시에 이웃과 지역, 나아가 대륙 전체와 에너지를 공유하기 위해 협업해야 한다.

3차 산업혁명 경제는 지구촌을 휩쓰는 사회적 기업가 운동의 정신을 구현한다. 기업가 정신과 사회적 협력은 더 이상 모순이 아니다. 오히려 21세기의 경제적·사회적·정치적 삶을 재조율하는 데 필요한 처방전이다.

사회적 기업가들이 세계 각지의 대학에서 쏟아져 나오며 영리와 비영리를 이어 주는 새로운 사업을 창조하고 있다. 이러한 하이브리드 사업은 앞으로 점점 더 일반적인 현상이 될 것이다.

탐스(TOMS)라고 들어 본 적이 있는가? 영리사업에 비영리 요소를 결합하여 신발을 만드는 회사다. 일반적인 신발이 아니라 지속 가능 재료, 유기물 재료, 재활용 재료, 심지어는 식물성 재료를 이용해 신발을 만든다. 하지만 이것은 세계에서 가장 특이한 신발회사 탐스에 대한 이야기의 시작에 불과하다. 탐스의 캔버스 신발이나 면섬유 신발은 아르헨티나 농부들이 오래전부터 신어 온 알파르가타(alpargata)라는 전통 신발에서 비롯되었다. 탐스는 텍사스 알링턴 출신의 젊은 사회적 기업가 블레이크 마이코스키가 2006년에 설립한 회사로, 자사 제품을 미국 및 세계 각지에서 니만 마커스, 노드스트롬, 홀푸즈를 포함한 500개 이상의 소매점에서 판매한다.

탐스의 영리 부문은 캘리포니아 샌타모니카에 있는데 이미 100만 켤레 이상의 신발을 판매했다. 흥미로운 부분은 여기서부터다. 신발 한 켤레를 팔 때마다 탐스의 비영리 자회사인 '프렌즈 오브 탐스'는 세계 어딘가에서 신발이 필요한 한 아이에게 새 신발 한 켤레를 기부한다. 이 '일대일 운동'으로 지금까지 미국과 아이티, 과테말라, 아르헨티나, 에티오피아, 르완다, 남아프리카공화국 등지의 빈민 지역에 사는 100만 명이 넘는 아이들이 새 신발을 신었다.

팔리는 신발 한 켤레마다 다른 한 켤레를 기부하는 이유는 무엇일까? 마이코스키는 세계의 극빈 지역 상당수에서 신발이 없는 아이는 학교 수업을 받을 수 없다고 말한다. 맨발로 걷는 아이는 상피병 또는 '이끼발'이라고 불리는 쇠약성 질병에 쉽게 걸린다. 이것은 흙에서 사는 곰팡이가 발바닥의 땀구멍으로 침투해서 몸속의 림프계를 파괴하는 병이다. 보고에 따르면, 현재 10억 명이 넘는 인구가 토양에서 전염되는 질병에 노출되어 있다. 이에 대한 간단한 해결책이 신발이다.

한편 다 신은 수백만 개의 신발은 어떻게 될까? 탐스는 탐스 커뮤니티 월(TOMS Community Wall)이라는 웹사이트를 운영한다. 고객은 이 웹사이트에 낡은 신발을 팔찌나 축구공, 화분걸이, 컵받침 등과 같은 유용한 2차 제품으로 재활용할 수 있는 창의적인 아이디어를 제시한다. 탐스는 3차 산업혁명 시대에 부상할 새로운 사회적 기업 비즈니스 모델의 실례다.

전 세계적인 사업 방식의 변혁으로 2차 산업혁명과 3차 산업혁명은 역사적인 투쟁의 장에 들어섰다. 2차 산업혁명의 오랜 수호자들은 줄어드는 영향력의 끝자락을 놓지 않으려 애쓰고, 3차 산업혁명의 젊은 기업가들은 세계를 위한 수평적이고 지속 가능한 경제 전략을 발전시키려 노력하고 있다. 이 싸움의 결과에 따라 앞으로 누가 21세기 글로벌 경제를 좌우할지 결정될 것이다. 양측은 시장에서 유리한 고지를 점유하기 위해 서로 다투기도 하고 수십억 달러 상당의 정부 보조금과 세제 혜택 등을 끌어들이기 위해 로비를 펼치기도 한다.

우리가 진정 물어 봐야 할 질문은 이것이다.

"업계와 정부는 20년 후에 어디에 있고 싶은가? 쇠락하는 2차 산업혁명의 에너지, 기술, 인프라 체계에 갇히길 원하는가? 아니면 떠오르는 3차 산업혁명의 에너지, 기술, 인프라 체계로 이행 중이길 원하는가?"

답은 분명하다. 그럼에도 분산 자본주의라는 새 시대로 가는 길은 험난한 여정이 될 가능성이 높다. 현 시점에서 문제는 계획의 부재가 아니다. 계획은 이미 마련되어 있다. 3차 산업혁명은 탄소 후 시대로 가는 상식적인 방법이다. 요건은 일반의 이해다. 우리는 지금, 경제 혁명의 발생 방식에 대한 망상에 가까운 오해들과 싸우고 있다.

경제 혁명은 실제로 어떻게 발생하는가?

많은 미국인은 경제가 크게 발전하려면 정부는 옆으로 비켜서고 자본주의의 보이지 않는 손이 규제가 없는 시장에서 자유롭게 군림하도록 놔둬야 한다는 생각을 오랫동안 품어 왔다. 반면 유럽이나 다른 사회에서는 완전히 개방적인 자유방임적 자본주의의 미덕에 대해 그렇게까지 확신하지는 않는다. 역사적으로 볼 때 이들 사회는 좀 더 균형 잡힌 사회적 시장 모델을 유지하기 위해 정부가 경제 프로세스에 적극적으로 개입하는 것을 선호했다. 하지만 보다 절도 있는 사회복지 경제에서조차 대중영합주의자들이 늘어나는 기미를 보이고 있다. 아직 소수지만 그들은 정부가 경제 분야에서 맡아 온 전통적 역할에서 물러나기를 종용한다. 지금은 상업과 무역의 재도약을 위해 정부가 민간 부문에 적극 개입해야 할 필요성이 그 어느 때보다도 높은 시점인데 말이다.

기록적인 재정 적자와 많은 세금 때문에 불만이 쌓인 수백만의 유권자가 갚지도 못할 빚더미에 자신의 미래를 저당 잡히고 자녀에게는 파산한 사회를 물려줄까 봐 걱정하는 것은 당연하다. 그러나 정부가 물러나 있다면 기업가 정신이 살아나고 새로운 경제적 기회가 넘쳐나며 인류의 전반적인 안녕이 크게 향상할 것이라 믿는 것은 역사적 사실과 정면으로 상충하는 오해다.

확인해 보자. 시장이 창의성과 기업가 정신을 증진하는 무적의 상업적 엔진 역할을 한 것은 사실이지만, 시장 스스로 경제 혁명을 창출한 적은 한번도 없다. 간단히 말해서, 시장 만능주의는 그저 미국인의 마음속에서 끊임없이 고개를 들며 불만을 부추기는 신화일 뿐이다. 이러한 기만은 시절이 좋을 때는 참고 넘어갈 수도 있다. 하지만 우리 자신의 생존과 지구의 미래가 걸린 인류사의 중대한 이 시점에 우리는 말도 안 되는 미신에 사로잡혀 있을 여유가 없다.

경제 혁명은 어느 날 하늘에서 뚝 떨어지는 것이 아니다. 새로운 통신 인프라와 에너지 인프라의 구축은 언제나 정부와 업계가 공동의 노력을 쏟아부어야 하는 일이었다. 발명가와 기업가만 협력하면 경제 혁명이 절로 다 이루어진다는 자유방임적 개념(발명가는 성공 여부를 모르는 새로운 기술이나 제품, 서비스를 개발하는 데 기꺼이 시간을 바칠 것이고, 기업가는 그 새로운 아이디어를 시장에 소개하는 데 기꺼이 자기 자본을 투자할 것이라는 생각)은 스토리의 일부밖에 보지 못하는 것이다. 1차, 2차 산업혁명에서는 둘 다 대규모의 정부 투자(공적자금 투자)가 뒷받침되었기에 인프라를 구축할 수 있었다. 뿐만 아니라 정부는 새로운 방식의 경제활동을 관리하는 데 필요한 규칙과 규제, 표준을 확립하는 한편, 과감한 세제 혜택과 보조금 제도까지 마련해 새로운 경제 질서의 안정과 성장을 도왔다.

이 책을 쓰는 지금 이 순간에도 월스트리트와 백악관 사이에는 정부가 미국 경제에 어느 정도 개입하는 것이 옳은지를 놓고 열띤 논쟁이 한창이다. 뿐만 아니라 이 논쟁은 이제 중산층으로 옮겨 간 상태다. 납세자들이 미국 경제의 암울한 상태와 관련해 백악관과 의회를 비난하면서 '큰 정부'에 반대하는 대중영합주의적 반발이 거세지고 있다. 정부가 자치단체의 경제생활에 개입하는 것이 타당한지에 대해 수백만의 미국인이 의문을 품은 것이다.

미국 상공회의소 회장인 토머스 도너휴는 오바마 정부가 기업 활동에 방해가 된다는 식의 얘기를 넌지시 비쳤다. 이는 아마 미국에서 정치인에게 퍼부을 수 있는 최악의 비난일 것이다. 이상한 것은 오바마 정부와 의회가 월스트리트에 대한 구제 정책을 펼쳐 대불황으로 추락하는 것을 피한 지 몇 달도 채 지나지 않아 이런 비난이 나왔다는 사실이다.

사실은 상공회의소가 솔직하지 못한 태도를 보인 것이다. 정부의 규제에서 자유로운, 방해받지 않는 시장이 언제나 경제의 성공 공식이라는, 이 널리 퍼진 대중영합주의적 신념은 순전히 잘못된 정보에 근거한다. 정부와 기업은 계속 한침대를 써왔다. 건국 초에는 아니었을지 모르지만 남북전쟁 이후, 철도회사들이 대륙 전역에 철도 인프라를 구축할 때 연방 정부의 대대적인 지원이 절실했던 이후로는 쭉 그래왔다.

율리시스 그랜트 대통령이 '로비스트'라는 말을 만든 것도 그때였다.

당시 백악관 맞은편에 위치했던 윌러드 호텔 로비에 은행가와 철도회사 사람들이 진을 치고 내각 각료나 의원을 설득해 자신에게 유리한 입법을 유도하려 애쓰는 모습을 보고 지은 표현이었다. 얼마 지나지 않아 석유회사 측 사람들도 이 집단에 가세했다. 이후 그들은 국민이 선출하지는 않았지만 언제나 존재하는 워싱턴의 한 세력으로 부상해 납세자들의 돈으로 자신의 영리사업이라는 바퀴에 기름칠을 하려고 로비를 벌였다.

유럽인은 정부와 업계 사이의 긴밀한 관계에 대해 항상 더 솔직한 태도를 취했다. 유럽의 중앙정부들은 1차, 2차 산업혁명의 공공 교통 부문은 물론이고 에너지 및 통신 인프라 구축의 상당 부분에도 자금을 댔다. 유럽에 비하면 미국의 연방 정부와 주 정부는 직접적인 도움은 적게 제공했지만, 그 대신 간접적으로 엄청난 공공 부조를 펼친 셈이었다.

시장을 찬양하는 것 자체에는 어떤 문제도 없다. 하지만 모든 선진국의 경제 성공은 대부분 공공 부문과 민간 부문의 협력으로 촉진되고 보장되었다는 점을 고려할 때, 양자 간의 지속적인 상호작용을 전면 부인하는 것은 사회에 부정적 결과를 초래할 수 있다. 그 이유는 첫째, 그러한 전면적 부인은 정부와 업계의 관계를 지하로 숨어들게 해 시야에서 벗어나도록 조장하는 것이 된다. 그렇게 되면 정부와 업계는 그들의 비밀 거래를 베일로 가리고 난해한 입법 과정 속 어딘가에 깊이 숨길 것이다. 결과적으로 선출직 공직자들은 그러한 거래의 대가로 재선을 보장할 수 있을 정도의 선거운동 기부금을 받는 일에 연연한다. 둘째, 이렇게 투명성이 없어지면 업계는 미국의 성공은 순전히 신성한 자유 시장의 작용 덕분이라는 신화를 계속해서 들먹일 것이고, 동시에 이것은 업계의 폐습을 규제하거나 경제와 사회를 좌지우지하는 그들의 과도한 힘을 제한하려는 입법 시도를 무력화할 수 있는 힘을 그들에게 거저 주는 셈이다.

위기의 시기, 즉 나라 전체의 창의적인 잠재력을 활용해서 쇠락하는 에너지 및 통신 인프라를 내려놓고 새로운 경제 패러다임을 탄생시켜야 하는 작금과 같은 시기에는, 정부와 업계, 시민사회는 개방적이고 투명한 포괄적 파트너십을 맺어야 한다. 그래야만 그 이행을 견인할 수 있다. 이런 유형의 파트너십은 EU에서 볼 수 있는데, 유럽은 새로운 공민 파트너십에 대한 대중의 지지를 끌어내기에 충분할 정도로 견실한 사회적 시장 모델을 갖추고 있기 때문이다. 반면 미국에서는 새로운 경제 비전과 전략을 발전시키기 위해 정부와 업계가 힘을 합쳐야 한다고 말하면 많은 사람이 '사회주의'라고 외치면서 미국의 자유를 훼손한다고 비난한다.

일반 대중은 업계와 정부의 관계에 대해 두 마음이 있는 것 같다. 지역구의 상하원 의원들이 연방 정부에서 수백만 달러짜리 예산이나 프로젝트를 지역으로 따오면 불만은커녕 대부분 박수를 보낸다. 더구나 그것이 새로운 일자리를 창출할 가능성이 높으면 무조건 대환영이다. 실제로 본인이 선출한 대표가 '밥벌이'를 못하면 다시는 그를 뽑지 않으려는 태도를 보인다. 반면에 다른 주나 선거구의 정치인에 대해서는 입법 활동으로 자기 지역의 이익을 위한 특정 프로젝트를 배정하는 데에만 열중한다고 맹비난한다. 결국 대중의 환호와 실망은 특혜가 자기 지역으로 오는지 남의 지역으로 가는지에 따라 결정되는 것 같다.

문제는 정치 시스템이 애초부터 대규모 영리적 이해관계를 대변하도록 설정된다는 데에 있다. 평범한 유권자나 납세자는 본인의 대표가 떡고물이라도 다른 지역으로 가기 전에 가로채 오라고 응원할 수밖에 없다.

내가 지금까지 묘사한 것이 바로 '미국예외주의'의 실상이다. 민주주의가 성숙한 곳에서 기업이 정치 기부금으로 선거운동을 돈 주고 사는 것을 허용하는 나라는 사실상 미국밖에 없다. 대부분의 EU 회원국에서는 그런 행위를 제한하거나 금지하며 공공 비용으로 선거를 치른다. 호응정치센터(The Center for Responsive Politics: 미국의 비정파적 정치자금 감시 단체 — 옮긴이)에 따르면 2008년 하원 선거에서 당선에 필요한 비용이 평균 110만 달러였다. 상원 의석을 확보하는 데 거의 6500만 달러가 필요했다. 대통령 선거는 훨씬 더 많은 돈이 소요된다. 호응정치센터는 2008년 대선에서 후보들이 쓴 돈을 모두 합치면 13억 달러가 넘는다고 밝혔다.

그렇다면 선거에서 당선에 필요한 선거운동 자금은 실제 얼마나 중요할까? 2008년 선거가 끝난 후 호응정치센터의 조사에 따르면, 투표 마감 후 24시간 내에 당선자가 결정된 지역에서, 돈을 가장 많이 쓴 후보가 승리한 비율이 상원은 94퍼센트, 하원은 93퍼센트였다.

선거에서 후보자의 사적 모금 행위를 금지하고 공공 비용을 의무화하면 미국의 민주주의적 프로세스 회복에 큰 진척이 있을 것이다. 하지만 여태까지 미국 국민이 선거를 공공 비용으로 치르는 것에 관심을 보인 적은 거의 없다. 이 문제가 여론조사에서 유권자들의 주요 관심사로 떠오른 적도 전혀 없었다.

설상가상으로 2010년 미국 연방대법원은 5 대 4 다수결로 기부금의 제한은 국민의 정치적 선택 표현에 대한 기본권을 침해하므로 개인이든 기업이든 선거운동에 돈을 기부하는 것을 제한하는 것은 위헌이라고 판결했다.

우리에게 남은 것은 기이한 자기모순이다. 수백만 명의 미국인은 정부가 영리 부문에서 손을 떼기를 원한다. 그러면서도 민간 영리 이해집단이 선거를 돈으로 사고 납세자들의 돈을 자신에게 유리한 영리 프로젝트와 산업 활동에 끌어들이는 실태를 바로잡기 위해 적극 나설 마음은 없다.

다시 말해서 많은 미국인이 시장과 정부를 분리해야 한다는 확고한 신념을 열성적으로 내세운다. 종교와 정치의 분리에 대한 열정보다 더해 보일 정도다. 그러나 사실 미국인은 잔치에서 완전히 쫓겨나느니 경제계와 연방 정부 사이의 부정한 영합에서 생기는 떡고물이라도 얻어먹기를 원한다.

미국인의 절대 다수가 경제를 마치 종교처럼 대한다. 시장에 대해서는 칼뱅주의적인 독실한 신념을 갖는 반면, 큰 정부는 무신론 사회주의와 같다고 생각할 만큼 혐오하기 때문에 정작 기업의 탐욕은 보지 못한다는 의미다. 그래서 기업이 선택된 자들만을 위한 모종의 사회주의를 창출하고 국민을 빈곤의 나락에 몰아넣어도 그대로 방치한다. 많은 미국인이 아메리칸 드림은 고삐 풀린 자유 시장에서 나올 수밖에 없는 것으로 착각한다. 그리고 정부와 기업 간의 오랜 결탁의 역사에 대해서는 눈을 감는다. 이렇게 국민이 시장은 정부의 방해가 없어야 사회를 위해 가장 잘 작동한다고 계속해서 믿는 한, 그리고 선출직 공직자가 사회의 나머지 성원은 개의치 않고 자신에게 유리한 입법 초안만 짜 오는 동업자 단체를 품에 안는 정치 관행을 계속 모르는 체하는 한, 미국이라는 국가의 미래는 암울할 수밖에 없다.

따라서 이를 해결하려면 우선 다음 사항을 인정해야 한다.

첫째, 미국 경제사에서 대도약은 정부가 적극적으로 개입했을 때에만 일어났다. 정부가 에너지 및 통신 인프라 구축에 자금을 지원했고 그 수행에 들어가는 비용도 계속해서 보증했기 때문에 새로운 수천 개의 사업이 생겨나고 번영할 수 있었다. 시, 자치구, 주, 연방의 모든 수준에서 정부와 기업이 완전하고 확고한 파트너십을 맺지 않고서야 어떻게 경제의 새로운 시대를 열 수 있겠는가. 나는 실로 현실성 있는 다른 대안을 떠올릴 수가 없다.

둘째, 우리는 정부와 기업 간 천박한 야합의 역사에서 소중한 교훈을 배워 3차 산업혁명은 그 근본에서부터 이전과는 완전히 다르게 만들어야 한다. 정부·기업·시민사회는 개방적이고 투명한 방식으로 협업해야 하며, 그 협업은 일부 기업의 이익만이 아니라 국민 전체의 이익을 대변해야 한다.

업계와 정부 간에 벌어진 역사의 진실을 파악하는 일은 쉽지 않다. 나는 수년 전에 상당히 존경받는 워싱턴 싱크탱크의 일원이자 걸출한 자유방임주의자와 텔레비전 토론을 벌였다. 토론 중 그는 정부가 시장에 간섭했을 때에는 언제나 경제가 어려웠다고 주장했다. 그러고는 나를 보며 짐짓 날카롭게, 영리 부문에서 민간기업이 효과적으로 수행할 수 없었던 상업과 교역이 정부의 후원 노력으로 유익한 결과를 낸 경우가 한 번이라도 있었는지 '구체적인(concrete)' 예시를 들어보라고 했다. 나는 중의적 은유를 동원해 주간(州間)고속도로법이라는 무시무시한 '놈'이 있다고 말했다. 역사상 가장 많은 비용이 들어간 공공사업으로 미국 전역에 '콘크리트(concrete)' 고속도로를 깔고 한 세대 동안 유례없는 경제 번영의 붐을 이끈 놈이라고 설명했다.

이 250억 달러짜리 계획은 6만 6000킬로미터의 주간 고속도로망을 조성하기 위해 6500제곱킬로미터라는 엄청난 면적의 땅을 할애할 것을 요구했다.[35] 노반 조성 과정에서는 321억 세제곱미터 분량의 흙을 옮겨야 했다.[36] 도로 아래로는 수만 킬로미터에 달하는 배수관을 묻었다. 도로 자체는 강화철근 위에 콘크리트 포장을 얹고 그 위에 얇은 표면 코팅을 하는 방식으로 깔았다. 차량이 중간 중간 멈출 필요가 없도록 하기 위해 주간 고속도로를 따라 5만 4663개의 다리와 104개의 터널을 건설했다.[37]

주간 고속도로 인프라 건설은 관련 산업 전반에 즉각 활력을 일으켰을 뿐만 아니라 경제 전체에 승수효과까지 안겨 주었다.(그 효과는 1980년대 말에 정점에 달했다.) 석유회사, 종합건설업자, 시멘트제조사, 철강회사, 중장비회사, 목재회사, 페인트제조사, 조명회사, 조경회사, 고무회사 등이 이 거대한 주간 고속도로 건설에 관계한 수십 개 산업에 포함된다.

아이젠하워 대통령이 품은 '국토를 연결하는 띠'라는 꿈은 수백만 개의 일자리를 창출했고 완공하는 데 40년이 걸렸으며 세 개의 표준시간대를 가로질렀다. 그리고 2차 세계대전 이후 미국의 가장 위대한 경제적 성과물로 인정되었다.

주간 고속도로 인프라 구축을 위한 매머드급 정부 프로젝트는 결코 이례적인 게 아니었다. 2차 산업혁명의 시작 단계부터 인프라를 구성하는 핵심 산업(석유, 자동차, 통신, 전기설비, 건설, 부동산 등)은 함께 집단으로 정부를 상대로 메가톤급 로비를 벌였다. 연방, 주, 자치구 등의 정부가 기업에 필요한 재정 지원과 기업 친화적인 규칙, 규제, 표준 등을 제공하게끔 만들기 위해서였다. 화석연료 에너지 체제 구축, 통합 통신 그리드 설치, 전국적 전기 그리드 설비, 교외 주택지구 건설 등은 20세기 대부분의 기간에 석유 곡선의 꼭대기에 올라탔는데, 그 모든 것은 후하게, 때로는 위장을 하거나 감춘 형태로 정부가 지원한 덕분이었다.

화석연료 산업과 원자력발전은 수세대에 걸쳐 미국의 납세자들에게서 보조금을 받아 왔다. 에너지산업이 충분히 성숙한 이후에도 한동안 연방 정부는 그들의 연구 개발 비용에 수백억 달러를 보조했다. 1973년부터 2003년까지 미국 정부가 화석연료 및 원자력 연구 개발에 지출한 에너지 보조금은 무려 740억 달러에 달했다. 이때는 이 산업들이 수익이 넘쳐 나고 세계에서 가장 큰 규모의 기업을 자랑하던 시기였다.[38]

20세기 초 은밀한 공모를 통해 AT&T를 준(準)공공 통신 독점기업으로 변모시켜 개방 시장에서 경쟁할 필요 없이 정부의 규제 우산 아래에서 수십억 달러의 매출을 올릴 수 있게 만든 것도 연방 정부였다.

주 정부도 선례를 따라 규제안을 통해 전력 및 공익사업 회사를 준공공 독점기업으로 만들어 높은 전기요금을 보장하는 한편, 공공 부문의 권리 등 정부가 직접 운영할 때나 가능할 여러 특혜를 주었다.

명목상 주 정부의 감독을 받았지만 많은 공익사업회사가 사실상 자체 감사 체계를 유지하며 고객과 납세자의 비용으로 높은 매출을 올렸다. 이는 효과적인 전문 로비스트를 주도(州都)에 상주시키는 동시에 악명 높은 '회전문'을 창출함으로써 가능했다. 회전문이란 감독 기관에 있던 정부 관리들이 일정 시간이 지나면 정부 부처를 떠나 자신들이 감독하던 회사에서 높은 연봉을 받는 로비스트가 되고, 공석이 된 그 자리에는 회사의 임원이 후임자로 들어가는 관행을 말한다.

미국 각지에 차차 전기 시설이 들어서자 도시는 불을 밝히고 공장은 기계를 돌리고 빌딩은 냉난방을 하고 가정은 전자제품을 사용하기 시작했다. 하지만 더 중요한 것은 전기 시설 덕분에 복잡해진 2차 산업혁명 경제를 운영할 새로운 통신 혁명을 이루었다는 사실이다.

연방 정부가 상업 시장을 조성했으나 그 사실이 잘 알려지지 않은 대표적인 사례가 20세기의 교외 지역 건축 붐이다. 미국 정부가 1934년 설립한 연방주택관리국(Federal Housing Administration, FHA)은 사실상 2000년까지 건설 산업(미국에서 가장 큰 영리 부문)에 자금 회수를 보장해 주었다. 모기지 대부업체에 대한 FHA의 대출 보증을 미국 재무부가 보장하는 한편, 주택 소유자에게 모기지 할부금에 대한 이자를 공제해 주는 세법을 마련하여 역사상 가장 큰 주택 건설 붐을 촉진했다. 1960년대까지 FHA는 연평균 교외 주택 450만 가구의 대출을 보증했는데, 이것은 나라 전체 주택 담보 대출의 3분의 1에 해당했다.

상업용 부동산 개발업자들에게도 정부 보조는 똑같이 후했다. 미국 의회는 국세청 규정을 수정해 부동산 개발업자들이 새 건물의 비용을 표준 40년 감가상각이 아닌 7년 안에 상각할 수 있도록 했다. 수십억 달러의 가치가 있는 이 보조는 주간 고속도로에서 떨어진 교외 주택 개발 지구를 따라서 수천 개의 쇼핑몰과 번화가를 건설하는 원동력이 되었다.

정부는 2차 산업혁명의 핵심 인프라 개발에 사실상 모든 단계의 재정을 보조했고, 거기서 비롯된 수많은 사업 기회에도 보조금을 지급했다. 산업 시스템을 활성화하고 전개하고 유지하는 데 자금을 대기 위한 정부 지출이 수조 달러에 달했다. 이것은 역사상 시장에 대한 가장 큰 공공 투자였다. 결국 상업 영역에 대한 정부의 개입이 미국을 경제 초강대국으로 만든 것이다.

미국의 경제 성공 과정에서 정부가 수행한 핵심적 역할을 믿지 않는 사람들을 위해 나는 잘 알려지지 않은 이러한 관계를 연대순으로 정리한 별도의 에세이를 우리 웹사이트에 올려 두었다. 이것으로 미국이 어떻게 지구상에서 가장 위대한 경제를 이루었는지에 관한 자유방임주의자들의 신화를 영원히 잠재우기를 바란다.

큰 그림을 보라

2차 산업혁명에서 3차 산업혁명으로 탈바꿈하는 데 가장 어려운 과제는 본질상 기술적인 문제라기보다는 개념적인 측면이다. 2차 산업혁명의 거물들은 새로운 통신 수단과 에너지 체제가 불가분한 단일의 경제 패러다임을 창출한다는 것을 빠르게(적어도 직관적으로) 알아차렸다. 두 가지는 서로 관계를 맺지 않고는 발달할 수 없었다. 거물들은 또한 이 융합으로 탄생하는 새로운 인프라가 사회의 시공간적 방향성을 근본적으로 재구성하리라는 것을, 또한 그럼으로써 영리 활동과 생활 패턴을 조직하고 관리하는 새로운 방법을 요구할 것임을 깨달았다.

2차 산업혁명과 더불어 부상한 석유회사, 자동차회사, 전화회사, 전력 및 공익사업 회사, 건설 및 부동산 회사 들은 얼마 지나지 않아 또 한 가지를 이해했다. 그들 각자의 영리 추구가 서로의 사업 기회를 강화하며, 혼자서는 결코 잠재적 가능성을 완전히 펼칠 수 있는 규모의 경제나 속도의 경제를 달성할 수 없다는 사실이었다. 원유 정제, 자동차 제조, 도로 신설, 전화 및 전기 설치, 교외 지구 건설, 현대적 비즈니스 프랙티스의 제도화는 각기 분리된 개별적 경제체가 아니라 2차 산업혁명이라는 단일한 사업의 구성 요소였다.

기업가들은 애초부터 이 점을 잘 이해했으며 상호 이해관계를 취합해 강력한 로비 세력을 구축했다. 미국과 유럽, 나중에는 여타 모든 나라에 이런 로비 세력이 나타나 공동의 이익을 추구했다. 로비 세력은 약탈적이고 비도덕적이며 자신의 이해관계만 신경 쓰고 공공의 안녕에는 대부분 무관심했다. 그래서 종종 무시되지만 한편으로 이들이 공익에 기여한 점도 있다는 사실을 잊어서는 안 된다. 로비스트들은 점들을 이어 주었다. 다시 말해서 이들이 이질적인 경제 세력을 한데 모아서 일련의 관계를 창출한 덕분에 새로운 경제 유기체를 위한 초기 템플레이트가 마련되었다는 의미다.

또한 로비스트들은 정부를 회유하고 조종하여 정부의 모든 역량을 활용해 새로운 경제의 잉태를 도왔다. 2차 산업혁명기의 발명가와 기업가, 금융인은 학계에서 2차 산업혁명을 기술하거나 분류하기 전에, 그리고 정부가 적절한 규제를 개시하기 전에, 이미 자신들이 창출하던 시스템을 이해했다는 점을 인정해야 한다.

우리는 기업가 정신을 새로운 발명이나 사업 아이디어 같은 고립된 영리 추구 행위로 간주하지만, 진정으로 훌륭한 기업가 공헌(entrepreneurial contributions)은 그보다 더욱 체계적인 성격을 띤다. 개별적인 영리 추구 행위가 어떤 식으로 보다 폭넓은 경제 비전에 맞아 들어가는지를 업계가 깨달을 때 기업가 공헌이 이뤄진다. 그리고 그런 일이 발생할 때 새로운 경제 시대가 열리기 시작한다. 이 새로운 경제 패러다임에 이름을 붙이고 대중의 상상력을 사로잡으며 사회 전체를 움직이는 데 참조가 되는 설득력 있는 이야기로 만드는 것은 그 후의 일이다. (영국의 저명한 역사학자 아널드 토인비는 1880년대 후반 일련의 강연을 통해 '산업혁명'이라는 개념을 처음으로 대중에 소개했다. 그때는 이미 1차 산업혁명이 한참 진행된 후였다.)[39]

오늘날 우리는 새로운 통신 매체와 에너지 체제의 융합, 즉 3차 산업혁명을 목도하고 있다. 청정에너지, 친환경 건설, 텔레콤, 미니 발전, 분산형 그리드 IT, 전기 및 연료전지 자동차, 지속 가능 화학, 나노 기술, 제로 탄소 물류, 공급망 관리 등과 같은 광범위한 사업 분야에서 새로운 기술과 제품, 서비스를 줄줄이 개발하고 있다.

최근까지 이 새로운 사업 기회들은 투자 집단이나 대중의 관심을 크게 끌지 못했다. 그 이유는 우리 인간은 이야기에 의존해서 사는데 이야기란 본디 캐릭터 간의 관계와 상호작용에 대한 내용이기 때문이다. 개별적인 낱말만으로 이야기를 만들 수 없듯이 개별적인 기술과 제품 라인, 서비스로는 새로운 경제에 대한 내러티브(스토리 라인)를 만들 수 없다. 사람은 개별적인 기술과 제품 라인, 서비스 간의 상호관계를 발견하고 경제에 관한 새로운 대화를 만들어 낼 때 비로소 관심을 갖는다. 바로 그런 일이 지금 일어나고 있다. 3차 산업혁명의 선지자들이 글로벌 경제의 새로운 이야기에 대한 첫 장을 공동 집필 중이라는 의미다.

새로 부상하는 3차 산업혁명은 우리가 사업하는 방법뿐 아니라 정치를 생각하는 방식도 바꾼다. 정치는 오래된 2차 산업혁명의 위계 서열식

이익집단과 이제 시작 단계에 들어선 3차 산업혁명의 수평적 세력 사이의 투쟁으로 양분된다. 여기에는 상업 영역의 주도권을 잡으려는 경쟁 세력의 싸움도 반영되어 있다. 현재 새로운 정치 대본이 집필 중이다. 이 대본은 우리가 새 시대로 더 깊이 들어가면 정치를 보는 우리의 방식을 재구성할 것이다.

5

보수와 진보를 뛰어넘어

최근에 스물다섯 살 이하의 청년이 자신의 '이념적 신념'에 대해 열변을 토하는 것을 들어본 적이 있는가? 뭔가 아주 이상한 일이 일어나고 있다. 이데올로기가 사라지고 있다. 젊은 층은 이제 더 이상 자본주의의 이점이나 사회주의 이념, 지정학 이론의 숨은 암시 등을 토론하는 일에는 별 관심이 없는 것 같다. 젊은 층의 정치 성향은 완전히 다른 방식으로 형성되어 있다는 얘기다.

우리 글로벌 정책 팀이 이 현상을 감지한 것은 유럽과 미국 등 여러 국가의 정치 프로세스에 좀 더 관심을 갖게 되면서였다. 우리는 예전과는 다른 무언가가 있다고 느꼈는데, 그것이 다름 아닌 인터넷 통신으로 사회화된 신세대 정치 지도자들 사이에서 부상 중인 새로운 정치 사고방식이라는 사실을 발견했다. 그들에게 정치적 성향이란 좌파 대 우파의 문제라기보다는 중앙집권적이고 권위적이냐 아니면 분산적이고 협업적

이냐 하는 문제였다. 충분히 말이 되는 얘기다.

인터넷 소통으로 사회성의 많은 부분을 형성한 최근의 두 세대는 세상을 나눌 때, 하향식이며 폐쇄적이고 소유권 중심의 사고방식을 이용하는 사람 및 기관 그리고 수평적이며 투명하고 개방된 사고방식을 이용하는 사람 및 기관으로 구분하는 경향이 크다. 이러한 젊은 세대가 성인이 되면서 정치 사고방식의 변혁에도 영향을 미치고 있다. 이 변혁은 21세기 정치 프로세스를 근본적으로 바꾸어 놓을 것이다.

인터넷은 어떻게 마초 문화를 죽였는가

마드리드에 있는 총리 관저는 짙푸른 잔디와 나무 그늘로 둘러싸여 있다. 안으로 들어서면 꽃이 핀 나무와 열대성 관목이 사방에서 방문객을 맞이한다. 총리 관저에서 참모들이 머무는 부속 건물까지는 오솔길로 이어져 있고 경내에는 고요한 분위기가 물씬 풍긴다.

나는 몹시 기대하는 마음으로 호세 루이스 로드리게스 사파테로 총리를 기다렸다. 48세의 젊은 정치인인 사파테로 총리는 당시 스페인어 권역에서 가장 힘 있는 국가를 통치하고 있었다. 사파테로 총리가 나를 맞이하러 접견실로 나왔을 때 가장 먼저 내 주의를 끈 것은 그의 따뜻한 미소와 느긋한 태도였다. 그는 지극히 편안하고 자연스러웠다.

우리의 대화는 두 시간이 넘도록 이어졌는데, 철학과 문화인류학에서부터 복잡한 글로벌 경제의 혼전 양상에 이르기까지 광범위한 주제가 오갔다. 내가 먼저 한 가지 사실을 시인하면서 대화를 시작했다. 나와 아내 캐럴이 큰 관심을 가지고 당신의 정치 경력을 지켜봐 왔노라고 털어놓은 것이다. 특히 우리는 그가 총리직을 맡은 직후 발표한 깜짝 선언에 놀랐다. 자신이 가장 먼저 추진할 사항 중 하나가 스페인에서 마초 문화(Machismo)를 몰아내는 것이라고 발표한 것이다. 나는 몸을 약간 기울이며 조심스럽게 물었다.

"임기를 시작하면서 그런 내용을 언급하신 이유가 무엇인가요? 특히나 여기는 스페인인데요."

그의 대답이 흥미로웠다. 수백 년 동안 스페인에서는 가톨릭교회와 군주 일가가 사회의 제반 문제를 확고하게 관할했는데, 그러는 가운데 마초 문화가 문화의 내러티브(스토리 라인)가 되어 위계 서열식 지배 방식이 최상층의 교회와 국가 권력에서 모든 가정의 가족 관계에까지 파급되도록 조장했다는 것이다. 마초 문화가 교회나 국가, 고용주가 거침없이 권위를 행사할 때 젊은 세대들이 그 정당성에 의문을 품거나 도전하지 말고 그냥 받아들이도록 분위기를 조성하는 사회적 접착제 역할을 한다는 얘기였다.

그렇게 설명하고 나서 사파테로 총리는 잠시 말이 없었다. 나는 그가 본인 인생의 사명에 생기를 불어넣는 바로 그것을 표현하기에 적당한 단어를 찾느라 노력 중임을 느낄 수 있었다. 그는 주의 깊게 단어를 골랐다.

"마초 문화 때문에 구체제가 계속 유지되는 겁니다. 그것이 존엄성을 추구하는 인간 본연의 욕구를 독살하는 거지요. 마초 문화는 인간 정신을 옥죄며 개인적 자유를 말살합니다. 우리 스페인 사람들은 마초 문화가 인간 정신을 어떻게 황폐하게 하는지 수세대에 걸쳐 직접 겪어 봐서 잘 압니다. 그 문화에서 완전히 벗어나야 의미 있는 미래를 맞이할 수 있습니다."

그리고 그는 마지막으로 덧붙였다.

"젊은 세대는 인터넷과 함께 자라서 개방적인 소셜 네트워크로 소통하는 데 익숙합니다. 그런 그들은 일방적으로 위에서 강요하는 위계적 권위나 권력을 구닥다리로 느낄 수밖에 없지요."

마초 문화가 페이스북과 트위터라는 장벽에 부딪힌 셈이다.

사파테로 총리는 심오한 의식 변화가 반영된 감성을 지닌 신세대 정치 지도자다. 기존의 위계 서열식 사회관계는 네트워크 사고에 길을 내주었고, 그로 인해 가족 관계와 종교의식, 교육제도, 비즈니스 모델, 통치 형태 등과 같은 기본적인 제도의 운영 원칙이 도전받고 있다.

사파테로 총리와 나는 네트워크 사고를 경제 영역에 적용하는 일에 대해 이야기를 나누었다. 우리는 스페인 경제를 2차 산업혁명 모델에서 3차 산업혁명 모델로 이행해야 할 필요성에 대해 장시간 의논했다. 에너지의 민주화가 권위적 구조의 사회를 협업적 사회로 바꿀 수 있는 핵심적 방법이라는 얘기도 나눴다.

이후 수년에 걸쳐 수많은 회의와 토론을 낳게 되는 이 만남을 마무리하면서 사파테로 총리는 나를 돌아보며 말했다.

"제러미, 알다시피 스페인은 1차 산업혁명을 완전히 놓쳐 버렸습니다. 2차 산업혁명 때도 거의 뒷짐 지고 있었지요. 개인적으로 약속하겠습니다. 스페인은 3차 산업혁명만큼은 결코 놓치지 않을 겁니다. 지속 가능하고 민주적인 미래 경제로 이행하는 길을 선도하겠다는 게 우리 정부의 확고한 의지입니다."

사파테로 총리는 3차 산업혁명 경제 모델을 자신의 21세기 비전의 핵심 과제로 확정했다. 그의 리더십에 힘입어 스페인은 재생 가능 에너지 분야에서 독일의 뒤를 쫓는 유럽 2위의 생산국으로 뛰어올랐다.

그러나 불행히도 사파테로 총리 정부는 그의 마지막 임기 중반에 접어들며 초점을 잃었고, 더불어 스페인을 3차 산업혁명의 선도자로 이끌던 성과도 그 기반이 약해졌다. 이미 그리스와 아일랜드, 포르투갈을 집어삼킨 부채라는 전염병에 스페인 역시 발목을 잡힌 것이 주된 이유였다. 주택시장 거품이 붕괴된 후 새로운 유럽 경제의 모범생이던 스페인은(경제성장률에서 스페인은 15년간 독일을 앞질렀다.) 하루아침에 유럽 시장의 골칫덩어리로 전락했다. 내가 처음 사파테로 총리에게 조언하기 시작했을 때에는 스페인 경제가 호황이었다. 고용률도 높고 사회보장 프로그램도 유럽 국가 중 가장 훌륭한 축에 속했으며 정부는 건강한 흑자를 자랑했다. 하지만 2007년에 접어들어 주택시장이 붕괴하자 실업률이 20퍼센트를 넘었으며(유럽 국가 중 가장 높았다.) 정부는 빚에 허덕였다. 사파테로 총리는 금융시장으로부터 정부 지출을 과감하게 줄일지 아니면 신용등급을 강등당하고 굴욕적인 EU의 긴급 구제를 받을지 선택하라는 압력을 받았다.[1]

사파테로 총리를 변호하는 차원에서 한마디 하자면, 그가 정권을 넘겨받은 시점은 이미 10년 이상 주택시장 거품이 지속되던 무렵이었다. 그는 이제 사회보장 프로그램을 가혹하게 축소하거나 그렇지 않으면 자금을 빌리지 못해 스페인 경제가 좌초하는 것을 지켜봐야 할 상황이었다. 2010년 12월 통과된 긴축예산은 스페인 국민에게 환영받지 못했고 특히 실업률이 45퍼센트까지 치솟은 젊은 층의 불만이 컸으며 국가 전체에 불안이 조성되었다.[2]

나는 2009년 10월 뉴욕에서 사파테로 총리를 만났다. 그는 유엔총회 연설차 뉴욕에 와 있었는데 나에게 스페인 정부가 경제를 다시 일으킬 수 있게 포괄적인 3차 산업혁명 경제계획의 초안을 잡도록 도와 달라고 요청했다. 나는 그러겠다고 답하며 우선 주택시장을 되살리는 데 집중해야 한다고 말했다. 적절한 정부 규정, 규제, 표준, 인센티브를 만들어서 빈사 상태인 스페인 부동산 부문을 수백만 개의 친환경 미니 발전소로 전환해야 한다(제2 핵심 요소)는 얘기였다.

사파테로는 이 계획을 마음에 들어 했고 그 이니셔티브를 신속히 이행할 수 있도록 자신의 비서실장인 베르나르디노 레온 그로스와 협력해 달라고 부탁했다. 하지만 그 후 몇 달 동안 스페인 정부는 매일매일 긴축 프로그램을 짜내느라 꼼짝할 수 없었고, 그 뒤에서 국제 금융계가 위협적으로 어두운 그림자를 드리우며 일거수일투족을 지켜보는 바람에 어떤 것도 자유롭게 추진할 수 없었다. 그 결과 우리의 경제 소생 계획은 계속 옆으로 밀려났다.

2010년 3월, 나는 사파테로 총리를 다시 만났다. 우리는 긴축 프로그램과 더불어 국가에 사명감을 부여할 수 있는 야심찬 경제계획도 함께 마련해야 한다는 데 동의했다. 그렇게 해야 스페인 국민에게 경제 회복에 대한 모종의 희망을 품도록 만들 수 있었다. 사파테로 총리는 나에게 산업무역관광부장관인 미겔 세바스티안 가스콘과 머리를 맞대고 스페인을 위한 포괄적인 3차 산업혁명 계획을 마련해 달라고 요청했다. 하지만 뒤따른 세바스티안 장관과의 만남은 실망스러웠다. 세바스티안 장관은 우리와의 협업에 관심을 보이지 않았고, 3차 산업혁명 수행에 반대하는 것은 아니지만 철학적으로 냉담하다는 인상은 지울 수 없었다. 새로운 경제계획을 세워 달라는 사파테로 총리의 긴급한 부탁과 그것에 정중히 저항하는 각료의 뚜렷한 태도 차이에 나는 매우 놀랐다. 이듬해 3차 산업혁명 계획을 되살리려는 베르나르디노 레온 그로스의 거듭된 물밑 노력에도 불구하고 관성에 따라 정부는 뒷걸음을 했고 유럽을 이끌고 3차 산업혁명으로 들어가려던 사파테로 총리의 원대한 꿈도 시들어 버렸다.

2008년 경기 침체의 여파로 잃어버린 추진력을 스페인이 되찾을 수 있을지, 그래서 3차 산업혁명으로 돌입하는 과정의 뛰어난 선도자 역할을 다시 할 수 있을지, 현재로선 알 수 없다. 시간이 말해 줄 것이다.

모든 노드(node, 교점)는 로마로 통한다

사파테로 총리는 사회주의자다. 그의 행정부는 세계 사회주의 세력 중 선두 그룹에 속한다. 하지만 3차 산업혁명의 비전은 특정 정당이나 정파에 속하는 게 아니다. 이탈리아 로마 시의 잔니 알레만노 시장은 자유국민당 소속으로 실비오 베를루스코니 총리의 중도우파연합에 속한다. 하지만 로마의 3차 산업혁명에 대한 알레만노 시장의 비전은 자국의 총리인 베를루스코니보다는 스페인 사파테로 총리의 사고와 훨씬 가깝다.

알레만노 시장의 관심은 두 가지 목표에 집중되어 있다. 전 세계 대도시들 중에서 지속 가능성 측면의 리더로 부상해 로마 시 경제에 활기를 불어넣는 것과 2020년 올림픽게임을 로마 시에 유치하는 것(로마 시는 1960년 이후 올림픽을 개최한 적이 없다.)이다.

우리는 첫 만남에서 철학적 문제에는 거의 시간을 할애하지 않았다. 오히려 알레만노 시장은 논의의 맥락을 제시하려는 듯 나에게 짤막한 역사적 배경을 설명했다. 그는 우리가 있는 로마 시청 건물을 이탈리아 르네상스가 정점에 이르렀을 때 미켈란젤로가 디자인하고 건축했다는 사실을 상기시켰다. 그 건물은 서구 세계에서 예술과 문학, 문화에 다시 눈뜬 인간 정신의 부활을 상징했다. 그는 나를 창가로 데려 갔는데 그의 사무실 밖은 고대 로마 포럼의 유적 발굴지였다. 그는 바로 아래에 있는 작은 돌 라피스 니제르(Lapis Niger: 검은 대리석이라는 뜻으로 로마의 건국자 로물루스의 무덤으로 알려져 있다. — 옮긴이)를 가리키며 그게 무엇인지 아느냐고 물었다. 내가 어깨를 으쓱하자 그는 우리가 보고 있는 것이 바로 유럽 대륙의 사방으로 뻗어 나갔던 위대한 로만 로드(Roman road) 인프라의 마지막 1야드라고 말했다.

"그 말 아시죠? '모든 길은 로마로 통한다.'"

그는 그 검은 돌을 가리키며 덧붙였다.

"저게 바로 출발점입니다."

우리는 정보 및 에너지 초고속망으로 로마가 새로운 르네상스를 일으킬 수 있으리라 전망했다. 정보 및 에너지 초고속망은 시청 입구에서 시작해 이탈리아와 유럽 전역을 지나 고대 로마제국의 경로를 따라 중동, 북아프리카에까지 이어질 터였다. 하지만 이 새로운 에너지 고속도로는 정복을 위해서가 아니라 사람들 사이에 새로운 형태의 협업을 장려하고 생물권 의식을 키워 주기 위해 건설하는 것이다.

이후 알레만노 시장과 해당 지역의 전력 생산과 분배의 주체에 대한 주제로 대화가 이어졌다. 우리가 동의한 한 가지는 인터넷을 지역마다 사기업이 운영했다면 가상공간에서 지금과 같은 자유로운 정보 흐름은 불가능했으리라는 점이었다. 하지만 로마 시는 전력회사를 시에서 운영하고 있기 때문에 전력 그리드는 이미 시민들 소유였다. 그렇다면 로마 시의 현안은 송전선에 대한 접근성의 문제가 아니라 과연 각 동네에서 재생 가능 에너지의 생산을 소유하고 제어할 능력이 있느냐 하는 문제였다.

나는 알레만노 시장에게 동네마다 에너지 협동조합을 만드는 게 좋겠다고 제안했다. 초소형 에너지 생산자들이 자본은 합치고 위험은 분산할 수 있어야 분산형 에너지 시장의 효과적인 참여자가 될 수 있기 때문이었다. 1930년대부터 1950년대까지 미국 시골의 빈곤 지역에서는 전기협동조합을 만들어서 수백만의 가정과 중소 사업자에게 전기를 제공했다. 이것은 협동조합 모델이 갖는 강력한 힘을 보여 준 훌륭한 사례다. 3차 산업혁명의 통신 및 에너지 체계는 본질적으로 분산 및 협업 프로세스이기 때문에 노드 사이트(nodal site, 교점 지역)마다 협동조합 비즈니스 모델을 적용하는 게 유리하다.

처음 알레만노 시장에게 동네 에너지 협동조합에 대한 얘기를 꺼낼 때는 그가 어떻게 반응할지 확신이 서지 않았다. 그의 소속 정당이 맘에 걸렸다. 이탈리아 보수 인사 중에는 협동조합이라면 무조건 반대하는 사람들이 있었다. 그들은 협동조합이 개별 기업가 정신을 갉아먹는 사회주의자의 도구라고 생각했다. 실제로는 그보다 좀 더 복잡하다. 이탈리아의 협동조합 운동은 유럽의 다른 지역이나 세계 다른 지역과 마찬가지로 자국 내에서 거대한 영향력을 휘두르는 경제 세력이다. 이탈리아에는 세 개의 주요 협동조합 운동이 존재한다. 레가쿠프(Legacoop)는 공산주의 좌익에서 나온 것이고, 연맹협동조합(Confcooperative)은 가톨릭 교회 소속이며, 세 번째인 AGCI(협동조합총연합 — 옮긴이)는 비공산당 좌파와 연계되어 있다. 따라서 어떤 의미에서는 협동조합이 역사적으로 보수 자유주의 진영까지 퍼져 널리 대중적인 지지를 받아 왔다고 할 수 있다.

알레만노 시장은 베를루스코니 정부에서 농업장관으로 재직하던 시절 자신의 가장 중요한 업적 중 하나가 전국에 지역별 농업협동조합을 설립하도록 지원한 것이라고 말해 나의 우려를 불식시켰다. 그는 로마시에 동네마다 에너지 협동조합을 설치하는 것이 가야 할 방향이라 믿으며 3차 산업혁명 계획 과정 초기 단계부터 기초가 튼튼한 협동조합을 포함해야 한다고 했다. 우리는 그대로 이행했다.

정치 대변혁

좋다. 이탈리아 정치는 항상 뭔가 좀 특이하다는 점을 인정하겠다. 하지만 영국에서 2010년에 일어난 정치 변혁은 어떻게 설명해야 할까? 마거릿 대처의 정당이 어쩌다가 갑자기 수평적인 정당이 되었을까? 비록 여성이었으나 이 철의 여인은 우리가 생각할 수 있는 '가부장'이라는 이미지에 가장 가까운 인물이었다. 그녀는 20세기를 지배했던, 위에서 준엄하게 명령을 내리는 정치인의 전형이었다. 세상의 수많은 '린든 존슨', '윈스턴 처칠', '샤를 드골' 들 말이다.(이는 애정을 갖고 하는 말이다.) 그 시절에 우리는 정치 지도자를 마치 아버지처럼 우러러 보았고, 그들이 나라를 보살피는 동안 우리는 맡은 바 일을 하고 하루하루 일상을 살면 되었다.

그런데 지금 우리는 데이비드 캐머런과 같은 지도자를 보고 있다. 그는 분명히 스스로를 보수주의자라 칭하지만, 실제로 그가 구사하는 전략은 정치학자들이 아직 분석해서 분류하지 못한 모종의 새로운 범주로 보인다. 나는 2010년 영국 총선을 앞둔 시점에 몇 차례의 다소 이상한 조우를 경험하면서 이 문제를 마주했다. 그 모든 것은 2009년 3월 런던에서 데이비드 밀리밴드를 만나면서 시작되었다.

당시 밀리밴드는 토니 블레어의 노동당 내각에서 환경부장관으로 재직 중이었다.(얼마 후 그는 고든 브라운 행정부의 외무부장관으로 자리를 옮겼다.) 나는 런던 경제대학에서 '고(故) 랄프 밀리밴드'에 대한 강연을 하기 위해 런던으로 향했다. 저명한 마르크스 이론가이자 데이비드의 아버지인 랄프 밀리밴드의 이름을 앞세워 3차 산업혁명의 전망을 밝히기 위한 강연이었다.(밀리밴드 일가는 영국 사회주의운동의 역사와 오랜 세월 함께했다.) 데이비드는 불과 스물아홉의 어린 나이에 블레어 총리의 정책수석이 된 촉망받는 정치인이었다. 그의 소년 같은 외모는 마흔셋이라는 그의 나이를 의심하게 만들었다.

데이비드는 나의 오후 강연에 참석해 나를 소개해 주기로 되어 있었다. 나는 예의상 아침에 그의 사무실에 들렀다. 내가 거기에 도착했을 때부터 이 젊은 장관은 이미 정신없이 바빴고 몇 분 짬을 내서 얘기를 해야 한다는 것조차 다소 짜증스러워하는 듯했다. 그는 긴급한 문제가 생겨 오후 강연에 참석해 나를 소개할 짬을 낼 수 없을 것 같다고 말했다. 내가 재생 가능 에너지의 초미니 생산과 녹색 전기의 피어투피어 공유가 주는 이점에 대해서 이야기를 시작하자 그는 3차 산업혁명의 비전에 대해 불편한 기색을 역력히 드러냈다.

당시 영국 노동당 내에서는 오랜 세월 견지해 온 원자력 반대 입장을 계속 고수할 것인지를 놓고 격렬한 논쟁이 벌어지고 있었다. 원자력업계는 유럽과 미국에서 원자력의 장점을 홍보하고 있었다. 그들은 지구온난화의 문제를 해결하려면 원자력을 주 에너지원으로 부활해야 한다고 주장했다. 이산화탄소를 내뿜지 않는 청정에너지 기술이라는 논리였다. 영국 정부 과학자문수석인 데이비드 킹 경과 같은 저명한 정책 입안자들이 원자력의 귀환을 옹호했다. 노동당 지도부도 마찬가지였는데 토니 블레어와 고든 브라운이 대표적이었다.

환경부장관인 밀리밴드는 당내의 원자력 찬반 목소리 사이에서 십자포화에 갇힌 상태였다. 몇 주 전부터는 지구온난화를 저지하는 수단으로 원자력을 고려하는 것에 대해 자신은 열려 있다는 식의 입장을 표명하여 당내 고위층의 거센 항의를 야기하기도 했다.

나는 데이비드에게 지구상에는 단지 442개의 원자로가 있으며 그것은 전 세계 에너지의 약 6퍼센트만을 생산하고 있을 뿐이라는 점을 환기시켰다. 과학자들은 원자력이 기후변화에 최소한의 영향이라도 미치려면 세계 에너지 생산의 20퍼센트를 담당해야 한다고 주장했다. 그 말은 수명이 거의 다한 모든 원자로를 교체하는 한편 추가로 1000개의 원자력발전소를 건설해야 한다는 의미다. 그러려면 향후 40년 동안 매달 3기의 원자력발전소를 새로 지어야 한다. 총 1500개 이상의 원자력발전소에 12조 달러 정도의 비용을 들여야 한다는 얘기다.[3] 나는 데이비드에게 정책적 관점에서 볼 때 그만한 규모로 투자하는 것이 정치적으로 현실성 있고 경제적으로 가능한 일인지 물었다. 그러자 그는 다소 짜증을 내며 자신은 신(新)재생 가능 에너지 단독으로 저탄소 경제를 이끌 수 있을지 확신이 서지 않는다고 말했다. 그리드 IT 관리를 통해 전력을 취합해 규모를 늘린다고 하더라도 말이다. 또한 현재로서는 원자력이 기후변화를 완화하는 데 주요한 역할을 할 수밖에 없다고 믿는다고 덧붙였다. 그러고는 회의 시간이 되어 대화를 계속 나눌 수 없다고 사과했다. 조금도 과장하지 않고 말하자면 이날의 만남은 불편했다. 나는 그 나이에, 그런 사회주의자 가족력을 가진 사람이라면, '에너지 민주화'의 전망에 대해 훨씬 더 열정적일 줄 알았다.

그날 오후 런던 경제대학 교수진과 학생들 앞에서 3차 산업혁명에 관한 발표를 막 끝냈을 때 한 부인이 급히 다가왔다. 그녀는 3차 산업혁명의 비전에 전율을 느낀다고 말했다. 하지만 영국 정부는 20세기의 구식 중앙집권형 전력원으로 돌아가려 한다고 경고했다. 특히 원자력을 다시 적극적으로 도입하려고 하는데, 미래의 인류 복지를 생각할 때 원자력은 믿을 수 없고 위험한 전력원이라고 했다. 그녀는 원자력에 반대하는 다큐멘터리를 함께 만들자고 간곡히 청했다. 지구온난화에 관한 앨 고어의 영화 「불편한 진실(An Inconvenient Truth)」처럼 사람들에게 문제점을 널리 알리자는 것이었다. 자신이 돕겠다고 했다. 이 부인이 너무 흥분한 것 같아 나는 이름을 묻지 않을 수 없었다. 그녀는 매리언 밀리밴드였다. 내가 방금 끝낸 강연의 제목인 고(故) 랄프 밀리밴드의 부인이었다. 그래서 내가 말했다.

"바로 몇 시간 전에 아드님과 함께 있었는데 아드님은 원자력을 다시 도입하기로 마음먹은 것 같더군요. 아드님과 먼저 얘기를 나눠 보셔야 하지 않을까요?"

"그 아이는 들으려고 하질 않아요! 완전히 포기했어요."

후에 나는 밀리밴드 부인이 데이비드와 동생 에드워드가 제각기 부탁한 지지 요청을 모두 거절했다는 기사를 읽었다. 두 형제가 고든 브라운이 보수당 당수 데이비드 캐머런에게 패한 후 영국 노동당 당수 자리를 놓고 맞붙었던 것이다. 동생인 에드 밀리밴드가 나중에 선거에서 아슬아슬한 차이로 형을 물리치고 노동당의 새로운 명목상 당수가 되었다.

그날 오후에는 더욱더 이상한 일이 있었다. 학교를 나서려는데 길에서 한 청년이 다가오더니 자신을 보수당의 에너지 기후변화 정책준비팀 소속이라고 소개했다. 그러고는 데이비드 캐머런이 3차 산업혁명에 큰 관심을 갖고 있다고 말했다. 그는 또 동료인 잭 골드스미스가 보수당의 기후변화 및 에너지 현안 관련 비공식 잔소리꾼이라는 점도 언급했다. 나는 잭의 아버지인 고(故) 제임스 골드스미스 경과 잭의 삼촌인 테디 골드스미스와 오랜 친구 사이라고 밝히며 잭에게 안부를 전해 달라고 부탁했다. 제임스 경은 다방면으로 활약했던 억만장자이면서 정치판의 '악동'으로 끊임없이 영국 정치의 풍광을 뒤흔들었다. 테디 골드스미스는 세계 최고의 환경저널 중 하나인 《생태학자(*Ecologist*)》의 창간인 겸 발행인이었다. 청년은 보수당의 환경 그룹과 나눠 보겠다며 내게 남은 발표 자료가 있는지 물었고, 나는 자료를 넘겨주었다. 그 후로는 그의 소식을 듣지 못했다.

그리고 몇 달 후 영국 의회의 그레그 바커라는 사람이 연락을 해 왔다. 자신을 영국 보수당 그림자 내각의 기후변화부 예비장관이라고 밝히고 당에서 이제 막 에너지 및 지속 가능 경제정책을 수립했는데 3차 산업혁명의 비전 및 계획을 면밀히 따랐다고 얘기했다. 그는 나와 캐머런 총리

후보가 함께 회의를 갖고 공동기자회견을 열어 캐머런이 총리로 선출되면 보수당은 3차 산업혁명 계획을 채택할 것이라는 내용을 발표하면 어떨지 물었다. 나는 실행 계획과 이행 일정 등 몇 가지 구체적인 내용을 확정한다면 기꺼이 참여하겠다고 답했다. 그 후 몇 달 동안 전화와 이메일로 계속 연락을 취했지만 결국 기자회견을 열지는 못했다.

캐머런이 총리로 선출되고 얼마 지나지 않아 나는 리스본에서 그레그 바커와 마주쳤다. 나는 《인터내셔널 헤럴드 트리뷴》이 주최한 '지속 가능 경제개발에 관한 컨퍼런스'에서 개회사를 하기 위해 참석한 터였다. 컨퍼런스에는 세계의 녹색 금융을 쥐락펴락 하는 단체들도 여럿 참석했다. 그레그는 이제 막 캐머런 정부에서 에너지기후변화부장관(minister: 국내 담당 장관)으로 임명된 상태였다. 그레그의 직속상관인 에너지기후변화장관(secretary: 대외 담당 장관) 크리스 휸은 경제를 회복하고 수백만 개의 새로운 일자리를 창출하는 동시에 기후변화 및 에너지 안보 문제도 다루는 방편으로 공공연하게 3차 산업혁명 경제로 변환할 것을 요구하고 있었다.

선거운동 기간에는 캐머런의 보수당도 노동당과 마찬가지로 미래 에너지 구성안에 원자력을 포함했다. 하지만 보수당의 파트너로 새로운 연립정부에 참여한 자유민주당은 새로운 원자력발전소를 짓는 계획에 맹렬히 반대했다. 이 사안은 두 정당이 연립정부를 구성하는 데 걸림돌이 될 수도 있었다. 하지만 양당은 원자력업계에 새로운 발전소 건립 명목의 공공 보조금을 지원하지는 않기로 합의했다. 새로운 원자력 르네상스가 도래할 것이라는 전망에 실질적으로 종지부를 찍은 셈이다. 원자력 포기를 명확히 하기 위해 새로운 캐머런 정부는 자유민주당의 리더이자 확고한 원자력 반대론자인 크리스 휸을 에너지기후변화장관으로 임명했다.

캐머런과 휸은 분산형 녹색 전력의 열렬한 옹호자로서 녹색 전력을 영국의 미래 경제 비전의 핵심으로 삼았다.[4] 3차 산업혁명을 옹호하는 캐머런과 휸은 국가를 위한 수평적 동력이라는 새로운 비전을 실현하는 측면에서는 노동당의 데이비드 밀리밴드나 여타 의원들보다 앞서가는 셈이다.

공평하게 얘기하자면 데이비드 밀리밴드의 노동당 역시 청정에너지를 지지했다. 발전 차액 보상제도, '절약분 지불'식 에너지 효율 프로그램, 스마트 그리드 등에 대한 지지가 그 예다. 하지만 차이점은 데이비드나 (고든 브라운 행정부에서 마지막 환경부장관을 지낸) 그의 동생 에드 밀리밴드나 모두 분산형 전력 혁명의 비전을 공식적으로 제시한 적이 없다는 사실이다. 미국에서 오바마 대통령이 그랬던 것처럼 밀리밴드 형제는 자신들의 계획을 단독 프로젝트로 제시하는 편을 선호했다. 반면에 캐머런 정부는 적어도 3차 산업혁명의 다섯 가지 핵심 요소가 통합적으로 새로운 경제 패러다임의 매끄러운 인프라를 구성한다는 점을 이해했다. 그래서 보다 체계적인 접근 방식을 취했다.

바커는 3차 산업혁명 경제의 구체적인 로드맵 작성을 담당했다. 그는 우리 글로벌 정책 팀과 3차 산업혁명 글로벌 CEO 비즈니스 원탁회의에서 대표를 파견해 그의 부서를 도와줄 수 있는지 물었다. 또 캐머런 정부는 2011년 봄까지는 포괄적인 경제계획안을 수립하려고 서두르는 중이라고 말했다. 나는 그의 제안에 동의했고 우리 핵심 정책 팀과 기업 전문가 여섯 명, 그리고 영국 정부의 '선두 척후병' 여섯 명이 참여하는 회의를 주선했다. 시장 진입 장벽, 규모 확대, 상업적 침투 등 영국의 3차 산업혁명 로드맵에 통합해야 할 다양한 요소를 논의하기 위해서였다. 캐머런의 팀은 규칙이나 규제, 표준 등에도 관심을 보였고 3차 산업혁명 경제개발 계획에 기업 참여를 효과적으로 유도하는 데 필요한 인센티브와 금융 레버리지에도 신경을 썼다. 우리는 이어서 에너지기후변화부에서 최종 로드맵 보고서를 만드는 데 사용할 수 있도록 구체적 사항을 포함한 보다 상세한 리포트를 준비해 제공했다. 바커는 캐머런 정부가 "3차 산업혁명 인프라의 다섯 가지 핵심 요소를 통합하고 조화하는 일의 복잡성"을 충분히 알고 있다고 내게 장담했다. 그리고 3차 산업혁명의 어젠다를 진척시켜 나가는 과정에서 영국 정부와 우리 글로벌 팀이 지속적으로 대화를 나누면 좋겠다고 했다.[5]

영국에서 흥미로웠던 부분은 두 젊은 정치인 밀리밴드와 캐머런의 태도였다. 한 사람은 에너지와 경제개발에 일정 부분 종래의 하향식 접근 방식을 고집했고, 다른 한 사람은 자신의 정치적 자산을 분산형 네트워크 접근 방식에 걸었는데, 두 사람 다 전통적인 당색을 바꿨다. 사실 캐머런 정부가 본인들이 장담한 대로 실행해 나갈지 아니면 다른 정부의 전형을 따라 친환경 미래에 대한 점진적인 사일로식 접근법으로 돌아갈지는 두고 봐야 알 일이다.

새로운 정치 스펙트럼 위에서 정치 지도자와 정당이 다시 설정한 자신들의 위치는 향후 수년간 정치학자, 심리학자, 사회학자 들 사이에서 많은 논쟁의 주제가 될 것이다. 그리스 총리이자 사회주의 인터내셔널 의장인 게오르기오스 파판드레우와 세계에서 가장 강력한 보수적 국가원수인 앙겔라 메르켈이 새로운 경제 시대의 동력 관리 및 분배에 관한 기본적 문제에 대해서는 근본적으로 일치하는 답변을 내놓는 이유는 무엇일까?

2008년 6월 파판드레우는 사회주의 인터내셔널 상반기 총회에 연설자로 나를 초청했다. 나중에 알고 보니 일 년에 두 번 열리는 그 총회는 사회주의 정당 지도자 외에는 연설을 금하는 관례가 있었는데 파판드레우가 이례적으로 그것을 깨고 나를 부른 것이었다. 그는 다른 국가도 에너지의 민주화로 일컫는 친환경 미래를 향해 나아가길 간절히 원했던 것이다.

메르켈 총리도 마찬가지였다. 자신이 주최한 독일 기업 총수 만찬(2장에서 언급했던)에서 독일 경제의 미래에 대한 정부의 의지를 분명히 밝혔다. 메르켈은 자신의 카드를 쉽게 보이지 않기로 유명하다. 그녀는 조용히 그리고 체계적으로 일하는 것을 선호하는 보기 드문 정치인이다. 즉, 이목을 끌지 않고 합의를 도출해 정부의 정치적 과제가 원활히 추진되도록 유도하는 스타일이다. 그렇게 알고 있었기 때문에 나는 만찬이 끝날 때쯤 메르켈 총리가 거기에 모인 기업 총수들에게 던진 마무리 발언에 놀라지 않을 수 없었다. 그녀는 자신이 독일의 3차 산업혁명 인프라의 다섯 가지 핵심 요소를 정립하는 데 매진할 것이며 유럽과 세계의 미래는 지속 가능한 녹색 시대로의 이행 여부에 달려 있다고 했다.

새로운 정치적 지향은 정치인들 사이에 낯선 연대를 만들 뿐만 아니라 그동안 이해관계가 항상 일치하지는 않았던 여러 경제 세력까지 결집하게 만들었다. 우리는 유럽에서 새로운 정치 운동이 태동하는 것을 목도했다. 2010년 늦여름 우리 사무실의 안젤로 콘솔리는 굴리엘모 에피파니와 연락을 취했다. 에피파니는 이탈리아 노동총연맹(CGIL)의 사무총장으로서 영향력이 큰 인물이었다. CGIL은 600만 명의 노동자가 가입한 이탈리아 최대 노동조합으로 노조 가입 인력의 60퍼센트를 대변한다. 에피파니는 내가 로마를 방문할 때 만나서 함께 CGIL이 3차 산업혁명을 지지하는 것에 대해 의논하기를 원했다. 사실 나는 몇 주 후인 9월 27일에 이탈리아 의회에서 공감 문명과 생물권 의식 정립의 필요성에 대해 연설하기 위해 로마를 방문할 예정이었다. 하원의장으로 온건한 중도우파인 잔프랑코 피니는 졸저 『공감의 시대』를 읽고 인류 의식의 역사에 대한 대안적 내러티브에 매료되었고 더 많은 정치인들에게 그

책을 알리고 싶어 했다. 나는 이번 방문에서 에피파니도 직접 만나기로 했다. 그래서 9월 27일 하루를 이탈리아의 중도우파 의회지도자 및 노조 지도자와 함께 보내게 되었다. 정치적 성향이 양 극단에 있는 사람들과 말이다.

아침에 CGIL 사무실에서 에피파니와 노조위원장 당선자인 수잔나 카무소(Susanna Camusso)를 만났다. 노조 간부 세 명도 함께했다. 그들은 내게 CGIL이 이탈리아의 3차 산업혁명 전략을 전적으로 지지할 준비가 되어 있다고 말했다. 더욱이 다섯 가지 핵심 요소 인프라를 추진하려는 사람이라면 누구와도, 정치적 성향에 상관없이 지방이나 지역의 선출직 관료들과도 얼마든지 기꺼이 일하겠다고 덧붙였다.

에피파니의 가장 큰 관심사는 수백만 명의 이탈리아 노동자를 위한 녹색 일자리 창출이었다. 그렇다면 CGIL은 로마 시장이 우익 정당 소속이더라도 로마 시의 3차 산업혁명 추진을 지원할 것이냐는 질문에 그는 그렇다고 했다.

나는 노동조합운동이 이탈리아의 다른 두 유력 경제 단체인 중소기업협회 및 생산자-소비자 협동조합과도 힘을 합치면 좋겠다고 제안했다. 그렇게 되면 이탈리아 경제와 관련해 업계, 소비자, 노동자를 대변하는 목소리를 통일할 수 있기 때문이었다. 에피파니는 이 아이디어에 공감하여 며칠 동안 다른 그룹과 접촉했다. 그들도 새로운 이니셔티브에 깊은 관심을 표명했다. 새로운 정치적 연대에 대한 사전 작업은 이미 진행되었다. 내가 지난 5년간 이탈리아 전역의 지역별 중소기업협회 인사들과 만나 분산 및 협업 녹색 경제가 그들의 사업에 미칠 엄청난 경제적 혜택에 대해 지속적으로 얘기해 왔기 때문이다. 협동조합도 마찬가지로 열의를 보였다. 바로 일 년 전에 이탈리아 최대 협동조합인 레가쿠프가 중요한 역할을 수행해 준 덕분에 이탈리아의 다른 주요 협동조합도 3차 산업혁명을 지지하고 있었다. 나의 이탈리아 친구들은 노동조합, 중소기업협회, 협동조합이 함께한다면 이탈리아 정치를 변화시킬 수 있는 강력한 세력이 될 거라고 믿었다.

2011년 1월 24일 로마에 모인 노동조합, 중소기업협회, 협동조합의 대표들은 이탈리아 경제를 3차 산업혁명 경제로 이행하기 위해 공식 동맹을 맺었다고 발표했다. 나도 그 자리에 참석했다. 이 새로운 동맹은 일간지 머리기사를 장식했고 정계에도 동요를 일으켰다. 정치인들은 전국 무대에 등장하기 시작한 수평적 권력 운동이라는 새로운 현실에 적응하기 위해 소속 정당의 플랫폼을 재정립하기 시작했다.

이 새로운 3차 산업혁명 정치 세력은 이탈리아 국경을 넘어 유럽 전역으로 빠르게 퍼졌다. 유럽중소기업협의회(European Association of Craft, Small, and Medium-sized Enterprises, UEAPME)도 이 새로운 운동에 자신들의 영향력을 보태기로 했다. 유럽중소기업협의회는 거대 상급단체로 EU 회원국의 전국적 중소기업협회로 구성되었으며 1200만 개의 기업과 5500만 명의 종업원을 대표한다. 쿱스 유럽(Coops Europe)도 참가했다. 쿱스 유럽은 범유럽협회로 37개국의 161개 전국적 협동조합으로 구성되어 있다. 모두 합치면 이 협동조합은 16만 개의 협동조합회사와 540만 개의 일자리, 1억 2300만 명의 회원을 대표한다.[6] 또한 유럽 30개국 40개 소비자 그룹으로 구성된 유럽소비자연합(European Consumers' Organization, BEUC)도 싹트기 시작하는 3차 산업혁명 동맹에 수억 명의 목소리를 보태었다.

2011년 2월 1일, 유럽의 기업과 소비자 절대 다수를 대표하는 이 3대 범유럽협회는 EU 의회의 주요 정당 그룹 다섯 개 모두와 힘을 합치는 데 성공했다. 27개 EU 회원국에서 3차 산업혁명 다섯 가지 핵심 요소 인프라를 이행할 수 있도록 EU집행위원회가 포괄적 계획을 마련하라고 요구하는 성명서에 사인한 것이다.

한 달 후인 3월 7일, 스페인에서 두 개의 유력한 노동조합이 스페인 경제 전반에 3차 산업혁명 도입을 가속화하기 위해 전국중소기업협회, 전국협동조합-비영리기업협회, 전국소비자연합과 힘을 합쳤다. 이 연합의 바탕에는 3차 산업혁명만이 스페인 경제를 다시 활성화하여 새로운 사업 기회와 일자리를 창출할 수 있는 현실적인 장기 경제계획이라는 믿음이 깔렸다. 유럽 전역에 이와 비슷한 연합이 준비 중이다.

업계와 노동조합, 협동조합, 소비자협회 사이의 믿기 힘든 이러한 연합은 유럽의 정치 판도를 바꾸어 놓을 잠재력을 지닌다. 전통적으로 중소기업협회는 다소 보수적이고 노동조합은 진보적이라고 여기며 협동조합과 소비자협회는 성향이 나뉜다. 3차 산업혁명은 이 그룹들을 전례 없던 강력한 수평적 권력으로 뭉치게 만든다. 본질적으로 분산 협업적인 3차 산업혁명은 집합적인 이해관계를 협동 기업으로 모을 수 있는 수백만의 소규모 사업자와 소비자에게 유리하다. 약 40년에 걸쳐 진행될 3차 산업혁명 다섯 가지 핵심 요소 인프라 구축은 수백만 개의 노동집약적인 지역 일자리를 창출할 것이다. 이 새로운 경제는 세계화의 여파로 점점 구석으로 밀려나던 노조 인력에게 구원이 될 것이다.

정치적 재편의 타이밍도 적절하다. 많은 회사가 경제 성숙에 따라 국내 시장으로는 만족할 수 없자 개발도상국에 지사를 설치하는 등 이머징 마켓으로 눈을 돌렸다. 그 뒤에 남은 노동자는 할 일이 충분치 않거나 실업 상태였고, 국내에 대기업이 있을 때는 거기서 떨어지는 부스러기에라도 의존했던 수천 개의 소규모 회사도 매출이 계속 줄어들었다.

하지만 수백만의 소규모 참가자들이 분산형 네트워크로 연결되고 업종과 분야를 넘어 함께 협업할 수 있으면 그 경제적 잠재력은 실로 엄청난 수준에 이를 게 명확하다. EU에서는 최근 신규 고용의 80퍼센트가 종업원 250명 이하 규모의 중소기업에서 창출되었다. 마찬가지로 미국에서도 지난 15년간 일자리의 65퍼센트가 소규모 기업에서 생겨났다. 만약 이 회사들이 3차 산업혁명의 다섯 가지 핵심 요소 인프라를 중심으로 서로 연결된다면 그리고 대륙 전체에 흩어져 있는 경제 네트워크를 통해 협업한다면 수평적 경제의 장기적 승수효과는 상상컨대 2차 산업혁명을 지배했던 중앙집권형 위계적 사업 조직의 경제적 성과를 무색하게 만들고도 남을 것이다. 분산 및 협업형 소셜 미디어들이 20세기의 전통적인 하향식 커뮤니케이션 미디어를 깔아뭉개는 것과 유사한 일이 벌어질 것이란 얘기다.

왜 인터넷 대통령은 이해를 못 하는 걸까

이쯤이면 미국 독자들은 아마 의문을 품을 것이다. '그렇다면 오바마 대통령은?' 대중의 마음속에는 오바마 대통령이야말로 세계에서 세대 변화를 가장 잘 보여 주는 지도자다. 이 젊은 대통령은 자신이 고위직을 맡으면서 포기하기 가장 힘들었던 것이 프라이버시가 아니라 소중히 아끼던 블랙베리라고 고백했을 정도이니 분명히 인터넷 모델과 유형이 닮은 분산 및 협업 에너지 혁명에 매력을 느낄 것이다. 그렇지 않은가?

오바마 역시 녹색 에너지 혁명을 자신의 경제 회복 계획의 일정 부분으로 규정했다. 하지만 자세히 들여다보면 오바마 정부는 원자력과 연안 석유 시추를 재추진하고 석탄 배출 가스 정화를 위한 실험적 기술을 지원하는 데 훨씬 더 적극적이며, 석탄을 이용하는 화력발전소를 광범위하게 확대하고 있다. 또한 오바마의 녹색 경제 회복 프로그램은 분산 모델이 아닌 중앙집권형으로 재생 가능 에너지를 관리하고 분배하도록 설계되어 있다. 1차, 2차 산업혁명을 총괄했던 하향식 조직 사고를 보여주고 있다. 이런 그의 정책을 과연 어떻게 설명해야 할까?

그 배경을 알려면 2003년으로 돌아가서 워싱턴이 어떻게 해서 지속가능 경제개발에 대해 생각하게 되었는지 살펴봐야 한다. 당시 나는 바이런 도건 상원의원 사무실의 과학수석에게서 갑작스러운 전화를 받았다. 내방해서 상원의원을 만나 달라는 얘기였다. EU가 녹색 에너지와 저탄소 경제 인프라 구축을 위한 기초 작업에 들어갔다는 얘기가 워싱턴에도 흘러들어간 것이었다. 도건 상원의원은 특히 수소 저장 기술 증진이라는 제3 핵심 요소에 대해 자세히 듣고 싶어 했다. 《뉴욕 타임스》에서 EU집행위원회 프로디 위원장의 수소 연구 이니셔티브를 다루었는데 도건 의원은 이에 대해 더 자세히 알고 싶었던 것이다. 도건 의원은 민주당 정책위원회 위원장이었기 때문에 다른 민주당 상원의원들에게 새로운 아이디어를 소개할 의무가 있었다.

도건 의원은 보수적이며 석탄 생산지인 노스다코다 주 출신이었지만 미국 상원의원 중에서는 녹색 에너지에 대해 가장 진보적인 지지자였다. 그는 우리가 유럽에서 하는 일을 알고 싶어 했다. 또 우리가 미국에서 할 수 있는 일은 어떤 것이 있는지 내 생각을 물었다. 나는 솔직하게 친환경 경제로 가는 길에서는 유럽이 미국보다 훨씬 앞서 있다고 말했다. 그리고 기후변화에 대해 회의적인 대통령(부시 대통령)이 집권 중이고 공화당이 상하 양원을 모두 장악한 상태에서 유럽을 따라잡기는 어려울 것 같다고 했다. 그럼에도 그는 상원의원들에게 돌릴 테니 EU 집행위원회의 프로디 위원장과 함께 작업했던 계획과 유사한 제안서를 준비해 달라고 요청했다. 나는 수락했다. 그런 후 그는 내게 정례 목요일 오찬에 참석해 상원의원 동료들 앞에서 3차 산업혁명에 대한 프레젠테이션을 해 달라고 부탁했다.

오찬은 3월 20일로 결정되었는데, 마침 미국이 이라크를 폭격한 바로 몇 시간 후였다. 오찬장에 몰려드는 상원의원들은 이미 다들 전쟁에 마음을 빼앗긴 상태였다. 나는 과연 장시간 그들의 주의를 집중시키며 미래의 수소 경제에 대해, 그리고 새로운 경제 시대의 인프라를 구성하는 여러 핵심 사업에 대해 이야기할 수 있을지 의문스러웠다.

우리는 중동에서 또다시 전쟁을 벌였고 수많은 사상자를 내며 수년간 주둔해야 했다. 미국은 아니지만 다른 나라 미디어들은 이미 이 전쟁을 '석유 전쟁'이라 불렀다. 정치 전문가들은 이라크의 석유 매장량이 세계 4위가 아니었더라도 미국이 이라크를 침공했을지 의문을 제기했다.

그러나 놀랍게도 토론에는 활기가 넘쳤다. 많은 상원의원이 진심으로 수소 경제의 전망에 대해 관심을 갖는 것 같았다. 방 뒤편에서는 힐러리 클린턴 상원의원이 오가는 대화를 골똘히 들으면서 간간이 메모를 하는 것도 보였다. 클린턴 의원은 회의 종반에 이르러서야 발언을 했다. 그런데 그 내용을 보면 우리가 토론하던 사항의 더 깊은, 그리고 아직 검토하지 않은 파장에 대해서도 잘 알고 있는 것이 분명했다.

클린턴은 돌려 말하지 않고 냉철하게 실현 가능성을 따졌다. 의회는 공화당이 장악했고 대통령은 석유 산업에 깊이 관련되어 있으며 국가는 중동 전쟁에 무릎까지 담근 상태였다. 수소 연구 개발 계획(제3 핵심 요소)을 이행하려면 국방 예산에 포함시키는 게 최선이었다. 클린턴 의원과 도건 의원은 나중에 그 입법 과정을 공동으로 후원했다.

그러고 나서 2009년 2월까지 나는 도건 의원을 보지 못했다. 그 무렵 이미 EU 의회는 3차 산업혁명에 대한 공식 지지를 선언했고, EU 집행위원회의 여러 부서와 기관은 기초 계획을 준비했다. 회원국인 독일, 스페인, 덴마크 등은 3차 산업혁명의 다섯 가지 핵심 요소 인프라 구축을 착착 진행했으며, 이 용어 자체가 유럽 및 글로벌 기업, 중소기업의

CEO들 사이에서 일상용어로 자리 잡았다.

최초의 만남으로부터 7년이 지난 후, 오바마 대통령이 당선되고 상하 양원을 민주당이 넘겨받고 나자 워싱턴의 분위기를 다시 한 번 테스트할 기회가 왔다. 나는 도건 상원의원과 다시 마주 앉아 우리가 만난 이후로 유럽에서 진행된 일들을 브리핑했다. 클린턴 의원과 마찬가지로 그도 분산 및 협업 에너지 체제로 옮겨 가는 것이 경제에 일으킬 파괴적 영향에 대해 이해했다. 그리고 의회와 백악관 그리고 대부분의 미국 산업계는 아직 준비가 안된 상태라고 내게 주의를 주었다. 그는 신임 에너지 장관인 스티븐 추와 미팅을 주선해 주겠다고 말하고는 다음번에 대통령을 만나면 이야기를 해 보겠다고 덧붙였다. 나는 고맙다고 답하며 우리 그룹은 대통령이든 에너지장관이든 의회든 누구라도 만나서 3차 산업혁명 인프라가 왜 장기적 관점에서 국가 경제 회복의 토대가 될 수 있는지 설명할 준비가 되어 있다고 말했다. 우리 그룹은 이제 100개가 넘는 글로벌 기업과 동업자 단체를 포함하고 있었다. 이후 나는 그가 상원의원으로 있는 동안 두 번 다시 그의 연락을 받지 못했다. 하지만 그는 분명히 적절한 연결점을 만들기 위해 최선을 다했을 것이다. 다만 다른 사람이 관심을 보이지 않았을 뿐이었으리라.

이런 무관심을 직접 목격한 적도 있다. 2009년 워싱턴에서 워튼 스쿨이 주최한 비즈니스 세미나에 참석해서 에너지부의 사무차관보 헨리 켈리와 함께 공동 발표를 했을 때였다. 나의 프레젠테이션이 끝난 후 켈리는 워튼 스쿨의 제리 윈드 교수에게 질문을 받았다. 미국이 유럽에서 진행되는 것과 유사한 분산형 3차 산업혁명 전략에 착수할 가능성에 대해 어떻게 생각하느냐는 내용이었다. 윈드 교수는 야구에 비유해서 물었다. "지금 우리 선수들은 1루에 있나요? 아니면 2루나 3루인가요? 혹시 홈에 들어오는 중인가요?" 차관보의 대답은 "우리는 이제 타석에 들어서는 참입니다."였다.

켈리가 언급하지 않은 내용이 있었는데, 그것은 바로 미국 팀은 유럽과는 완전히 다른 게임을 하고 있다는 사실이다. 다시 말하면 중서부 및 남서부 주에 중앙집권형 대규모 풍력 및 태양력 단지를 조성하려 하고 있었기 때문이다. 초고압 전력 그리드를 구축해 이들 인구 저밀도 지역에서 전기를 생산해 동부의 인구 고밀도 지역으로 전송하는 방안의 연방 법안을 통과시키려 하고 있다는 얘기다. 초고압 전력 그리드를 구축하는 데 드는 비용은 수백만의 전기 이용자가 분담할 것이다.

이렇게 중앙집권 형태로 재생 가능 에너지를 얻고 전기를 분배하려는 접근 방식은 동부의 주지사와 전력회사의 반대에 부딪혀 난항을 겪었다. 2010년 7월, 뉴잉글랜드 지역과 대서양 연안 중부 지역 주지사 11명은 상원의 다수당 리더인 해리 리드와 소수당 리더인 미치 매코널에게 연방 송전 정책에 반대하는 의사를 담은 편지를 보냈다. 주지사들의 주장은 풍력 및 태양력 에너지 생산을 서부 지역에 집중하면 "각 지역에서 재생 가능 에너지를 생산하려는 노력에 해를 끼칠 수 있으며…… 동부 주에서 녹색 에너지 관련 일자리를 창출하려는 노력에 찬물을 끼얹을 수 있다."는 사실이다.[7] 특히 주지사들은 서부에서 동부까지 송전로를 만드는 데 1600억 달러나 들어간다는 사실에 기겁했다.

14개의 전력회사(대부분 중앙집권형 전력 생산으로 유해한 영향을 받을 지역에 있는 회사들)도 주지사에 동참해서 모든 지역이 각자 재생 가능 에너지 자원을 개발할 수 있도록 해 달라고 의회에 청원했다. 전력회사들의 주장은 "여러 주를 통과하는 장거리 송전선으로 인구 밀집 지역과 연결해야 하는 원거리 발전소를 짓는 쪽으로 연방 정책이 치우쳐서는 안 된다."는 것이다. 엔터지(Entergy), 노스이스트 전력공사, DTE 에너지, 서던컴퍼니 등의 전력회사는 송전 계획은 지역 차원에서 진행해야 할 일이라고 주

장했다.[8]

《뉴욕 타임스》의 매슈 월드 기자는 3차 산업혁명의 미래를 둘러싸고 전개되는 핵심적 전투에 관한 기사를 쓰면서 "근본적인 충돌은 원거리 에너지 대 지역 에너지"라고 했다.[9] 맞는 말이다. 하지만 유의할 점이 있다. 문제는 재생 가능 에너지를 어느 한 지역에서 집중적으로 생산해 미국 전역으로 분배하느냐 아니면 지역별로 생산해 대륙 전체가 공유하느냐이다. 다시 말해서, 미국은 재생 가능 에너지를 중앙집권형 슈퍼그리드를 통해 최종 소비자에게 일 방향으로 보낼 것인가, 아니면 수천 곳의 지역사회가 스스로 에너지를 생산하고 분산형 스마트 그리드를 통해 피어투피어로 공유할 것인가가 문제라는 얘기다.

3차 산업혁명 관련 기업이 연방 차원에서 직면한 문제는 다음과 같이 이중적이다. 첫째는 화석연료 및 원자력 중심의 전통적인 에너지 분야가 지닌 중앙집권형 사고와 하향식 조직 구조다. 3차 산업혁명은 그러한 뿌리 깊은 경영 방식에 도전 중인데, 그런 기업의 경영진이 스스로 대안을 생각하기란 사실상 불가능하다.

둘째는 그런 기업적 사고방식이 의회에도 똑같이 존재한다는 사실이다. 위원회 위원장, 상원의원, 하원의원, 입법 실무자 들은 법안 초안을 작성할 때 에너지업계와 매우 긴밀히 공조한다. 그러다 보니 에너지와 전기의 촉진 및 규제에 관한 의회의 익숙한 사고방식에 회사 이사회의 사고방식이 겹치지 않을 수 없다. 이번에 제안된 법안을 보면 일 방향 고압 그리드를 서부에서 동부로 설치해야 하고 1600만 달러가 소요될 예정이다. 수백만 명의 전기 소비자는 더 많은 전기료를 지불해야 한다. 결국 소비자가 전력회사에 보조금을 주는 셈이다. 이런 송전 방식은 중앙집권형 지휘 통제로 전력을 관리했던 1차, 2차 산업혁명의 방식을 고수하는 것이며 그 과정에서 일부 지역에만 특혜를 주는 것이다.

그러나 만약에 연방 정부가 분산형 전국 전력 그리드를 설치한다면 대륙 전체를 연결하고 모든 지역의 전력 생산자가 네트워크를 통해 송전하는 일이 가능하다. 그렇게 되면 분산형 인터넷 비즈니스에서 보았던 것 같은 수평적 확대가 이루어질 것이고, 정보 공유 비용의 경우처럼 모든 기업과 소비자는 전기 요금이 계속해서 떨어지는 혜택을 누리게 될 것이다.

오바마 대통령은 50년이나 묵어 노후한 기계 제어식 전력 그리드를 현대적인 디지털 스마트 그리드로 교체해야 한다고 정치권에 강조해 왔다. 더불어 미래 전기 수요에 대응할 수 있는 수천 킬로미터에 걸친 새로운 송전선을 설치하자고 주장했다. 하지만 왜 대통령은 성질상 본래 분산적이고 지역별로 자체 생산이 가능한 재생 가능 에너지를 조직화하는 일에 낡은 중앙집권형 방식을 선호하는 것일까?

구식 에너지업계의 사생결단식 로비 때문이다

돈을 따라가 보자. 대형 에너지회사는 분명 워싱턴에서 가장 강력한 로비 세력이다. 등록된 로비스트가 600명이 넘으니 한 부대가 워싱턴에 상주하는 셈이다.[10] 이들의 막강한 힘은 (최소한 현재까지는) 국가의 에너지 '선택안'을 하나하나 지정할 수 있다. 그렇다면 이 로비스트들은 대체 뭘 하던 사람들일까? 한 연구에 따르면 석유나 가스 회사를 대표하는 로비스트 네 명 중 세 명은 로비스트가 되기 전에 에너지 산업을 감독 및 규제하는 위원회의 의원이었거나 에너지 산업을 규제하는 다양한 연방 기관에서 일하던 사람들이다.[11] 악명 높은 '회전문'을 통해 꼭 채플린 영화 같은 일이 벌어지고 있다. 에너지회사 중역들과 정부 관리들이 모종의 지속적 야합을 통해 모자와 책상만 서로 바꾸고 있다.

주요 위원회에 속한 상하원 의원들이 업계 친화적인 태도로 적절히 입법을 하면 선거 기부금으로 보상을 받는다. 그리고 관직을 떠나면 업계의 로비스트 자리를 통해 또 한 번 보상을 받는다.

그렇다면 이런 후한 대접을 하는 에너지업계는 과연 무엇을 얻을까? 엄청 많이 얻는다. 이들의 투자 수익률은 은행가도 부러워한다. 2002년부터 2008년까지 화석연료업계에 지급된 연방 보조금만 해도 합계 720억 달러가 넘는다. 같은 기간 재생 가능 에너지에 대한 보조금은 290억 달러 미만이었다.[12]

정치인이 그들만의 규칙을 준수케 하기 위해 에너지회사들은 공공 미디어를 통한 캠페인에 수십억 달러를 쏟아 붓는다. 또한 돈을 들여 직접 교육연구소를 설립하기도 하며, 업계 친화적인 연구에 보조금을 주기도 하고, 미국의 앞날은 대형 석유회사에 달려 있다고 유권자들을 설득하는 풀뿌리 운동에 돈을 대기도 한다. 그리고 실제로 에너지회사들의 이런 전략은 상당한 성공을 거두고 있다.

최근 몇 년간 대형 석유회사들이 집중적으로 애썼던 일은 대중의 마음에 기후변화에 대한 의심과 회의를 심는 것이었다. 석유, 석탄, 공익사업 업계는 2009년과 2010년 사이라는 짧은 기간에 5억 달러 이상을 정부에 대한 로비에 쏟아 부어 기후변화 관련 법안의 통과를 막았다.[13]

대부분 석유업계에서 재정 보조를 받는 '번영과 자유를 위한 미국인' 같은 단체는 특히 전국에 걸친 선거운동 과정에서 급성장하던 티 파티 운동에 자신들의 메시지를 납득시키는 데 성공했다. 2010년 가을, 미국 중간 선거 직전에 《뉴욕 타임스》와 CBS가 공동 실시한 여론조사에 따르면 티 파티 지지자 중 14퍼센트만이 지구온난화가 환경에 문제가 된다고 믿었다. 일반인의 경우 그 비율이 50퍼센트에 육박하는 것과 대조

적이다.[14]

기후변화를 의심하는 대중이 늘어나자 정치 후보자들도 이를 의식하기 시작했다. 특히 겨우 몇 퍼센트 포인트 차로 당락이 결정되는 박빙의 선거에서는 이 문제도 결정적 요소가 되기 때문이다.《내셔널 저널》은 2010년 선거에서 공화당 상원의원 후보자 스무 명 중 열아홉 명이 기후변화에 대해 의문을 제기하며 지구온난화를 다루는 입법에 반대했다고 보도했다.[15]

화석연료 에너지회사들은 미국의 전력 구성안에 재생 가능 에너지가 도입되는 것을 막으려 수십 년간 로비 전쟁을 벌였다. 그리고 대형 석유회사들이 재생 가능 에너지 시장에 뛰어든 몇 안 되는 사례에서는 중앙집중형 생산과 일 방향 전력 그리드라는 전통적인 방식을 그대로 따랐다.

하지만 한때 에너지 정책과 관련해 무소불위의 권력을 휘두르던 2차 산업혁명 에너지회사의 로비도 이제는 워싱턴에서 조금씩 그 힘을 잃기 시작하고 있다. 워싱턴 기반의 공공정책 연구 그룹인 데모스(Demos)의 선임연구원 데이비드 캘러핸은《워싱턴포스트》에 기고한 도발적 평론에서 '깨끗한 부자'에 비해 '더러운 부자'는 점점 쇠퇴하는 중이라고 밝혔다. 캘러핸이 말하는 '더러운 부자'란 2차 산업혁명의 환경 오염적인 채굴 산업으로 부자가 된 사람을 뜻하고, '깨끗한 부자'란 3차 산업혁명의 첨단 기술 정보산업을 통해 새롭게 부자가 된 사람을 뜻한다. 그의 지적에 따르면 1982년에는《포브스》선정 미국 400대 부자 중 38퍼센트가 석유 산업이나 관련 제조업 출신이었고 12퍼센트만이 기술 및 금융계 출신이었다. 하지만 2006년에는 전세가 역전되어 미국 갑부 중 36퍼센트가 기술 및 금융계, 12퍼센트만이 석유 산업이나 관련 제조업 출신이었다.[16]

구글의 공동 창업자 래리 페이지와 세르게이 브린 등과 같은 첨단 기술 관련 억만장자 중 많은 이가 본인들 회사의 제반 시설을 저탄소 배출 설비로 바꾸고 있으며 3차 산업혁명의 분산형 재생 가능 에너지 기술에 수백만 달러를 투자하고 있다.

여전히 워싱턴에서 가장 강력한 로비 세력으로 군림하고 있기는 하지만, 구식 에너지 산업 및 그와 관련된 2차 산업혁명 업계의 로비는 이제 막바지에 다다른 느낌이다. 그렇지만 3차 산업혁명의 다섯 가지 핵심 요소 인프라를 구성하는 산업과 재생 가능 에너지 업계의 로비 역시 아직은 어떤 의미를 부여할 수 있을 정도로 세력화를 이루지는 못했다. 그 이유 중 하나는 2차 산업혁명이라는 육중한 조직의 일부를 구성하던 핵심 산업 중 다수가 두 에너지 체제와 두 경제 시대, 두 가지 완전히 다른 비즈니스 모델 사이에 끼여 헤매는 형국이기 때문이다. 자동차업계, 건설업계, 전력 및 공익사업 회사, IT, 교통 부문의 로비스트들이 2차 산업혁명과 3차 산업혁명의 상반된 입법안이나 규제 정책을 놓고 동시에 로비를 벌이는 것도 이제는 흔한 모습이다. 그로 인해 혼란스러운, 때로는 우스꽝스러운 결과가 초래되기도 한다.

분산 및 협업 3차 산업혁명 네트워크의 고유한 사명은 투명하고 민주적이며 지속 가능하고 공정한 세상을 창출하는 것이다. 이 사명을 실현하기 위해서는 그에 맞는 로비 형태를 정립하고 힘을 모아야 한다. 유능한 로비스트를 고용해 지방의회와 연방의회, 집행 기관에 3차 산업혁명의 비전과 계획을 납득시키기 위한 노력은 더욱 독려해야 한다. 하지만 선거운동에 자금을 대거나 정부 관료에게 퇴임 후 사기업의 일자리로 보상하는 일은 엄격히 금지해야 한다.

중앙집권형 초고압 그리드를 설치할 것인지 아니면 분산형 스마트 그리드를 설치할 것인지를 놓고 벌어지는 싸움의 결과가 21세기의 남은 기간을 살아갈 우리 자손들의 경제와 사회의 모습을 결정할 것이다. 지금 현재로 봐서는 우리 인터넷 대통령이 인습적 통념이나 화석연료 산업의 긴 팔에서 많이 벗어날 수 있을 것 같지는 않다. 하지만 워싱턴과 각 주도(州都), 자치구 등지에서 3차 산업혁명을 위한 로비도 점차 활기를 띠기 시작한 만큼, 이들이 막강한 상대 세력이 되어 나라를 새로운 경제 계획으로 이끌 수도 있다. 과연 미국은 기회를 잡을 수 있을까, 아니면 기회를 날릴까?

경제가 모습을 바꾸고 정치적 가치가 변화하는 가운데 통치 기관들에도 그에 상응하는 권력 이동이 요구되고 있다. 1차, 2차 산업혁명에는 국가 경제와 연방 및 주 정부의 통치, 중앙집권형 하향식 지정학적 세계 분할 등이 함께했다. 하지만 3차 산업혁명은 선천적으로 분산적이고 협업적이며 인접한 땅덩이를 따라 수평적으로 확대된다. 대륙 수준의 경제, 대륙 수준의 정치 통합 등에 유리한 것이다. 이제 우리는 '세계화(globalization)'에서 '대륙화(continentalization)'로 이행 중이다.

6

세계화에서 대륙화로

2008년 5월 말, 나는 파리 외곽의 한적한 호텔에서 열린 작은 모임에서 '대륙화'라는 말을 처음 들었다. 세계경제 물류량의 상당 부분을 담당하는 주요 우편회사의 CEO들이 세계경제의 미래를 바라보며 자기 성찰적 토론을 하기 위해 모인 자리였다.

이 모임에는 불확실성의 기운이 감돌았고 참석자들의 얼굴에는 근심이 서려 있었다. 이쪽 업계에서 운송 물량의 감소는 경제의 지평선 너머로 먹구름이 몰려올 징조였다. 당시 전 세계 운송업의 엔진은 서서히 멈추고 있었다. 그 자리에 모인 CEO들도 과거에는 경험하지 못한 상황이었다. 전 세계적으로 구매력은 곤두박질쳤고 물류 창고, 야적장, 항구에 재고가 쌓여 갔다. 세계경제의 엔진 자체가 멈추려는 듯했다.

세계 우편회사들의 상위 조직인 국제우편협회(International Post Corporation)에서 개최한 이 모임에서 나는 EU 의회의 경제가 세워야 할 새로운 장기적 비전과 계획에 대해 연설했다.

나는 다음과 같이 설명했다. 정보가 인터넷상에서 마음대로 돌아다니듯이 분산형 재생 가능 에너지도 국경에 구애받지 않고 돌아다닐 수 있다. 수많은 사람이 자신의 집이나 공장, 사무실 또는 그 주변에서 에너지를 생산하고 이웃끼리 또는 지역끼리 공유하면, 모든 사람이 국경 없는 녹색 에너지 네트워크상의 교점이 되며 이 네트워크는 모든 대륙에 수평적으로 확대될 것이다. 1차, 2차 산업혁명의 에너지 및 커뮤니케이션 매체는 전국 규모의 시장과 민족국가 정부를 태동시켰다. 반면 3차 산업혁명의 에너지, 커뮤니케이션 매체 및 인프라는 인접한 대륙의 끝까지 퍼져 나간다. 청정에너지를 사용하는 3차 산업혁명 세계에서는 각 대륙이 경제생활의 새로운 터전이 되고 EU 같은 대륙 단위의 정치 연합이 새로운 통치 모델이 된다.

내 연설이 끝난 후 TNT(네덜란드 국영 우편회사였다가 후에 민영화된 세계적인 물류회사다. (최근 UPS에 합병되었다. — 옮긴이))의 CEO인 피터 바커가 발언했다. 놀랍게도 그는 좌중을 향해 "세계화는 죽음이 임박했다."고 선언했다. 세계시장에서 가파르게 상승하는 유가 때문에 대륙 간 원거리 항공 화물을 보내는 일이 점점 더 어려울 뿐만 아니라 이산화탄소 배출에 세금을 부과하려는 정부의 압력으로 물류비용이 증가하기 때문이라는 것이 그의 의견이었다. 그는 경제 흐름이 세계화에서 대륙화로 이동하고 있다고 말했다. 그러면서 앞으로는 통상 및 교역이 점차 대륙 시장 중심으로 성장할 것이며 물류업계는 이미 대륙 시장으로 상당 부분 초점을 이동했다고 강조했다.

바커의 말이 옳다면, 통상 교역 부문은 이미 세계화에서 대륙화로 부분적으로 이행했다는 의미고, 여기에 와이파이처럼 대륙 전체로 퍼지는 3차 산업혁명 물류 인프라까지 더해지면 대륙별 경제 및 정치 연합의 형성은 더욱 가속화할 것이다.

그날 모임에 참석한 사람들은 EU의 3차 산업혁명 인프라 구현 계획을 지지하기로 합의했다. 하지만 투표가 진행되는 동안 나는 방 안을 가득 채운 침묵의 분위기를 느끼지 않을 수 없었다. 앞으로 우리를 기다리는 미래가 어떤 모습일지 저마다 각자의 생각에 빠져 있었던 것이다.

다시 판게아로

나는 3차 산업혁명 인프라가 대륙 시장과 대륙 정치 연합, 대륙 간 연결에 이점을 제공하는 이유를 수년간 설파했지만, 그것이 갖는 또 다른 심오한 공간적 의미를 최근에 깨달았다. 2009년 6월, 나는 세네갈의 수도 다카르로 향하는 야간 비행기 안에 있었다. 창밖을 내다보니 악명 높은 고레 섬에서 나오는 불빛이 반짝거렸다. 고레 섬은 대서양 노예무역이 성행하던 시절 미국으로 실려 가는 아프리카인이 경유하는 주요 지점이었다. 다카르는 아프리카 대륙 서쪽 끝에 있기 때문에 미국으로 가는 노예의 승선지가 되었다.

며칠 뒤 나는 압둘라예 와데 세네갈 대통령의 개인 고문인 무스타파 은디아예와 해변에서 점심을 함께했다. 우리는 세네갈이 3차 산업혁명 경제개발계획을 선도하면 서아프리카 전체의 모델이 될 것이라는 이야기를 나누었다. 대화를 하다가 잠시 고개를 돌릴 때마다 해변 바로 앞에 있는 고레 섬이 눈에 들어왔다. 그때마다 노예제와 식민주의 때문에 아프리카 대륙과 아프리카인이 겪었던 끔찍한 희생이 떠올랐다.

대화하다가 아프리카 서해안의 독특한 모양에 대한 얘기가 나왔다. 나는 아프리카 서쪽 해안선의 굽은 모양이 남아메리카의 동쪽 해안선과

퍼즐 조각처럼 거의 들어맞는 것이 신기하다고 말했다.

지사학을 연구하는 과학자들은 먼 옛날 지구의 아프리카 대륙과 아메리카 대륙이 하나의 땅덩어리였는데 시간이 흐르면서 지질학적 변화가 일어나 두 개로 나뉘었을지 모른다고 오랫동안 추측해 왔다. 그러다가 1960년대에 대륙이동설을 토대로 한 판구조론이 새롭게 등장하여 지질학계를 떠들썩하게 했다. 과학계에서는 2억 년 전 중생대 지구의 대륙이 '판게아(Pangaea)'라는 하나의 거대한 땅덩어리였다는 사실을 대체로 받아들이기 시작했다. 과학자들은 지각 판의 운동으로 판게아가 분리되어 현재와 같은 대륙이 생겼다고 생각한다. 그리고 역사상 처음으로 이제 대륙을 다시 하나의 땅덩어리로 연결하는, 즉 다시 판게아로 돌아가는 것을 논의하고 있다. 좀 더 자세히 설명하겠다.

3차 산업혁명 인프라는 초기 단계의 대륙 시장 및 대륙 정치 연합의 형성과 더불어 모든 대륙에 걸쳐 확산되고 있다. EU는 3차 산업혁명으로 이행을 시작한 최초의 대륙 경제 사회이자 정치 연합이다. 최근 아시아, 아프리카, 남아메리카에서도 대륙 연합이 형성되었다. 북아메리카의 북미자유무역협정(North American Free Trade Agreement, NAFTA)은 대륙 연합의 전조에 해당한다. 다음 세기에도 각 지역과 국가별 정부는 사라지지 않겠지만(사실상 오히려 강화될 것이다.) 대륙 연합이 통합 대륙 시장을 규제하기 위한 중요한 정치체가 될 것이다. 새로 등장한 대륙 연합은 각 대륙을 물리적으로 연결하여 21세기 글로벌 경제에 걸맞은 지리적 공간을 창출하기 위한 계획을 준비하고 있다. 사실상 대륙화는 하나의 거대한 대륙, 즉 제2의 판게아로 회귀하는 것을 촉진하는 작업이다. 다만 이번에는 인간의 힘으로 판게아를 만드는 것이다.

최근 EU는 유럽과 아프리카 두 대륙을 연결하는 3차 산업혁명 인프라를 구축하기 위해 아프리카연합과 파트너십을 맺었다. 이러한 파트너십의 일환으로 데저텍(Desertec)이라는 수십억 달러 규모의 프로젝트를 계획 중이다. 이것은 사하라 사막에서 태양광 및 풍력으로 생산한 에너지를 인터커넥터 케이블을 이용해 유럽으로 끌어오는 프로젝트다. 이렇게 되면 2050년까지 EU 전체 에너지 필요량 중 15퍼센트 이상을 공급할 수 있다.[1]

한편 스페인과 모로코는 지브롤터 해협에 유럽과 아프리카를 잇는 해저터널을 만드는 문제를 논의해 왔다. 영국과 유럽 사이의 채널 터널과 유사하게, 지브롤터 해협에 해저터널이 생기면 유럽과 아프리카 사이에 새로운 방식으로 승객 및 화물 수송을 할 수 있어서 두 대륙이 하나의 물류망으로 연결된다.

러시아와 미국도 시베리아와 알래스카를 연결하는 103킬로미터 길이의 해저터널을 베링 해협에 건설하는 문제를 논의 중이다. 예상 비용이 100~120억 달러가 소요되는 프로젝트다. 이 터널에는 유라시아와 아메리카를 잇는 고속철도 시스템이 갖춰져 있어 통상, 교역, 여행 등 다방면으로 활용된다. 이로써 런던에서 뉴욕까지 세계에서 4분의 3에 해당하는 지역을 연결하는 육로 물류 네트워크를 형성할 것이다.[2] 이 터널로 얻을 수 있는 또 하나의 효과가 있다. 바로 시베리아와 알래스카의 엄청난 재생 가능 에너지원에서 얻은 전력을 양 대륙이 공유한다는 사실이다.

기술적 관점에서 보면 유럽, 아프리카, 아시아, 아메리카 대륙 사이에 녹색 전기를 교환하는 해저 고압 케이블을 설치하는 것이 심해에 해저터널을 건설하는 것보다 더 쉽다. 따라서 머지않은 미래에 해저 고압 케이블이 먼저 설치될 가능성이 높다. 해저터널을 만들려면 상당히 오랜 시간이 걸린다. 정책 분석가들은 해저터널 완공에 20년 이상이 걸릴 것이라고 내다본다.

대륙과 대륙을 연결하는 작업이 불가능하다고 생각하는 사람이 있다면 수에즈 운하와 파나마 운하 건설을 처음 거론했을 때 회의적인 시각이 얼마나 많았는지 떠올려 보길 바란다. 비용은 말할 것도 없고 기술적·공학적 문제들 때문에 많은 이가 그 실현 가능성을 의심했다. 그러나 운하 건설을 그냥 포기하기에는 예상하는 경제적 이익이 너무 컸다. 결국 사람들은 운하를 건설할 방법을 찾아냈고 두 운하 모두 기록적인 기간 내에 완성했다.

이집트를 가로질러 지중해와 홍해를 잇는 수에즈 운하는 유럽과 아시아를 연결하는 인공 물길을 열었다. 이제 더 이상 아프리카의 뿔(Horn of Africa: 동아프리카에서 아라비아 해 방향으로 돌출되어 있는 반도로, 모양이 뿔처럼 생겨서 이와 같이 불린다. — 옮긴이)을 돌아서 멀리 항해할 필요가 없었다. 162킬로미터에 이르는 이 운하는 1859년에 건설을 시작해 불과 10년 만에 완성했다. 수에즈 운하 공사 과정에서 150만 명 이상이 일자리를 얻었고 수많은 사람이 목숨을 잃었다.[3]

파나마 운하는 1880년대에 프랑스가 건설을 시작했지만 이후 중단했다가 결국 미국이 다시 공사에 착수해 완성했다. 파나마 운하는 중앙아메리카를 관통해 대서양과 태평양을 연결했다. 이로써 남아메리카 대륙 남쪽 끝의 마젤란 해협으로 먼 거리를 우회할 필요가 없어졌다. 파나마 운하는 미국의 주도로 1904년에 공사를 시작하여 역시 10년 후에 완성했으며, 건설 기간에 발생한 인명 손실이 5609명이나 되었다.[4]

대륙이라는 거대한 땅덩어리를 연결하는 일에는 대양을 연결하는 것만큼이나 만만치 않은 기술적 어려움이 있다. 하지만 거기에 잠재된 경제적 기회는 어마어마하다. 확실하게 단정해서 말할 수는 없지만 21세기 중반이 되기 전에 3차 산업혁명 인프라를 이용해 세계의 대륙을 연결하여 판게아로 회귀할 가능성이 높다.

인터넷이 분산적이고 협업적인 가상공간에서 인류를 연결했듯이, 3차 산업혁명은 수평적인 판게아 정치 공간에서 인류를 연결한다. 이 정치 공간은 어떤 모습일까? 대륙 시장과 대륙 통치의 핵심인 3차 산업혁명 인프라는 수평적으로 확대되며 분산과 협업, 네트워크가 특징이다. 따라서 대륙 통치 내지는 글로벌 통치도 그러한 특성을 가지고 있을 확률이 높다. 중앙집중화한 세계 정부는 2차 산업혁명에 적합한 개념이다. 2차 산업혁명 세계에서는 인프라가 수직적으로 확대되었고 조직이 위계 서열식이며 중앙집권적인 성격을 띠기 때문이다. 하지만 에너지 및 커뮤니케이션 인프라가 교점을 중심으로 하고 상호 의존적이며 수평적인 세상에서 중앙집중화한 세계 정부는 전혀 어울리지 않는다. 지구 전체를 네트워크로 연결한 커뮤니케이션과 에너지, 상거래 시스템을 형성하면 대륙 차원 및 글로벌 차원에서 네트워크화한 통치 형태가 나타날 수밖에 없다. 대륙과 대륙의 생활공간을 서로 연결하면 새로운 공간 개념이 생겨난다. 전 세계가 차츰 하나의 통합된 사회가 되면 사람들은 자신이 지구라는 불가분적 유기체의 일부임을 깨닫기 시작할 것이다.

세계 최초의 대륙 연합

중세 학자들은 국가라는 개념, 즉 신성한 권한이 아니라 국민의 동의를 토대로 지배하는 세속적 통치 권력이라는 개념을 상상하기 힘들었을 것이다. 마찬가지로, 오늘날 EU가 존재함에도 불구하고 세계 대부분의 사람은 대륙 연합의 시민이라는 개념을 상상하기 어렵다. 즉, 자신이 이쪽 해안에서 저쪽 해안 끝까지 뻗친 커다란 정치 공동체의 구성원이라고 느끼기는 쉽지 않을 것이다. 각 대륙을 정치 연합이 통치한다는 생각은 생소하고 이상하게 느낄 가능성이 높다. 하지만 이변이 없는 한 인류 사회는 그러한 방향으로 나아간다. 정책 분석가들과 저널리스트들은 G20, G8, G2, BRICs 등을 언급하며 다양한 정치권력 재편성을 예측한다. 하지만 이상하게도 전 세계에서 대륙 통치라는 형태로 일어나는 보다 근본적인 정치적 재편성은 언급하지 않는다.

3차 산업혁명은 분산적·협업적 사고를 지향하는 신세대 정치 지도자뿐만 아니라 분산적이고 협업적인 새로운 통치 기구도 낳는다. EU는 세계 최초의 대륙 연합이다. EU는 전 유럽을 황폐화한 두 차례의 세계대전 이후 계속된 일련의 유럽 통합 노력 끝에 탄생했다. EU의 출범 기저에는, 각 주권국이 자국 이기주의에 따라 시장 및 전장에서 서로 경쟁하고 싸우는 전통적인 지정학 대신에 각국이 협력하여 집단 안보와 경제 이익을 추구하는 새로운 대륙 정치가 태동해야 한다는 구상이 깔려 있었다. EU의 탄생으로 자국 이기주의가 완전히 사라진 것은 아니지만, EU에 속한 모든 사람은 '때때로' 스스로를 유럽인이라고 생각하는 것을 편안하게 받아들이는 쪽으로 변화하고 있다.

EU 탄생의 출발점은 에너지 공유를 위한 노력이었다. 1951년, 많은 유럽인에게 EU의 아버지로 불리는 장 모네의 구상을 토대로 유럽석탄철강공동체(European Coal and Steel Community, ECSC) 창설 조약을 체결했다. 모네는 독일과 프랑스의 석탄 및 철강 생산을 공동 기관이 관리한다면 양국의 오랜 경제적 대립을 해소할 수 있다고 주장했다.(특히 오랫동안 분쟁해 온 루르 강과 자르 강 주변의 공업 지역에서) 유럽석탄철강공동체 파리조약에는 프랑스, 독일, 이탈리아, 벨기에, 네덜란드, 룩셈부르크가 서명했다. 1957년, 6개국은 로마 조약에 서명함으로써 협력 범위를 보다 넓히고 유럽경제공동체(European Economic Community, EEC)를 창설한다. 아울러 6개국은 유럽의 원자력 개발을 위한 협력을 증진하려는 목적으로 유럽원자력공동체(European Atomic Energy Community, Euratom)도 창설했다.

오늘날 EU는 27개 회원국 총 5억 인구를 망라하며 지역적으로는 아일랜드 해에서 러시아 인접 지역까지 포함한다.

EU가 다시 새로운 50년을 시작하는 기점에 서 있는 지금, 에너지는 대륙 개발의 다음 단계에서도 역시 중심 역할을 한다. EU는 자체 상업 시장만 따져도 EU 내 소비자 5억 명, 그리고 협력 관계에 있는 지중해 지역 및 북아프리카의 소비자 5억 명을 아우르는 잠재적 최대 시장이지만 아직 통합적인 단일 시장을 형성하지는 못했다.

3차 산업혁명으로 유럽 대륙에 분산형 에너지 및 커뮤니케이션 인프라를 확립하면 완벽한 하나의 경제 공간이 탄생한다. 그러면 EU 일대 10억 명이 넘는 사람들이 효율적이고 쉽게, 그리고 탄소발자국을 적게 남기며 통상 및 교역을 수행할 수 있다. 이로써 2050년경에는 세계 최대의 단일 통합 시장을 형성한 유럽을 그려 볼 수 있다. 이것은 EU가 반드시 완성해야 할 중대 과제다.

아시아, 아프리카, 남아메리카도 EU를 본보기로 삼아 각자의 대륙 연합을 형성하기 시작했다. 목표는 EU와 동일하다. 하나의 통합된 시장을 만드는 것이다. 그리고 이들도 EU처럼 3차 산업혁명 인프라를 구축하기 위해 분산형 인터넷 커뮤니케이션 매체와 분산형 재생 가능 에너지를 도입하고 있다. 이 인프라를 구축하면 대륙 전역에 걸친 통상 및 교역을 위한 통합 전력 그리드, 원거리 통신 네트워크, 운송 시스템을 갖출 것이다. 분산 및 협업의 특성을 지닌 에너지와 커뮤니케이션 인프라가 여러 대륙을 관통하면 대륙별 통치체도 한층 빠르게 성숙할 것이다.

아세안연합

아시아에서는 그 과정을 이미 진행하고 있다. 인도네시아, 말레이시아, 필리핀, 싱가포르, 타이, 브루나이, 미얀마, 베트남, 라오스, 캄보디아 등 동남아시아 10개국은 동남아시아국가연합(Association of Southeast Asian Nations, ASEAN)을 설립했다. 또 한국, 중국, 일본은 아세안과 협력하여 APT(ASEAN Plus Three)를 발족했다.

아세안은 1967년 "공동으로 노력하여 동남아 지역의 경제성장, 사회 및 문화 발전을 촉진한다."는 목표를 갖고 설립했다.[5] 그러나 회원국이 EU와 같은 지역 통합체인 아세안 공동체(ASEAN Community)를 만들기로 합의한 것은 2003년이었다. 2007년, 회원국은 필리핀 세부 섬에서 '2015년까지 아세안 공동체 설립을 가속화하기 위한 세부 선언'을 채택함으로써 공동체 형성이라는 목표에 한 걸음 성큼 다가섰다. 아세안 공동체는 아세안정치안보공동체, 아세안 경제공동체, 아세안사회문화공동체라는 세 축을 중심으로 이루어진다.[6]

아세안헌장은 2008년에 발효되었으며, 이를 통해 회원국은 공동의 법 테두리 안에서 움직이고 화합된 대륙 공동체 구축을 촉진하기 위한 공식 기관을 만들기로 했다.[7]

2007년, 세부 동아시아 정상회의에서 아세안 회원국은 두 번째 합의문인 '동아시아 에너지 안보에 관한 선언'에 서명했다. 대륙에 에너지 인프라를 조성하기 위한 기반을 만들고 아시아 전역에 3차 산업혁명 경제의 기초를 마련하기 위해서였다. 동남아시아 대륙의 중국과 인도, 태평양 연안의 일본, 한국, 오스트레일리아, 뉴질랜드 등 아세안의 지역 파트너들도 역시 이 에너지 선언에 서명했다.

서명국은 "화석연료의 전 세계 비축량이 한정되어 있고, 석유 가격이 불안정하며, 환경 및 보건 문제가 악화되고, 지구온난화 및 기후변화에 대처하는 것이 시급하다."는 점을 인정했다.[8] 이러한 제약을 감안할 때, 아세안 국가가 직면한 문제는 환경을 희생하거나 지구온난화를 심화하지 않으면서 경제가 계속 고속 성장할 수 있는 방법이 무엇인가 하는 점이다. 경제성장을 지속하려면 엄청난 양의 청정에너지가 필요하다. 이러한 청정에너지를 확보하기 위해서는 동남아 대륙과 환태평양 지역 전체에 재생 가능 에너지를 신속하게 보급하려는 집단적 노력이 필요하다.

이에 서명국은 "전통적 연료에 대한 의존도를 줄이고…… 혁신적인 자금 조달 구조를 이용해 재생 가능 에너지 및 대체 에너지원의 규모를 늘리고 관련 비용을 줄인다."는 것과 "아세안 전력 그리드 같은 지역 에너지 인프라에 투자하여 안정적인 에너지 공급을 확보한다."는 내용에 합의했다.[9]

세부 선언의 마지막 조항(아세안 전력 그리드 구축)은 3차 산업혁명의 대륙 경제로 이행하고 대륙 정치 공간에서 아세안의 결속력을 높이기 위해서 매우 중요하다. '10개의 국가 하나의 공동체'라는 별칭을 가진 아세안은 동남아 대륙을 위한 포괄적인 장기 에너지 계획을 수립하고 '에너지 협력을 위한 아세안 계획 2010~2015'이라는 첫 5개년 어젠다를 발표했다. 이 계획의 중심 항목은 아세안 전력 그리드다.(2004년 아세안 국가원수들은 그것을 '주력 프로그램'으로 선언했다.) 이 프로그램의 목표는 '완벽하게 통합된 동남아시아 전력 그리드를 구축하는 것'이다.[11]

동남아시아 대륙에 설치될 공동 전력 그리드는 단일한 통합 시장 및 대륙 정치 연합의 형성을 위한 신경 시스템 역할을 할 수 있다. 현재 상호 연결 전력 그리드를 구축하기 위한 4개 프로젝트를 진행 중이고 11개 프로젝트를 계획 중이며, 여기에 소요될 비용은 59억 달러로 추산된다.[12]

아세안 국가는 재생 가능 에너지로 이행하는 것이 중요하며 서로 연결된 대륙 전력 그리드가 아세안 공동체 형성에 매우 중요한 역할을 하리라는 사실을 분명히 인식하고 있다. 아세안은 "아세안 국가는 개별적인 에너지 정책 및 계획을 넘어서야 하며…… 보다 커다란 경제 통합을 실현하기 위해 상호 의존적이고 대외 지향적인 국가 간 정책을 추구해야 한다."고 명백하게 밝혔다.[13] 아세안 국가가 통합된 단일 시장 및 대륙 정치 연합을 얼마나 빨리 형성할 수 있는지는 궁극적으로 동남아 지역을 연결하는 녹색 스마트 그리드를 얼마나 신속하게 구축하느냐에 달려 있다.

아세안 공동체에 대한 구상은 정치적 실현을 향해 빠르게 나아가는 중이지만, 대륙 연합을 형성하려는 아세안의 노력을 약화시킬 수 있는 몇 가지 문제가 있다. 먼저 중국이라는 거대한 존재를 무시할 수 없다. 13억이라는 거대한 인구에다 이미 일본을 능가한 경제력을 갖춰 '아시아의 엔진'으로 불리는 중국은 아시아 무대에서 예측이 불가능한 엄청난 복병이다.[14] 만일 아세안이 단일한 정치 공동체가 된다면 과연 중국은 협력 파트너로서 그냥 옆에 물러나 있으려고 할까? 6억 500만 동남아시아인으로 구성되는 정치 연합은 비록 인구 측면에서는 중국의 절반에 불과하지만 결코 무시할 수 없는 세력이다. 만일 한국, 일본, 오스트레일리아가 파트너 국가에서 벗어나 아세안 공동체의 정식 회원국이 된다면, 아세안 공동체는 2억에 가까운 인구가 늘어나고 더욱 커다란 영향력을 지니기 때문에 중국에 맞설 수 있는 정치 연합이 될 것이다.

인구가 12억에 달하는 인도 역시 아시아에서 고속 성장 중인 또 다른 거물이다. 만약 인도가 아세안 공동체의 정식 회원국이 된다면 다른 회원국을 압도하고 정치 게임을 장악할지도 모른다.

EU가 단일한 정치 연합을 구성할 수 있었던 이유는 다른 국가에 이래라 저래라 할 만큼 힘 있는 국가가 없기 때문이다. 독일이 중심적 경제

엔진이자 EU의 가장 강력한 회원국이기는 하지만 다른 나라를 압도할 만한 힘은 갖고 있지 않다.

EU 공동체에 러시아는 포함되지 않는다. 러시아가 아시아뿐만 아니라 유럽의 일부이기도 하므로 EU에 마땅히 포함되어야 한다는 주장이 타당하지 않았을 것이라는 의미는 아니다. 하지만 지금까지 러시아는 EU의 특별한 파트너라는 위치 정도만 유지했고, 대다수 관측가는 가까운 미래에 그와 같은 상황이 바뀔 것 같지는 않다고 전망한다.

나는 전에 미하일 고르바초프와 식사를 하면서 러시아의 EU 가입에 대한 이야기를 꺼냈다. 고르바초프는 러시아가 덩치가 너무 커서 EU에 가입하기 힘들다고 말하면서, 대신 EU와 그 어느 때보다 긴밀한 협력 관계를 유지하고 싶다는 뜻을 밝혔다. 그는 러시아가 유럽 대륙의 통합된 전력, 통신, 교통망과 연결되는 것을 긍정적으로 생각했다. 러시아가 대륙의 단일 시장에 속하는 것은 환영하지만 단일 정치 연합의 일부가 되는 것은 원치 않는다는 얘기였다.

중국이나 인도도 비슷하다. 중국 정부의 지휘 및 통제 구조는 중앙집권적이다. 따라서 중국이 분산적이고 협업적인 관계가 특징인 대륙 연합에 참여할 가능성은 인도보다 더 낮다. 한편 인도는 중국에 비해 훨씬 분권화되고 민주적인 정치 구조이므로 아세안연합과 보다 긴밀한 파트너십을 구축하기가 더 쉽다. 어쩌면 아세안연합의 회원국이 되는 것도 가능할지 모른다. 이 모든 것은 현재 시점에서 추측해 본 전망이다. 중국의 젊은 세대는 경제·정치·사회 조직에 관한 분산적이고 협업적인 접근법을 기성세대에 비해 훨씬 편안하게 받아들이므로, 이들이 빠른 시간 내에 게임의 법칙을 변화시킬 가능성도 있다. 그렇게 되었을 때 어떤 결과가 나올지는 지금 같은 대륙화 초기 단계에서는 예측하기 어렵다.

마지막으로 짚고 넘어가야 할 부분이 있다. 더 이상 국경에 구애받지 않는 각 지방과 지역의 힘이 점차 커지고 있다는 사실이다. 이것은 대륙 연합을 형성하는 모든 경우에 해당한다.

그러한 정치권력 이동은 EU가 처음 탄생했을 당시만 해도 예상하지 못했다. 당시의 유일한 논쟁거리는 유럽공동체가 공동시장을 지향할 것인지 아니면 중앙집권형 연방 체제를 지향할 것인지였다. 영국은 공동시장 형태를 지지했다. 확고한 국가 통치권을 유지하면서 보다 큰 통합시장의 일원으로서 경제적 이익을 누리기를 바랐기 때문이다. 프랑스는 보다 중앙집권화된 구조를 원했다. 자신의 국가 통치권은 어느 정도 유지하는 동시에 자신이 지휘하거나 아니면 최소한 영향력을 행사할 수 있는 중앙집권형 연합을 원했다. 결국 EU는 전혀 다른 형태로 구축되었다. 단순한 공동시장도, 중앙집권형 연방 체제도 아닌 형태가 되었다.

EU는 우리에게 다음과 같은 사실을 보여 준다. 즉, 여러 국가가 시장을 통합하고 국경을 개방하는 정치 공동체를 형성하면 경제적·정치적 관계가 수평적이 되고 기존의 국경을 넘어 확장되므로 중앙집권형 하향식 구조가 아닌 보다 교점 중심적이고 분산적인 새로운 권력 구조가 생겨나기 쉽다는 사실이다. EU의 구조는 여러 국가와 지역, 지방자치체로 이루어진 네트워크와 가깝다. 어느 한 권력이나 국가가 EU의 방향을 결정할 수 없으며 모든 정치 주체가 협력하여 공동의 목표를 도출한다.

국경이 개방된 대륙 시장 및 대륙 통치 구조가 생기자 각 지역은 자국의 정부를 통하지 않고도 다른 지역과 나름의 경제적 관계를 맺을 수 있다. 때로는 국경을 마주하는 인접 지역과, 또 때로는 자국에서 멀리 떨어진 지역과 그러한 관계를 맺는다.

EU 내에서 국경을 사이에 둔 인접 지역은 다양한 분야에서 경제적 협력 관계를 증진한다. 이런 지역끼리 자국 정부나 자국 내의 먼 다른 지역과 맺는 관계보다 더 긴밀한 경제 관계를 맺기도 한다.

3차 산업혁명 커뮤니케이션 및 에너지 패러다임은 본질적으로 수평적인 성격이기 때문에 국경 없는 열린 공간에서 더욱 꽃필 수 있다. 따라서 아세안연합의 실현을 추구하는 과정에서 국경을 개방하면 인접 지역을 상호 연결하여 3차 산업혁명의 다섯 가지 핵심 요소 인프라를 함께 구축해 나갈 수 있다. 마치 와이파이 통신이 처음에는 이웃 지역에서 이웃 지역으로 연결되다가 어느새 인접하는 대륙에 걸치는 광범위한 상호 연결망을 만들어 냈듯이 말이다.

중국과 인도는 세부 에너지 선언에 서명했다. 만일 이 양국이 국경을 개방하여 인접 지역들이 3차 산업혁명 인프라를 함께 구축하고 공유할 수 있는 환경을 조성한다고 생각해 보자. 그러면 광범위한 네트워크를 형성해 과거에 양국 정부가 자국 내에서 에너지 생산 및 전력 분배를 통제하면서 누렸던 통치력은 감소할 것이다. 그렇게 되면 현재 유럽 대륙에서 벌어지는 상황과 마찬가지로 아시아 대륙의 정치적 권력 구조 또한 근본적으로 변할 것이다.

중국과 인도는 21세기 세계경제에서 자신의 자리를 유지하려면 대륙연합의 일원이 될 수밖에 없다고 판단할지도 모른다. 현재 두 나라 모두 3차 산업혁명 기술을 여러 방면에서 발전시키기 위해 발 빠르게 움직이고 있다. 특히 중국은 오랫동안 3차 산업혁명의 핵심 기술 요소를 개발하고 판매하는 선두 주자였던 EU의 지위를 조만간 넘겨받을 만한 강력한 후보국이다. 하지만 중국은 핵심 기술을 마치 독립적인 아이템인 양 쌓아만 놓고 있다. 중국은 재생에너지 기술 영역에서 빠르게 선두 주자로 올라섰고 탄소 무배출 건물과 플러스 전력 건물(positive-power building: 소비하는 전력보다 생산하는 전력이 더 많은 건물 — 옮긴이)을 짓기 시작했다. 또 수소 저장 및 여타 에너지 저장 기술을 개발하고, 스마트 전력 그리드를 구축하며 전기 자동차 및 연료전지 자동차를 생산하고 있다. 그러나 중국은 이러한 기술이 하나의 유기적인 시스템 안에서 연결되면 나타날 사회적 영향을 완전히 이해하지는 못한 상태다. 이러한 기술이 지닌 경제적 잠재력을 개발, 확대하고 충분히 실현하기 위해서는 수평적이고 개방적이며 공유할 수 있는 대륙 정치 공간이 필요하다. 아이러니하게도 결국에는 중국이 현재의 하향식 통치 구조를 쓰러뜨릴 소프트웨어 및 하드웨어 요소들을 스스로 개발할 가능성도 있다. 마르크스주의 이론에 나오는 표현을 빌리자면, 그것이야말로 '모순'이라는 말을 쓰기에 딱 맞는 상황이다.

아프리카연합

2002년, 인구 10억이 넘는 아프리카 대륙의 54개국 정상이 아프리카연합(African Union, AU)을 결성했다. 목표는 '아프리카 대륙의 정치적·사회경제적 통합'의 촉진이었다.[15] AU는 관료주의적 문제 때문에 발목이 잡혀 2008년 이전까지는 이렇다 할 활동을 하지 않았다. 그러다가 2008년 AU와 EU가 아프리카-유럽 에너지 파트너십을 맺었다. 이 파트너십의 목적은 재생 가능 에너지 개발을 촉진하고 아프리카를 위한 전력 마스터플랜을 수립하여 대륙 전체에 깔리는 통합 그리드로 아프리카 10억 인구를 연결하는 것이었다.

아프리카는 세계 어느 대륙보다도 전력 인프라가 열악하다. 사하라 사막 이남 지역에서는 주민의 70퍼센트가 전기를 사용하지 못하며 나머지 30퍼센트 가운데 상당수도 고르지 못한 전기를 공급받는다.[16] 아프리카의 많은 지역에 2차 산업혁명 인프라가 설치되어 있지 않다는 점은 오히려 장점일 수도 있다. 일부 정책 분석가들은 아프리카가 쇠락해 가는

2차 산업혁명 인프라에 최소한의 비용과 대가를 지불하고 빠져나와야 한다는 골치 아픈 문제를 다룰 필요 없이 곧장 3차 산업혁명으로 '도약' 할 수 있다고 주장한다. 이와 같은 점을 염두에 두고 EU는 77개 프로젝트(주로 재생에너지원 개발 및 전력 그리드 확장을 위한 프로젝트)에 3억 7600만 유로를 배정했고, 아직 구체화하지 않은 미래 프로젝트에 추가로 5억 8800만 유로를 할당했다.

EU와 AU의 에너지 파트너십은 구체적인 두 가지 단기 목표를 수립했다. 첫 번째는 적어도 추가적인 1억 명의 아프리카인에게 현대적이고 지속 가능한 에너지 서비스를 제공하는 것이다. 두 번째는 수력으로 1만 메가와트, 풍력으로 5000메가와트를 제공할 수 있는 신규 설비를 구축하고 그 외 다른 재생 가능 에너지 공급을 500메가와트로 확대해 아프리카 대륙의 재생 가능 에너지 사용량을 크게 늘리는 것이다.[17] 아세안과 마찬가지로, 아프리카연합도 분산과 협업을 특징으로 하는 재생 가능 에너지 체제에는 반드시 네트워크화한 대륙 정치 연합이 필요하다는 사실을 점차 깨닫고 있다.

하지만 아프리카에는 중요한 걸림돌이 있다. 사하라 사막 이남의 많은 지역에서는 2차 산업혁명이 일어나지 않았기 때문에, 이와 같은 목표 달성에 필요한 산업에 투입할 기술적 전문가와 직업적 기술이 부족하다는 점이다. 따라서 EU와 AU의 파트너십은 자본 투입과 기술 이전뿐만 아니라 전문적 지식 및 기술 공유도 중요하게 고려해야 한다. 양 대륙 연합 사이에 긴밀한 협력 관계를 구축하여, 아프리카가 3차 산업혁명 인프라를 구축하고 관리할 숙련된 인력을 훈련하고 관련 산업을 성장시키도록 돕는 것이 중요하다. 양 대륙은 아프리카 대륙에 녹색 전력 그리드를 구축하기 위한 공동 에너지 이니셔티브를 추진함으로써 "아프리카와 유럽 사이의 무역과 비즈니스 협력을 위한 완전히 새로운 공간"을 창출하

고 양 대륙을 아우르는 강력한 시장을 형성할 수 있으리라는 희망을 품고 있다.[18]

EU와 AU의 파트너십은 국제사회의 찬사를 받았다. 3차 산업혁명 지지자들은 다음과 같이 설명한다. 1차, 2차 산업혁명은 지구의 특정 지역에서만 발견되는 엘리트 자원인 화석연료에 의존했다. 그러한 에너지 확보를 위해서는 대대적인 군사적 투자와 교묘한 지정학적 전략이 필요했다. 이와 같은 상황은 강력한 북반구 국가의 이익을 채우는 데 유리하게 작용했다. 하지만 재생 가능 에너지는 모든 곳에 존재하며 적도 이남의 개발도상국에 특히 더 풍부하다.

재생 가능 에너지는 광범위하게 분포하기 때문에 개발도상국에서도 선진국과 같이 3차 산업혁명이 일어날 수 있다. 특히 아프리카는 엄청난 재생 가능 에너지 잠재력이 있지만 아직 본격적인 개발에 착수하지도 않은 상태다. 에너지 분석가들은 아프리카의 태양광, 풍력, 수력, 지열, 바이오매스 에너지원을 합치면 전 세계 에너지 수요를 충족하고도 남을 것이라고 말한다. 아프리카의 잠재력을 이끌어 내기 위해서는 적절한 여건을 조성해야 한다. 즉, 개발도상국을 도울 수 있는 재정 지원, 기술 이전, 교육 프로그램 등이 필요하다. EU와 AU의 파트너십은 바로 이러한 요소를 제안했다.

하지만 회의적인 태도로 이러한 구상을 비난하는 사람들도 있다. 그들은 이런 프로젝트가 새로운 '생태식민주의(eco-colonialism)'를 양산할 것이라고 우려한다. 또 사하라 지역의 데저텍 프로젝트가 신종 식민주의의 징조라고 주장한다.[19]

그리고 중앙집중식으로 에너지를 생산하여 수출해야 한다고 주장하는 사람들과 각 지역에서 재생 가능 에너지원으로 전력을 생산하여 분산형 스마트 그리드를 이용해 다른 지역과 공유해야 한다고 주장하는 사람들 사이에 격렬한 논쟁이 진행 중이다. 이는 미국에서 벌어지는 논쟁, 즉 서부에서 풍력 및 태양광 전기를 집중 생산하여 고압전선을 통해 동부에 판매하자는 사람들과 지역별로 재생 가능 에너지원을 이용해 전기를 생산하고 전국적인 분산형 스마트 그리드를 통해 공유하자는 사람들 사이의 논쟁과 비슷하다.

데저텍 지지자들은 "북아프리카의 전력 발전 및 전송에 대규모 투자가 이루어진다면 이후 자연스럽게 지역 산업 발전, 기술 및 지식 이전이 일어날 것이다."라고 주장한다. 일부 아프리카 관리들도 여기에 동의한다. 아프리카연합집행위원회의 인프라 및 에너지 국장인 아부바카리 바바 무사는 데저텍 프로젝트가 EU와 아프리카 모두를 위한 윈윈 전략이라고 말한다. "아프리카에서는 태양광이 부족할 일이 없습니다. 땅도 넉넉하고요. 반면 유럽에는 이런 자원이 부족하지요." 바바 무사는 비슷한 프로젝트가 남아프리카의 칼라하리 사막과 동아프리카의 오가덴 사막에서도 진행될 수 있기를 바란다. 그는 회의적인 비판자들에게 "얼마나 많은 일자리가 새로 생길지, 얼마나 많은 에너지가 생산될지 상상해 보라."라고 말한다.[21]

하지만 훨씬 조심스럽게 접근하는 사람도 있다. 이들은 아프리카에 새로 생기는 일자리가 일시적인 비숙련 노동직에 불과하고, 관련 시설을 짓고 유지하기 위한 숙련된 노동력 대부분은 유럽에서 건너올 것이라는 의심의 눈초리를 보내고 있다. 세계재생가능에너지협회 회장이었고 독일 국회의원을 지낸 고(故) 헤르만 셰어는, 태양광 에너지를 장거리 수송하는 것은 비효율적이며 많은 돈이 낭비되므로 대신 아프리카는 아프리카를 위한 재생 가능 에너지 생산에 집중해야 한다고 주장했다. 그린피스(Greenpeace)는 중도적인 입장을 견지한다. 그린피스의 국제재생가능에너지국장인 스벤 테스케는 데저텍을 지지하지만, 아프리카 대륙 전

체에 지역별 재생 가능 에너지 생산 이니셔티브도 함께 추진해야 한다는 단서를 덧붙인다.[22]

전 세계적으로 재생 가능 에너지 생산방식을 둘러싼 '중앙집중형 대 분산형' 논쟁이 심화되고 있다. 나는 부분적으로 태양광, 풍력, 수력, 지열, 바이오매스 에너지 생산에 중앙집중형 방식을 채택하는 것에 반대하지 않는다. 하지만 그런 에너지는 3차 산업혁명 경제를 구동하기 위해 생산하는 재생 가능 에너지의 작은 부분에 불과할 가능성이 높다. 재생 가능 에너지는 특성상 모든 곳에 존재한다. 따라서 새로운 분산형 커뮤니케이션 기술을 활용하면 그 에너지를 각 지역에서 활용하고 저장하며 각 대륙으로 연결된 지능형 전력 네트워크를 통해 배분할 수 있다. 많은 분산형 에너지를 더욱 효율적이고 저렴하게 생산하는 방식에는 에너지원 활용에 대한 종래의 중앙집중형 접근법보다 훨씬 커다란 잠재력이 담겨 있다.

이미 개발도상국 세계는 수평적 전력 및 권력에 따라 변화하고 있다. 중앙집중형 전력망 체계에서는 전기를 얻을 수 없었던 아프리카 외딴 지역에도 이제는 전기가 들어간다. 그리고 휴대전화의 보급이 초기 3차 산업혁명 인프라 개발을 촉진하는 데 도움이 된 것은 물론이다.

가축이나 남는 곡물 등을 팔아서 돈을 긁어모아 휴대전화를 장만하는 아프리카의 시골 가구가 급속하게 늘어났다. 사람들은 휴대전화를 개인 통신뿐만 아니라 상업적 목적에도 사용한다. 도시와 달리 은행이 가깝지 않은 시골 지역에서는 많은 사람이 소액 이체를 휴대전화로 한다. 문제는 자신이 사는 지역에 전기가 들어오지 않아서 배터리 충전을 하려고 전기가 있는 시내까지 걸어가야 한다는 점이다.

엘리자베스 로즌솔은 《뉴욕 타임스》에 케냐에 사는 어느 시골 여성의 이야기를 소개했다. 이 여인은 일주일에 한 번씩 3킬로미터를 걸어서

오토바이 택시를 타는 곳까지 갔다. 그리고 그걸 타고 세 시간을 더 가서 시내에 도착했다. 30센트를 내고 휴대전화 배터리를 충전하기 위해서였다. 얼마 전 그녀의 가족은 가축을 팔아서 80달러짜리 태양광 발전 시스템을 장만했다. 지금은 태양광 발전 패널이 양철 지붕 위에 설치되어 있으며, 이것 덕분에 휴대전화 배터리 충전은 물론 집 안의 전등도 네 개나 켤 수 있다.[23] 아직 정확한 통계자료가 나와 있지는 않지만 아프리카의 많은 가정이 태양광 패널을 설치했다. 분석가들은 수많은 가구가 3차 산업혁명 이행에 동참하면서 태양광 패널 설치가 빠르게 늘어날 것이라고 전망한다. 현재 아프리카에서 벌어지는 상황은, 많은 가정이 전기도 없던 시대에서 곧장 3차 산업혁명 시대로 도약하는 역사적인 변화가 도래할 것임을 암시한다.

태양광 설비 이외에도 여러 녹색 초소형 발전 기술들이 속속 나타나고 있다. 소형 바이오가스 체임버(biogas chamber)는 소의 배설물로 전기와 연료를 만드는 장치다. 겨를 사용해 전기를 만드는 작은 발전 장치도 있고, 지역 개울을 이용하는 소규모 수력발전 댐도 있다. 아직 갖추지 못한 것은 분산형 스마트 전력 그리드다. 이 그리드가 있어야 개별적인 미니 발전 시설들이 다른 지역의 발전 시설과 전력을 공유할 수 있다. 수많은 가구가 현장에서 재생 가능 에너지원으로 전기를 생산하기 시작하면 아마 그러한 변화도 조만간 일어날 것이다. 세계에서 가장 가난한 지역에서 에너지의 민주화가 시작된다.

남미국가연합

남미연합은 대륙화의 후발 주자에 속한다. 남미국가연합 창설 이전에 두 개의 연합이 먼저 설립되었다. 하나는 1969년 볼리비아·칠레·콜롬비아·에콰도르·페루를 회원국으로 하여 설립된 안데스공동체(Andean Community of Nations)이고, 다른 하나는 1991년에 브라질·파라과이·우루과이·아르헨티나를 회원국으로 하여 설립된 남미공동시장(Mercosur)이다. 이 두 개의 연합은 모두 공동 자유무역 지대를 만든다는 목표로 창설되었다.

2008년 5월, 남아메리카 12개국 정상들은 남미국가연합(Union of South American Nations, UNASUR)의 공식 출범을 선언했다. 기존의 두 관세 동맹인 남미공동시장과 안데스공동체를 흡수하는 이 연합에는 가이아나, 수리남, 베네수엘라도 합류했다. 남미국가연합의 회원국을 합치면 면적이 1770만 제곱킬로미터이고 인구는 3억 8800만 명이며 전체 GDP는 4조 달러에 이른다. 이제 갓 태동한 남미국가연합은 공동방위 체제를 이룰 것이다. 2010년, 남미국가연합의 초대 사무총장으로 전 아르헨티나 대통령인 네스토르 키르치네르가 선출되었으나 얼마 후 사망했다. 현재 사무총장은 콜롬비아 외교장관을 지낸 마리아 엠마 메히아 벨레즈다. 회원국은 남미의회를 설립하고 단일 여권을 발행하고 공동 통화를 만들기로 합의했으며 2014년까지 통합된 단일 시장을 만드는 작업을 추진하기로 뜻을 모았다.

남미국가연합 설립 조약에서는 에너지 문제를 최우선 과제로 삼았으며 에너지와 전기 공유를 위한 대륙 인프라 구축을 결의했다. 2007년 4월 남미 12개국 정상이 합의하여 설립한 남미에너지협의회는 UNASUR의 공식 구성기관이 되었으며 남미 에너지 전략 개발을 책임지고 있다. 남미에너지협의회는 남미 대륙의 풍부한 재생 가능 에너지를 개발하는 것을 우선순위에 두었다. "주요 에너지원의 다양화, 에너지 안보, 광범위한 에너지 접근성 촉진, 환경보호 등에서 재생 가능 에너지

가 중요한 역할을 하기 때문"이다.[24]

사실 많은 남미 국가는 화석연료에서 벗어나기 위해 그리 많은 노력을 기울이지는 않았다. 다만 남미의 경제 최강국인 브라질은 예외다. 브라질은 전력의 84퍼센트를 수력발전으로 생산한다. 또 교통수단에 이용하는 휘발유에 국내산 에탄올 20~25퍼센트를 혼합하여 사용한다.[25] 수력발전과 식물성 에탄올에 크게 의존하는 브라질은 세계에서 가장 앞서가는 재생 가능 에너지 경제사회에 속한다.

하지만 재생 가능 에너지에 대한 브라질의 적극적인 태도가 변할 가능성도 있다. 최근 브라질 인근 해역에서 엄청난 매장량의 유전이 발견되면서 브라질도 세계 주요 산유국 대열에 들어섰기 때문이다.(현재 세계 12위 산유국이다.) 국내적으로나 국제적으로나 브라질의 에너지 정책이 계속해서 3차 산업혁명 방향으로 움직일지 아니면 구시대적인 석유 문화로 뒷걸음질 칠지는 앞으로 두고 볼 일이다.[26]

브라질의 수력발전 용량이 미래에 어떤 방향으로 나아갈지도 미지수다. 물은 물론 재생 가능한 자원이지만 지구온난화가 지구상의 물 순환에 격심한 변동을 일으켜, 홍수의 규모가 갈수록 더욱 커지고 가뭄의 지속 기간 또한 길어지고 있다. 수력발전의 주요 원천인 아마존 강은 기후변화로 인한 가뭄의 영향을 받는 세계적인 지역 중 하나다. 2001년 브라질은 기록적인 극심한 가뭄을 경험했으며 당시 수력발전량이 현저히 감소했다. 그 결과 2001년 브라질에서는 절전 운동이 일어났을 뿐만 아니라 대규모 정전 사태도 일어났다.

향후 더 심각한 가뭄이 발생하면 사탕수수 수확량이 감소하여 에탄올 가격은 상승할 것이다. 하지만 브라질은 아직 개발되지 않은 풍부한 태양에너지를 갖고 있다. 따라서 이를 충분히 개발한다면 전력 생산을 보충할 수 있을 것이다.

베네수엘라도 상당히 이례적인 경우다. 이 나라는 풍부한 중유(重油)를 보유한, 세계 9위의 석유 수출국이다. 베네수엘라 대통령 우고 차베스는 지정학적 무대에서 자신의 이념적 어젠다를 촉진하고 국내에서는 그만의 독특한 포퓰리즘 사회주의 건설을 증진하기 위해 풍부한 석유 자원을 전략적으로 활용했다. 베네수엘라 GDP의 약 30퍼센트가 석유 산업에서 창출되는 점을 감안할 때, 차베스가 재생 가능 에너지와 3차 산업혁명으로의 이행을 지지할 것이라고 상상하기는 힘들다.[27] 하지만 불확실성이 표준이 되어 버린 오늘날과 같은 세상에서는 정치적 행동 방향이나 정책 결정들도 쉽사리 예측하기란 어렵다.

2006년 9월 17일, 나는 아내와 함께 아침 식탁에《뉴욕 타임스》를 펼쳐 놓고 앉았다. '아이디어와 트렌드'라는 섹션을 펼치니 한 페이지 전체에 우고 차베스의 애독서 목록을 소개해 놓았다. 활기 넘치는 지도자의 내면을 탐구해 그의 사고방식을 파악하려는 의도가 담긴 듯했다. 나는 그의 애독서 목록을 눈으로 훑어 내려갔다. 빅토르 위고의『레미제라블』, 미겔 데 세르반테스의『돈키호테』, 마이클 무어의『이봐, 내 나라를 돌려줘』, 프리초프 카프라의『새로운 과학과 문명의 전환』, 존 케네스 갤브레이스의『갤브레이스에게 듣는 경제의 진실』, 제러미 리프킨의『수소 혁명』등이었다. 나는 눈을 씻고 다시 보았다. 나는 차베스 대통령을 한번도 만난 적이 없고 서신을 주고받은 적도 없었다. 그가 왜 내 책을 애독하는지 그 이유가 적혀 있을까 싶어 다시 기사를 살펴보았다.『수소 혁명』은 그가 통치하는 베네수엘라 경제에 생명줄이라 할 만한 석유 시대의 종말에 관한 책이 아니던가. 차베스는 쿠바 대통령 피델 카스트로가『수소 혁명』을 강력히 추천하여 읽게 되었다고 밝히고 있었다.(나는 피델 카스트로 역시 만난 적이 없다.)

보도에 따르면 차베스는 2006년 7월, 이란 공식 방문 중에 행한 연설에서 석유 시대 다음에 등장할 완전히 다른 에너지 미래를 준비해야 한다고 경고했다. 그는 『수소 혁명』의 내용을 인용하면서 "이 책은 더 이상 가설이 아닌 확실한 사실을 토대로 한다. ……그것은 바로 언젠가 석유가 바닥날 것이라는 점이다."라고 말했다.[28] 사실 중동의 노련한 석유업자들 앞에서 나 같은 미국인의 책을 언급하며 피크 오일(peak oil: 국제 석유 생산량이 최고점에 이르러 그 이후부터는 생산 속도가 줄어드는 시점 — 옮긴이)에 관한 이론을 설명하고 그들이 이미 뼛속 깊이 알고 있는 얘기를 늘어놓을 필요는 없었다. 중동에는 이런 말이 있다. "내 할아버지는 낙타를 탔고 아버지는 차를 몰았고 나는 제트기를 타고 다니지. 그리고 내 손자는 다시 낙타를 탈 거야."

하지만 반드시 낙타로 돌아갈 필요는 없다. 중동과 북아프리카의 사막은 세계 그 어느 지역보다도 1제곱센티미터당 개발 가능한 태양에너지가 많다. 사실 그것은 모래 아래 땅속 깊은 곳에서 지금까지 추출한 석유를 전부 합친 것보다도 더 커다란 잠재 에너지다. 세계 5위 석유 생산 국가인 아랍에미리트는 이미 석유 후 시대를 준비하고 있다. 아부다비는 사막 위에 자리 잡을 새로운 도시의 건설에 수십억 달러를 투자하고 있다. 마스다르(Masdar)라고 불리는 이 도시는 오로지 태양광과 풍력, 여타 형태의 재생 가능 에너지에만 의존하는 진정한 탄소 후 도시가 될 것이다. 3차 산업혁명을 실현하는 도심 공간, 즉 모든 대륙과 연결된 분산 네트워크상의 수많은 교점 도시 가운데 첫 번째가 되는 것이다. 나는 2009년에 마스다르를 방문했다. 당시는 엔지니어와 건축가들이 첫 번째 빌딩을 올리는 중이었는데, 그것은 내가 여태껏 한번도 본 적이 없는 형태의 구조물이었다. 설계 방식, 건축자재, 외관 등 어느 모로 봐도 마치 미래 모습을 그린 영화를 현실로 옮겨 놓은 것 같았다. 너무 놀라서 숨이 멎는 듯했다.

앞서 언급한 차베스의 연설에서 귀담아 들어야 할 점은 무엇일까? 바로 이것이다. 지금 당장 3차 산업혁명 경제로 이행을 시작하라. 석유 꼭지가 마를 때까지 기다리지 말라. 기다리면 그때는 너무 늦을 것이다.

나는 2002년 여름에도 역시 전혀 뜻밖의 인물에게서 똑같은 의견을 들었다. 그는 세계적인 석유회사의 CEO였다. 당시 나와 아내는 멕시코의 바하칼리포르니아 반도 남단에 위치한 로스카보스를 방문 중이었다. 그곳에서 태평양 연안국들의 정상이 모이는 아시아태평양경제협력체(Asia-Pacific Economic Cooperation, APEC) 정상회의가 열리고 있었다. (CEO 정상회의도 함께 열렸다.) 나는 총회에 패널로 참여했는데, 패널 중에는 멕시코 국영 석유회사 페멕스의 사장인 라울 무뇨스 레오스도 있었다. 당시 멕시코는 세계 5위의 석유 생산국이었다. 그 자리에서 나는 피크 오일의 도래에 관한 의견을 밝힌 뒤 각국 리더에게 탄소 후 경제로의 이행을 준비해야 한다고 촉구했다. 발언을 끝낸 후, 나는 무뇨스 레오스 사장이 정중한 어조로 내 의견에 반대하며 석유와 관련된 보다 낙천적인 전망을 제시할 것이라고 예상했다. 하지만 내 예상은 빗나갔다. 그는 페멕스의 내부 연구 결과에 따르면 멕시코의 석유 생산이 2010년경이면 피크에 달할 것으로 전망된다고 말했다. 청중은 할 말을 잊었다. 누가 핀이라도 하나 떨어뜨렸다면 홀 전체에 그 소리가 들렸을 것이다. 잠시 후 한 멕시코 기업 리더가 일어나더니, 페멕스의 석유 수익이 멕시코의 GDP 및 정부 재정수입에서 상당 부분을 차지한다는 점을 감안할 때 그런 전망이 멕시코의 미래에 무엇을 시사하는지를 물었다.

무뇨스 레오스는 신중하게 대답했다. 그는 멕시코를 비롯해 전 세계가 지금 당장 새로운 재생 가능 에너지 시대를 준비해야 한다는 내 의견에 동의한다고 말했다. 그러면서 멕시코가 택해야 하는 최선의 길은 현재 석유 수익의 상당 부분을 떼어 내 재생 가능 에너지 경제 시스템을 위한 인프라 구축에 투자하는 것이라고 설명했다. 또 멕시코는 연중 내내 일사량이 풍부하고 바람도 충분하므로 재생 가능 에너지원이 풍부하다는 점을 청중에게 환기시켰다.

그다음 해에 나는 멕시코 연방 정부 에너지부의 초청을 받았다. 페멕스를 재생 가능 에너지에 주력하는 방향으로 변화시키고 3차 산업혁명 다섯 가지 핵심 요소와 관련된 영역에 투자하는 문제를 논의하기 위해서였다. 내가 아는 바로 그 회의는 별다른 성과를 도출하지 못했다. 무뇨스 레오스는 이후 페멕스를 떠났다. 하지만 석유 수입국이든 수출국이든 할 것 없이 모든 나라는 그의 선견지명에 주의를 기울일 필요가 있다. 2차 산업혁명 시대의 남은 시간은 계속 줄어들고 있다. 그리고 동시에 3차 산업혁명 인프라를 구축할 시간도 조금씩 줄어들고 있다.

나는 한때 석유 강국이었던 미국도 1970년대 초에 석유 생산의 정점을 찍었다는 사실을 다시금 떠올린다. 그 이후 미국은 경제를 지탱하기 위해 값비싼 수입 석유에 점점 더 의존했다. 무뇨스 레오스 사장이나 베네수엘라 차베스 대통령과 마찬가지로, 지미 카터 미국 전 대통령도 이미 30여 년 전에 석유의 대안이 필요하다는 사실을 미국 국민에게 일깨우려고 노력했다.

이란 혁명이 촉발한 혼란 때문에 이란의 석유 공급이 거의 중단되어 2차 오일쇼크의 어둠이 세계를 뒤덮었던 1979년, 석유가 부족했던 미국에서는 주유소마다 기름을 구하려는 차들이 몇 블록씩 줄을 이었다. 이는 1973년 1차 오일쇼크 때 벌어진 상황과 유사했다. 미국인은 분노했으며 자신들이 통제할 수 없는 문제에 대한 해결책을 원했다. 이러한 분위기를 감지한 카터 대통령은 재임 중 가장 중요한 연설을 했다. 하지만 당시에는 이 연설이 미국 국민의 커다란 공감을 이끌어 내지는 못했으며 지금까지도 일부 정치 전문가들에게 조롱의 대상이 되고 있다.

백악관은 이 연설의 제목을 「신뢰의 위기(The Crisis of Confidence)」라고 붙였지만, 언론에서는 이 연설을 「불안의 연설(Malaise Speech)」이라고 불렀다. 30년 이상이 지난 지금 그 연설을 읽어 보면 카터가 얼마나 통찰력이 있었는지 확인할 수 있다. 미국의 해외 석유에 대한 의존도가 갈수록 높아지고 있으며 향후 수십 년간 에너지 가격 또한 계속 오를 것이라는 사실을 카터는 이미 깨닫고 있었다. 카터는 지난 25년간 일어난 일련의 사건이 아메리칸 드림이 지향하는 밝은 미래에 대한 미국인의 믿음을 침식시켰으며 석유 위기가 그런 사건의 정점에 해당한다고 말했다. 케네디 대통령과 그의 동생 로버트 케네디의 암살, 마틴 루서 킹의 암살, 긴 시간 고통스럽게 지속되며 미국을 둘로 갈라놓은 베트남 전쟁, 인플레이션과 실업, 임금 감소 등은 미국인의 정신을 갉아먹었고 '신뢰의 위기'를 불러왔다. 그리고 주유소에 길게 늘어선 줄, 휘발유와 석유 관련 제품 및 서비스의 가격 상승은 신뢰의 위기를 더욱 악화시켰으며 미국을 희망의 나라에서 절망의 나라로 바꾸었다.

카터 대통령은 에너지 독립을 쟁취하고 미국을 다시 궤도 위에 올려놓아 미래에 대한 믿음을 회복하기 위한 노력에 동참해 달라고 국민에게 호소하면서 이렇게 말했다.

"에너지는 우리나라가 하나로 단결할 수 있는지 검증하는 중요한 요소이며, 우리의 결집을 위한 구심점이 될 것입니다. 에너지 전장(戰場)에서 우리는 조국을 위해 새로운 신뢰를 확립할 수 있으며 우리의 공동 운명에 대한 통제권을 다시 되찾을 것입니다."[29]

카터 대통령은 모범을 보이기 위해 미국 대통령으로서는 처음으로 백악관 지붕에 태양광전지판을 설치했으며 백악관 내의 생활공간에 장작 난로를 놓았다. 또 1980년대 말까지 수입 석유 의존도를 절반으로 낮추고, 에너지 절약을 정착시키고, 대체 연료 자원을 개발하겠다는 대담한 새 계획을 발표했다. 그는 미국이 "2000년까지 전체 에너지의 20퍼센트를 태양광에서 얻도록 만든다는 중요한 목표를 달성"할 수 있도록 솔라 뱅크(solar bank)를 만들기 위한 입법을 제안했다. 또한 국민에게 실내 온도를 낮추고 카풀을 활용하며 대중교통을 이용하라고 부탁했다. 그는 마치 2차 세계대전 당시의 전시생산국(War Production Board)과 같은 느낌을 주는 에너지위원회를 소집했다. 전국적 동원 체제를 감독하고 에너지 독립 전쟁에서 이기기 위해서였다.[30]

하지만 국제 유가가 떨어지자 미국 기업과 대중은 카터가 외친 에너지 이니셔티브에 흥미를 잃어버렸다. 카터의 후임인 로널드 레이건 대통령은 백악관 지붕의 태양광전지판을 철거했고 장작 난로도 치워 버렸다. 미국은 다시 예전 방식으로 돌아갔다. 기름을 많이 먹는 대형 자동차를 구입했고, 소비자 주도형의 낭비적인 생활방식을 유지하기 위해 훨씬 더 많은 에너지를 사용했다.

카터의 경고는 그 후 10년간 미국 대중의 마음에서 잊혀졌다. 하지만 세계경제의 거대한 변화는 조금씩이나마 북미 대륙화의 첫걸음을 위한 토대를 놓았다. 이때도 역시 에너지는 중요한 역할을 담당했다.

준(準)북미연합

1990년과 1991년에 경기가 침체하자 미국의 관심은 경제 회복에 쏠렸다. 워싱턴에서는 공화당이나 민주당 할 것 없이 경제성장과 일자리를 다시 늘리기 위한 최선의 방법으로 세계화, 무역 장벽 제거, 시장규제 완화를 지지했다. 이에 조지 부시 대통령은 선도적으로 캐나다, 멕시코와 함께 북미자유무역협정(NAFTA)을 성공적으로 체결했다. 일부 정치

논평가들은 NAFTA가 북미 정치 연합을 설립하기 위한 사전 작업이 아닌지 의심했지만, 부시 대통령은 이 협정에는 EU 같은 정치 연합을 형성하려는 의도는 담겨 있지 않다고 선언했다. 세 나라는 각국의 상호 경제적 이익을 증진하기 위한 경제 구역을 만든다는 목적에 집중했다.

NAFTA 결성 초기부터 에너지 정책은 핵심 사안이었다. 하지만 그 초점은 석탄, 석유, 천연가스, 우라늄 같은 전통적인 에너지에 맞췄다. 적어도 미국 입장에서는 그럴 만한 이유가 있었다. 북쪽의 캐나다는 세계 6위의 산유국이고 남쪽의 멕시코는 세계 7위 산유국이다. 주요 산유국들 사이에 위치한 미국으로서는 자국의 에너지 안보를 위해 NAFTA를 이용하고 싶었을 만도 하다.

캐나다가 미국 석유 수입의 21퍼센트를 차지하는 원유 및 정유 최대 공급국이라는 사실을 아는 미국인은 별로 없다.[31] 캐나다는 사우디아라비아 다음으로 석유 매장량이 많다. 또한 캐나다는 미국의 천연가스 수입량의 90퍼센트를 공급하며 전체 소비량의 15퍼센트를 책임진다. 동시에 캐나다는 세계 최대의 고품질 우라늄 매장량을 자랑하며, 2008년 기준 세계 우라늄 생산량의 20퍼센트를 차지하는 주요 생산국이다. 미국 원자력발전소에서 사용하는 우라늄 가운데 3분의 1은 캐나다에서 채굴되었다.[32] 아울러 캐나다와 미국은 통합 전력 그리드를 공유한다. 이러한 요인을 감안할 때 캐나다는 미국 경제의 안정적 구동에 반드시 필요한 존재이자 가장 중요한 무역 파트너다.

하지만 NAFTA의 체결로 캐나다가 미국의 소중한 파트너가 되는 것인지, 아니면 미국의 유용한 부속물 국가가 되는 것인지 물음표를 던지는 캐나다인이 늘어나고 있다. 많은 캐나다인이 NAFTA 강화에 강하게 반대한다. 그들은 캐나다가 이미 미국 경제에 흡수되고 있어 정치적 자주권을 잃어 간다고 주장한다. 또한 캐나다인은 NAFTA의 체결로 캐나다가 지배적인 미국 이데올로기를 따라가야 하는 것은 아닌지 우려한다. 미국적 이데올로기는 캐나다인이 깊이 중시하는 문화적 · 사회적 가치와 많은 부분에서 어울리지 않기 때문이다. 캐나다인이 두려워하는 바는 새로운 '대륙주의(continentalism)'가 기실은 북위 49도선에 놓인 국경을 지워 버리는 것을 우회적으로 표현한 말이 아닌가 하는 점이다. 간단히 말해, NAFTA가 미국이 캐나다의 풍부한 자원을 쥐고 흔들며 캐나다 국민을 미국적 이미지에 맞게 개조하려는 의도를 지닌, 21세기식 최첨단 미국 식민주의의 가면이 아니냐는 것이다.

획일적인 대륙주의 접근 방식에 반대하는 사람들은, 캐나다의 대미 수출 의존도가 너무 높아서(현재 캐나다 수출의 73퍼센트가 남쪽으로 향한다.) 결국 미국이 제시하는 경제적·정치적 조건을 캐나다가 무조건 받아들일 수밖에 없을지도 모른다고 우려한다.[33] 때문에 캐나다 내의 NAFTA 비판자들은 국내시장의 탄탄한 성장과 미국 이외의 나라와 해외 무역을 활성화할 수 있는 무역·투자·재정 정책을 세워야 한다고 주장한다. 또 캐나다 산업을 미국의 보호주의로부터 지켜 낼 정책 개혁과 현재의 대미 무역 불균형을 시정할 수 있는 조치를 마련하는 것이 시급하다고 목소리를 높인다.

일반 대중의 관심이 NAFTA의 혜택과 문제점에 집중되어 있는 동안 정치적으로는 또 다른 형태의 대륙 재편성이 조용히 시작되고 있었다. 지난 20년간 가속화되어 온 이 재편성은 북미의 정치적 지도를 다시 그릴 수 있는 잠재력을 지녔다. 캐나다 전 외무장관인 로이드 액스워디는 1990년대에 지역 간, 국가 간, 대륙 내 네트워크가 거미줄처럼 형성되었다고 말한다. 미국은 전통적으로 각 주의 주권이 강하기 때문에 대개 주 자체적으로 경제 협약을 자유롭게 결정한다. 1990년대 국경 주변의 미국 주 정부와 캐나다 주 정부는 눈에 띄게 연대를 강화했다. 1999년 당시 캐나다 온타리오 주지사였던 마이크 해리스는 캐나다와 국경을 접한 미국 주의 주지사들 앞에서 한 연설에서 이렇게 말했다. "우리에게는 캐나다의 많은 다른 지역보다 여러분이 더욱 강력한 동맹입니다. 이러한 사실은 캐나다 정부가 생각하는 것보다 훨씬 중요한 의미를 지닙니다." 국경을 사이에 둔 지역 간의 경제 관계는 수십 년에 걸쳐 발전해 왔다.

이와 같은 경제적 연대에 따라 정치적 연대도 공고해졌다. 현재 대서양 연안에서 태평양 연안에 걸친 지역의 캐나다와 미국 주지사들은 서로의 경제적·환경적 어젠다를 진전시키고 통합하기 위해 협력하고 있다. 사실 여러 측면에서 볼 때, 미국 북동부, 미드웨스트 북부 지역, 태평양 연안의 주들과 캐나다 주들 사이의 정치적 공조는 각 주들이 자국 내의 다른 지역과 맺는 전통적인 정치 관계보다 더 밀접해지기 시작했다.

1973년에 결성된 뉴잉글랜드 및 캐나다 동부 주지사 회담(Conference of New England Governors and Eastern Canadian Premiers, NEG/ECP)에서는 그동안 지역적·초국가적 접근법을 모색하기 위해 꾸준히 노력했다. NEG/ECP를 구성하는 미국 6개 주와 캐나다 5개 주는 코네티컷, 메인, 매사추세츠, 뉴햄프셔, 버몬트, 로드아일랜드와 퀘벡, 뉴펀들랜드래브라도, 노바스코샤, 뉴브런즈윅, 프린스에드워드아일랜드다. 이곳의 주지사들은 매년 만나 공통의 관심사를 논의한다. 매년 회담을 개최하기 1년 전부터 주 정부 관리들이 만나서 정책을 수행하고 워크숍을 조직하며 지역에 영향을 줄 수 있는 이슈에 대한 연구서 및 보고서 등을 준비한다. 이 회담은 많은 성과를 낳았는데, "주들 간에 경제적 연대 강화, 에너지 교환 장려, 환경적 이슈 및 지속 가능한 개발에 대한 강력한 지지, 그리고 교통이나 삼림 관리, 관광, 소규모 농업, 어업 등과 같은 부문의 다양한 정책 및 프로그램 조율" 등이다.[34]

NEG/ECP와 유사한 또 다른 초국가적 정치 협의체가 있다. 브리티시컬럼비아, 앨버타, 유콘테리토리, 워싱턴, 오리건, 아이다호, 몬태나, 알래스카 등으로 구성된 태평양북서경제지역(Pacific Northwest Economic Region, PNWER)이다. 1991년에 설립된 PNWER의 목적은 "이 지역 모든 시민을 위해 경제 안정을 실현하고 삶의 질을 향상하는 것"이다.[35]

동부 지역의 연합 못지않게 PNWER도 농업, 환경 기술, 삼림 육성, 정부조달, 재활용, 전기통신, 관광, 무역 및 금융, 교통 등의 분야에서 활발하게 조화와 협력을 도모하고 있다. PNWER 산하 소위원회에서는 지속 가능 개발의 베스트 프랙티스들에 주목하면서 지역 에너지 전략을 모색하는 한편 치솟는 의료 비용을 낮출 방법을 찾고 있다. 또 국경 보안 강화 문제, 해외투자 확대, 노동력 개발에 대한 정보 공유 등에도 노력을 기울인다.

이와 같은 초국가적 정치 그룹들은 북미 통치에 새로운 장이 열리고 있음을 시사한다. 캐나다와 미국의 주들은 각자의 강력한 자산으로 파트너십에 기여할 수 있기 때문이다. 초국가적 정치 지역들이 반(半)자치적인 지역으로 변화하기 위해서는 에너지 안보가 반드시 필요하며, 캐나다의 방대한 재생 가능 에너지는 이를 실현하는 데 기여할 수 있다. 또한 캐나다는 고급 인력과 상대적으로 저렴한 생산 비용을 자랑한다. 예를 들어 미국 고용주는 생산 시설을 캐나다에 짓거나 캐나다 회사에 아웃소싱을 함으로써 의료 비용을 절감한다. 캐나다 노동자들은 국가의료보험제도의 혜택을 받기 때문이다.

아울러 국경에 인접한 미국 주에는 세계 최고의 대학과 연구 시설이 있다. 이제 움트는 대륙 내 파트너십이 최첨단 상업 발전에서 다른 지역보다 우위에 설 수 있는 여건을 갖춘 셈이다.

북미의 국경 인접 지역 간의 파트너십은 EU 내 지역들 사이에 형성되는 협력 관계와 유사하다. 또 같은 대륙 내의 국가가 통상 교역 관련 국경 규제를 완화하고 보다 커다란 상업 무역 지대를(또는 성숙한 대륙 정치 연합을) 형성하기 시작할 때 나타날 수 있는 파트너십과도 닮은 면이 있다.

이번 장의 앞부분에서 말했듯이, 대륙화는 국가 관계를 수평적으로 변화시키고, 각 지역이 국경을 넘어 과거와는 다른 완전히 새로운 방식으로 연결될 수 있게 만든다. 이는 새로운 경제적 기회를 창출할 뿐만 아니라 문화적·정치적으로도 새로운 정체성이 탄생할 수 있다. 적절한 사례가 있다. 올림픽게임 유치 경쟁만큼 애국심을 강렬하게 발휘하는 예도 드물다. 밴쿠버가 2010년 동계올림픽을 유치하려고 노력했을 때 태평양북서경제지역(PNWER)에 속한 모든 주가 지원하고 나섰다. 미국의 다른 지역에 모종의 반감을 초래한 것은 물론이다.

대륙화 작업을 진행하는 모든 지역이 3차 산업혁명 녹색 인프라를구축하기 위해 서로 협력한다는 사실은 놀라운 일이 아니다. 엘리트 화석연료 에너지를 언제나 중앙집중식으로 개발하고 하향식으로 분배했다면, 재생 가능 에너지는 대개 지역별로 개발해서 인접 지역 사이에 수평적으로 공유하는 것이 최선의 방법이다.

태평양 연안 북서부 지역에서는 BCTC(British Columbia Transmission Corporation), 아비스타 유틸리티(Avista Utility), 캘리포니아의 PG&E(Pacific Gas and Electric Company)가 공동으로 송전선 구축 작업을 진행할 계획이다. 이들이 구상하는 송전선은 브리티시컬럼비아 남동부에서 북부 캘리포니아까지 1600킬로미터에 이르며 3000메가와트의 전력을 보낼 수 있는 규모다. 지역별로 개발한 재생 가능 에너지는 전체 송전선을 따라 전력 그리드에 업로드될 것이다. 이 전력 가운데 많은 부분을 브리티시컬럼비아의 풍부한 풍력, 바이오매스, 소형 수력발전, 지열을 이용해 생산할 예정이다.

태평양 연안 북서부 지역을 하나의 정치 공간으로 간주하는 것이 그렇게 엉뚱한 발상은 아니다. 사실 이 지역은 국경이 생기기 이전에 공동의 역사가 있었고 이곳 사람들의 마음속에는 아직도 그런 역사에 대한 기억과 감정이 남아 있다. 이곳 지역민이 자신을 캐스케디아(Cascadia)의 일부로 생각하는 것은 이상한 일이 아니다. 캐스케디아는 알래스카, 유콘, 브리티시컬럼비아, 앨버타, 워싱턴, 오리건, 몬태나, 아이다호를 포함하는, 어느 정도는 관념 속에 존재하는 지역이다. 이 지역은 같은 지형으로 묶인 데다 공유된 생태계, 토착민의 이주 패턴, 유럽인 정착 등의 측면에서 공동의 역사를 공유한다. 과거 토머스 제퍼슨은 루이지애나 구입지(Louisiana Purchase: 1803년 미국이 프랑스로부터 매입한 미국 중앙부의 넓은 지역 — 옮긴이) 서쪽에 있는 이 지역이 장차 독립국이 될 가능성이 있다고 생각했다.

캐스케디아라는 개념은 유토피아를 꿈꾸는 사람들의 마음속에 깊이 자리 잡았으며 역사 속 민간 설화에도 자주 등장했다. 만약 캐스케디아 지역에 캘리포니아가 포함된다면(북부 캘리포니아의 많은 주민은 자신을 캐스케디아의 구성원이라고 믿는다.) 이 지역은 인구 6000만 명과 GDP 2조 달러로 중국 경제와 맞먹는 규모가 된다.

태평양북서경제지역은 이미 캐스케디아 지역의 많은 부분을 망라하며 지역 지도자들도 이 점을 기억한다. 2007년 브리티시컬럼비아 주지사인 콜린 캠벨이 이 지역의 엄청난 경제적·사회적 잠재력에 대해 설명하면서 "내 생각에 캐스케디아라고 불리는 지역은 본래 강한 매력을 지닌 것 같습니다."라고 말했을 정도다.[36] 이 지역 사람들은 북미에서 환경에 관해 가장 민감한 편이다. 때문에 캠벨은 국경 근처의 지방자치체들이 협력하여 기후변화에 대처하기 위해 공동 탄소 거래 시장을 조성해야 한다고 주장했다. 그해에 브리티시컬럼비아와 매니토바 주는 캘리포니아의 아널드 슈워제네거 주지사 및 다른 주들과 협력하여 서부기후 이니셔티브에 서명했다. 이것은 탄소 배출 총량 제한 및 배출권 거래 프로그램을 이행하기 위한 협력의 첫걸음이었다.

NEG/ECP 역시 지역별로 생산한 재생 가능 에너지를 분산형 스마트 그리드 네트워크를 통해 공유한다는 공동 계획을 중심으로 긴밀하게 협력 중이다. 관리 기관들은 3차 산업혁명 인프라의 핵심 요소를 구축하기 위해 신속하게 움직이고 있다. 이 작업을 완료하면 지역 주민은 에너지는 물론 그 이상을 공유할 것이다. 그들은 탄소 후 시대 기업들과 노동력으로 연결된 지역 생물권의 일부가 될 수 있기 때문이다. 또 한 가지 중요한 사실은, 주민들이 국경을 뛰어넘는 확장된 지역사회 안에서 공통의 삶의 질을 공유하고 사실상의 대륙 내 연합을 이룩한다는 사실이다.

미국 메인 주의 주지사 존 발다치는 2008년 NEG/ECP 회의에서 소속 주들이 합의하여 도출한 사명의 역사적 의미를 정확히 포착했다. 당시 회의에는 메인 주 중심부에서 북부까지 34만 5000볼트 송전선을 건설하는 안건이 상정되어 있었다. 그 얼마 전에 완공한 캐나다 뉴브런즈윅의 포인트르프로부터 메인 주 경계까지 이르는 송전선과 연결하기 위해서였다. 이 새로운 고압선이 설치되면 캐나다의 재생 가능 에너지원으로 생산한 전력을 미국 뉴잉글랜드의 전력 그리드로 전달할 수 있다.[37] 이 프로젝트를 지지하면서 발다치 주지사는 회의에 참석한 주지사들에게 이렇게 말했다.

> 뉴잉글랜드와 캐나다 동부는 전력 수요를 충족시키기 위해 풍부한 풍력, 수력, 바이오매스, 조력(潮力)을 이용할 수 있는 독특한 지리적 위치에 있습니다. 그러나 각 지역이 개별적으로 추진한다면 우리의 잠재력을 최대한 발

현할 수 없습니다. ……뉴잉글랜드의 발전(發電) 프로젝트에도 적합하고 동시에 캐나다의 재생 가능 녹색 전기를 미국으로 옮기는 데 필요한 용량도 늘릴 수 있는 송전선을 구축해야 합니다.[38]

각 지역 경제가 3차 산업혁명으로 이행함에 따라 비록 해당 지역이 공공연하게 인정하지는 않지만 대륙 내 새로운 정치 재편성을 진행한다는 사실에는 의문의 여지가 없다. 매사추세츠 주지사 데발 패트릭은 2010년 NEG/ECP 회의에서 다음과 같이 발언했다. "북동부는 북아메리카에서 산업혁명을 시작한 선두적 지역인 만큼, 청정에너지 혁명에서도 역시 세계를 선도할 수 있습니다." 그는 다음과 같이 확신한다고 말했다. "지역 에너지 효율과 관련된 공격적인 목표를 함께 추구하고 재생 가능 에너지 생산을 확대한다면, 우리는 청정에너지 부문의 일자리를 늘리고 에너지 안보를 강화하며 동시에 우리가 숨 쉬는 공기의 질도 개선할 수 있습니다."[39]

여기서 그가 지칭한 '우리'는 대륙 내의 지역적·초국가적 정치 재편을 통해 형성된 연합을 의미한다. 그는 고무적인 연설에서 워싱턴(즉, 연방 정부)을 언급하지는 않았지만 워싱턴을 잊고 있었던 것은 아니었다. 그날 패트릭 주지사를 포함한 11명의 주지사들은 상원 다수당 원내대표인 해리 리드와 의회에 서신을 보내, 미국 서부에 중앙집중형 풍력 및 태양광 발전 단지를 조성하고 거기서 생산된 전력을 고압선으로 동부로 보내는 계획에 대한 반대를 표명했다. 그러한 정책은 동부 현지에서 생산하는 재생 가능 에너지를 이용할 수 있는 잠재력을 '손상시키고' 동부 지역의 경제 발전 가능성을 '억누를' 것이라는 이유에서였다.

지금까지 소개한 초국가적 지역 동맹들의 존재와 활동이 시사하는 바는, 만일 북아메리카에 대륙 연합이 형성되더라도 미국 연방 정부가 그 작업을 시작할 가능성은 낮아 보인다는 점이다. 그보다 북미의 대륙 연합은 국경을 넘나드는 3차 산업혁명 인프라 구축을 동반하는 지역적 정치 재편성으로 인해 태동할 가능성이 크다.

지정학에서 생물권 정치학으로

대륙 간 시대에는 국제 관계가 지정학에서 생물권 정치학으로 서서히 변할 것이다. 앞서도 설명했듯이 생물권이란 바닷속 밑바닥부터 성층권에 이르는 구역으로, 수많은 생물과 지구화학적 과정이 상호작용하면서 이 행성에 생명체를 존속시키는 조건을 형성하는 공간이다.

지구 생물권의 활동에 대해 최근 과학계가 깨달은 바는 우리가 사는 행성에 대한 재발견과 다름이 없다. 물리학, 화학, 생물학, 생태학, 지질학, 기상학 등 다양한 분야의 전문가들은 생물권이 마치 하나의 살아 있는 유기체처럼 작동한다고 생각하기 시작했다. 생물권의 다양한 화학적 흐름과 생물학적 시스템이 무수히 많은 미세한 피드백 루프를 통해 끊임없이 상호작용하고, 이로써 우주 속의 작은 오아시스와 같은 이 행성에서 생명이 번성할 수 있다는 것이다.

지구를 바라보는 이러한 과학자들의 시각 변화는 매우 심오한 의미를 내포하는바, 이것은 근대 과학자들의 시각 변화만큼이나 중요한 의미가 있다. 근대에 이르러 과학자들은 지구를 신의 창조물로 보았던 성서식 사고를 뒤집었다. 대신 그들은 태양이 생성된 후 우주에 남은 잔존물이 모여 원시 지구를 만들었고 그것이 수백억 년 동안 냉각되어 생명체 진화에 도움이 되는 비활성 자원 저장고가 되었다는 이론을 받아들였다. 시간이 흐르면서 생명체가 진화할수록 (적어도 다윈 이론에 대한 흔한 오해에 따르면) 지구의 자원을 확보하기 위한 치열한 경쟁이 일어났고, 모든 종은 각자의 종족을 번식하고 번성시키기 위한 끊임없는 전쟁에 돌입했다.

많은 국가는 모든 생명체가 자기 자신과 자손을 위해 가능한 많은 자원을 차지하려고 서로 싸우는 전쟁터로 자연 세계를 보는 사회다윈주의(Social Darwinism)의 시각을 받아들였다. 또 이러한 시각은 역사 무대 위에서 지정학이라는 형태를 띠고 실행되었다. 1차, 2차 산업혁명의 중심적 에너지인 엘리트 화석연료 및 여타의 중요한 자원을 확보하기 위해 전쟁이 벌어졌고 정치적 경계가 계속해서 다시 그려졌다.

이에 반해 최근 과학계에 나타난 시각은 생명체 진화와 지구화학의 진화를 공동의 창조 과정으로 본다. 그 과정에서 서로 적응하여 지구 생물권 안의 생명이 지속되도록 한다는 것이다. 생태학자는 같은 종들 내의, 그리고 다른 종들 사이의 공생적이고 상조(相助)적인 관계가 경쟁적이고 공격적인 동기 못지않게 모든 유기체의 생존에 기여한다고 주장한다.

엘리트 화석연료에서 분산형 재생 가능 에너지로의 에너지 체제 변화는, 생태학적 사고에 맞는 방향으로 국제 관계에 대한 개념 자체를 다시 정의할 것이다. 3차 산업혁명의 재생 가능 에너지는 그 양이 풍부하고 모든 곳에 존재하며 쉽게 공유할 수 있다. 하지만 지구 생태계에 대한 공동의 협력적인 관리가 필요하다. 따라서 에너지 접근성을 둘러싸고 적대적 행위나 전쟁이 일어날 가능성이 낮으며 오히려 전 세계적으로 협력할 가능성이 더 크다. 다가오는 새로운 시대에 사람들은 생존을 위해 경쟁하기보다는 협력할 것이고 각자의 자립권보다는 소속감을 추구할 것이다. 지구가 상호 의존적인 생태 관계가 겹겹이 쌓여 이루어진 살아 있는 유기체처럼 작동하는 것이라면, 우리의 생존은 우리 모두가 속한 지구 생태계의 안녕을 지키는 데에 달려 있다. 이것이 바로 지속 가능한 발전의 진정한 의미이며 생물권 정치학의 핵심이다.

생물권 정치학은 정치적 풍경의 지각변동을 촉진한다. 사람들이 보다 넓은 시각을 갖고, 공유하는 생물권 내의 글로벌 시민이라는 입장에서 생각하기 시작하기 때문이다. 글로벌 인권 네트워크, 글로벌 의료 네트워크, 글로벌 재난 구조 네트워크, 글로벌 생식질(生殖質) 저장소, 글로벌 푸드뱅크, 글로벌 정보 네트워크, 글로벌 환경 네트워크, 글로벌 종(種) 보호 네트워크 등등은 세계가 전통적 지정학에서 벗어나 이제 막 태동하는 생물권 정치학으로 옮겨가는 역사적 변화를 보여 주는 강력한 신호이다.

인류가 각 대륙 생태계를 연결하는 녹색 에너지를 공유하고 통합된 대륙 경제 안에서 통상 교역을 수행하며 스스로를 대륙 정치 연합의 시민이라고 여기기 시작하면, 자신이 확장된 인류 가족의 일원이라는 의식이 자리 잡을 것이고, 사람들의 공간 지향성은 기존의 지정학에서 보다 포괄적인 생물권 정치학으로 서서히 옮겨 갈 가능성이 높다. 공동의 생물권을 공유하는 법을 배운다는 것은 생물권 의식이 형성된다는 것과 같은 의미다.

이와 같은 종류의 변화를 상상하기가 어려운가? 그렇다면 과거 봉건 영주와 기사들, 농노들은 전국 시장에서 노동력을 파는 자유로운 임금 노동자라는 개념, 그런 노동자들이 특정한 정치적 공간 내에서 자신만의 권리를 지닌 주권자로서 일련의 합의된 권리와 자유, 그리고 국가에 대한 충성을 토대로 긴밀하게 연결된다는 개념이 얼마나 터무니없다고 느꼈을지 생각해 보라.

과거에 일어났던 모든 경제 혁명처럼 3차 산업혁명도 세상이 돌아가는 방식에 대한 기본적 가정을 상당 부분 바꾸어 놓을 것이다. 통치 제도들이 새로운 형태로 변하는 가운데 한편에서는 학문 분야에서도 변화가 일어나고 있다.

내가 펜실베이니아 대학교 워튼 스쿨에서 고전학파 경제 이론 입문 강의를 수강했던 때로부터 거의 50년이 흘렀다. 나는 그때부터 반세기 동안 경제의 작동 방식이 변화하는 과정을 죽 지켜보았다. 이 변화의 대부분은 일반적인 경제학 교과서에 나오지 않는다. 한때 의심의 여지없이 받아들였던 무한 경제성장이라는 가치는 지속 가능한 경제 발전이라는 개념에 자리를 내주기 시작했다. 화석연료를 기반으로 한 1차, 2차 산업혁명의 특징이었던, 경제활동에 대한 전통적인 중앙집권적 하향식 접근법은 3차 산업혁명과 함께 나타나는 분산적·협업적 모델에 도전받고 있다. 지금까지는 시장에서의 소유물 교환이 중요했지만, 오픈 소스 네트워크를 통해 상업적 서비스에 대한 접근을 공유할 수 있게 되면서 그러한 관점 역시 부분적으로 전도되었다. 한때 모든 경제활동의 공간적 배경이었던 국내시장과 국가별 정부는 대륙 시장과 대륙 정부에 자리를 내주고 있다. 그 결과, 오늘날 강의실에서 가르치는 경제학의 상당 부분이 과거를 설명하고 현재를 이해하며 미래를 예측하기에는 점차 부적절해지고 있다.

요즈음 '패러다임의 전환'이라는 표현을 남용하고 있기는 하지만 경제 이론과 관련해서는 이 표현을 사용하는 것이 가장 적절하다. 우리 아이들 세대에는 경제 이론을 이해하는 방식과 경제활동에 대한 주요 가정이 우리 세대와 완전히 다를 것이다. 오늘날 시장 이론가들의 이론이 중세 후반 통상 교역을 지배했던 '공정가격' 이론과 다르듯이 말이다.

언젠가 생화학자 조지프 헨더슨은 이런 말을 했다. "증기기관이 과학에 진 빚보다 과학이 증기기관에 진 빚이 더 많다." 바꿔 말하면, 우리의 추상적인 지적 개념은 기술 응용 과정에서 이미 느끼고 경험한 것을 말로 설명한 것에 불과할 때가 많다. 50년 후에 우리는 뒤를 돌아보면서 3차 산업혁명 기술과 거기에 수반될 경제 이론에 대해 똑같은 말을 할지도 모른다.

3부

협업의 시대

7

애덤 스미스에게서 벗어나라

18세기 후반에 시장의 시대가 동트고 1차 산업혁명과 동시에 세상에는 새로운 학문이 나타났다. 바로 경제학이다. 애덤 스미스, 장바티스트 세를 비롯한 경제학의 선구자들은 석탄을 에너지원으로 하는 증기기관 기술과 공장의 대량생산이 사회에 가져온 새로운 추진력을 설명하려고 시도했다. 이들은 시장의 작동 원리에 대한 이론을 확립하기 위해 물리학이라는 또 다른 분야에서 일련의 지침과 은유를 찾았다.

뉴턴의 법칙과 시장의 자기 조절 기능

역학 운동을 설명하는 아이작 뉴턴 경의 수학적 방법론은 당시 세상 사람들에게 큰 호응을 얻었다. 웬만한 사상가라면 거의 모두 존재의 의

미와 세상의 이치를 설명할 때 뉴턴의 이론을 사용했다.

뉴턴은 이렇게 선언했다. "자연의 모든 현상은 어떤 힘에 의존한다. 아직까지 알려지지 않은 원인에 의한 이 힘 때문에 물체의 입자들은 서로에게 끌려 일정한 형태로 응집하거나 또는 서로 밀어내어 멀어진다." 우리는 누구나 학교에서 뉴턴의 세 가지 법칙을 배운다. 그 내용은 다음과 같다.

> (1) 외부에서 힘이 작용하지 않는 한 정지한 물체는 계속 정지해 있고 운동하는 물체는 계속 일정한 속도로 직선운동을 한다. (2) 물체의 가속도는 작용한 힘의 크기에 비례하며 힘이 작용한 직선 방향으로 일어난다. (3) 힘이 작용하면 언제나 그 힘의 반대 방향으로 같은 크기의 힘이 작용한다.[1]

물리학의 수학적 확실성을 사색의 토대로 삼고 싶었던 애덤 스미스를 비롯한 동시대인들은, 일단 운동을 시작한 우주가 마치 균형 잡힌 거대한 기계 시계처럼 자동으로 움직이듯이 시장도 역시 그렇게 작동한다고 주장했다. 그들은 우주의 제1원동력은 신이지만 시장의 제1원동력은 인간의 타고난 이기심과 그로 인한 경쟁이라고 생각했다. 그래서 중력의 법칙이 우주를 지배하듯이 보이지 않는 손이 시장의 사건을 지배한다고 보았다. 스미스를 비롯한 당시 경제학자들은 "모든 힘의 작용에는 크기가 같고 방향이 반대인 반작용이 존재한다."는 뉴턴의 말에 호응하면서 자기 조절 기능을 지닌 시장도 똑같은 방식으로 작동한다고 주장했다. 공급과 수요가 끊임없이 서로에게 반응하며 재조정된다는 것이다. 재화와 용역에 대한 소비자의 수요가 늘어나면 판매자는 가격을 올릴 것이다. 판매자의 가격이 너무 높으면 수요가 낮아질 테고, 따라서 판매자는 수요를 다시 증가시키기 위해 가격을 낮출 수밖에 없다.

애덤 스미스는 뉴턴이 체계화한 물리학을 "지금껏 인간이 이룩해 낸 것 가운데 최고의 발견"이라고 칭송했고, 고전 경제 이론을 확립하는 과정에서 『프린키피아(*Principia*)』를 비롯한 뉴턴의 저술에 등장하는 은유를 적극적으로 가져와 사용했다.[2]

뉴턴역학을 사용해서 시장의 작동 원리를 이해하려고 할 때 문제점이 발생하는데 그 이유는 뉴턴의 물리학은 오직 속도와 위치만을 설명하기 때문이다. 20세기의 위대한 수학자이자 철학자인 앨프리드 노스 화이트헤드는 언젠가 뉴턴의 기계론적 물질관을 비판하며 이렇게 말했다. 운동하는 물질이라는 문제를 다룰 때 "시공간 속에서 정확한 위치가 의미하는 바를 정하고 나면, 특정한 물체와 시공간의 관계를 말할 때 '그것이 바로 거기에 존재한다.'라고 말하는 것으로 충분하다. 단순정위(simple location: 절대 시공간이나 상대 시공간에 관계없이 물질이 단순히 점유하는 일정한 시공간상의 위치 — 옮긴이)로 접근하는 한 해당 주제에 대해 더 이상 할 말은 없는 것이다."[3]

뉴턴의 운동 법칙은 경제활동의 작동 방식을 이해하는 데에 별로 도움이 되지 않을 뿐만 아니라 경제학이라는 학문의 닻을 내리는 수단으로 쓰기에도 너무 빈약하다. 사실 뉴턴의 법칙은 시간의 흐름과 사건의 비가역성(非可逆性)을 고려하지 않기 때문에 경제활동의 원리를 잘못 이해할 수 있다. 뉴턴의 우주론에 따르면 모든 역학적 과정은 이론적으로 볼 때 가역성을 지닌다. 뉴턴의 계산법에서는 모든 +T에 대해서 반드시 -T가 존재한다. 흔한 예로 언급되는, 테이블 위에서 서로 부딪치는 당구공을 생각해 보자. 뉴턴 물리학에서는 테이블 위에서 일어나는 당구공의 어떤 움직임도 이론상으로 가역적이다. 뉴턴의 운동 법칙은 시간의 흐름을 고려하지 않기 때문이다. 하지만 실제 경제활동은 사건의 비가역성이 특징이다. 에너지와 물질적 자원을 이용하고, 변형하고, 활용하고, 소모하고, 폐기하는 과정들은 되돌릴 수 없다.

에너지 법칙이 모든 경제활동을 지배하는 이유

19세기 후반이 되어 물리학자들이 열역학 제1법칙과 제2법칙(즉, 에너지 법칙들)을 정립한 후에야 경제학자들은 과학적 기반을 토대로 경제활동을 정확히 설명할 수 있었다. 그러나 그 전까지 경제철학은 뉴턴의 기계적 우주 해석에 너무 빠져 있어서 경제학자들은 뉴턴 이론을 떨쳐 낼 수가 없었다. 뉴턴 이론이 대체로 실제 경제활동에 적용하기 힘든 과학적 가정을 토대로 했음에도 말이다.

열역학 제1법칙과 제2법칙은 "우주의 총에너지 합은 일정하며 총엔트로피는 지속적으로 증가한다."고 선언한다. 제1법칙인 '에너지 보존 법칙'에 따르면 에너지는 창조되거나 소멸될 수 없다. 즉, 우주의 에너지 총량은 태초부터 변함없이 유지되었으며 우주의 종말이 올 때까지도 계속 그러하다는 얘기다. 에너지의 양은 고정되어 있지만 에너지의 형태는 계속해서 바뀌는데 언제나 한 방향으로만, 즉 사용 가능한 형태에서 사용 불가능한 형태로 바뀐다. 이쯤에서 열역학 제2법칙이 등장한다. 제2법칙에 따르면 에너지는 언제나 뜨거운 쪽에서 차가운 쪽으로, 고농도에서 저농도로, 질서 있는 상태에서 무질서한 상태로 흐른다.

열역학 제1법칙과 제2법칙이 실제 세계에서 작용하는 방식을 이해하기 위해 석탄 덩어리를 태우는 경우를 생각해 보자. 석탄을 태우면 그 안에 있던 에너지는 하나도 사라지지 않는다. 다만 그 에너지는 이산화탄소, 이산화황 등 여러 기체로 변해서 공중으로 흩어진다. 석탄 연소로 생겨난 에너지는 소멸되지 않지만 흩어진 에너지를 다시 모은 다음 원래의 석탄 덩어리로 만들어 재사용할 수는 없다. 독일의 과학자 루돌프 클라우지우스는 더 이상 사용할 수 없게 된 에너지를 설명하기 위해 1868년에 '엔트로피(entropy)'라는 용어를 만들어 냈다.

클라우지우스는 에너지가 고농도에서 저농도로, 즉 고온에서 저온으로 이동할 때 일이 가능하다는 것을 깨달았다. 예를 들어 증기기관이 작동하는 원리는 기계의 한쪽은 매우 뜨겁고 다른 쪽은 매우 차갑기 때문이다. 에너지가 고온에서 저온으로 움직이면 그 후 일에 사용할 수 있는 에너지는 줄어든다. 벌겋게 단 쇠꼬챙이를 불속에서 꺼내면 바로 식기 시작한다. 뜨거운 꼬챙이 표면의 열이 그보다 차가운 주변으로 흐르기 때문이다. 얼마 후 쇠꼬챙이는 주변의 공기와 같은 온도가 된다. 물리학자는 이것을 '평형상태'라고 부른다. 이 상태에서는 에너지 수준에 차이가 없기 때문에 더 이상 일을 할 수 없다.

그렇다면 곧 이런 의문이 든다. 흩어진 에너지를 재사용할 수는 없는가? 흩어진 에너지의 일부를 재사용할 수 없는 것은 아니다. 하지만 그러려면 재사용 과정에서 추가로 에너지를 사용해야 한다. 추가 에너지를 사용하면 전체 엔트로피도 증가한다.

나는 열역학을 강의할 때마다 지나치게 비관적이 아니냐는 질문을 받는다. 우리의 에너지원인 태양은 앞으로도 수십억 년은 더 탈 것이고 지구상 인류의 필요를 모두 충족시킬 만큼 충분한 에너지를 제공할 테니까 말이다. 맞는 말이다. 하지만 문제는 지구의 다른 에너지원들은 훨씬 제한되어 있기 때문에 생긴다. 화석연료와 금속광물의 형태로 저장되어 있는 에너지가 그렇다. 이런 에너지는 양이 한정되어 있다. 적어도 인류의 생존에 중요한 지질학적 시간대에서는 분명 그러하다.

물리학자들은 열역학 관점에서 보면 지구가 태양과 우주에 대해서 사실상 닫힌계(系)라고 설명한다. 열역학 계는 세 종류로 나눌 수 있다. 첫째는 에너지와 물질을 모두 교환하는 '열린계', 둘째는 에너지는 교환하지만 물질은 교환하지 않는 '닫힌계', 셋째는 에너지도 물질도 교환하지 않는 '고립계'다. 태양계와의 관계에서 지구는 상대적으로 '닫힌계'다. 다시 말해, 지구는 태양으로부터 에너지를 받아들이지만 가끔 떨어지는 운석이나 우주진(宇宙塵)을 제외하고 우주에서 물질을 받아들이는 경우는 거의 없다.

화석연료는 물질 형태로 저장된 대표적인 에너지다. 화석연료는 사실상 유한한 자원이며 빠른 속도로 고갈되어 적어도 우리가 관심을 가지는 기간 내에 지구상에 다시 생성될 가능성은 없다. 화석연료는 죽은 유기체에 혐기 분해가 일어나면서 수백만 년에 걸쳐 만들어진다. 이 화석연료를 태우면 소모된 에너지는 가스 형태로 변해서 더 이상 일을 수행할 수 없다. 이론상 수백만 년이 흐른 먼 미래에 유사한 과정을 거쳐 지구상에 존재했던 것과 비슷한 양의 화석연료를 만들 수도 있겠지만, 그런 일이 실제로 일어날 가능성은 지극히 낮을뿐더러 시간적으로 너무나 멀리 떨어진 이야기여서 우리에게는 별 의미가 없다.

희토류(稀土類)는 지구상에서 우리가 직면한 열역학적 한계를 보여 주는 또 다른 예다. 희토류금속은 스칸듐, 이트륨, 란탄, 세륨, 프라세오디뮴, 네오디뮴, 프로메튬, 사마륨, 유로퓸, 가돌리늄, 테르븀, 디스프로슘, 홀뮴, 에르븀, 툴륨, 이테르븀, 루테튬 등 17가지다. 희토류는 산업 및 기술 공정에 광범위하게 사용되며 인간 사회의 존속과 안녕에 반드시 필요한 여러 기술과 제품에 들어간다. 희소하다는 의미의 '희(稀)' 자를 사용한 이유는, 이용 가능한 양은 한정되어 있는데 인구 증가와 경제의 세계화에 따른 필요량을 충족하느라 급속히 고갈되고 있기 때문이다.

언젠가 아인슈타인은 과학 법칙들 가운데 미래 세대 과학자들이 폐기하거나 크게 수정할 가능성이 가장 낮은 것이 무엇일지 곰곰이 생각했다. 그리고 아무리 시간이 흘러도 바뀌지 않을 가능성이 가장 높은 과학 법칙은 열역학 제1법칙과 제2법칙이라고 결론 내렸다. 아인슈타인은 이렇게 썼다.

> 이론이라는 것은 전제가 간단할수록, 그 이론과 관련되는 것들이 다양할수록, 응용 범위가 넓을수록 더욱 인상적인 법이다. 그러므로 고전 열역학은 내게 깊은 인상을 주었다. 나는 고전 열역학이 그 기본적인 개념의 응용 가능성이라는 관점에서 볼 때 절대 뒤집히지 않을, 자연계의 유일한 물리 이론이라고 확신한다.[4]

다양한 형태로 이루어지는 에너지 변형이 모든 경제활동의 가장 기본적 토대임에도 경제학자들 중 열역학을 공부한 사람은 극히 소수에 불과하다. 그리고 경제학자들 가운데 에너지 법칙에 기반을 두고 경제이론 및 경제활동을 재정의하려고 시도한 사람은 손에 꼽을 정도다.

열역학법칙을 처음으로 경제 이론에 도입하려고 시도한 사람은 노벨화학상 수상자인 프레더릭 소디다. 그는 1911년 『물질과 에너지』에서 다음과 같이 말하며 경제학자들에게 열역학의 중요성을 환기시켰다. "열역학법칙들은 정치체제의 성쇠, 국가의 자유나 속박, 교역과 산업의 활동, 빈부의 발생, 인류의 전반적인 물질적 복지를 지배하는 최후의 요소다."[5]

소디의 공언을 직접 차용한 경제학자는 니콜라스 제오르제스쿠 로에젠이었다. 밴더빌트 대학교 교수였던 그는 1971년 획기적 저서 『엔트로피 법칙과 경제 과정(*The Entropy Law and The Economic Process*)』을 출간했다. 당시 이 책은 어느 정도 반향을 불러일으켰지만 곧 대부분의 학자에게 묵살되었다. 이후 제오르제스쿠 로에젠의 제자였던 허먼 데일리(세계은행의 경제 전문가를 역임했고 현재 메릴랜드 대학교 교수다.)가 스승의 업적을 바탕으로 1973년 『정상상태의 경제를 지향하며(*Toward a Steady-State Economy*)』를 출간했다. 이 책은 경제학의 사고에 생태 과학을 도입하여 경제학계의 주변부에서 새로운 토론을 촉발했을 뿐 아니라 이후 지속 가능성과 관련한 가정을 경제 영역에 적용하는 문제를 둘러싸고 벌어질 토론에 대한 기초를 마련했다.

1980년에 나는 『엔트로피』를 출판했으며 당시 제오르제스쿠 로에젠 교수가 발문을 써 주었다. 나는 엔트로피에 대한 논의가 경제학을 넘어서 인류 경험 전체로 확대되기를 바랐다. 『엔트로피』는 열역학 관점에서 역사를 재조망한다. 특히 인간 문명의 진보가 가져온 엔트로피적 결과에 주목한다. 이 책은 산업혁명이 기후변화에 끼친 엔트로피적 영향을 심도 있게 고찰한 초기 저작물 중 하나다.

지난 세기에 열역학 관점에서 경제 이론을 재구성하기 위해 노력을 기울였던 과정을 뒤돌아볼 때 무엇보다 눈에 띄는 점은, 경제학의 방향을 결정하는 가정의 과학적 기초를 재점검하려는 시도에 경제학계가 대단히 경직되어 있다는 사실이다. 최근 들어 경영대학원들이 생태학적 고려 사항과 지속 가능성 이슈를 커리큘럼에 앞다투어 포함시키고 에너지 관련 문제와 기후변화의 중요성에 큰 관심을 기울이기 시작했다. 또한 이러한 경영대학원들이 전 세계적으로 늘어난 것은 사실이다. 하지만 그들은 여전히 고전 경제학과 신고전주의 경제학에 기대어 그런 문제들을 다루었다. 고전 경제학과 신고전주의 경제학의 기본 가정은 열역학법칙과 조화하지 않는데도 말이다.

뉴턴의 긴 그림자가 경제학 이론에 계속 남아 있는 한 경제학이라는 학문 분야는 기존 경제학의 기본 가정을 위협하는 분파들이 늘어나는 상황을 수용하지 못할 것이다. 경제사학자 레이 캔터베리는 애덤 스미스를 위시한 고전 경제학자들과 대결하는 일이 점점 더 힘겹다고 말한다. 그들이 위대한 아이작 뉴턴 경의 등에 업혀 있기 때문이다. 레이 캔터베리는 이렇게 썼다. "때때로 일단의 경제학자들은 전통 경제학에도 혁신이 일어날 때가 되었다고 생각한다. 하지만 경제학에 혁신을 일으키려는 사람이라면 그 누구라도 아이작 뉴턴이라는 천재, 그리고 애덤 스미스와 그의 수많은 추종자라는 벽에 부딪혀야 할 것이다."[6] 그러나 이제 사상 처음으로 그 경제학의 이론적 기반에 생겨난 수많은 균열 때문에 고전 경제학이라는 구조물이 무너질 위기에 처해 있다.

국가의 부에 관하여

고전 경제학의 전반적인 약점은 부의 본질을 근본적으로 잘못 이해했다는 데에 있다. 영국의 계몽철학자 존 로크는 "자연에 완전히 내맡긴 땅은 쓰레기라고 불리며 실제로도 그렇다."라고 주장했다. 로크는 열역학 제2법칙을 뒤집는 발언을 했다. 자연은 그 자체로는 무용하며 인간이 노동력을 가하여 생산성 있는 자산으로 변화시켜야만 비로소 가치를 갖는다고 선언한 것이다. 로크는 다음과 같이 썼다.

> 땅을 자신의 노동력으로 경작하는 사람은 인류의 공동 자산을 줄이는 것이 아니라 늘리는 것이다. 식량은 인간의 삶을 지탱해 주는데, 울타리를 쳐서 경작한 땅 1에이커에서 생산한 식량은 똑같이 기름지지만 버려진 공유지 1에이커에서 나오는 생산물보다 열 배는 더 많기 때문이다. 따라서 10에이커의 땅에 울타리를 치고 경작하는 사람은 자연 상태의 땅 100에이커에서 취할 수 있는 것보다 훨씬 많은 풍요로움을 얻을 수 있고, 결국 인류에게

90에이커의 땅을 선물하는 것과 같다.[7]

하지만 열역학법칙에 따른 관점에서는 이야기가 전혀 다르다. 이 관점에서 보면 경제활동이란 저(低)엔트로피 에너지 투입물을 자연에서 빌려 와 그것을 가치 있는 일시적 상품 및 서비스로 변형시키는 활동일 뿐이다. 그 변형 과정에서 생산한 특정 재화나 서비스에 포함되는 에너지보다 더 많은 에너지가 소모되고 주변으로 상실되는 경우가 빈번하다.

이렇게 보면 경제활동 과정은 자연의 생물학적 과정을 그대로 반영한다. 열역학법칙이 처음 발표되었을 때 생물학자들이 도무지 이해할 수 없었던 이유는 에너지가 끊임없이 질서에서 무질서 상태로 움직인다면 생명체들은 어떻게 그와 정반대로 계속해서 질서 있는 상태를 유지하는 것처럼 보이는가 하는 점 때문이었다.

20세기의 저명한 생물학자 해럴드 블룸은 이에 대해 생명체들은 제2법칙에 위배되는 것이 아니라 제2법칙이 적용되는 또 다른 형태일 뿐이라고 설명했다. 그의 설명은 이렇다. 모든 생물은 비평형상태다. 다시 말해, 모든 생물체는 평형상태와 거리가 멀며 이는 주변 환경으로부터 이용 가능한 에너지를 끊임없이 먹어 치우기 때문이다. 그리고 그 결과 항상 환경 전체의 엔트로피가 증가한다. 예컨대 식물은 광합성 과정에서 태양에너지를 흡수하고, 그 집중된 에너지는 다른 동물(즉, 그 식물을 먹는 동물)이 직접 소비하거나 또는 동물이 다른 동물을 잡아먹을 때 간접적으로 소비한다. 대체로 더 진화한 종일수록 비평형상태에서 스스로를 유지하기 위해 더 많은 에너지를 소모하며 생명유지 과정에서 소비된 에너지를 주변 환경에 더 많이 토해 낸다. 노벨상을 수상한 물리학자 에어빈 슈뢰딩거는 열역학 과정의 핵심을 잘 포착해 냈다. 그는 "유기체는 음의 엔트로피를 먹고 살아간다. 유기체는 환경으로부터 계속해서 질서

를 빨아먹는다."라고 말했다.[8]

생물학자들의 설명은 생명유지 방식에 대해 우리가 이해하고 있는 바와 일치한다. 우리는 무언가를 먹을 때마다 끊임없이 에너지를 몸속에 흡수하고, 생명을 유지하는 과정에서 계속해서 에너지를 고갈시키며 엔트로피 쓰레기의 축적에 기여한다. 에너지 흡수를 멈추거나 또는 질병 때문에 신체가 에너지 대사를 제대로 수행하지 못하면 우리는 죽는다. 신체는 죽음에 이르면 빠르게 분해되어 환경으로 돌아간다. 삶과 죽음은 모두 엔트로피 흐름의 일부이다.

화학자 타일러 밀러는 생태계 안의 모든 포식 단계마다 이용 가능한 에너지가 소비되고 엔트로피가 발생하는 과정을 설명하기 위해 단순화한 먹이사슬을 사용한다. 먼저 그는 포식자가 먹잇감을 집어 삼키는 과정에서 "80~90퍼센트의 에너지가 단순히 낭비되거나 열의 형태로 손실되어 주변 환경으로 빠져나간다."는 점을 지적한다.[9] 먹잇감의 에너지 중 10~20퍼센트만이 포식자에게 흡수된다는 얘기다. 한 생물에서 다른 생물로 에너지가 변환되려면 에너지 소비가 필요하고 그 결과 에너지 손실이 일어나기 때문이다.

밀러는 풀, 메뚜기, 개구리, 송어, 인간으로 구성된 단순한 먹이사슬 안에서 엄청난 양의 에너지가 소모되고 엔트로피가 증가하는 과정을 설명한다. "사람 한 명이 1년을 살아가려면 송어 300마리가 필요하다. 이 송어들은 개구리 9만 마리를 먹어야 하고, 이 개구리들은 메뚜기 2700만 마리를 먹어야 하며, 이 메뚜기들은 1000톤의 풀을 먹어 치워야 한다."[10]

그렇다면 복잡한 산업사회에서 인간이 자연의 자원을 소비할 식량으로 변환하는 과정에 수반되는 열역학적 결과를, 그리고 그것이 우리가 국가의 부를 인식하는 방법과 관련하여 무엇을 암시하는지를 알아보자. 다음은 비프스테이크 한 접시를 만들기 위해 필요한 에너지다.

(1) 450그램의 스테이크를 만들려면 사료용 곡물이 약 4킬로그램 필요하다.[11] 사료의 11퍼센트만이 소고기를 만드는 데에 쓰인다는 뜻이다. 나머지 사료는 변환 과정에서 에너지로 태워지거나, 정상적인 신체 기능 유지를 위해 사용되거나, 털이나 뼈처럼 먹을 수 없는 부위로 간다. 흔히 우리는 기름을 잔뜩 먹어 대는 차량의 에너지 비효율과 거기에 수반되는 낭비를 탄식하지만, 이는 곡물로 키우는 육류를 먹는 식습관에 수반되는 에너지 비효율과 낭비에 비하면 아무것도 아니다. 프랜시스 무어 라페는 『작은 행성을 위한 식단(*Diet for a Small Planet*)』에서 곡류 생산에 사용하는 땅 1에이커는 육류 생산에 사용하는 땅 1에이커보다 다섯 배나 많은 단백질을 만든다고 설명했다.[12] 1에이커를 소고기 생산에 사용하는 경우와 비교할 때 같은 면적에서 나오는 콩류는 열 배나 많은 단백질을, 잎채소는 15배나 많은 단백질을 제공한다. 오늘날 전 세계에서 재배하는 곡류의 거의 3분의 1은 인간이 직접 소비하는 식량이 아니라 가축용 사료다. 따라서 먹이사슬의 꼭대기에 있는 소수의 부유한 소비자들이 사치스러운 생활을 만끽하는 동안 다른 수억 명의 사람들은 영양실조, 기아, 죽음에 직면하는 것이다.[13]

(2) 농부들은 사료용 곡물을 재배하기 위해 화석연료 기반의 석유화학 비료, 살충제, 제초제를 다량 사용해야 한다. 또 농장 시설을 운영하기 위해 화석연료를 소비한다. 그리고 그 곡물을 소비할 가축들이 기다리는 기계화된 거대한 가축 사육장으로 운반하려면 더 많은 화석연료를 사용하는 트럭, 기차, 선박을 동원해야 한다.

(3) 사육장에서는 동물에게 온갖 종류의 약품을 투여한다. 성장 촉진 호르몬, 사료 첨가제, 때때로 처방되는 항생제 등을 사용하는데 이 역시 추가적인 에너지가 드는 일이다. 소들은 비좁은 축사에서 사육되는데

(심지어 5만 마리 이상이 들어가기도 한다.) 이곳에서는 들끓는 파리가 홍안병(紅眼病)이나 전염성 비기관염 같은 것들을 옮긴다.[14] 이러한 질병을 막기 위해 화석연료로 만든 고독성 살충제를 고압 호스로 분사해서 축사를 독성 구름으로 채운다.

(4) 충분히 살 찐 소들은 가축 운반용 트럭으로 몇 시간 혹은 며칠 동안 고속도로를 통과해 도축장으로 간다. 물론 이 과정에서도 화석연료 에너지를 추가로 사용한다.

(5) 도축장에 도착한 동물을 도축대 위에 일렬로 세운 다음 공기총으로 기절시켜 땅바닥에 쓰러뜨린다. 일꾼은 뒷발굽에 체인을 걸어 동물을 거꾸로 들어 올린 후 목을 따고 피를 뺀다.

(6) 죽은 동물은 전기로 구동되는 분해 라인을 따라 이동하며 이 과정에서 기계가 가죽을 벗기고 내장을 제거한다.

(7) 이제 전기톱으로 도체를 부위별로 자른다. 목심, 갈비, 사태, 살코기가 된다.

(8) 잘린 조각은 전기 구동 컨베이어 위에서 수십 명의 일꾼이 뼈를 바르고 다듬고 자른다. 그리고 최종 제품을 박스에 담는다.

(9) 진공 포장한 소고기를 냉장 트럭에 실어 전국의 슈퍼마켓으로 배송한다.

(10) 슈퍼마켓에 도착한 소고기 제품을 화석연료로 만든 비닐로 재포장하여 밝은 조명이 비치는 냉장 선반에 진열한다.

(11) 소비자는 차를 몰고 식품점에 가서 고기를 산 다음 냉장고에 보관한다. 그 후 가스레인지나 전기스토브로 조리하여 먹는다.

이처럼 사료용 곡물을 재배하고 소를 키우고 시장으로 운반하고 도축하고 포장해서 가정의 식탁이라는 최종 목적지까지 이동하는 동안 소비하는 에너지에 비하면, 변환 과정의 단계마다 소고기에 들어가는 에너지는 하찮은 수준이다.

지금까지 언급한 것은 이야기의 일부다. 아직 엔트로피 청구서 부분이 남아 있다. 소를 비롯한 가축은 빌딩 다음으로 기후변화에 커다란 영향을 미치는 요인이다. 전 세계 온실가스 배출량의 18퍼센트는 가축 사육에서 비롯하기 때문이다. 이것은 전 세계 교통수단이 배출하는 것보다 많은 양이다. 가축(주로 소)은 인간이 경제활동에서 만드는 이산화탄소 가운데 9퍼센트를 배출한다. 그러나 이산화탄소보다 더 해로운 다른 온실가스는 비중이 더 크다. 인간과 관련된 아산화질소 배출량의 65퍼센트가 가축에서 나온다. 아산화질소의 지구온난화 효과는 이산화탄소의 약 300배에 달한다. 아산화질소 배출 원인은 대부분 배설물 때문이다. 또 가축은 인간이 유발하는 메탄의 37퍼센트를 뿜어 낸다. 메탄이 지구온난화에 끼치는 영향은 이산화탄소보다 23퍼센트나 더 크다.[15]

결국 450그램의 비프스테이크는 순식간에 없어지고 섭취와 동시에 신체 내에서 소화되어 마지막에는 소모된 에너지나 쓰레기라는 형태로 환경으로 돌아간다.

그렇다면 국내총생산(GDP)의 본질에 대해 우리는 뭐라고 결론을 내릴 수 있을까? 사람들은 GDP를 매년 국가가 창출하는 부의 척도라고 생각한다. 하지만 열역학적 관점에서 보면 GDP란, 이용 가능한 에너지 양의 감소와 엔트로피 쓰레기의 축적이라는 대가를 지불하고 생산된 재화 및 서비스에 포함된 일시적인 에너지 가치의 척도에 더 가깝다. 우리가 생산하는 재화와 서비스도 결국 엔트로피 흐름의 일부가 되기 때문에, 우리가 믿는 경제적 진보에도 불구하고 경제라는 회계장부는 언제나 적자 상태일 수밖에 없다. 다시 말해, 모든 요소를 고려할 때 결국 모든 문명은 스스로 만드는 것보다 더 많은 질서를 주변 환경으로부터 빨아먹을 수밖에 없으며 따라서 지구를 더 궁핍하게 만든다. 이렇게 보면 국내총생산은 '국내총비용'이라고 부르는 편이 더 정확하다. 자원을 소비하면 언제나 일정 부분은 미래에 사용할 수 없기 때문이다.

모든 경제활동은 그것이 의존하는 자원 기반의 질적 저하라는 대가를 지불하고 일시적인 가치를 만드는 행위에 불과하다. 이와 같은 부정할 수 없는 사실에도 불구하고 대부분의 경제학자들은 경제 과정을 열역학적 관점에서 바라보지 않는다. 대체로 계몽철학자들은 경제활동을 추구하는 과정이 선형적이며 이것은 틀림없이 지구에 무제한의 물질적 진보를 가져올 것이라고 믿었다. 시장 메커니즘이 아무런 제약을 받지 않아서 '보이지 않는 손'이 수요와 공급을 조절할 수만 있다면 말이다. 프랑스의 계몽철학자이자 혁명가인 마르키 드 콩도르세는 새로운 진보의 시대에 대한 희열을 다음과 같이 표현했다.

> 인간의 능력이 발전하는 데 정해진 한계는 없다. ……인간이 완벽해질 가능성은 절대적으로 무한하다. ……이 가능성은 방해가 되는 모든 힘의 지배를 뛰어넘어 계속 발전할 것이며, 여기에 자연이 정해 놓은 지구의 수명 이외에 다른 한계란 없다.[16]

지구상에 물질적인 풍요의 천국을 만든다는 전망에 들뜬 고전 경제학자들은(토머스 맬서스는 제외하고) 하나같이 인간의 근면함으로 이상적인 낙원을 창조할 수 있다고 믿었다. 그들은 경제활동을 가속하는 것이 환경의 질을 떨어뜨릴지도 모른다거나 아직 태어나지 않은 세대에 어두운 미래를 안겨 줄 수도 있다는 상상 따위는 하지 못했을 것이다.

어쩌다 경제 이론은 동떨어진 이야기가 되었는가

고전 경제학 및 신고전주의 경제학 이론의 거의 모든 기본 가정에서 그러한 사상적 맹점이 드러난다. 아마도 경제학자들이 가장 중요하게 여기는 개념은 생산성일 것이다. 그들은 단위 투입물당 산출물이라는 관점에서 생산성을 정의한다. 그리고 특정 과제를 가급적 빨리 수행하면 가산점이 주어진다. 하지만 열역학 관점에서 생산성을 측정하는 것이 더 적절한데 이때는 단위 산출물당 발생한 엔트로피를 강조한다.

30년도 더 전에 실시했던 한 연구가 떠오른다. 자동차 한 대를 만드는 데 필요한 에너지의 양에 대한 연구였다. 이 연구는 자동차를 생산할 때 실제로 필요한 것보다 훨씬 더 많은 에너지를 사용한다고 밝혔다. 추가적인 에너지를 사용하는 이유는 제조 과정의 속도를 높여 조립라인에서 차를 더 빨리 만들기 위해서였다. 이것은 공급 사슬 전체를 통틀어서도 마찬가지다. 우리는 변환의 속도와 제품 생산 속도에 대한 집착 때문에 추가 에너지 소모라는 대가를 지불한다. 더 많은 에너지를 사용한다는 말은 더 많은 에너지를 낭비하고 환경에는 더 많은 엔트로피가 쌓인다는 말과 같다.

우리는 더 빨리 움직이면 에너지를 절약할 수 있다고 믿게 되었다. 하지만 열역학적 관점에서 보면 사실은 정반대다. 믿기 어려운가? 이런 상황을 생각해 보라. 당신이 한밤중에 시골길을 운전하는데 연료가 거의 떨어져 간다. 다음 주유소는 얼마나 더 가야 나올지 알 수 없다. 이때 대부분의 운전자는 혹시 주유소를 발견할지 모른다는 희망으로 가속 페달을 밟아 속도를 올린다. 더 빨리 달려야 기름이 떨어지기 전에 주유소에 도착할 확률이 높아진다고 추론하는 것이다. 하지만 이는 열역학법칙과 배치되는 행동이다. 천천히 달려야 운전 거리를 더 늘릴 수 있고 주유소에 도착할 가능성도 더 높아진다.

신고전주의 경제학자들은 단위 투입물당 산출물을 기준으로 생산성과 경제성장을 논한다. 이때 그들이 생각하는 투입물은 자본과 노동이다. 그러나 경제학자들이 미국과 여타 산업 국가의 실제 경제성장을 분석해 보면 노동자 1인당 투입된 자본의 양은 경제성장의 약 14퍼센트밖에 설명하지 못한다. 나머지 86퍼센트의 성장은 설명하지 못한다는 의미다. 경제성장에 관한 이론으로 노벨상을 받은 로버트 솔로는 이 설명하지 못하는 86퍼센트가 "우리의 무지함을 나타내는 척도"라고 거리낌없이 말한다.[17]

이 수수께끼를 설명해 낸 사람은 한 물리학자였다. 독일 뷔르츠부르크 대학교의 라이너 쿠멜은 자본 및 노동 투입과 더불어 에너지를 포함하는 경제성장 모델을 만들었고, 1945년에서 2000년 사이의 미국, 영국, 독일의 성장 데이터와 대조해 가며 이 모델을 테스트했다. 그리고 생산성과 경제성장의 나머지 부분을 설명해 줄 수 있는 '빠진 요소'가 에너지라는 사실을 발견했다.[18]

프랑스 퐁텐블로에 위치한 INSEAD 경영대학원의 환경경영학과 교수인 로버트 에어즈는 물리학을 공부했으며 에너지 흐름과 기술 변화의 연구에 삶의 대부분을 바친 학자다. 에어즈와 조수 벤저민 웨어는 자신들만의 3요소 투입 모델을 만들어 20세기 미국의 경제성장 곡선에 대입해 보았다. 이어 영국, 일본, 호주도 같은 연구를 진행했다. 에어즈와 웨어는 투입 모델에 에너지를 추가한 결과 '4개국의 20세기 경제성장을 거의 100퍼센트' 설명할 수 있다는 사실을 발견했다. 에어즈와 웨어의 성장 모델은 '에너지 및 원재료를 유용한 일로 변환하게 해 주는 열역학적 효율의 증가'가 산업사회의 생산성 증가와 경제성장의 대부분을 설명해 준다는 것을 분명히 보여 준다.[19]

개별 기업 차원으로 내려가 들여다보면 생산성과 이윤의 결정에 에너지가 대단히 중요한 역할을 한다는 사실을 명백히 알 수 있다. 최근에 나는 NH 호텔의 CEO이자 선견지명을 가진 인물인 가브리엘레 부르지오와 함께 마드리드에 있는 그의 호텔에서 식사를 했다. NH 호텔은 스페인과 이탈리아에서 숙박업계를 주도 하는, 유럽에서 다섯 번째로 큰 호텔 체인으로 400개 이상의 호텔이 있다.

부르지오는 3차 산업혁명 글로벌 CEO 비즈니스 원탁회의의 집행위원회에 속해 있다. 온화하고 상냥한 신사인 부르지오는 녹색 미래와 지속 가능한 경제 발전을 위해 헌신해 왔으며 강박적이라 불러도 좋을 만큼 에너지 효율에 집중한다. 이유가 무엇일까? 채식 요리를 먹는 동안 그는 호텔의 간접비와 운영 비용 가운데 30퍼센트가 에너지와 관련된다고 설명하면서 이것은 인건비 다음으로 높은 비용이라고 했다. 부르지오가 생각하기에는 열역학 효율을 고려해 생산성을 향상시킬 새로운 방법을 찾는 일이 낯선 경제학적 개념이 아니라 현실적인 경영 도구다. 그가 NH 호텔 브랜드를 유럽에서 시장 리더로 만드는 데에는 엄청난 규모의 비용 절감이 대단히 중요한 역할을 했다. 그는 에너지 사용량을 줄이고 보다 에너지 효율적인 운영 방식을 택함으로써 그러한 비용 절감을 달성했다. 비용을 절감하는 만큼 호텔 고객에게 더 싼 가격에 양질의 서비스를 제공했다.

NH 호텔은 데이터마트(Datamart)라는 온라인 제어 시스템을 도입했다. 이 시스템으로 지속적으로 호텔 전체의 에너지 사용을 파악하고 관리하며, 정보를 활용하여 낭비를 최소화하고 고객 편의를 최적화한다. 2007~2010년 사이에 NH 호텔은 에너지 소비량을 무려 15.83퍼센트나 줄였고 이산화탄소 배출량은 31.03퍼센트, 쓰레기 발생은 26.83퍼센트, 물 소비는 28.2퍼센트 줄였다.[20]

현재 NH 호텔은 '지능형 객실'이라는 새로운 개념을 개척해 나가고 있다. 실시간 모니터링 시스템을 통해 물 사용, 조명, 냉난방 현황을 파악하고 24시간 내내 고객의 필요량 변화에 맞춰 조정한다. 일반적인 기준보다 에너지를 적게 사용한 고객은 체크아웃 때 그러한 친환경 행동에 대한 보상을 받는다. '월드 NH 로열티 멤버십 카드'에 포인트를 받는데, 다음번에 NH 호텔에 묵을 때 이 포인트를 이용해 객실 요금을 할인받는다.

또한 NH 호텔은 각 호텔을 미니 발전소로 전환하려고 준비하고 있다. 이탈리아에서는 이미 15퍼센트에 해당하는 호텔에 태양광 에너지 설비를 설치했다. 로마에 있는 NH 비토리오 베네토 호텔은 태양광 에너지 설비를 갖췄는데 이 설비로 호텔 총에너지 수요의 10퍼센트를 공급한다. 아울러 NH 호텔은 전 세계 최초로 탄소 무배출 호텔을 지으려는 계획을 세웠다. 또한 2011년 플러그인 전기 자동차의 시장 판매를 내다보고 업계에서는 최초로 자사 호텔 몇 곳에 무료 충전 시설을 마련했다.

NH 호텔에서는 지속 가능 삼림에서 나온 목재나 종이류만 사용한다. 모든 객실의 편의 시설과 부대 용품은 환경에 미치는 영향이 적은 '바이오' 물질로 만든다. NH 호텔에서 나오는 모든 쓰레기는 재활용하며 변기와 샤워 시설, 수도꼭지는 물 사용을 최소화할 수 있는 최첨단 기술을 적용하여 만들었다.

아울러 NH 호텔은 40여 개 회사로 구성된 공급업체 클럽을 만들었으며, 자사가 세운 에너지 요건과 생태학적 조건에 부합하도록 공급업체들의 제품 라인 및 공급 사슬을 지속적으로 모니터링하고 평가하며 개선한다.

에너지를 절약하고 환경 친화적 숙박 시설을 만드는 과정을 통해 NH

호텔은 수익도 높이는 동시에 고객에게 합리적인 객실 요금을 부과할 수 있는 지속 가능한 비즈니스 확립에 기여하고 있다. 한편 고객은 스스로 탄소발자국을 줄이고 생물권을 지키는 데 한몫하고 있음을 인식하면서 호텔을 이용한다. NH 호텔은 에너지 절약을 추구하는 기술 및 사업 운영으로 회사의 생산성을 놀라울 만큼 증대시켰고 훨씬 적은 투입 비용으로 서비스를 최적화했다.

현대 산업사회에서는 사실상 모든 경제활동이 화석연료를 기반으로 이루어지기 때문에(농업을 위한 석유화학 비료와 살충제, 건축자재, 기계, 의약품, 섬유, 전기, 교통, 난방, 조명 등등을 생각해 보라.) 생산성과 경제성장을 논할 때 열역학 효율성이 그 중심이 되는 것이 마땅하다.

하지만 엔트로피적 손실도 마찬가지로 중심이 되어야 한다. 경제 프로세스의 속도를 높이기 위해 에너지 사용을 늘릴 때는 증가한 생산성과 환경으로 유입되는 엔트로피 증가량을 반드시 비교 검토해야 한다는 사실을 끊임없이 상기해야 한다. 화석연료 기반의 산업 시대에 석탄과 석유, 천연가스를 태워서 경제성장을 엄청나게 촉진한 것도 사실이지만, 한편으로 대기에 이산화탄소(즉, 소모된 에너지)가 위험한 수준까지 쌓여 결국 지구 기후에 중요한 변화가 발생했다. "급히 먹는 밥이 체한다."는 오래된 속담은 엔트로피 법칙에 대한 직관적인 이해가 담긴 말이다. 열역학적 효율의 관점에서 볼 때, 생산성이란 단위 산출물당 속도일 뿐만 아니라 단위 산출물당 발생한 엔트로피이기도 하다.

20세기 대부분의 시간 동안에는 기름값이 너무 쌌기 때문에 사람들은 재화와 서비스의 생산 및 분배 과정에서 열역학적 효율을 거의 생각하지 않았다. 또 화석연료 연소와 지구온난화 사이의 관계가 과학적으로 밝혀지기 전에는 사람들이 엔트로피 흐름에 대해 거의 신경 쓰지 않았다. 하지만 이제는 상황이 바뀌었다. 1인당 피크 오일과 글로벌 피크 오일 생산이 발생하면서 에너지 가격이 경악할 수준으로 치솟고 있다. 또 산업사회가 배출하는 이산화탄소가 계속 대기에 유입되고 이러한 엔트로피가 축적되어 지구의 온도가 바뀌었다. 현재 전 세계는 기후변화를 경험하는 중이며 이는 농업과 기타 인프라에도 큰 영향을 미친다.

화석연료와 희토류는 빠르게 고갈되며 과거의 경제활동으로 쌓인 엔트로피 부채는 지구 생물권이 흡수할 수 있는 능력을 훨씬 넘어서 가파르게 상승한다. 이것은 심히 우려스러운 현실이 아닐 수 없다. 인류의 각성이 필요한 이 같은 상황 앞에서 우리는 과거에 생산성을 규정했던 가정을 근본적으로 재고해야 한다. 이제부터는 생산성을 측정할 때 열역학 효율과 엔트로피 결과 모두를 고려해야 한다.

경제학자들은 '부정적 외부 효과', 즉 교환 과정에 직접 관여하지 않는 제삼자에게 경제적 활동이 미치는 유해한 영향까지 감안하므로 자신들도 엔트로피 청구서를 고려하는 것이라고 종종 응수한다. 하지만 그들은 시간이 경과하면서 제삼자들과 사회 전체, 환경, 미래 세대가 부담할 전체 비용은 고려하지 않는다는 점이 문제다. 만일 이 비용을 모두 고려한다면, 시장의 경제주체들은 자신이 얻은 이익을 훨씬 초과하는 보상을 지불해야 할 것이고 시장 자본주의는 살아남지 못할 것이다. 상업활동이 초래한 부정적 영향 때문에 민사소송이 진행되어 어쩔 수 없이 벌금이나 세금, 손해배상금을 지불하는 사례도 간혹 있지만, 그것만으로는 엔트로피 청구서라는 본질적 문제를 해결하기에는 턱없이 모자라다.

많은 경제학자가 현 상황의 본질을 이해하지 못하는 이유는, 모든 경제활동이 자연의 저장고에서 에너지와 물질을 빌려 와 쓰는 행위라는 사실을 제대로 깨닫지 못하기 때문이다. 만일 자연의 풍요로운 자원을 꺼내 쓰는 속도가 생물권이 폐기물을 재활용하고 저장고를 다시 채우는 속도보다 빠르면, 엔트로피 부채가 계속 축적되어 결국엔 어떤 식으로 자원을 이용하든 경제체제를 무너뜨리고 말 것이다.

경제사의 모든 부흥기는 새로운 에너지 체제와 함께 시작되었다. 초기에는 새로운 에너지를 추출하고 가공하여 분배하는 비용이 많이 든다. 하지만 기술 발전과 규모의 경제가 실현되면서 그 비용이 감소하고 에너지 흐름이 늘어나면, 나중에는 처음에 풍부했던 에너지가 점차 희소해지며 에너지 변환에 따른 엔트로피 부채가 축적되기 시작한다. 석유 시대도 20세기 동안 이런 곡선을 따라왔으며 그 곡선은 2006년에 정점에 이르렀다.

그렇다면 3차 산업혁명의 에너지 곡선도 이와 유사한 궤도를 따를까? 경우에 따라 다르다. 태양광과 풍력을 비롯한 재생 가능 에너지는 태양계가 존속하는 한 인류와 다른 종들의 에너지 필요량을 충족시키기에 충분하지만 여기에도 엔트로피적 제약이 따른다. 먼저, 재생 가능 에너지는 다른 물질적 원조가 필요하다. 광전지, 전기 배터리, 풍력 터빈, 절전형 형광등과 3차 산업혁명의 새로운 통신 기술들은 부분적으로 희토류에 의존한다. 미국 물리학회와 재료연구학회는 2011년 2월에 발간한 보고서에서, 장기적으로 보면 새로운 녹색 에너지를 개발하고 활용하려는 대규모 노력이 일부 희토류 자원의 부족 때문에 어려울 수도 있다고 경고했다.[21] 대부분의 희토류는 구리처럼 풍부한 광물들을 캐는 과정에서 나오는 부산물이기 때문에 지금 당장 부족을 걱정할 단계는 아니다. 하지만 먼 미래 언젠가 희토류가 부족한 상황에 대비하여 이미 대체 금속을 찾으려는 논의가 적극적으로 진행되고 있으며 심지어 생물 추출 대체재까지 논의 중이다. 급성장하는 분야인 생명공학이나 지속 가능 화학, 나노 기술의 전문가들은 3차 산업혁명 인프라에 걸맞은 훨씬 싸고 효율적인 희토류 대체 자원들을 향후 수십 년 내에 찾을 수 있을 것으로 확신한다.

장기적으로 볼 때 훨씬 커다란 우려 사항은, 사실상 무한정인 청정 재생 가능 에너지를 거의 공짜에 가까울 만큼 싼 가격에 이용할 때 발생할 엔트로피적 영향이다. 지난 20년간 정보기술 발전과 인터넷 혁명으로 정보의 수집 및 보급 비용이 급락했던 것처럼 재생 가능 에너지도 가격이 떨어질 것이다. 아마도 많은 이들이 "그래! 공짜에 가까운 재생 가능 에너지를 무한정 얻을 수 있다니, 걱정할 게 뭐 있어?"라고 생각할 것이다. 그러나 다시 한 번 말하지만 지구는 부분적으로 닫힌계다. 즉, 지구는 태양계와 에너지는 교환하지만 물질은 거의 교환하지 않는다. 싸고 깨끗한 에너지를 사실상 무한정 사용할 수 있게 되면 우리는 점점 더 빠른 속도로 지구의 한정된 저(低)엔트로피 물질들을 재화로 변환하고 싶을지도 모른다. 그러면 엔트로피 흐름이 증가하고 더 많은 물질적 혼돈이 쌓인다. 더 이상 유용한 일을 할 수 없는, 흩어진 물질들이 넘쳐나게 된다.

예를 들어 알루미늄을 채굴한다고 생각해 보자. 우리는 녹색 에너지를 사용하여 상업적 목적으로 알루미늄을 채굴하고 생산할 수 있다. 하지만 일정 시간이 지나면 알루미늄의 녹과 헐거워진 분자들이 아무렇게나 환경 속으로 다시 흩어지고 엔트로피 흐름의 일부가 된다. 흩어진 것들은 결코 다시 모을 수 없고 원래의 알루미늄 금속으로 다시 재구성할 수도 없다.

우리는 새로운 분산형 녹색 에너지로 이행해야 하지만 그 에너지를 가급적 아껴 사용해야 한다. 생명체 유지에 반드시 필요한 저엔트로피 물질이 지구에서 없어지지 않도록 하기 위해서 말이다. 열역학적 관점에서 얻을 수 있는 가장 중요한 교훈은 자연의 재생 스케줄과 조화를 이루도록 우리의 소비 패턴에 대한 '예산계획'을 세워야 한다는 사실이다. 그래야만 우리는 이 지구에서 더욱 지속 가능한 방식으로 삶을 영위할 수 있다.

전 세계의 많은 사람이 균형예산에 대해 논의한다. 하지만 정치가나 기업가, 그리고 대부분의 대중이 예산 제약에 대해 생각할 때 자연의 부를 빌려 쓰는 데에서 오는 궁극적인 예산 제약을 고려하는 경우는 거의 없다. 그러한 관점의 예산 제약은 망각한 채 다른 측면만 신경 쓰기 때문에 지구온난화 완화를 목적으로 에너지 절약과 에너지 효율을 장려하기 위해 휘발유나 탄소 배출에 세금을 매기려는 기미가 조금이라도 보이면 대부분의 대중은 즉각 항의하고 나선다. 하지만 자연의 부를 더 빨리 빼앗아 쓰고 더 빨리 소비할수록 지구의 자원은 더욱 희소해지고 오염도 늘어나므로 결국 공급 사슬 전체에 수반되는 비용은 더 증가한다. 우리가 사용하고 소비하는 모든 것의 비용이 올라가면 그러한 비용 증가분은 모든 측면에서 모습을 드러낸다. 우리 삶을 유지하기 위해 정부가 공공 재화 및 서비스에 지출해야 하는 비용의 측면에서도 말이다.

자연의 성숙한 생태계가 작동하는 방식은 인간 사회에서 익숙한 방식과 완전히 다르다. 예를 들어 아마존 지역 같은 극상 생태계에서는 열역학적 효율이 실현 가능한 정상상태에 가깝다.(모든 생물 활동은 엔트로피적 손실을 초래하므로 완벽한 정상상태란 불가능하다.) 수백만 년의 시간이 흐르면서 만들어진 이러한 극상 생태계에서는, 에너지와 물질의 소비 수준을 A, 폐기물을 흡수하거나 다른 형태로 재생산하고 부족한 부분을 보충하는 생태계의 능력을 B라고 할 때 A가 B를 크게 넘어서지 않는다. 이런 생태계에서는 협력 작용과 공생 관계, 피드백 루프가 미세하게 조정되어서 전체 시스템이 지속적으로 공급과 수요의 균형을 이룬다.

최근 들어 제품 연구와 개발, 경제 모델 수립, 도시계획 등에서 바이오미미크리(biomimicry, 생체 모방)를 추구하는 일이 점차 늘고 있다. 바이오미미크리란 자연의 현상과 원리를 연구하여 그 장점을 인간 사회에 적용하려는 것이다. 극상 생태계가 시스템의 수지 균형을 어떻게 맞추는지 연구하여 인간 사회의 예산 균형을 맞추는 데에, 또 사회와 자연 사이의 균형을 맞추는 데에 적용한다면 인류에게 분명히 도움이 될 것이다.

이 모든 것은 유감스럽게도 매우 분명한 사실이기에, 경제학자들이 경제학에 뛰어들기 전에 먼저 열역학에 대해 배우는 것이 좋지 않을까 하는 생각마저 든다. 프레더릭 소디, 니콜라스 제오르제스쿠 로에젠, 허먼 데일리, 그리고 나는 이미 각자의 저서에서 생산성을 판단하거나 지속 가능성을 관리할 때 열역학 효율을 고려해야 한다고 강조했다. 또한 그러한 관점을 뒷받침하기 위해 역사 속의 공급 사슬 전반에 걸친 증거들을 제시했다. 하지만 에어즈와 웨어의 분석은 우리의 가설을 뒷받침할 수 있는 증거를 장기간에 걸친 데이터를 통해 제시하기 때문에 특히 더 중요하다. 경제학자들이 의지만 있다면 이러한 믿을 만한 데이터를 이용하여 경제 이론을 재고해 볼 수도 있을 것이다. 하지만 대부분의 경제학자들은 이런 분명한 사실을 무시하는 쪽을 택한다.

열역학 효율이 생산성과 경제 성장에서 중요한 역할을 차지하는 만큼, 나는 미국에너지효율경제협회(American Council For an Energy-Efficient Economy, ACEEE) 소속이며 우리 글로벌 팀의 소중한 경제 분석가인 존 레이트너에게 시범 모델을 만들어 달라고 부탁했다. 20세기 동안의 에너지 효율 변화를 추적해서, 3차 산업혁명 패러다임으로 이행할 준비를 하는 데 도움이 될 통찰을 얻기 위해서였다. 레이트너의 연구 결과에 따르면, 미국에서 1900년부터 1980년까지는 에너지 효율 수준이 2.5퍼센트에서 12.3퍼센트로 꾸준히 증가했지만 1980년 이후로는 14퍼센트 근방에 머물렀다. 이는 2차 산업혁명 에너지와 인프라가 만기에 이르렀음을 나타낸다. 또 지난 30년간 우리가 재화와 서비스 생산에 사용하는 에너지의 86퍼센트를 낭비해 왔다는 사실을 의미한다.

열역학적 효율은 정체 상태를 유지한 반면 과거의 경제활동으로 인한 엔트로피 청구서는 놀라울 정도로 쌓였다. 대기 및 수질 오염과 재생 불가능 자원의 고갈에 수반되는 비용은 2010년에 4조 5000억 달러로 추정되었다. 이것은 미국 GDP의 34퍼센트에 해당하는 금액이며 이 비율은 1950년에 비해 두 배나 증가했다. 더구나 이것은 온실가스 배출에 따라 계속 증가하는 엔트로피 청구서는 고려하지 않은 숫자다. 이 온실가스가 미래에 끼칠 영향을 모두 감안한다면 그 숫자는 미국 GDP는 물론 전 세계 GDP와도 비교할 수 없을 만큼 계산 불가능한 어마어마한 수준이 될 것이다.

열역학적 효율 100퍼센트는 당연히 불가능하다. 하지만 레이트너의 모델과 다른 여러 모델은 향후 40년간 에너지 효율을 현재 수준의 세 배인 약 40퍼센트까지 올리는 일이 가능함을 시사한다. 미국 국립재생에너지연구소의 계산에 따르면, 최첨단 에너지 효율 기술과 방법을 사용해 모든 상업용 건물을 보강하거나 재건하면 60퍼센트 가까이 에너지 사용량을 줄일 수 있다. 여기에 더해 지붕 광전지 전력 시스템까지 설치한다면 전통적 에너지의 사용을 88퍼센트 정도 줄일 수 있다. 만약 새로 짓는 상업용 건물들도 모두 녹색 전기를 만드는 발전소가 된다면 에너지 효율은 더욱 놀라운 수준으로 증가할 것이다. 같은 방식을 미국 각 가정에도 적용한다면 전통적 에너지의 사용을 60퍼센트 절감할 수 있다.

이것을 모두 실현하려면 어느 정도의 비용이 들까? 미국 전역에 있는 상업용 및 주거용 건물의 인프라를 개선하기 위해서는 40여 년에 걸쳐 대략 4조 달러, 연간 1000억 달러가 들 것이다. 하지만 이런 개선이 이루어진다면 누적 에너지 비용 절감액은 6조 5000억 달러에 이르고 1년에 대략 1630억 달러를 절약하는 셈이 된다. 건물주가 인프라 개선비를 약 7퍼센트의 금리로 대출받고 에너지 절감분을 이용해서 갚는다고 가정하면 1.8이라는 탄탄한 편익비용비율이 나온다. 다시 말해 에너지 효율이나 재생에너지 체계에 1달러를 투자할 때마다 돌아오는 수익이 1.8달러라는 얘기다. 전국의 전력망을 서보(servo) 기계식에서 디지털로, 중앙집중형에서 분산형으로 바꾼다면 이 역시 경제 전반에 걸쳐 열역학적 효율을 크게 개선할 수 있다. 현재의 전력 발전 및 송전 시스템의 에너지 효율은 32퍼센트에 불과하다. 이 수준은 2차 산업혁명 인프라가 무르익었던 1960년 이후로 그대로다. 놀랍게도 미국의 전기 생산과정에서 낭비되는 에너지는 일본이 경제 전체에 사용하는 에너지를 능가하는 규모다.

보다 효율적으로 전기(특히 녹색 전기)를 모으고 분배할 수 있는 분산형 스마트 전력 그리드는 에너지 효율을 크게 개선할 수 있다. 게다가 미국 정부의 로렌스버클리 국립연구소가 수행한 연구에 따르면 현재 존재하는 폐기물을 에너지화하는 시스템과 여타의 재활용 에너지 체계를 통해 산업 공장들에서 나오는 폐열만 이용해도 현재 전력 소비량의 20퍼센트를 생산할 수 있다고 한다.

게다가 재생 가능 에너지 사용을 위해 수소 및 여타의 저장 매체를 활용하고, 또 운송 수단을 석유 중심의 비효율적 내연기관 차량에서 고효율을 자랑하는 플러그인 전기 자동차 및 수소 연료전지 자동차로 바꿔서 얻을 수 있는 에너지 효율까지 생각해 보라. 3차 산업혁명을 통해 공급 사슬 전반과 모든 사회 분야에서 열역학적 효율이 증가하면 우리는 20세기의 2차 산업혁명을 통해 이뤘던 것보다 훨씬 높은 수준으로 생산성을 증가시킬 수 있다.

3차 산업혁명 시대의 소유권 개념

경제학자들은 소유권 관계를 대단히 신성하게 생각한다. 고전 경제 이론은, 시장에서 소유물을 교환하는 것이 경제활동을 부추기고 번영을 창출하는 가장 효율적인 방법이라는 생각과 불가분의 관계다. 자본주의의 핵심인 이러한 개념은 종종 인간 본성에 내재한 것으로 간주되는 몇 가지 기본 가정을 전제한다. 하지만 숙고해 보면 그 가정은 현대사회에서 특정한 방식으로 경제활동을 조직화하게끔 종용하는 사회적 구성물에 불과하다.

사유재산을 자연권이라고 믿었던 로크는 다음과 같이 썼다.

> 인간이 어떤 것을 자연에 있는 상태에서 벗어나게 했다면 그것이 무엇이든 간에 그는 거기에 자신의 노동을 더한 것이고 자신의 것인 무언가와 결합한 셈이므로 그 대상물은 이제 그 사람의 소유다. 그 사람으로 인하여 대상물은 자연적으로 주어졌던 공유 상태에서 벗어나고, 그의 노동은 타인의 공유권을 부정할 수 있는 무언가를 대상물에 첨가한 것이다. 이 '노동'은 의문의 여지없이 노동한 사람의 것이므로 (적어도 남들도 똑같은 권리를 누리는 한) 그 사람만이 이전에는 타인과 공유했던 그 대상물에 대한 권리를 가질 수 있다.[22]

역사의 대부분 기간에 인류가 수렵채집과 사냥을 하며 공동생활을 했고 자연의 부를 이용할 수 있는 즉시 소비해 왔다는 사실에 로크는 신경 쓰지 않는다. 잉여 곡물 저장과 가축이라는 형태를 통한 소유물 개념은 기원전 1만 년경 농업 시대가 시작되면서 생겨났다. 구석기시대 사람들은 유목 생활을 했고 계절의 변화에 따라 살았다. 소유물이라고 해야 등에 지고 다닐 수 있는 몇 안 되는 의복과 장신구, 연장, 무기 정도였다. 그리고 이것들은 무리라는 공동체 전체에 속한 것으로 여겨졌다.

농업이 출현하고 나서도 소유물은 개인소유라기보다는 공동소유의 개념에 가까웠다. 특히 관개문명(灌漑文明)이 등장하면서 사유재산 제도도 확립되었지만 그 범위가 왕이나 상인들의 재산 정도로 한정되었다. 14세기 무렵까지도 유럽에서는 땅이 사람에게 속한다기보다는 영주와 농노가 땅에 매여 있었다. 기독교 이론에서는 신은 피조물 전체를 관장하는 존재며 지구상에 있는 신의 사절인 교회에 그 통치를 위임한 것으로 되어 있었다. 교회는 상위로부터 하위로 내려가는 사다리를 통해 지구의 피조물을 감독했는데, 봉건 토지의 영주에서부터 기사, 봉신, 농노로 이어지는 이 사다리를 신학자들은 '존재의 대사슬'이라고 불렀다. 땅을 사고판다는 개념(즉, 부동산에 대한 개념)은 영국 튜더 왕조 시대에 인클로저 법령(Enclosure Acts: 공유지를 사유지화하는 것에 관한 법령 — 옮긴이)이 확립되고 나서야 자리를 잡았다. 이 법령이 확립되면서 봉건 경제가 종말을 고하고 시장 시대의 여명이 밝기 시작했다.

중세 후기 유럽의 자유도시에 있었던 상인 길드 역시 소유물 취득에 대한 제한적인 개념을 갖고 있었다. 그들은 안정적인 생활을 지키고 유지하기 위해서 생산물의 가격과 양을 정하고 규제했으며, 필요 이상으로 재산을 확보하려는 의도는 없었다.

1차 산업혁명으로 역사상 그 어느 때보다 빠른 속도로 재화가 생산되었고, 장인(匠人)과 노동자들은 불과 수세기 전의 왕족보다도 잘살게 되었다. 이에 고무된 계몽주의 경제학자들은 시장의 사유재산 관계가 지닌 본질적 미덕을 극찬하기 시작했다. 또 소유물의 취득을 특정한 커뮤니케이션 및 에너지 패러다임에 따라 정해지는 사회적 성향이 낳는 것이라기보다는 타고난 생물학적 욕구가 낳는 결과물로 보았다.

사유재산의 공급과 수요를 조절하는 '보이지 않는 손'이 곧 시장 메커니즘이 되었고, 사람들은 보이지 않는 손을 통한 분배가 우주를 지배하는 뉴턴 물리학 법칙만큼이나 공정하다고 생각했다. 이기심(이 역시 타고난 인간 본성으로 간주되었다.)의 추구에 따라 사회의 전반적인 번영이 꾸준히 지속되고 인류가 무한한 발전의 길로 나아갈 것이라는 생각이 퍼졌다. '매수자 위험 부담 원칙(구매 물품의 하자 유무에 대해 구매자가 확인할 책임이 있다는 것)'이나 '싸게 사서 비싸게 판다'와 같은 개념은 새로운 이분법적 사회 현실을 위한 맥락을 만들어 내면서 세상을 '내 것 대(對) 네 것'이라는 관점으로 바라보게 했다.

그러나 새로 출현하는 3차 산업혁명은 인간의 욕구라든지 경제활동을 지배하는 가정에 관하여 완전히 다른 시각을 제시한다. 이 새로운 경제 패러다임의 분산적이고 협업적인 특성은 시장의 사유재산 관계를 매우 중시했던 과거의 관점을 근본적으로 재고하게 만든다.

인터넷과 여러 새로운 통신기술 덕분에 지구상 모든 인간의 신경 시스템이 다른 인간과 연결되는 속도가 빨라졌고, 이로 인해 우리는 글로벌 소셜 공간의 시대에 접어들었으며 세계 어디서나 동시에 무언가를 공유할 수 있게 되었다. 그 결과, 19세기와 20세기에 사유재산권이 중요한 가치였던 것만큼이나 이제는 거대한 글로벌 네트워크에 접근하는 것이 중요한 가치가 되었다.

인터넷을 익숙하게 사용하며 자란 세대는, 공동의 이익을 위해 공동의 공간에서 창의성과 지식, 전문성, 심지어 재화와 서비스를 서로 공유하는 것을 고전 경제 이론가들이 혐오한다는 사실에 아랑곳하지 않는다. 고전 경제학자들은 그러한 방식의 경제 운용이 인간 본성에 반하는 것이므로 실패할 수밖에 없다고 생각할 것이다. 인간은 본래 이기적이고 경쟁적이며 자기 이익을 위해 남을 희생시키는 존재이기 때문이다.

고전 경제학자들은 인간이 다른 사람들의 선의나 순진함을 이용하면서 그들이 기울인 노력에 무임승차하거나, 아니면 혼자 독점해서 훨씬 더 큰 이익을 얻으려 하는 존재라고 규정한다.

하지만 고전 경제학자들이 공유 방식에 대해 갖는 이런 우려는 거의 영향력을 발휘하지 못하는 듯하다. 오늘날 수많은 젊은이가 인터넷상의 분산적이고 협업적인 소셜 네트워크에 활발하게 참여하며, 다른 사람의 효용에 이바지하기 위해 대개는 무료로 자신의 시간과 전문성을 기꺼이 나눈다. 이들은 왜 이런 행동을 할까? 전체의 행복에 기여함으로써 자신의 행복이 줄어드는 것이 아니라 오히려 자신의 행복도 몇 배로 커진다고 생각하기 때문에, 자신의 삶을 타인과 함께하는 데에서 즐거움을 느끼는 것이다.

위키피디아나 페이스북 같은 소셜 공간들은 인간이 본래 이기적인 존재로서 끊임없이 자주적이고 독립적인 존재가 되고자 한다는 고전 경제 이론의 기본 가정에 도전장을 던진다. 3차 산업혁명의 커뮤니케이션 및 에너지는 고전 경제 이론에서 말하는 것과 전혀 다른 생물학적 욕구를 끌어낸다. 바로 사회적 교류의 욕구와 공동체에 대한 추구다.

이러한 사고방식의 전환을 가장 잘 반영하는 부분은 소유권에 대한 우리의 태도 변화다. 과거 소유권 개념에서는 시장에서 물리적 물건을 획득하여 타인을 배제한 채 그것을 즐길 권리를 갖는 것을 중요하게 여겼다. 하지만 이제 새로운 시대에는 새로운 소유권 개념, 즉 소셜 네트워크의 정보를 얻고 타인과 공동의 경험을 공유할 권리라는 개념이 자리를 잡아가고 있다. 대개 우리가 생각하는 소유권 개념은 소유와 배제라는 전통적 개념과 긴밀히 엮여 있기 때문에, 사람들이 수세기 동안 향유해 온 더 오래된 소유권(즉, 공동 소유물에 대한 접근권)이 존재한다는 사실을 떠올리기가 힘들다. 예를 들어 배를 이용해 강을 이동하고, 숲에서 식량을 찾고, 시골길을 걷고, 가까운 냇가에서 물고기를 잡고, 공공 광장에서 회합을 갖는 권리 같은 것 말이다. 근대에 이르자 접근과 포함을 가능케 하는 이러한 오래된 소유권 개념은 점차 옆으로 밀려났다. 시장에서의 관계가 생활을 지배하고 사유재산이 '인간의 기준'을 정의하게 되었기 때문이다.

하지만 분산과 협업이 특징인 경제에서는 글로벌 소셜 네트워크에 대한 접근 권리가 시장에서 사유재산을 보유할 권리 못지않게 중요하다. 삶의 질과 관련된 가치들, 그중에서도 특히 가상공간에서 글로벌 공동체의 다른 수많은 사람과 사회적 관계를 맺는 것이 중요하기 때문이다. 따라서 상호 연결된 세상에서는 인터넷 접근권이 강력하고 새로운 재산권 가치를 지닌다.

중국 정부가 구글 검색엔진 정보를 검열하는 방침에 구글이 더 이상 협조하지 않겠다고 2010년에 선언한 일은 국제 관계 무대에서 펼쳐지는 극적인 대치의 한 예다. 이 결전은 힐러리 클린턴 미국 국무장관이 중국을 비롯한 몇몇 국가가 구글과 여러 검색엔진, 웹사이트의 일부 내용에 대한 접근을 차단했다고 비난하면서 시작되었다. 클린턴은 "세계 여러 나라가 새로운 정보의 장막을 치고 있다."고 경고하면서 "미국은 모든 인류가 평등하게 정보와 의견들에 접근할 수 있는 인터넷을 지지한다."는 점을 분명히 했다.[23] 구글과 중국 사이의 이러한 교착상태는, 시장경제 발생 초기부터 국가들 사이의 사안을 결정해 왔던 전통적인 지정학에서 새로운 생물권 정치학으로 옮겨 가는 거대한 변화가 일어남을 의미한다. 이제 글로벌 네트워크 경제에서는 점차 생물권 정치학이 문명의 운명을 결정할 것이다.

생물권 시대에는 접근권을 둘러싸고 분쟁이 벌어지는 일이 늘어날 것이다. 이와 같은 변화는, 전 세계가 서로 연결되고 상호 의존하는 세상에서는 접근권에 비해 소유권의 중요성이 상대적으로 줄어들고 있음을 반영한다.

중국을 비롯하여 구속적이고 권위적인 체제에서 사는 젊은 세대는 글로벌 네트워크 안의 소셜 공간에 대한 접근권을 확보하기 위해 분투하고 있다. 이들의 열정은 18, 19세기에 여러 장애물에 맞서며 소유권을 추구한 젊은이들이 지녔던 열정에 못지않다. 글로벌인터넷자유컨소시엄은 보안 시스템을 무너뜨리는 업체로 구성된 조직이다. 이들은 자국 국민의 글로벌 정보망 접근을 막으려고 이집트나 이란, 리비아, 베트남, 사우디아라비아, 시리아 같은 국가들이 만들어 놓은 정교한 시스템을 뚫기 위한 소프트웨어를 만들어 왔다.[24] 이러한 소프트웨어 덕분에 수많은 억압받는 사람이 잠시 동안이나마 글로벌 인터넷 공동체와 연결될 수 있었고, 자신들도 언젠가는 선진 민주 국가의 젊은이들이 당연하게 여기는 보편적 접근권을 누리리라는 희망을 가졌다.

권위주의적 지배를 무너뜨릴 수 있는 소셜 미디어의 힘은 2011년 1월과 2월 이집트에서 뚜렷하게 드러났다. 당시 수많은 젊은이가 잔혹한 독재자 호스니 무바라크에게 저항하면서 18일간 거리에서 시위를 벌여 온 나라를 정지 상태로 만들었다. 구글의 젊은 간부이자 시위 세력의 '대표권 없는' 대변인이었던 와엘 고님은 페이스북으로 시위 촉발에 기여했고, 청년층이 중심이 된 저항 세력은 소셜 미디어(페이스북, 유튜브, 트위터)를 이용해 경찰과 군부대의 허를 찌르고 힘을 발휘하면서 결국 세계에서 가장 독재적인 정부 가운데 하나를 쓰러트리는 데 중요한 역할을 했다.

소셜 미디어를 사용하는 젊은이들이 주도한 거리 시위는 튀니지, 리비아, 예멘, 요르단, 바레인 등 중동 지역 곳곳에서 발생했다. 인터넷 세대는 중앙집권적인 독재 정부의 종말을 요구한다. 그들은 개방적이고 투명하며 국경 없는 세상에서 살 권리를 요구한다. 전 세계 젊은이들의 열망을 대변하게 된 새로운 소셜 미디어의 기준과 관행을 반영하는 세상 말이다.

국경을 넘어 지식과 상업, 사회적 삶을 공유하기 시작한 글로벌 가족의 일원이 될 수 있는 권리에 대한 열망이 커지는 만큼, 독재국가에 사는 젊은이들의 봉기는 앞으로 더욱 치열해질 것이다. 인터넷으로 인해 생물권이 새로운 정치적 경계선 역할을 맡게 되었고, 이에 따라 전통적인 지정학은 시대착오적 유물처럼 보이기 시작했다.

자본주의의 충신 격인 지적 재산도 수평적 세상에서는 그 견고한 벽이 허물어지고 상업적 무대에서 점차 바깥으로 밀려나고 있다. 인터넷 세상에는 '정보가 마음대로 돌아다니고 싶어 하기' 때문에 저작권이나 특허도 차츰 중요하지 않게 간주되거나 우회의 대상이 된다. 사람들이 오픈 소스 공유 공간에서 상업 활동이나 사회적 삶을 영위하는 일이 더 많아지면, 지적 재산은 사실상 시대에 뒤떨어진 쓸모없는 관습물이 된다. 음반업계는 저작물에 대한 자유로운 접근이 야기한 타격을 최초로 경험했다. 수백만의 젊은이가 온라인으로 자유롭게 음악을 공유하기 시작하자 음반회사들은 불법 복제자에게 소송을 걸고 암호화 신기술을 이용해 방화벽을 만드는 등 저작권을 보호하려고 시도했다. 하지만 어떤 방법도 별 효과를 내지 못했다.

요즘 판권이 살아 있는 신간의 내용을 챕터별로 인터넷에 무료 공개하는 출판사와 작가들이 늘고 있다. 독자들의 흥미를 끌어당겨 도서 구매로 이어지기를 바라기 때문이다. 하지만 이런 방식이 큰 성공을 거둘 것 같지는 않다. 우리가 상상할 수 있는 모든 주제에 대한 방대한 정보가 인터넷에 무료로 돌아다니며 시시각각 새로운 정보가 추가된다는 점을 생각하면, 저작권을 주장하고 자료 사용에 대한 비용을 받아내는 것이

헛된 시도는 아닐지라도 힘들어질 가능성이 높다. 신문도 마찬가지다. 젊은 세대는 이제 종이로 된 일간지나 주간지를 사지 않고 대신 '허핑턴 포스트(Huffington Post)' 같은 무료 블로그에 접속하여 정보를 얻는다. 많은 주요 신문과 잡지들은 독자들이 인터넷의 무료 정보로 몰려가는 경향에 제동을 걸고자 자사의 기사 콘텐츠를 온라인에 무료 공개하고 웹사이트에 싣는 광고를 통해 수익을 올리는 방식을 시도했다.

25년간 생명공학회사들은 인간 및 동식물 유전자에 대한 특허를 취득하려고 애써 왔다. 생명체의 유전학적 청사진들을 독점하여 농업이나 에너지, 의학 등의 분야에서 상업적 이익을 취하기 위해서였다. 하지만 그러한 기업과는 반대로 최근의 젊은 과학자들은 과학 연구에 더욱 투명하고 협력적인 접근법을 도입하려는 희망을 품고 있다. 이들은 유전학의 새로운 연구 결과를 인터넷상의 오픈 소스 공유 공간에 무료로 게재하여 생물학적 지식의 공유를 촉진한다. 독점적 소유권보다 보편적인 접근법이 더 큰 힘을 발휘하는 오픈 소스 세상에서는 현재 같은 형태의 저작권이나 특허가 그대로 존속할 가능성이 높지 않다.

지속 가능한 생활 방식과 생물권 보호를 중요하게 여기는 젊은 세대에게서도 비슷한 현상이 나타나고 있다. 이들은 지구를 뒤덮은 재생 가능 에너지(태양광·풍력·지열·파도·조수 등)에 자유롭고 개방된 방식으로 접근할 수 있는 권리를 요구한다. 1차, 2차 산업혁명 때는 소수의 거대 기업과 정부가 화석연료 에너지를 소유하고 통제했다. 하지만 3차 산업혁명 경제 안에서 성장한 후에 지구의 에너지를 마치 숨 쉬는 공기처럼 모든 인류가 공유하는 공공재라고 여기게 될 2050년의 젊은이들에게는 그런 소유와 통제의 방식이 이상하게 느껴질 것이다.

보편적 접근권을 확립하고 지구상 모든 인류에게 글로벌 공유 생활권에 속할 수 있는 권리를 보장한다면 사회적 교류 범위는 엄청나게 넓어질 수 있다. 앞으로는 이러한 권리를 확립하기 위한 개인적·집단적 노력들이 과거에 소유권을 확보하기 위해 행했던 투쟁만큼이나 중요해질 가능성이 높다.

금융자본 대 사회적 자본

고전 경제학 이론에서 말하는 개념들 가운데 재고가 필요한 것은 부와 생산성, 균형예산, 소유권뿐만이 아니다. 3차 산업혁명 기술이 가져오는 수평적인 경제 기회들은 자본주의의 중심 원리 자체를 흔들고 있다.

자본주의의 토대는 개인의 부를 모아서 금융자본이라는 형태로 활용하되 부를 창출하는 기술적 수단과 부를 분배하는 관리적 수단을 통제함으로써 훨씬 더 많은 부를 얻을 수 있다는 개념이다.

화석연료 기반의 산업혁명에는 막대한 초기 비용이 필요했다. 석탄을 태우는 증기기관 기술에는 목재 연료나 물레방아, 풍차 기술보다 훨씬 많은 비용이 들어갔다. 새로운 에너지와 기술에는 비용이 많이 들었고 또 그에 맞는 과업과 기술을 전문화해야 했기 때문에 하나의 지붕 아래에서 생산 및 관리를 집중하는 편이 유리했다. 이것이 바로 공장 시스템이다.

영국의 섬유산업은 이 새로운 사업 모델로 이행한 첫 사례였다. 다른 가내공업들도 곧 그 뒤를 따랐다. 이전에는 생산도구가 수공업자와 장인들 개인의 소유였지만, 이제는 새로 등장한 부유한 상인들이 생산도구를 마련하기 위해 풍부한 금융자본을 끌어모았다. 이들을 자본가라고 불렀다. 규모의 경제 및 놀라운 속도를 자랑하는 새로운 공장제 기업과 경쟁할 수 없었던 수공업자들은 독립성을 잃고 산업혁명의 노동력인 공장 일꾼이 되었다. 역사가 모리스 도브는 수공업에서 산업 생산으로, 가내공업에서 자본주의 기업으로 이행한 현상에 담긴 의미를 다음과 같이 요약해서 말했다. "그러므로 생산이 자본에 예속되고 자본가와 생산자 사이에 계급 관계가 나타난 것은 구식 생산방식과 신식 생산방식을 가르는 분기점이라고 할 수 있다."[25]

하지만 3차 산업혁명의 새로운 분산적·협업적인 커뮤니케이션 및 에너지 공간에서는 사회적 자본의 축적이 금융자본의 축적만큼이나 중요하다. 커뮤니케이션 기술을 저렴하게 이용할 수 있게 되면서 네트워크 진입 비용이 급락하고 있기 때문이다. 오늘날은 20억에 가까운 사람들이 저렴한 데스크톱 컴퓨터나 인터넷 접속이 가능한 휴대전화를 사용한다. 이들은 광속에 가까울 만큼 빠른 속도로 서로에게 접속하는데, 이들이 발휘할 수 있는 분산적 힘은 글로벌 텔레비전 네트워크보다 더 크다.[26] 머지않아 재생 가능 에너지 기술의 가격이 급격히 떨어지면 모든 사람이 분산형 에너지망을 통해 에너지에 동등하게 접근할 수 있을 것이다.

전화, 라디오, 텔레비전 같은 중앙집권적인 통신기술이나 화석연료, 원자력발전소를 시장에서 소유하려면 엄청난 자본비용이 들었다. 하지만 이런 시스템은 이제 새로운 분산 자본주의에 자리를 내주고 있다. 분산 자본주의에서는 수평적 네트워크에 들어가기 위한 진입 비용이 낮기 때문에 개방적인 인터넷과 인터그리드를 이용하여 사실상 누구나 미래의 기업가나 협력자가 될 수 있다. 결과적으로, 새로운 거대 기업을 시작할 때 적어도 초기 단계에서는 금융자본보다는 사회적 자본이 더 중요한 경우가 많다. 20대 젊은이들이 학교 기숙사 방에서 구글이나 페이스북, 여타의 글로벌 네트워크를 만든 사실을 생각해 보라.

금융자본이 이제 무의미해졌다는 얘기는 물론 아니다. 하지만 금융자본을 사용하는 방법이 근본적으로 변했다. 경제가 수평적으로 변하고 보다 분산적이 되면 개별적 교환보다는 피어투피어 관계가 더 유리하다. 기업이 수익을 창출하는 방법이 근본적으로 바뀌는 것이다. 소유물을 생산하여 교환하는 것은 자본주의의 주춧돌이었다. 하지만 교환 비용이 점점 더 싸져서 결국은 사실상 제로가 되는 지능형 경제에서는 그러한 소유물 교환 방식으로 수익을 내기가 힘들다. 이러한 과정은 이미 진행 중이고 앞으로 3차 산업혁명이 무르익으면서 더욱 가속화할 것이다. 시장에서 소유물을 교환하는 방식은 점점 사라지고 협업 네트워크상에서 관계를 맺는 일이 늘어날 것이다. 또 판매를 위한 생산은 필요에 따른 즉각적인 이용을 위한 생산 범주에 포함될 것이다.《뉴욕 타임스》기자 마크 러바인은 이러한 새로운 사고 변화를 다음과 같이 날카롭게 표현했다. "공유와 소유의 관계는 아이팟과 8트랙 녹음테이프의 관계, 태양광전지판과 탄광의 관계다. 공유는 깨끗하고 신선하며 세련되고 포스트모던하다. 반면 소유는 지루하고 이기적이며 소극적이고 후진적이다."[27] 나는 지금 자본주의의 작동 원리에 일어나는 근본적인 변화를 설명하는 것이다. 이 변화는 전통적 제조, 소매 분야 전체에 걸쳐 진행 중이며 기업이 비즈니스를 수행하는 방식을 바꾸고 있다.

전통적인 자본주의 시장에서 이윤은 거래에 따른 차익 실현으로 얻는다. 즉, 가치 사슬을 따라 존재하는 전환 과정의 매 단계에서 판매자가 구매자에게 가격을 올려 받음으로써 이윤을 확보한다는 얘기다. 재화나 서비스가 마지막 최종 소비자에게 도달할 때의 가격은 이와 같은 중간 인상액을 모두 더한 금액이다.

하지만 3차 산업혁명의 정보통신기술은 모든 산업 영역의 공급 사슬에서 거래 비용을 획기적으로 낮춘다. 머지않아 분산형 재생 가능 에너지도 마찬가지의 효과를 낼 것이다. 새로운 녹색 에너지산업은 점점 빠른 속도로 성과를 개선하며 비용을 낮추고 있다. 정보의 생산 및 분배에 드는 비용이 거의 제로에 가까워지는 것처럼 재생 가능 에너지도 곧 그렇게 될 것이다. 태양과 바람은 누구나 이용할 수 있고 결코 고갈되는 일도 없을 테니까 말이다.

3차 산업혁명의 커뮤니케이션 및 에너지 체계에 수반되는 거래비용이 제로에 가까워지면 이윤 발생 자체가 어려워진다. 따라서 이윤이라는 개념 자체를 다시 생각해야 한다. 3차 산업혁명의 커뮤니케이션 분야에서는 이미 이런 일이 일어나고 있다. 음원 다운로드, 전자책, 뉴스 블로그의 등장으로 음반업계와 출판업계의 거래 비용이 감소하자 이들 전통적인 산업은 커다란 타격을 입고 있다. 녹색 에너지와 3D 제조, 여타 분야들도 이러한 파괴적인 충격을 입으리라 예상된다. 이처럼 거래 비용이 줄고 이윤이 사라진다면 기업은 어떻게 이윤을 창출해야 할까?

거래 비용 제로의 경제가 출현하는 날이 얼마 남지 않았지만 그때도 소유물은 여전히 존재할 것이다. 하지만 소유물은 생산자의 손에 그대로 남아 있고 소비자들이 일정 기간 그 소유물에 접근하여 이용하는 형식이 될 것이다. 기존 제품이 끊임없이 업그레이드되는 세상, 새로운 제품이 나와 성공했다가도 금세 시장에서 사라지는 세상에서 누가 제품을 소유하길 원하겠는가? 3차 산업혁명 경제에서는 시간이 희소 상품이 되고 교환의 열쇠가 된다. 그리고 서비스에 대한 접근이 소유를 대신하여 상업의 주 원동력이 된다.

콤팩트디스크(CD)를 구매하던 습관이 웹사이트에 가입하여 서비스를 이용하는 방식으로 바뀌는 데에 10년밖에 걸리지 않았다. 사람들은 랩소디(Rhapsody)나 냅스터(Napster) 같은 회사에(2011년 12월 랩소디가 냅스터를 인수 합병하였다. — 옮긴이) 가입해 한 달이나 1년 기준으로 자신의 뮤직

라이브러리에 접속하여 좋아하는 음악을 다운로드할 수 있다.

한때는 자동차를 갖는 것이 소유관계를 향유하는 성인 세계로 들어가는 관문과도 같았지만, 이제는 자동차 리스 계약을 맺는 경우가 점차 늘고 있다. GM이나 다임러, 토요타 같은 자동차 회사들이 차량을 보유한 채 고객과 장기 서비스 관계를 맺는 것이다. 이용자는 리스 계약이 보장되는 기간 동안 하루 24시간 내내 자동차를 사용하고 이에 대한 비용을 지불한다. 자동차 회사는 계약에 구속된 고객을 확보하고, 고객은 이동의 편리함을 누리며 2~3년마다 새로운 차량으로 쉽게 바꿀 수 있다. 또 서비스나 수리에 따르는 부담은 리스회사가 떠맡는다.

휴가를 위한 타임셰어(time-share: 일주일 단위로 사용 일자를 정해서 원하는 기간만큼 숙박 시설에 대한 사용 권리를 구입하는 시스템 — 옮긴이)도 요즘 인기가 높은 비즈니스 모델이다. 수많은 사람이 휴가지에 또 다른 집을 구입하는 대신에 타임셰어를 구매하여 일정 기간 숙박 시설에 대한 사용권을 얻는다. 이들은 또한 타임셰어 포인트를 이용해 세계 곳곳의 휴가지에서 숙박 시설을 사용할 수도 있다.

흥미로운 점은, 소유권보다 접근권이 중요해지고 공급자가 보유한 소유물을 리스나 렌털, 타임셰어, 보유 계약이나 임시 계약 등을 맺어 시간 단위로 이용자에게 대여하는 방식이 등장하자 지속 가능성이 부각되고 있다는 사실이다. 지속 가능성이라는 개념이 단순히 깨어 있는 경영진이 사회적으로 책임 있는 행동을 하도록 이끄는 슬로건이 아니라 수익에 직결되는 무언가가 되고 있는 것이다.

자동차가 요람에서 무덤까지 자동차회사의 소유물이 되면, 자동차회사는 내구성 있고 유지 비용이 적게 드는 차량, 쉽게 재활용할 수 있는 소재를 사용하고 탄소발자국을 적게 남기는 차량을 만드는 것이 자신들에게 이롭다는 사실을 깨닫는다. 스타우드를 비롯한 여러 호텔은 타임셰어 호텔을 짓고 소유하면서, 가급적 최소한의 에너지와 가장 지속 가능한 자원을 사용하여 투숙객에게 양질의 숙박 경험을 제공하려고 노력한다.

판매자와 구매자에서 공급자와 이용자로, 시장에서 소유물을 교환하는 시스템으로부터 네트워크상에서 시간 단위로 서비스에 접근하는 방식으로 경제생활 형태가 변하자 경제 이론 및 실행에 대한 우리의 관점도 바뀌고 있다. 그러나 좀 더 깊이 들여다보면, 새로 출현하는 3차 산업혁명 에너지 및 커뮤니케이션 인프라는 경제적 성공을 측정하고 판단하는 방식 자체에 변화를 가져오고 있다.

삶의 질이라는 꿈

3차 산업혁명은 지구에서 함께 살아가는 다른 사람과 맺는 관계 및 그들에 대한 책임과 관련된 인식을 변화시킨다. 우리 모두가 같은 처지에 있음을 깨닫기 시작하는 것이다. 각 대륙에 걸치는 협력적 공유 공간을 통해 지구의 재생 가능 에너지를 공유하면 인류라는 종의 정체성에 대한 새로운 인식이 움틀 수밖에 없다. 상호 연결성에 대한 자각과 생물권에 함께 소속된 존재라는 인식이 서서히 생겨나면서 삶의 질에 대한 새로운 관점과 꿈이 특히 젊은 세대를 중심으로 이미 등장하기 시작했다.

세계의 많은 사람을 꿈에 부풀게 한 희망의 표본인 '아메리칸 드림'은 물질적 이기주의, 자율권, 독립에 대한 추구를 강조한다는 점에서 계몽주의 전통 안에 안락하게 자리를 잡고 있다. 하지만 이제 새로운 모습의 미래가 삶의 질에 진정한 가치를 부여한다. 바로 협력적 이해관계, 연결성, 상호 의존에 기반을 둔 미래가 그것이다. 진정한 자유란 타인에게 아무런 의무도 지지 않고 고립된 섬과 같은 존재가 될 때 얻을 수 있는 것이 아니라 타인과의 관계에 깊이 참여할 때 얻을 수 있다. 자유가 삶의 최적화라면, 그것은 개인의 경험이 얼마나 풍부하고 다양한가, 또 사람들과 얼마나 강력한 사회적 유대를 맺는가를 토대로 측정해야 마땅하다. 외딴 존재로 살아가는 삶은 딱하고 무의미하다.

삶의 질이라는 꿈은 집단 내에서만 실현할 수 있다. 고립되어 타인을 배제한 채로 높은 삶의 질을 향유하기는 불가능하다. 삶의 질을 획득하려면 모든 사람이 공동체 생활에 적극적으로 참여해야 하며 어느 한 사람 뒤처지지 않도록 모든 구성원이 깊은 책임감을 느껴야 한다.

계몽주의 경제학자들은 행복과 '훌륭한 삶'이 개인적 부의 축적과 동의어라고 굳게 믿었다. 하지만 3차 산업혁명의 문턱에 있는 오늘날 젊은 세대는 경제적 안정이 필요하기는 하지만 개인의 행복은 사회적 자본의 축적에 비례하기도 한다고 믿는다.

행복의 의미에 대한 관점의 변화는 경제적 번영을 측정하는 주요 지표들 중 하나에 영향을 주기 시작했다. GDP라는 용어는 1년간 생산한 경제적 재화 및 서비스의 총량이 지닌 가치를 측정하기 위해 1930년대에 만들어졌다. GDP라는 지표의 문제점은 긍정적인 경제활동뿐만 아니라 부정적인 경제활동도 계산에 포함한다는 점이다. 어느 국가가 군비 확충에 큰돈을 투자하거나 교도소를 건설하거나 치안을 강화할 때 또는 오염된 환경을 정비할 때도 그 모든 활동이 GDP에 반영된다.

GDP라는 측정 도구를 개발한 미국의 경제학자 사이먼 쿠즈네츠도 일찍이 "한 국가의 복지는…… 국민소득의 측정으로 추론할 수 없다."[28] 고 말했다. 나중에 쿠즈네츠는 경제 번영의 척도로 GDP에 의존하는 것에 수반되는 문제점을 더욱 강조하며 이렇게 경고했다. "성장의 양과 질에 대한 구분을 반드시 염두에 두어야 한다. ……'더 많은' 성장을 향한 목표를 세울 때는 무엇을 위해 어떤 것을 성장시킬 것인지를 분명히 해야 한다."[29]

최근 들어 경제학자들은 단순한 경제적 산출물의 총계가 아니라 삶의 질을 반영할 수 있는 대안적인 경제 번영 지표를 개발하기 시작했다. 지속가능경제복지지수(Index of Sustainable Economic Welfare, ISEW), 포드햄 사회건강지수(Fordham Index of Social Health, FISH), 참진보지표(Genuine Progress Indicator, GPI), 경제웰빙지수(Index of Economic Well-Being, IEWB), 유엔의 인간개발지수(Human Development Index, HDI) 등이 대표적이다. 이 새로운 지표는 사회의 안녕과 복지가 전체적으로 얼마나 증진되는가를 측정하며 유아사망률, 평균수명, 건강보험 혜택 여부, 교육 성과 수준, 주당 평균 수입, 빈곤 구제, 소득 불평등, 주거비 수준, 환경 청정도, 생물 다양성, 범죄 감소율, 여가 시간 등을 반영한다. EU와 OECD뿐만 아니라 프랑스와 영국 정부도 삶의 질을 반영하는 공식 지표를 개발했으며 전체적 경제 성과를 판단할 때 그러한 새로운 지표에 점차 더 의존하기를 기대한다.

삶의 질을 높이기 위해 우리가 속한 더욱 커다란 공동체에 대해 구성원 모두가 집단적인 책임감을 느껴야 한다면, 과연 그 공동체의 범위는 어디까지일까? 다가오는 새로운 시대에 우리의 시공간적 터전은 임의적인 정치적 경계선을 넘어 생물권 자체를 아우르는 범위까지 확대된다.

시공간의 재발견

계몽주의 경제학자들은 뉴턴역학이라는 진리 안에서 자신의 이론을 세우려는 마음이 강했기 때문에 시공간을 인식하는 방식도 매우 기계적이고 실용주의적이었다. 공간을 창고와 같은 용기(容器)로 인식했다. 경제적 목적으로 사용되기를 기다리는 유용한 자원이 가득 찬 용기 말이다. 한편 시간은 자원의 사용 과정을 가속하고 무한한 경제적 부를 창출하기 위해 마음대로 조작할 수 있는 유연한 도구였다. 그리고 인간은 공간에 흩어져 있는 자원에 작용하는 외부적 힘, 즉 노동 절약형 기술을 사용해 최대한 효율적으로 그 자원을 생산적이고 유용한 결과물로 변화시키는 외부적 힘으로 여겼다. 공간에 대한 실용주의적 접근법과 시간의 효율적 사용은 고전 경제 이론의 핵심적인 시공간 좌표였다.

공간과 시간, 인간의 힘에 대한 계몽주의 및 포스트계몽주의 시대의 가정은 당시의 사고방식을 보여 준다. 지질학자와 화학자는 지구의 무생물을 세월이 흘러도 변함없이 얌전히 쌓여 있는 미개척의 비축물이라고 생각했다. 인간이 나서서 생명을 불어넣어 생산적인 부로 변화시켜 주기를 기다리는 대상이라고 말이다. 그러나 지구의 활동에 대한 과학적 사실들이 새롭게 발견되고, 특히 지구화학적 과정과 생물 시스템 사이의 상호작용이 밝혀지면서, 고전 경제학적 사고가 남긴 그와 같은 관점은 이제 의심을 받고 있다.

책의 앞부분에서 생물권의 작동 방식을 설명했다. 1970년대에 영국 과학자 제임스 러브록과 미국 생물학자 린 마굴리스는, 지구상에 생명이 존속할 수 있는 이상적인 환경을 유지하기 위해 지구화학적 과정과 생물학적 과정이 서로 긴밀하게 상호작용한다는 이론을 발전시켰다. 이들의 흥미로운 가이아 가설은 그 후 수십 년간 다양한 과학 분야의 전문가들의 지지를 받았다. 지지자들은 러브록과 마굴리스의 이론을 뒷받침하는 추가 증거를 내놓으며 가이아 가설에 힘을 실었다.

러브록과 마굴리스는 지구를 생명체처럼 작동하는 자기 조절 시스템이라고 본다. 그들은 그 근거로 산소와 메탄의 조절을 예로 든다. 생명체가 살아가기 위해서는 지구의 산소 농도가 아주 좁은 범위 내로 유지되어야 한다. 산소가 그 범위를 넘어 상승한다면 지구는 화염에 휩싸이고 생명체는 절멸하고 말 것이다. 그렇다면 산소는 어떻게 조절될까?

러브록과 마굴리스는 대기 중 산소 농도가 적정치 이상으로 상승하면 이것이 기폭제가 되어 미세 박테리아의 메탄 생성과 방출이 늘어난다고 말한다. 이렇게 늘어난 메탄은 대기 중으로 들어가서 산소 농도를 떨어뜨리고 이로써 산소는 다시 적정 수준으로 내려간다. 이것은 지구 생물권을 생명체가 번성하는 환경으로 유지하기 위해 작동하는 무수히 많은 피드백 루프 가운데 하나일 뿐이다.

비교적 최근 들어 이해하게 된, 생태적 네트워크에 존재하는 피드백 루프들의 작동 원리는 3차 산업혁명 경제의 정보 및 에너지 피드백 네트워크 모델과 매우 유사하다. 만약 기술이 예술과 마찬가지로 생명의 원리를 모방한다면, 3차 산업혁명 경제의 새로운 네트워크 인프라는 지구 생태계의 자연적 작동 원리와 점점 더 닮아간다. 인류를 우리가 살아가는 더 큰 생명 공동체의 구조 안에 다시 자리 잡도록 만들기 위해 반드시 필요한 첫 단계는 바로 우리의 경제적·사회적·정치적 관계를 지구 생태계의 생물학적 관계와 유사하게 만드는 일이다.

새롭게 등장한 과학적 세계관의 전제와 가정은 3차 산업혁명 경제 모델의 기저에 깔린 네트워크적 사고와 조화를 이룬다. 과거의 세계관은 자연을 그저 대상으로 보았지만 새로운 세계관은 자연을 관계의 집합으로 본다. 과거의 관점을 특징짓는 것이 분리·몰수·해체·감축이라면 새로운 관점을 특징짓는 것은 결합·보충·통합·전체론이다. 예전의 과학은 자연에서 생산적인 결과물을 만드는 방법에 몰두했지만 새로운 과학은 자연을 지속 가능하게 만들려고 애쓴다. 과거의 과학은 자연 위에 군립하는 힘을 확보하려고 했지만 새로운 과학은 자연과의 협력을 추구한다. 과거의 과학은 자연으로부터 벗어난 독립을 중시했지만 새로운 과학은 자연에 참여하는 것을 중시한다.

과거에 우리는 자연을 식민주의적 시각으로 바라보았다. 약탈하고 노예로 만들어야 할 대상이었다. 하지만 새로운 과학적 세계관은 자연을 우리가 함께 돌보고 가꾸어야 할 공동체로 인식해야 한다고 말한다. 자연을 소유하여 개간하고 이용하고 소유할 권리를 지양하고, 자연을 돌보고 존중해야 할 의무를 강화해야 한다는 의미다. 자연이 지닌 효용적 가치보다는 자연이 지닌 본질적이고 고유한 가치가 점차 주목받고 있다.

생물권의 영속과 생명체 보존에 알맞은 조건을 일정하게 유지하기 위해서 모든 생물 유기체가 끊임없이 지구화학적 과정으로 상호작용한다면, 인류가 오래도록 안녕과 행복을 구가하느냐의 여부는 과연 지구 활동의 배경이 되는 시공간적 제약 내에서 삶을 유지할 수 있느냐에 달려 있다. 고전주의 및 신고전주의 경제 이론과 실행 사례들은 자연에 대한 일방적 이용과 소비만을 강조함으로써 지구화학적 작용과 생물학적 작용 사이의 피드백 메커니즘을 훼손했으며 지구 생태계를 피폐하게 만들고 결국 지구의 기온과 기후를 완전히 바꿔 놓았다.

인류가 하나의 종으로서 살아남고 번성하기 위해서는 시간과 공간에 대한 개념을 다시 생각해야 한다. 공간을 수동적인 자원이 담긴 용기나 창고로 바라보는 고전 경제학적 관점 대신에, 활발하고 능동적인 관계들이 모여 있는 공동체로 바라보는 관점이 자리 잡아야 한다. 이러한 새로운 틀에서 보면 지구화학적 구조는 단순한 자원이나 소유물이 아니라 지구상의 생명체를 존속시키는 상호작용 관계에 깊이 얽힌 일부분이다. 그렇다면 경제적 우선순위는 생산성이 아니라 생성력에 놓아야 하며 자연을 순전히 실용적으로 이용하려 드는 대신에 생물권을 유지하는 상호 관계를 돌보고 지키는 데 힘써야 한다.

같은 맥락에서, 효율성만 강조할 것이 아니라 시간이라는 구조물의 지속 가능성을 생각해야 한다. 공학에 대한 접근법에서도 시장 효율성을 지니는 생산 리듬만 생각할 것이 아니라 자연의 재생 주기와 조화를 이루는 방법도 모색해야 한다.

생산성에서 생성력으로, 효율성에서 지속 가능성으로 초점을 바꾼다면 인류는 우리가 불가분의 일부를 구성하는 보다 큰 생물권 공동체의 조류와 리듬, 주기성과 다시 보조를 맞출 수 있다. 이것이 바로 3차 산업혁명이 지향하는 방향이다. 이와 같은 사실 때문에 전 세계 경영대학원에서 가르치는 기존 경제 이론은 새로운 경제 시대를 항해하고 생물권 의식을 고취하는 데에 적합한 틀이 될 수 없다.

인간의 경제활동을 생물권의 리듬 및 주기성과 조화시키려는 시도는 자연으로부터 독립해서 거리를 두고 자연에 힘을 행사하려는 인간의 생물학적 성향과 충돌하기 때문에 그러한 시도는 헛되다고 주장하는 회의주의자들도 있을 것이다. 그들에게 시간생물학(chronobiology)에 대해 설명하면 필경 그런 의구심도 잦아들 것이다.

미생물에서 인간에 이르기까지 모든 형태의 생물은 무수히 많은 생체시계로 구성되어 있다. 이 생체시계들은 생물의 생리적 과정이 생물권 및 지구의 보다 커다란 주기와 조화를 이루도록 조절한다. 인간을 비롯한 모든 생명체는 자신의 내적, 외적 기능을 태양일(太陽日, 일주기 리듬), 태음월(太陰月, 달의 주기), 지구가 태양을 도는 1년 주기(연주기 리듬), 계절의 변화에 맞춰 조절한다. 심리학자 존 옴은 이렇게 말한다. "물리적 우주는 기본적으로 주기를 따른다. 달은 지구의 둘레를 공전하고 지구는 태양 주위를 공전하며 태양계도 적절한 때에 공간적인 위치를 바꾼다. 이 모든 현상은 주기에 따른 규칙적인 변화를 가져오며 생물 종들의 생존은 이러한 주기 리듬을 잘 따라가느냐 여부에 달려 있다."[30]

비행기를 타고 표준시간대가 다른 지역으로 이동하면서 시차로 인한 피로를 경험해 본 사람이라면 누구나 인간의 신체가 지구의 리듬에 맞춰 섬세하게 조정된다는 사실을 이해할 것이다. 여기에 혼란이 생기면 신체의 내부 프로세스는 비동기화(desynchronization: 생물의 리듬 활동에 나타나는 동기가 해제되는 상황 — 옮긴이)를 겪는다. 우리의 체온은 24시간마다 예측 가능한 패턴으로 오르내린다. 피부 온도도 마찬가지다. 여성의 월경 주기는 달의 주기를 따르는 경향이 있다. 계절성정서장애(Seasonal Affective Disorder, SAD)는 주로 일조량이 적은 겨울철에 나타난다. 계절성정서장애로 무기력과 우울함을 느끼는 것은 많은 포유류 동물이 동면 기간에 생리적 활동이 둔화되는 현상과 유사하다.[31]

시간약리학(chronopharmacology) 분야의 전문가들은 하루 중 어느 시간에 환자에게 약을 투여하는지 또는 수술을 하는지에 따라 효과가 다를 수 있다는 사실을 깨닫고 개인별 내부 생체시계에 맞춰 치료를 수행한다.

인간도 다른 종과 마찬가지로 지구의 주기에 생물학적으로 반응한다는 사실은 시공간에 대한 우리의 관점을 바꾸어 놓는다. 인간이라는 존재도 지구의 시공간적 좌표 안에 긴밀하게 엮여 있다. 신체의 세포는 매순간 끊임없이 대체된다. 우리 몸은 일정한 활동 패턴을 보인다. 자연으로부터 저엔트로피 에너지가 몸속으로 들어와서 세포를 빠르게 보충해 놓고 빠르게 다시 환경으로 돌아가 재사용된다. 인간 개개인은 생물권 전체를 흐르는 에너지 흐름과 지구화학적, 생물학적 과정을 축약해서 보여 주는 구조물이다. 태양계 내에서 생명체와 지구화학적 과정·지구의 주기성은 정교하게 조정된 관계를 맺으면서 상호작용하며, 이로 인해 각각의 생물체와 생물권 전체가 제대로 기능할 수 있는 것이다.

역사 대부분의 기간에 인류는 지구의 리듬에 맞춰서 살았다. 하지만 1차, 2차 산업혁명의 화석연료 에너지 때문에 인류는 처음으로 지구의 주기성과 동떨어진 삶을 살게 되었다. 날마다 24시간 내내 켜진 조명, 끊임없는 인터넷 사용, 비행기 여행, 교대제 근무를 비롯하여 오늘날 이뤄지는 수많은 활동 때문에 우리는 태고부터 지녀온 생체시계와 분리된 삶을 살고 있다. 우리의 생존에서 태양과 계절 변화가 차지하는 중요성이 크게 감소했다. 아니면 적어도 우리는 그렇다고 생각하게 되었다. 탄소 기반 연료라는 형태로 저장된 풍부한 비활성 에너지 저장고에 대한 의존도가 높아지면서, 우리는 인류의 번영을 좌우하는 것이 자연의 순환주기가 아니라 인간의 독창적 능력과 기술 발전이라고 믿기 시작했다. 하지만 우리는 이제 그것이 착각이라는 사실을 안다. 인위적인 생산 리듬, 특히 기계를 동원한 효율성의 제도화는 수많은 사람에게 막대한 물질적 부를 가져다주었지만, 그 대가로 지구의 생태계가 위태로워졌고 지구 생물권의 안정성이 크게 위협받는 결과가 초래되었다.

3차 산업혁명은 다시 희망의 빛줄기를 보여 준다. 지구 생물권의 에너지 흐름(태양·바람·물 순환·바이오매스·지열·파도와 조수 등)에 의존하면 우리는 다시 지구의 리듬과 주기성에 연결될 수 있다. 그리고 생물권의 생태시스템과 다시 조화롭게 어우러지고, 우리 개개인의 생태발자국이 다른 모든 인간과 지구상 모든 생명체의 안녕을 좌우한다는 사실을 이해하게 될 것이다.

GDP를 재고하고 경제적 번영의 측정 방식을 다시 생각해 보는 것, 생산성에 대한 관점을 수정하는 것, 엔트로피 부채를 인식하고 자연의 흐름에 맞도록 생산과 소비 균형을 맞추는 최적의 방법을 찾는 것, 소유관계에 대한 개념을 재점검하는 것, 금융자본 대 사회적 자본의 중요성을 재평가하는 것, 시장 대 네트워크의 경제적 가치를 재측정하는 것, 시간과 공간에 대한 개념을 바꾸는 것, 지구 생물권이 작동하는 방식을 다시 생각해 보는 것. 이러한 문제를 다루기 위해서는 전통적인 경제 이론으로는 너무나 부족하다.

이런저런 이유들 때문에 인간 본성이나 인류의 여정이 지닌 의미를 이해하는 방식이 변하고 있다. 이것은 1차, 2차 산업혁명을 낳은 지난 200년간의 사고방식에 심오한 분열을 일으킨다. 따라서 1차, 2차 산업혁명과 동행하며 그것을 정당화했던 고전주의 및 신고전주의 경제 이론의 상당 부분은 새롭게 태동하는 경제 패러다임 안에서 살아남지 못할 가능성이 높다.

전통적인 경제 이론 가운데 여전히 가치를 지닌 통찰과 내용을 열역학의 렌즈를 통해 재고하고 수정할 가능성이 크다. 에너지 법칙을 일종의 공용어로 사용한다면 경제학자들도 공학자나 화학자, 생태학자, 생물학자, 건축가, 도시설계 전문가들(특히 이들이 종사하는 분야는 에너지 법칙에 기반을 둔다.)과 함께 심도 있는 대화를 나눌 수 있다. 실제로 경제활동을 만드는 것은 이런 분야이므로, 진지한 학제 간 토론이 이뤄진다면 경제 이론과 실제 경제활동이 새롭게 통합되고 아울러 3차 산업혁명 패러다임에 동반되는 새로운 경제 모델이 출현할 수 있을 것이다.

변화가 필요한 것은 경제학만이 아니다. 경제 이론과 마찬가지로 공교육 시스템도 근대 시장의 시대 초기에 도입된 이래 별로 바뀌지 않았다. 고전주의 및 신고전주의 경제 이론과 마찬가지로 공교육 시스템도 1차, 2차 산업혁명의 시녀 역할을 해 왔으며 1차, 2차 산업혁명 상업 질서의 가정, 정책, 관습 들을 그대로 반영해 왔다.

이제 중앙집권화한 2차 산업혁명에서 수평적인 3차 산업혁명의 시대로 옮겨 가면 교육 시스템도 새로운 단장이 필요하다. 교육을 지배하는 기본 틀과 거기에 맞춰져 있는 교수법을 재검토하는 작업은 물론 쉽지 않다. 전 세계의 많은 교사는 교육 방식을 개조하는 길에 이제 막 들어섰다. 생물권 세상에 속하는 분산적이고 협업적인 경제사회에서 살아가는 법을 배워야 하는 젊은 세대에 맞도록 교육을 변화시켜야 하기 때문이다.

8

교실의 탈바꿈

나는 무대 뒤에서 다섯 장의 메모지를 만지작거리며 강연에서 강조하고 싶은 핵심 사항을 곰곰이 생각했다. 커튼 사이로 살짝 내다보니 고등학교 교사와 연방 및 주 정부의 교육 공무원 1600명이 청중석에 앉아 있었다. 그들은 평범한 교사가 아니라 미국 내 최고 수준의 고등학교 교사이자 AP(Advanced Placement: 미국 고등학교에 개설한 고급 과정으로, 과정을 이수하고 해당 시험을 치르면 결과에 따라 대학 진학 시 가산점을 받거나 대학 입학 후 학점을 인정받는다. — 옮긴이) 담당 교사로서 우수 학생의 대학 진학 준비를 책임지고 있었다.

그날 모임은 SAT 시험을 주관하는 기관인 칼리지 보드(College Board)의 연례 콘퍼런스였다. SAT는 미국 고등학생 수백만 명이 대학에 진학하기 위해 치러야 하는 표준화된 시험이다.

어느 날 전 웨스트버지니아 주지사이자 현 칼리지 보드 회장인 개스턴 케이퍼턴이 나에게 모임의 기조연설을 요청했다. 그는 이렇게 부탁했다.

"사람들을 일깨워 주십시오! 미래에 눈뜰 수 있도록 말입니다. 세계화 시대에 미국 교육의 사명이 무엇인지 다시 생각하도록 자극을 좀 주십시오."

말이야 쉽다. 하지만 내가 생각하는 앞으로 나아가야 할 방향을 솔직하게 얘기했을 때 교사들이 어떤 반응을 보일지 궁금했다. 사실 미국이나 그 외 다른 나라 할 것 없이 현재의 교육 시스템은 지난 구시대의 유물이다. 구식이 되어 버린 커리큘럼은 경제적·환경적 위기에 직면한 오늘날의 현실과 동떨어져 있다. 현재 인류가 깊은 수렁에 빠지기 직전 상태에 이른 데에는 의무 공교육을 시작한 이후 150년 동안 교육의 방향을 이끌었던 방법론적·교육학적 가정이 크게 일조했다.

청중석에 조용히 앉아 있는 교사들은 분명히 견실한 교육의 가치에 관한 희망적인 내용의 강연을 기대하고 있을 것이다. 나는 이런 생각이 들었다. 과연 저들은 현재 학교에서 가르치는 내용과 교육 방식의 상당 부분이 제 기능을 못할 뿐만 아니라 인류의 미래 발전에 독이 된다는 이야기를 들을 준비가 되어 있을까?

나는 연단에 올라 크게 심호흡을 했다. 그리고 세계에서 일어나는 현 상태를 매우 안타깝게 생각한다는 말로 강연을 시작하면서 강연이 끝날 때쯤 그들이 현실에 새롭게 눈을 뜨기를 바랐다. 나는 우리가 직면한 위기가 얼마나 폭넓은지 이야기한 후 청중의 표정과 보디랭귀지를 면밀히 살폈다. 강당에는 침묵이 흘렀고 나는 그 침묵의 의미를 어떻게 해석해야 할지 알 수 없었다. 내가 기존 교육 시스템을 낱낱이 해체하며 비판하기 시작하자 청중석에서 웅성거리는 소리가 낮게 일었다. 하지만 내가 분산과 협업을 토대로 하는 새로운 교육 방법과 학습 모델을 설명하자 분위기는 눈에 띄게 달라졌다. 수많은 교사가 생기를 띠기 시작했고 공감의 뜻으로 고개를 끄덕였다. 강연을 마무리할 무렵에야 나는 상당히 많은 교사가 이미 나보다 앞서 있다는 것을 깨달았다. 그들은 이미 교육 현장에서 교육의 미래에 대해 어려운 질문을 던지며 고민했고, 다음 세대가 분산적이고 협업적인 사회에서 살아갈 수 있도록 준비하기 위해 새로운 교수법을 시도하고 있었던 것이다.

강연이 끝나자 교사들은 일어나서 박수를 쳤다. 하지만 나는 많은 교사가 서로를 향해 박수를 쳐 주고 있음을 알았다. 그들에게 그것은 자기 확신의 순간이기도 했다. 자신들이 올바른 방향으로 나아가고 있다는 점과 미국의 교육을 다시 생각해 보려는 시도가 타당한 노력이라는 점을 확신한 것이다.

교육계에서 새로운 이야기와 목소리가 들려오기 시작했다. 대중의 마음속에 3차 산업혁명의 비전이 뿌리를 내리고 다섯 가지 핵심 요소 인프라를 실현하기 위한 초기 단계가 조금씩 구체화되자 기업가나 정치인뿐만 아니라 교육계 종사자들도 새로운 경제적·정치적 시대에 맞게 미래 세대를 준비하려면 어떤 변화가 필요한지 생각하기 시작했다. 당연히 첫 번째 관심사는 지식 및 기술이라는 도구와 관련한 부분이다. 3차 산업혁명 경제에서 학생들이 생산적인 노동자가 되기 위해서 어떤 직업적 지식과 기술을 새로 습득해야 하는지 이미 상당히 논의 중이다.

21세기 3차 산업혁명 시대의 교육

앞으로 고등학교와 대학에서는 3차 산업혁명 시대에 맞도록 인력을 교육해야 한다. 커리큘럼도 고급 정보, 나노 기술, 생명공학, 지구과학,

생태학, 시스템 이론에 초점을 맞추어야 한다. 또한 재생 가능 에너지 기술의 개발과 마케팅, 미니 발전소로 건물 변형, 수소 및 기타 저장 매체 기술 도입, 지능형 송배전망 설치, 플러그인 전기 자동차 및 수소 연료 전지 차량 제조, 녹색 물류 네트워크 구축 등과 관련한 직업훈련도 필요하다.

우리 글로벌 팀은 지속 가능한 3차 산업혁명 경제사회에서 일하고 살아가는 데 필요한 전문적·기술적·직업적 기술을 학생들에게 가르쳐야 할 필요성을 인식하고, 교육 시스템을 3차 산업혁명 환경에 맞게 탈바꿈하기 위해 여러 학교와 협력하고 있다.

예를 들어 우리는 로마 시 마스터플랜을 위해 라 사피엔자 대학교 건축대학의 리비오 데 산톨리 학장 및 그의 팀과 협력하고 있다. 재생 가능 에너지, 수소 저장 기술, 스마트 송배전망 등을 도입하여 라 사피엔자 대학교 캠퍼스의 건물을 3차 산업혁명 인프라로 변경하기 위해서다. 우리의 목표는 로마 시 전체에 구축할 3차 산업혁명 그리드를 통해 라 사피엔자 대학교와 다른 대학 및 초·중·고교들을 연결하는 것이다. 이러한 선구적인 연결망이 향후 상업용, 주거용 에너지 협동조합과도 연결되면 완전하게 기능하는 인프라로 변화할 수 있다.

캘리포니아 주의 여러 교육구에서도 야심찬 노력을 하고 있다. 캘리포니아의 초·중·고교들은 교내 주차장에 태양에너지를 생산할 수 있는 간이 차고를 설치하기 위해 은행 및 여타의 영리 업체와 파트너십을 맺고 있다. 학교와 계약을 맺은 업체들이 간이 차고 설치 비용을 대고 상호 합의한 가격으로 20년간 학교 측에 전기를 판매하는 형식이다. 이 가격은 중앙 전력망을 통해 확보하는 전통적인 에너지보다 낮은 수준이다. 업체들은 연방 정부나 주 정부로부터 세금 혜택을 받기 때문에 이윤을 확보할 수 있다.

캘리포니아의 중·고등학교 및 초등학교 75곳은 이미 녹색 에너지를 생산하고 있다. 교육 당국은 앞으로 몇 년 후면 태양에너지 간이 차고를 전국적으로 확대할 것이라고 내다본다. 앞으로 태양에너지 활용이 늘어날 것이라고 예상하는 이유는 두 가지다.

첫째, 운용 가능한 학교 예산이 줄어든 상황에서 녹색 전기를 사용하면 에너지 비용을 상당히 절약할 수 있다. 새너제이 근처의 밀피타스 통합교육구에서는 태양광전지판이 정규 학기 중 교육구 내에서 필요한 전기량의 75퍼센트를, 여름 학기 동안 필요한 전기량의 100퍼센트를 생산한다. 전기요금 절약분은 태양광전지판의 수명 동안 1200만 달러에서 4000만 달러에 이른다. 샌프란시스코 베이 에어리어(Bay Area)에서는 학교 내의 태양광발전 시스템이 2008년과 2009년 사이에 다섯 배 증가했으며, 2010년에는 3500가구의 전기 수요를 충족할 수 있는 수준의 전기를 만들어 냈다.[1]

둘째, 태양광 인프라를 학교에 설치하면 학생들은 새로운 3차 산업혁명 기술과 친숙해질 기회를 얻는다. 새로 출현하는 녹색 경제에서 그들에게 필요한 기술을 가까이에서 직접 접하는 교육 환경을 만드는 것이다. 중부 캘리포니아 산루이스 해안 통합교육구의 태양에너지 간이 차고 컨설턴트인 브래드 파커는 이렇게 말한다. "녹색 전기를 접하며 성장하는 학생들은 사회가 돌아가는 방식을 이해할 때 그러한 전기에 대한 인식이 자연스럽게 깊이 스며듭니다."[2]

지난 10년간 학교에 데스크톱을 보급하고 인터넷을 설치하자 학생들은 가상공간에서 스스로 정보를 만들어 내고 타인과 공유했다. 마찬가지로, 앞으로는 학교에 3차 산업혁명 기술 도구를 보급하여 학생들 스스로 재생 가능 에너지를 만들어 내고 오픈 소스 에너지 공간에서 그것을 공유할 수 있어야 한다.

3차 산업혁명 기술에는 3차 산업혁명 커리큘럼도 동반해야 한다. 교육 관계자들은 스마트 그리드 교육과정을 초·중·고교와 직업학교, 대학에 도입하기 시작했다. 미국의 공익 설비 노동자들 가운데 절반이 앞으로 5~10년 내에 은퇴할 예정인 만큼 미국 연방 정부는 고등학교와 대학의 스마트 그리드 교육과정을 촉진하기 위한 지원 기금으로 1억 달러를 책정했다. 이와 같은 지원 기금을 발표하면서 에너지부장관 스티븐 추는 "스마트 그리드 인프라를 구축하고 가동하는 과정에서 수만 명의 미국인에게 일자리가 생길 것"이라고 말했다.[3] 에너지부는 연방 보조금을 이용해 3만 명 이상의 노동자를 3차 산업혁명 시대의 새로운 일자리에 맞는 인력으로 훈련시킬 수 있다고 내다본다.

무엇보다도 중요한 것은 학생들이 전기와 전력 그리드에 관심을 갖는 것이다. 리사 매그너슨은 미국의 전력망을 스마트 체제로 바꾸기 위한 하드웨어와 소프트웨어를 제작하는 실버 스프링 네트웍스 회사의 마케팅 책임자다. 그녀는 미국이 인터넷과 함께 자라난 젊은 세대의 창의성을 십분 활용할 필요가 있다고 강조한다. 오하이오 주와 캘리포니아 주의 학교에서 시범으로 운영하는 커리큘럼 중에는 학생들에게 "스마트 그리드가 우리의 인생 또는 미래의 직업 생활을 어떻게 바꾸어 놓을까?" 같은 주제로 에세이를 쓰게 한다. 현재 인터넷상에서 정보를 만들어 내고 공유하듯이 아이들이 에너지를 생산하고 인터그리드를 통해 청정 전기를 공유하는 것을 생각한다면 그 아이들이 성인이 되었을 때는 3차 산업혁명 시대의 새로운 '킬러 앱'들이 봇물처럼 쏟아질 수도 있다. "공익 설비가 아이들의 관심을 끌어당기는 '쿨한' 것이 되었으면 좋겠어요."라고 매그너슨은 말한다.

한편 대학들은 최첨단 연구 설비를 짓고 있다. 미래의 발명가, 기업가, 기술자가 될 인재들에게 3차 산업혁명 시대의 혁신적 기술을 창조하는 데 필요한 도구를 제공하기 위해서다. 오하이오 주립대학교는 미국에서 몇 안 되는 고전압 실험실을 갖추고 있다. 연구원들과 학생들은 이곳에서 스마트 그리드의 특성과 기능을 실험할 수 있는 가상 플랫폼을 만들고 있다.

샌안토니오 마스터플랜에서 우리는 텍사스 A&M 대학교의 새 캠퍼스 인근에 3차 산업혁명 과학기술 단지를 조성하자고 제안했다. 이 단지가 생기면 다양한 대학 학과와 3차 산업혁명 기술 및 애플리케이션에 관련한 기업들 사이에 연구 인력이 상호 교류할 수 있다. 2차 산업혁명 기술 및 비즈니스 영역에서는 그러한 산학 파트너십이 오랫동안 존재했다.

3차 산업혁명으로 이행하기 위해 전문적이고 기술적인 훈련이 중요한 것은 사실이다. 하지만 교육 관계자들은 반드시 필요한 보다 근본적인 변화를 외면하고 단지 전문 기술 훈련만 강조하여 본말을 전도하는 우를 범해서는 안 된다. 만일 학생들의 기술 능력만 변화시키고 그들의 머릿속 의식은 바꾸지 못한다면 생산성 향상이 교육의 최우선 사명이라 믿는 기존의 관점을 거의 변화시킬 수 없다. 그러면 우리 사회는 경제활동을 바라볼 때 1차, 2차 산업혁명의 실용주의적 시각에서 여전히 헤어 나오지 못하는 인력밖에 얻을 수 없다. 하지만 생물권 의식이 몸에 밴 학생들이라면 3차 산업혁명 시대가 요구하는 역량을 단순히 더 생산적인 노동자가 되기 위한 직업 기술이라고 여기기보다는 인류의 공동 생물권을 지키기 위한 생태학적 도구로 생각할 것이다.

세계에서 가장 시대에 뒤떨어진 제도

교육의 제1사명이 생산적인 노동자를 양성하는 것이라는 생각은 산업 시대 초기에 계몽주의가 인간 본성에 대한 특정한 관념을 만들어 낸 데에서 기인한다. '산업의·산업적인(industrial)'이라는 단어는 '근면한(industrious)'이라는 단어에서 나왔으며, 근대 시장경제와 함께 등장하여 시장경제의 성공적인 전개에 필수적인 요소가 된 정신 상태를 가리킨다. 중세 말기에 경제활동은 비교적 안정적인 생활을 유지하기 위한 목적에서 이루어졌다. 젊은이들은 각자의 기술 부문에서 엄격한 도제 기간을 거친 후에 공식적인 장인으로 인정받았다. 직업적 전문기술을 높이 인정하고 또 비밀스럽게 보호했지만, 앞장에서 말했듯이 경제활동은 안정적인 생활을 꾸준히 지속하기 위한 범위로 한정되었다. 이를 위해서 가격과 제품 생산량을 일정 수준으로 고정시켰다. 일반 대중의 의식에 진보라는 개념은 아직 생기지 않은 상태였다.

'근면한'이라는 말의 뿌리는 신학자 장 칼뱅과 초기 프로테스탄트 종교개혁가들로 거슬러 올라간다. 그들은 각 개인이 자신의 운명을 개척하기 위해 끊임없이 부지런하게 노력하는 것이 곧 그가 내세에서 신에게 선택받고 구원받을 징후라고 주장했다. 시장 시대 초기에 이르자 자신의 운명 개척이라는 개념은 신학적 처방에서 경제활동을 수행하는 인간이 지녀야 할 요건으로 탈바꿈했다. '훌륭한 품성'을 가진 사람은 근면함을 기준으로 판단되고 존경받았다. 존 로크나 애덤 스미스 같은 계몽주의 철학자들은 인간이 욕심 많고 실용적이고 이기적인 본성을 지녔으며 근면함이라는 타고난 내적 능력 때문에 물질적 진보를 이뤄낼 수 있다고 보았다. 19세기 후반 1차 산업혁명이 한창 절정으로 치달을 무렵 기업가들은 생산성이라는 관점에서 인간의 근면함을 측정하기 시작했고 생산성이 인간 행동 자체를 정의하는 특성이 되었다.

대체로 유럽과 미국의 공교육 운동은 각 인간의 타고난 잠재적 생산 능력을 이끌어 내고, 그럼으로써 산업혁명을 추진할 생산성 높은 노동력을 만들어 내기 위한 목적을 품고 있었다. 여덟 세대에 걸친 수억 명의 젊은이가 인간의 핵심 본성에 대한 계몽주의적 가정에 입각한 교육을 받았다.

교육에 대한 관점은 언제나 현실과 자연에 대한 우리의 인식 및 관점에서 비롯된다. 특히 인간 본성과 삶의 의미에 대한 가정이 교육의 방향에 큰 영향을 미친다. 그러한 기본적인 가정은 교육과정에서 제도화된다. 어느 시대이든 우리가 가르치는 것은 결국 그 시대의 의식(意識)이다.

하지만 인간의 의식은 시대에 따라 변화한다. 오늘날 도시의 직업인이 생각하는 방식은 15세기 중세 시골의 농노나 2만 년 전 수렵채집민들이 생각하던 방식과 매우 다르다. 더 복잡한 새로운 에너지 체제가 출현하여 보다 상호 의존적이고 복잡한 사회관계가 가능할 때 인간 의식에 거대한 변화가 일어난다. 2장에서 설명했듯이 그런 문명을 체계화하고 관리하기 위해서는 보다 수준 높은 새로운 커뮤니케이션 시스템이 필요하다. 에너지 체제와 커뮤니케이션 혁명이 만날 때 인간 의식에 변화가 일어난다.

수렵채집 사회는 구전 문화를 토대로 했으며 '신화적 의식'에 젖어 있었다. 관개문명은 문자를 중심으로 조직화되었고 세계의 종교와 '신학적 의식'을 낳았다. 200년 전에는 인쇄 기술이 석탄과 증기기관 기반 1차 산업혁명의 수많은 활동을 조직하는 커뮤니케이션 매체로 역할하며 계몽주의 시대와 더불어 신학적 의식에서 '사상적 의식'으로 변혁을 이끌었다. 20세기에는 전기전자통신이 석유 경제 및 자동차에 기반을 둔 2차 산업혁명을 관리하는 지휘 통제 메커니즘이 되었다. 전기전자통신은 새로운 '심리학적 의식'을 낳았다.

이제는 분산형 정보통신기술이 분산형 재생 가능 에너지와 만나 3차 산업혁명에 필요한 인프라를 만드는 동시에 '생물권 의식'을 위한 길을 닦고 있다. 다양성을 지닌 모든 인류를 하나의 가족으로 바라보는 시대, 지구상의 모든 다른 종을 공동 생물권 안에서 서로 의존하며 살아가는 진화론적 의미의 대가족으로 바라보는 시대가 도래한 것이다.

생물권 의식

전 세계를 연결한 새로운 3차 산업혁명 시대에 교육의 제1사명은 공유 생물권 내의 구성원으로서 생각하고 행동하는 세대를 길러 내는 것이다.

점차 부각하는 우리의 생물권 의식은 진화생물학, 신경인지과학, 아동발달 연구 분야에서 나온 연구 결과와 부합한다. 이 새로운 연구 결과는 공감하는 성향이 인간에게 생물학적으로 내재되어 있다는 것을 보여 준다. 많은 계몽주의 철학자들이 믿었던 바와 달리 인간은 본성적으로 이성적이고 무심하고 욕심 많고 공격적이고 자기중심적인 존재가 아니며 자애롭고 사교적이고 협동과 상호 의존을 좋아한다는 것이다. 호모 사피엔스(Homo sapiens)는 점차 물러가고 호모 엠파티쿠스(Homo empathicus)가 떠오르고 있다. 사회사학자들은 점점 더 개인화되고 다양성이 커져 가는 세상에서 사람들 사이에 친밀한 유대감을 형성하고, 또 그럼으로써 사회 전체를 결속하는 사회적 접착제가 바로 공감이라고 말한다. 공감 수준이 곧 문명화 수준이라는 것이다.

역사적으로 공감은 계속 진화했다. 수렵채집 사회에서는 공감의 범위가 부족 내 혈연관계에 머물렀다. 관개농업 시대에 공감은 혈연관계를 넘어서 종교적 동일성에 기초한 연합 관계로까지 확장되었다. 유대인은 같은 유대인을 확장된 가족처럼 느끼며 공감했고 기독교인은 기독교인과, 이슬람교도는 이슬람교도와 공감하는 식이었다. 산업 시대에는 근대적인 민족국가가 등장하면서 공감의 범위가 다시 확장해 같은 국가적 정체성을 지닌 사람들과 공감을 느꼈다. 미국인은 미국인끼리, 독일인은 독일인끼리, 일본인은 일본인끼리 서로 공감하기 시작했다. 그리고 이제 3차 산업혁명이 시작되는 현 시점에서 공감은 국가라는 경계를 넘어 생물권까지 뻗어나가고 있다. 우리는 생물권을 불가분의 공동체로 바라보며, 다른 사람과 모든 생명체를 진화론적 의미의 대가족으로 여기며 그들과 공감할 것이다.

인간이 본래 공감 능력을 지닌 종이며 공감이 역사적으로 진화했고 우리가 블로고스피어(blogosphere)에서 그렇듯 생물권 내에서도 서로 연결되어 있다는 사실을 깨닫는 것은 교육의 사명을 재고하는 이 시점에서 매우 중요하다. 경쟁적 경기장을 조성하는 것이 아니라 협력과 공감을 바탕으로 하는 학습경험을 창조하는 쪽으로 교육을 변화시키기 위한 새로운 교육 모델이 출현하고 있다. 많은 학교가 인터넷과 함께 자라난 세대, 정보를 혼자 비축해 두지 않고 서로 공유하는 열린 소셜 네트워크에서 교류하는 것에 익숙한 세대와 호흡하려고 애쓰고 있는 것이다. 전통적으로 지식은 개인적 이득을 위해 사용하는 힘이라고 여겼다. 하지만 이제 그런 관점 대신에 지식은 인류 및 지구 전체의 집단적 안녕과 행복에 대한 공통된 책임감을 표현하는 수단이라는 관점의 비중이 점차 커지고 있다.

전 세계의 많은 교사가 학생들이 어릴 때부터 다음과 같은 사실을 인식하도록 가르친다. 우리 모두가 살아 있는 생물권의 긴밀한 일부분이고, 우리가 하는 모든 행동(음식을 먹고 옷을 입고 자동차를 몰고 전기를 사용하는 것 등)이 생태발자국을 남겨 타인과 지구상 생명체의 안녕에 영향을 끼친다는 사실 말이다. 예를 들어 아이들이 패스트푸드점에서 먹는 햄버거는 중앙아메리카의 열대우림을 베어 만든 목장에서 키운 소로 만든 것일 수도 있다. 나무를 베어 낸다는 것은 숲이 줄어든다는 의미고 이는 곧 그 숲에서 사는 종들이 줄어든다는 의미다. 또 나무가 줄어드는 것은 중앙집중형 발전소에서 석탄을 태워 대기 중으로 흘려보낸 이산화탄소를 빨아들일 흡수원이 줄어드는 것이다. 이로 인해 대기 중 이산화탄소가 너무 많아져 지구 온도가 상승하면 물순환에 영향을 주고, 이는 전 세계에 홍수와 가뭄이 빈발하는 결과로 이어진다. 그러면 농작물 수확량이 줄어들고 가난한 농부들과 그 가족의 수입이 감소한다. 수입이 줄면 위험에 처한 사람들의 굶주림과 영양실조가 늘어난다. 이 모든 것이 햄버거 패티에서 시작되는 것이다.

회의적 태도를 지닌 나이든 세대는 생물권 의식이라는 개념이 다소 지나치다고 생각할지도 모른다. 그들의 자녀와 손자는 보다 커다란 공동체인 생물권과 일체감을 느끼는 것을 자연스럽게 받아들이는데도 말이다.

하버드 대학교의 저명한 생물학자 에드워드 윌슨은 생물권과 긴밀한 관계를 형성하는 것이 이상주의적인 환상이 아니며, 오히려 우리 몸 안에 본래부터 내장되어 있으나 안타깝게도 기나긴 인류 역사 과정에서 잃어버렸던 고대의 감각을 회복하는 일이라고 말한다. 윌슨은 인간에게 자연과 교류하려는 선천적 욕구가 있다고 보며 그것을 '생명애(biophilia, 生命愛)'라고 부른다.[4] 예컨대 여러 문화권에서 나온 연구를 보면 인간은 공통적으로 탁 트인 풍경, 초목이 무성한 전원, 나무와 연못이 군데군데 자리한 들판을 좋아하는 성향이 있다는 것이다. 윌슨은 자연 상태에서 느끼는 이러한 원시적 동질감이 우리의 생물학적 존재 내에 깊숙이 자리 잡고 있다고 주장한다. 우리 몸이 생명 친화적인 연결감을 유전적으로 기억하고 있다는 것이다. 최근에 병원 환자들을 연구한 결과 창밖으로 나무, 초록이 짙고 탁 트인 풍경, 연못 등을 평소에 늘 보는 환자는 그렇지 않은 환자보다 더 빨리 건강을 회복한다고 한다. 자연의 치유 능력을 보여 주는 연구결과다.[5]

생명애는 자연 풍경에서 느끼는 동질감을 넘어 우리의 진화론적 친족들에 대한 연대감으로까지 이어진다. 다른 동물을 관찰하고 그들과 소통하다 보면 우리는 인간과 동물의 유사성을 깨달을 때가 많다. 우리처럼 다른 생물도 강한 생존 욕구가 있다. 생물들은 저마다 고유함과 독특성을 지닌 존재다. 모든 생물은 단 한 번뿐인 생을 살며 기회와 위험으로 가득 찬 하루하루를 보낸다. 모든 생명체는 취약성이 있다. 숲을 돌아다니는 여우든 도심에서 살아가는 인간이든 생명체로 살아가는 모든 존재는 위험에 둘러싸여 있다. 특히 우리는 우리와 매우 비슷하게 생겼을 뿐만 아니라 실제로도 비슷한 포유동물과 동질감을 느낀다. 포유동물은 지각력이 있으며 새끼를 돌보고 감정을 표현하고 동료를 보면서 학습하고 세대에서 세대로 전해지는 기본적인 문화를 만들어 낸다. 또 놀이나 털 손질을 하면서 사회적 유대감을 창출하고 인간과 마찬가지로 정교한 나름의 사회적 의식(儀式)을 통해 서로에게 감정을 전달한다.

윌슨은 우리가 다른 생명체의 존재를 우리 자신의 존재처럼 느낄 정도로 그들과 감정적으로 동질감을 느낀다고 말한다. 간단히 말해, 공감하는 것이다. 살아가면서 한 번쯤 다른 생물에게 공감하는 경험을 해 보지 않은 사람이 어디 있겠는가? 반려 동물과 함께할 때든 야생동물과 우연히 만났을 때든 누구나 공감해 본 경험이 있을 것이다. 살아 있음을 만끽하며 넓은 초원에서 뛰어노는 망아지를 볼 때 또는 상처를 입고 고통에 몸부림치는 다람쥐와 마주쳤을 때, 우리는 마음 깊은 곳에서 공감이 분출하는 것을 느낀다. 그렇게 우리는 같은 지구 위에서 살아가는 동료임을 느끼게 하는 생명의 신비로움을 인지한다. 공감한다는 것은 살아남아 번성하려고 애쓰는 다른 생명체의 존재를 긍정하는 것이다. 우리는 그들 생명의 본질적이고 고유한 가치를 마치 우리 자신의 것인 양 인식한다. 공감을 통해 우리는 동료 생명체들에 대한 연대감을 표현한다.

우리는 누구나 살면서 한 번쯤은 생명애 동질감(biophilia connection)을 경험하지만, 고도로 도시화된 첨단 기술 사회에서 살아가는 동안 자연이나 동료 생물들과 접촉하는 일은 계속해서 감소했다. 역사상 처음으로 인류의 대다수가 사실상 자연과 동떨어진 채 인공적인 환경에서 살고 있다. 윌슨은 물론이고 점점 더 많은 생물학자와 생태학자들은, 생명애 동질감을 상실함으로써 인간의 신체적·정서적·정신적 행복이 심각하게 위태로워지고 궁극적으로는 인간이라는 종의 인지 발달이 방해받을 것이라고 우려한다.

한 가지는 확실하다. 우리가 본래 지닌 생명애를 회복하지 못한다면 생물권 의식에 도달할 수 없다. 3차 산업혁명의 다섯 가지 핵심 요소는 인간이 다시 자연 세계와 통합할 수 있는 도구에 불과하다. 다섯 가지 핵심 요소는 인간이 다른 생명체와 공유하는 공동 생물권이 지닌 상호 의존적 특성을 다시 깨닫는 방향으로 우리 삶을 재조직하도록 도와준다. 그러나 만일 세상을 바라보고 경험하는 방식의 변화(즉, 생물권 의식으로 변화)를 동반하지 않는다면 3차 산업혁명은 꽃이 피기도 전에 시들고 말 것이다.

생명애 동질감의 회복

그렇다면 어떻게 해야 우리 삶에 생물권 의식을 불어넣어 자연과의 관계를 재정립하고 지구를 복원하여 인류라는 종을 구할 수 있을까?

영국의 철학자 오언 바필드는 인류 앞에 놓인 현재를 이야기하면서, 자연과의 관계라는 측면에서 볼 때 인류가 지금까지 크게 두 개의 시기를 거쳤다고 말했다.

지구에 살기 시작한 이래 90퍼센트가 넘는 기간 동안 인간은 수렵과 채집을 하며 살았다. 옛 조상들은 자연을 직접 가까이에서 경험했다. 자신과 타자 사이에 구분이 거의 없었다. 살아 있는 존재와 자연현상이 혼란스럽게 상호작용하고 재결합하고 자리를 바꾸는 꿈같은 상태에서 살았다. 인류학자들은 이런 상태를 '구분되지 않는 안개 속'이라고 부른다.

사람들은 자연의 주기와 계절 변화에 맞춰 매일의 삶을 조정하며 살았다. 지구상 다른 생물들은 지금도 그렇게 살고 있다. '어머니 대지'는 단순한 은유가 아니라 태곳적부터 있어 온 실제적 존재였고, 수렵채집민들은 생존을 위해 어머니 대지에 크게 의존했다. 따라서 인간은 어머니 대지에 경외감을 가졌고 사랑과 두려움을 동시에 느꼈다. 어머니 대지가 베푸는 호의에 삶을 완전히 의존했기 때문이다.

수렵채집 생활에서 농경 생활로 이행하는 커다란 변화가 일어나자 인간과 자연의 관계가 근본적으로 바뀌었다. 인간이 자연의 호의와 풍요로움에만 의존하는 것에서 자연 자원을 지배하고 관리하는 방식으로 변한 것이다. 농작물을 기르고 가축을 사육하면서 인간은 자연 세계와 멀어지기 시작했으며, 인간의 행동과 동물의 행동 사이에 가상의 장벽이 생겨났다. 중세 후기에 이르자 문명화는 사람에게서 '야만적인' 동물적 본성을 없앤다는 의미가 되었다. 뒤이은 세대들은 자아 인식과 독립성이 점차 늘어났다. 하지만 그 대가로 이전에 자연과 밀접하게 더불어 살아가던 방식을 잃어야 했다.

바필드는 인간과 자연의 관계라는 관점에서 볼 때 인류는 이제 세 번째 시기의 시작점에 와 있다고 썼다. 인간이 다시 자연 세계와 밀접하게 관계를 맺는 시대 말이다. 하지만 이제는 옛 조상들처럼 자연에 대한 의존과 두려움 때문이 아니라 보다 큰 보편적 생명 공동체의 긴밀한 일부가 되겠다는 의도적인 선택으로 자연과 동행한다.[6] 이것이 바로 생물권 의식이다. 하지만 바필드가 미처 파고들지 못한 부분이 있다. 점차 자아 인식이 강해지고 개인화되어 가는 인류가 고비를 넘기고 자신의 의지로 자연과의 상호 의존적 관계를 재발견하는 근원적인 역사적 과정 말이다. 반드시 이 역사적 과정을 이해해야만 생물권 의식을 키워나갈 수 있도록 현세대와 차세대를 교육할 방법을 재고할 수 있다.

보다 복잡한 에너지 및 커뮤니케이션 혁명이 일어날 때마다 과업이 더 정교하게 분화되기 때문에 개인의 개성이 강해지고 자기 인식도 커진다. 단순한 수렵채집 생활에서 너와 나의 구분이 없던 '우리'라는 인식은 점차 사라지고 정육업자, 제빵사, 촛대 제작자 등 온갖 직업을 가진 사람들이 나타난다. 이들은 각자 자신의 개성을 자각한다. 이러한 자각은 그들이 사회에서 저마다 고유한 과업을 수행하기 때문에 가능하다. 심지어 오늘날에도 일부 성(姓)은 여러 세대에 걸쳐 내려온 기술 직종을 떠올리게 한다. 'Smith(대장장이)', 'Tanner(무두장이)', 'Weaver(직조공)', 'Cook(요리사)', 'Trainer(조련사)' 등이 대표적이다.

인류의 자기 인식 강화는 공감이 일어나고 꽃피도록 만드는 심리적 메커니즘이다. 스스로 개별적인 개성을 지닌 존재임을 깨달을수록 우리는 자신의 삶이 고유하고 반복할 수 없으며 덧없는 무언가라는 사실을 인식한다. 바로 그러한 '단 한 번뿐인 삶'이라는 존재론적 인식 때문에 우리는 타인의 삶도 고유한 가치를 지닌다는 것에 공감하고 연대감을 표현한다. 그래서 최선의 삶을 살기 위해 분투하는 타인을 돕고자 연민에서 우러나는 행동을 하는 것이다. 공감한다는 것은 타인의 존재를 긍정하는 것이다.

인간이 본성적으로 공감하는 성향을 지녔고 자연과 교류하려는 선천적 욕구를 지녔다면, 어떻게 해야 생명애 동질감을 일깨우고 성숙시킬 수 있을까? 윌슨은 "심리학자들이 행동에 나서서 개입해야 한다."라고 말한다.[7] 심리학자들이 우리의 집단적 잠재의식에 오랫동안 파묻혀 있던 원시적인 생명애가 소생하도록 도울 필요가 있다. 여기에 동의하는 학자들의 이야기를 들어보자.

'생태심리학(ecopsychology)'이라는 말을 만들어 낸 시어도어 로작은 1992년 저서 『지구의 외침(*The Voice of the Earth*)』에서 정신의학계를 다소 못마땅하게 여기는 의견을 피력했다. 즉, 미국정신의학회에서 출간한 『진단통계편람』에는 300종이 넘는 정신질환을 적어 놓았지만 인간이 자연에 대한 애착을 잃었을 때 정신적으로 문제를 겪을 가능성은 전혀 언급하지 않았다고 지적했다. "심리 전문가들은 온갖 형태의 문제 가정과 사회적 관계를 속속들이 분석했지만 환경과의 관계가 망가진 것은 개념조차 생각하지 못한다."[8]

또 그는 다음과 같이 말하며 『진단통계편람』과 관련해 상당히 중요한 점을 지적한다. "이 자료는 분리불안장애를 '애착을 가진 사람이나 집과 떨어지는 것을 심하게 불안해하는 증상'이라고 정의한다. 그러나 지금과 같은 불안의 시대에 자연과 단절하는 것만큼 널리 만연한 분리도 없다." 그리고 "이제 환경을 염두에 두고 정신 건강을 정의해야 할 때"라며 정신의학계의 변화를 촉구했다.[9]

로작이 자연과 단절했을 때 정신적 스트레스를 받을지도 모른다는 내용의 글을 발표할 무렵, 철학 분야의 지성인들도 이러한 논의에 가담하기 시작했다. '생태학적 자아(ecological self)'라는 말을 사용하기 시작한 사람은 심층생태학자이자 철학자인 아르네 네스다. 심층생태학자들은 인간이 자연을 도구로 바라보는 한 다른 생물 종들 역시 인간의 실용적 욕구를 채우는 데 필요한 자원으로 여길 수밖에 없다는 사실을 인식했다. 다른 생명체를 단순한 대상이나 물건으로 본다면 우리는 결코 그들을 우리와 다름없는 고유한 존재, 본래적 가치를 지녔으며 수단이 아닌 목적으로 대우해야 할 존재로 여기며 동질감을 느낄 수 없을 것이다. 심층생태학자들은 특히 많은 기존의 환경보호론자를 비난했다. 그들이 순전히 인간의 행복을 위해서 자연 자원을 보호해야 한다는 윤리를 주창했다는 점 때문이었다.

나는 네스를 비롯한 여러 심층생태학자를 개인적으로 알고 있고 또 그들을 존경해 마지않는다. 하지만 개별 동물과의 관계를 인식하는 방식에서는 그들에게 다소 미흡한 측면이 있는 것도 사실이다. 심층생태학자들은 다른 생명체에 대한 존중을 표명하기는 하지만 그 관계가 정서적이라기보다는 인지적일 때가 많기 때문이다.

생태철학 분야의 또 다른 선구자인 조애나 머시는 우리가 다른 생물과의 정서적 연결감을 되찾는다면 자아의식을 개인적인 차원에서 생태적인 차원으로 확장할 수 있다고 주장한다. 개별적 생물들이 겪는 특정한 곤경을 공감하는 데서 우러나온 행동을 통해 우리는 정신적 고립에서 벗어나 우리의 동물적 뿌리에 다시 닿을 수 있다. 마치 다른 생물이 우리 자신인 것처럼 그들과 정서적 동질감을 느끼며 그들을 진화론적 의미의 대가족에 속하는 구성원으로 여기기 시작한다. 공감의 확장을 통해 우리의 자아도 확장되는 것이다.

이와 같은 정서적 동질감은 비단 다른 생명체뿐만 아니라 생태계와

생물권 자체로까지 확장된다.[10]

환경운동가 존 시드는 아마도 생명애 동질감을 되살리는 것을 가장 적절하게 표현한 인물일 것이다. 열대우림의 운명을 고민하며 그는 이렇게 말했다. "나는 나, 존 시드라는 사람이 열대우림을 보호하려고 노력하는 것이 아님을 기억하려고 애쓴다. 오히려 나라는 사람은 스스로를 지키려고 하는 열대우림의 일부다. 나는 최근에야 인간의 사고 속으로 들어온 열대우림의 일부다."[11] 자기 인식을 토대로 하는 확장된 생태학적 자아가 생물권을 구성하는 수많은 상호 의존적 관계의 일부가 다시 되기로 적극적으로 선택한다는 관점, 이것이 바로 바필드가 자연과의 관계에서 인류가 맞는 세 번째 시기를 말할 때 염두에 둔 것이다.

확장된 생태학적 자아로서 사고하도록(다시 말해 생물권 의식을 갖도록) 아이들을 가르치는 것은 우리 시대의 중요한 과제다. 이 과제를 얼마나 성공적으로 수행하느냐에 따라 우리가 지구와 지속 가능한 관계를 새로이 형성하여 기후변화를 늦추고 인류의 멸종을 막을 수 있을지 여부가 결정된다.

위기가 목전에 당도한 것을 인식한 교육계 종사자들은 단순히 경제적 관점에서 생산적인 인재를 키워내는 것을 교육의 첫째 사명으로 삼는 것이 과연 마땅한지 의문을 갖기 시작했다. 아이들 내면에 숨어 있는 공감 욕구와 생명애 동질감을 이끌어 내 함양하는 것에도 생산성 못지않게 노력을 기울여야 하지 않을까? 앞으로 아이들이 인류뿐만 아니라 다른 생명체까지 포함하는 커다란 가족 공동체의 구성원으로서 생각하고 행동할 수 있도록 이끌기 위해서 말이다.

분산적이고 협업적인 교육 현장

새로운 세대의 교육가들은 1차, 2차 산업혁명에 수반되었던 교수 방식을 해체하기 시작했다. 대신 생물권 의식으로 충만한 확장된 생태학적 자아를 고취할 수 있는 접근법을 취하며 교육 경험을 변화시키려는 것이다. 교육에 대한 기존의 하향식 접근법에서는 경쟁적이고 자율적인 인간을 만들어 내는 것이 목표였다. 하지만 이제 그러한 접근법은 지식의 사회적 성격이 아이들에게 스며들도록 하는 분산적이고 협업적인 교육 경험에 자리를 내주기 시작했다. 이와 같은 새로운 관점에서 볼 때 지식은 전 세대로부터 물려받는 유산이나 축적 가능한 자원이 아니라 사람들 사이에 분산 및 공유되는 경험이다.

교육에 대한 새로운 접근법은 젊은 세대들이 인터넷의 오픈 소스 교육 공간이나 소셜 미디어 사이트에서 정보와 아이디어, 경험을 공유하고 학습하는 방식과 닮은꼴이다. 또한 분산적이고 협업적인 교육은 21세기 인재들이 분산과 협업을 특징으로 하는 3차 산업혁명 경제에 적응하도록 준비시킬 수 있다.

보다 중요한 것은, 아이들이 분산적이고 협업적인 방식으로 생각하고 행동하는 법을 배우면 스스로를 공감적 존재로, 점점 더 포괄적인 성격으로 변해가는 공동체 안에서 공유 관계들의 거미줄에 얽혀 있는 공감적 존재로 본다는 점이다. 그러한 공유 관계들은 결국 생물권 전체로 확장된다.

분산적이고 협업적인 관점은 학습이 언제나 본질적으로 사회적 경험이라는 전제에서 출발한다. 우리는 참여를 통해서 배우고 학습한다. 전통적인 교육에서는 학습이 사적인 경험이라는 관점을 장려했지만, 실제로 "사고 과정은 사람의 내면뿐만 아니라 사람들 사이에서도 발생한다."[12] 우리는 누구나 혼자서 숙고하는 시간을 갖지만 결국 생각의 내용은 타인과 공유한 과거의 경험과 어떤 식으로든 연결된다. 그리고 그러한 과정을 통해 우리는 공유한 의미를 내면화하여 흡수한다. 새로운 교육 개혁가들은 가상공간에서든 현실에서든 벽을 허물고 보다 분산적이고 협업적인 학습 공동체 안에서 다양한 타인과 관계를 맺으라고 강조한다.

소셜 네트워크가 급격히 퍼지고 인터넷에서 협업 형태로 참여할 수 있는 기회가 늘어남에 따라 이제 교육도 교실이라는 테두리를 넘어서 가상공간의 글로벌 학습 환경으로 시선을 돌리고 있다. 학생들은 야후나 스카이프를 이용해 먼 곳에 사는 또래들과 가상 교실에서 만난다. 완전히 서로 다른 문화권의 학생들이 가상공간에서 실시간으로 공동 과제나 학과 프로젝트에 참여하면, 학습은 전 세계 아이들이 공유하는 수평적 경험으로 변화한다.

브루클린 통신고등학교의 학생들과 스위스 빈터투어에 위치한 리 스쿨(Lee School)의 학생들은 이라크 전쟁 기간에 가상 교실 공동 프로젝트에 참여했다. 학생들은 다른 문화를 지닌 자신의 나라가 중동에서 일어나는 전쟁과 세계 다른 지역의 분쟁과 평화 계획들을 어떻게 바라보는지 탐구했다. 그 과정에서 온라인 채팅이나 화상 토론, 게시판 등을 통해 의견을 교환하고 서로에게 질문을 던졌으며 과제를 수행하기 위해 협업했다.

한번은 어떤 스위스 학생이 미국인은 대부분 전쟁을 지지하는 것 같다고 말하자 미국 학생 두 명이 즉각 반응하며 의견을 표현했다. 둘 중의 한 명은 삼촌이 이라크에서 복무 중이었고, 한 명은 부모님이 팔레스타인계였다. 가상 교실 온라인 토론에서 학생들은 자기 주변과 관련성이 높은 문제에 흥미를 보일 때가 많다. 한 미국 학생은 스위스 학생에게 스위스의 도시에서도 뉴욕만큼 쉽게 칼이나 총을 살 수 있느냐고 물었다.[13]

확장된 교실에서 아이들은 완전히 다른 문화권에 사는 또래들과 소통할 수 있으며 그러한 과정에서 공감 능력이 넓어지고 깊어진다. 교육이라는 것이 전 세계를 무대로 하는 경험으로 변화하면서 생물권 의식으로 이행하는 것을 더욱 촉진할 수 있다.

가상공간을 통해 학습 환경이 글로벌 차원으로 확대되는 한편에서는 학교를 둘러싼 지역사회를 토대로 학습 환경이 지역적 차원으로 확대되고 있다. 학습이라는 것이 시민사회 내의 보다 폭넓고 다양한 사회적 공간에서 공식적·비공식적 교육 방식 모두를 아우르는 분산된 경험으로 변해감에 따라 학교와 지역사회를 분리하던 전통적인 장벽이 사라지고 있다.

지난 25년간 미국 중고등학교와 대학들은 교육과정에 봉사 학습 프로그램을 도입했다. 이러한 프로그램은 공감을 중시하는 협업적 교육 모델로서, 수많은 젊은 세대의 교육 경험에 변화를 주었다. 졸업 요건의 하나로서 학생들은 자기가 사는 지역의 비영리 단체, 또는 어려움에 처한 사람들을 돕고 지역사회의 복지를 개선하기 위한 지역사회 프로그램에서 자원봉사 활동을 해야 한다. 미국 교육부에 따르면 21세기에 접어들며 성인이 된 사람들 다섯 명 가운데 네 명은 고등학교 재학 중에 지역사회 봉사 활동에 참여했다고 한다.[14]

시카고의 '메모리 브리지 이니셔티브(Memory Bridge Initiative)'는 시카고 남부 지역의 빈곤층 학생들이 요양원의 알츠하이머 환자들을 돕도록 이끄는 프로그램이다. 이 프로그램의 독특한 점은 참여하는 학생들 대다수가 결손가정이나 극빈층 자녀라는 사실이다. 마약중독과 범죄적 행위, 폭력이 일상적으로 일어나고 냉담한 행동 방식을 생존 전략으로 택하는 환경에서 자란 청소년이다. 일상생활의 아주 간단한 일조차도 힘겨워하는 무력한 고령자를 돕는 과정에서 학생들은 타인에 대한 공감에

눈을 뜨며 자신의 틀을 깨고 오랫동안 억눌려 있던 타인과의 교감 욕구를 만족한다.[15]

급식소, 진료소, 환경 프로젝트, 교습 프로그램, 상담 센터, 그 밖의 수많은 지역 비영리 단체 활동에 참여하며 봉사하는 과정은 학생들의 학습 경험을 변화시켰다. 다양한 종류의 사람을 만날 기회가 주어지자 학생들의 가슴속에 공감의 감정이 솟아났다. 여러 연구 결과에 따르면, 타인에게 관심을 갖고 그들을 도와야 하는 낯선 환경에 던져졌을 때 많은 학생의 공감 능력이 깊이 성숙한다. 종종 이와 같은 경험을 통해 삶의 의미를 어디에서 찾아야 하는지 다시 생각하게 되어 인생 자체가 변화하기도 한다. 세계 다른 나라의 학교도 나름의 봉사 학습 교육과정을 도입하고 있다.

일부 학교 시스템과 대학에서는 봉사 학습을 학업 커리큘럼에 집어넣어 긴밀하게 연결함으로써 봉사 학습의 의미를 한층 강화하고 있다. 즉, 직접 참여하는 과정을 통해 여러 과목이 더 생생한 교육 효과를 내고 있다. 학생들은 사회학·정치학·심리학·생물학·수학·음악·미술·문학 등을 강의실에서 배울 뿐만 아니라 타인과 함께 지역 봉사 활동에 직접 참여하여 배우기도 한다.

예를 들어 노인을 돕는 봉사 활동을 하는 학생은 거기서 얻은 경험을 사회학 수업 시간에 토론할 때 활용할 수 있다. 예를 들어 연방 정부나 주 정부의 예산 수립 시 우선 순위를 두어야 할 부문은 무엇인가, 점차 고령화되는 사회에서 젊은 세대가 노인층을 부양할 의무가 있는가 등의 주제를 토론할 때 말이다. 젊은이들은 노년기에 접어든 사람들을 위해 얼마만큼의 경제적 희생을 감수해야 옳은가? 특히 그 때문에 자신의 미래 삶을 최상의 상태로 일굴 수 있는 기회를 배제해야 한다면? 학생들이 타인과 함께 지역사회 활동에 참여하며 나름의 관점을 얻고

나면 교실에서 훨씬 더 의미 있고 직접적이며 광범위한 토론을 진행할 수 있다.

수평적 학습

분산적이고 협업적인 교육의 토대는 바로 사람들이 함께 사고하면 각자의 경험이 한데 모여서 혼자서 사고할 때보다 원하는 결과를 달성할 가능성이 더 높다는 생각이다.

수평적 학습의 커다란 가치를 처음으로 깨달은 학자는 런던 대학병원의 애버크롬비였다. 그는 1950년대에 연구를 수행하던 중 한 가지 흥미로운 사실을 발견했다. 의사가 회진할 때 의대생들이 그룹을 이뤄 동행하면서 환자 상태에 대해 협력해서 판단을 내리는 경우 한 명씩 의사와 동행할 때보다 더 정확한 진단을 내린다는 점이었다. 의대생들은 서로 대화를 나누고 소통하는 과정에서 타인의 가설에 의문을 제기하고, 자신의 의견을 내놓고, 상대방의 의견을 토대로 새로운 관점을 생각하므로 최종적으로 환자 상태를 정확하게 판단할 가능성이 높은 합의에 도달했다.

우리는 전통적인 학습 환경에 너무 익숙한 나머지 한 발 물러서서 학습 과정의 본질에 대한 중요한 질문을 좀처럼 던지지 않는다. 그저 우리의 교육 방식이 지식을 전수하는 기본적인 방식이려니 하고 당연하게 받아들인다. 하지만 우리가 교육을 통해 배우는 것은 우리를 둘러싼 세상에 따라 현실을 구성하고 관계를 조직하는 방법이다. 뉴욕 시립대학교 브루클린칼리지의 영어 교수 케네스 브러피는 오늘날 학습 프로세스의 핵심 가정을 검토하면서, 그 가정이 현대인의 정신적 기본 틀을 만들어 내는 데 커다란 역할을 한다고 설명했다.

먼저 브러피는 학생에게 지식을 전달하는 책임을 가진 교사에 대해 이렇게 이야기한다. 교사는 이 책임을 완수할 때 개별 학생과의 관계에서 권위를 지닌 존재다. 즉, 교사는 각 학생에게 학습 내용을 암기하거나 주어진 질문에 대답하라고 요구한다. 학생은 암송이나 필기시험에서 정확히 교사가 원하는 방식으로 성과를 내야 한다. 교사와 학생의 관계는 언제나 하향식이고 일대일 관계다. 학생들은 서로에게 질문하거나 서로 돕는 등 상호작용을 하지 않는 것이 바람직하다. 그런 행동은 교사의 권위를 떨어뜨리고 대신 수평적이고 상호적인 대안 패턴을 만들어 내기 때문이다. 함께 사고하는 것은 부정행위로 간주한다. 그리고 각 학생을 개별적으로 평가하고 점수를 매긴다.

학생들은 지식이 정보와 사실의 조각이라는 형태로 존재하는 객관적 현상이라고, 또 교사의 역할은 그 객관적 지식 조각을 학생의 머리에 심어 주는 것이라고 믿는다. 학생은 모든 문제에는 맞는 답과 틀린 답이 존재한다고 이해한다. 맞는다고 인정하거나 틀리다고 거부하는 선생님의 반응을 목격하기 때문이다. 학생은 특정 주제에 대해 주관적 생각을 제시하면 안 되고 그럴 경우 심지어 벌을 받기도 하며, 선생님의 관점에 의문을 제시하면 심한 질책을 받을 수도 있다. 브러피는 이런 식의 교육 방식을 다음과 같이 요약해서 말한다. "이러한 기본적인 교육 관습에서 학생의 역할은 교사가 알려 주는 내용을 '흡수'하는 것이다. 또 교사의 책임은 학생에게 지식을 전해 주고 학생이 그것을 잘 기억하는지 평가하는 것이다."[16]

하지만 수평적 학습은 학습의 본질과 관련해 완전히 다른 가정에서 출발한다. 지식은 객관적이고 독립적인 현상이 아니라 사람들이 서로 공유하는 공동의 경험에 대한 설명이다. 진리를 탐구한다는 것은 모든 사물과 현상이 연관되어 있음을 이해하는 것이며 우리는 타인과 함께 적극적으로 참여함으로써 그러한 관계를 발견할 수 있다. 더 풍부한 경험을 하고 더 다양한 관계를 맺을수록 현실 그 자체를 더 깊이 이해하고 우리 모두가 보다 커다란 생물권 그림의 일부라는 사실을 깨닫는다.

브러피를 비롯한 여러 교육 개혁가의 관점에 따르면 지식은 사회적 구조물, 즉 학습 공동체의 구성원들 사이에서 만들어진 합치된 의견이다.[17] 지식이 사람들 사이에 존재하는 것이고 공유된 경험에서 나오는 무언가라면, 현재 만들어져 있는 교육과정은 진정한 학습에 방해물이 된다. 기존의 학교교육은 대개 자극-반응 프로세스의 반복에 불과하다. 학생들이 자신에게 주어지는 지시에 마치 로봇처럼 반응하도록 프로그램이 되어 있는 것이다. 이는 과학적 경영의 표준 운영 절차가 1차, 2차 산업혁명의 노동자를 만들어 냈던 상황과 유사하다.

피어투피어 학습은 단독 자아에서 상호 의존적인 그룹으로 초점을 바꾼다. 학습은 이제 더 이상 교사라는 권위적 인물과 학생 사이의 고립된 경험이 아니라 공동체 경험으로 변화한다.[18]

학생들은 소규모 활동 그룹으로 나뉘어 특정 과제를 수행한다. 교사는 과제를 부여한 후 학생들이 스스로 지식 공동체를 조직하도록 물러나 있다. 학생들은 의견을 교환하고 서로에게 질문을 던지고 상대방의 분석을 비판하고 서로의 의견을 기반으로 사고하며 머리를 맞대고 합의를 도출한다.[19]

그룹을 보다 세분화하여 나눌 수도 있다. 이때는 각 개인이 과제와 관련된 하위 주제의 전문가가 된다. 각 전문가는 해당 주제에 관한 자신의 지식을 그룹과 공유하며, 토론 과정에서 자신의 전문 분야가 등장하면 토론을 이끄는 길잡이 역할을 한다. 이렇게 해서 모든 학생이 서로에게 선생님이 되어 주고 대화를 독점하지 않고 그룹을 이끌어 나가는 법을

배우면서 사회적 촉진과 논쟁 해결에 익숙해진다.[20]

그러고 나서 학생들은 다시 전체 회의에 모여 각자 알아낸 사실을 나누고 공유한다. 이때 교사는 대화를 촉진하는 역할을 한다. 교사는 자신이 속한 학문 분야의 지식을 알려 주고, 해당 학문 분야 내에 존재하는 의견 차이를 평가하거나 또 그 학문과 다른 지식 분야 사이의 의견 일치 및 차이에 대해서도 언급하지만, 이는 모두 학생들의 대화와 토론에 도움을 주기 위해서다. 브러피는 이렇게 경고한다.

"교사들은 전통적인 교실의 특징이었던 위계적 권위주의로 돌아가지 않도록 노력해야 한다. 교사가 입을 열면 '진짜 답'을 말해 줄 거라고 학생들이 생각하는 전통적인 교실 말이다."[21]

수평적 학습에서는 학생이 수동적인 지식 수령자가 아니라 자신의 교육에 적극적으로 참여하는 주체로 변화한다. 수평적 학습의 목표는 학생이 성과를 내기보다는 진정으로 생각하도록 장려하는 것이다. 이러한 학습 프로세스가 지닌 협업적 특성은, 지식 습득이 결코 혼자서 하는 활동이 아니라 그룹을 통한 활동이라는 생각을 학생들의 마음속에 심어 준다.

수평적 학습은 교실의 힘과 권위의 중심점이 위계적이고 중앙집권적이며 하향식인 특성 대신에 상호적이고 민주적이며 네트워크적인 특성을 갖도록 변화시킨다. 학생들은 모두 각자가 다른 학생의 교육에 대해 서로 책임성을 지닌다는 사실을 깨닫는다. 책임성을 지닌다는 것은 곧 타인의 생각과 자신의 생각을 조율하고, 자신과 다른 관점이나 견해에 열린 태도를 갖고, 비판을 귀 담아 듣고, 서로를 도와주려 애쓰고, 전체 학습 공동체에 대한 책임감을 기꺼이 받아들인다는 뜻이다. 이것들은 성숙된 공감 능력을 키우는 데 반드시 필요한 자질이기도 하다.

수평적 학습은 공감 능력을 키운다. 학생들은 타인의 입장에서 생각하고 상대방의 생각과 감정을 마치 자신의 것인 듯 경험하기 때문이다. 학자들로 이루어진 집단에서 협력이 가장 잘 될 때는 성과를 내고자 분투하는 동료들에게 모든 구성원이 공감하고 집단을 자신의 확장된 자아로 인식하고 경험할 때다.

물론 새로운 수평적 학습법은 학제 간 교육과 다문화 연구에도 도움이 된다. 현재 학계는 명확하게 경계를 그은 독립적 학문 분야들이 존재하는 방식을 벗어나 다양한 분야의 참여자들이 분산 방식으로 지식을 공유하는 협업적 네트워크로 변화하는 것을 경험 중이다. 현상 연구에 대한 기존의 환원주의적 접근법이 물러나고, 대신 현실의 본질과 존재의 의미에 대한 큰 그림을 보려고 하는 체계적 접근법이 떠오르고 있다. 이러한 접근법에는 물론 학제 간 교류에 근거한 관점이 필요하다.

여러 학문 분야에 걸치는 협회나 저널, 커리큘럼이 최근 들어 크게 늘어났다. 이는 지식의 상호 연관성에 대한 관심이 급증하고 있다는 의미다. 젊은 학자들은 전통적인 학문 카테고리를 넘나들며 보다 통합된 연구 방식을 만들어 내기 시작했다. 두 개 이상의 분야를 합친 학문 영역들(행동경제학, 생태심리학, 사회사, 생태철학, 생명의료윤리학, 사회적 기업가정신, 전인적 의학 등)이 무수히 생겨나 학계를 뒤흔들고 있으며 교육과정의 패러다임 전환을 예고하고 있다.

한편 교육의 세계화로 다양한 문화권의 사람들이 한자리에 모이는 기회도 늘어났다. 이들은 각자의 인류학적 배경에 따른 판단 기준을 갖고 있으므로, 서로 다른 문화사와 내러티브를 배경으로 형성된 현상들을 연구하기 위한 다양한 방법을 내놓을 수 있다.

학생들은 다양한 학문 분야의 관점과 문화적 관점을 갖고 특정한 연구 분야에 접근하면 보다 열린 태도를 갖는 방법을 배울 수 있다. 분산과 협업을 토대로 하는 교육 개혁 프로그램들의 초기 성과는 고무적이다.

학교들의 보고에 따르면 학생들의 공격성과 폭력, 기타 반사회적 행동이 눈에 띄게 줄었고 징계 처분도 감소했다고 한다. 반면 학생들 간의 협력과 친사회적 행동이 늘어났고 학업 집중도와 학습 욕구가 높아졌으며 비판적 사고 능력이 개선되었다.

생물권이 학습 환경이 되다

협업적 학습은 학생들이 자아의식을 다양한 타인에까지 확장하고 보다 상호 의존적인 공동체에 깊이 참여할 수 있도록 도와준다. 즉, 공감의 범위를 넓히는 것이다. 하지만 학생들이 생물권 시대를 살아갈 수 있도록 준비시키기 위해서는 인간이라는 영역을 넘어서 다른 생명체와 넓은 자연 전체까지 아우르도록 분산형 학습을 확장해야 한다. 중·고등학교와 대학들은 생태학적 자아까지 포함하도록 자아를 확장하게 이끄는 교수법과 학습 방식을 이제 막 탐구하는 출발점에 들어섰다.

안타깝게도 오늘날 미국의 8~18세 아이들은 하루에 6시간 30분을 텔레비전이나 컴퓨터 게임 같은 전자 미디어와 함께 보낸다. 1997년과 2003년 사이의 짧은 기간 중 9~12세 아동 가운데 하이킹, 산책, 정원 가꾸기, 물놀이 등과 같은 야외 활동으로 여가를 보내는 아이들의 비율이 50퍼센트나 감소했다. 현재 이러한 전통적인 야외 활동으로 시간을 보내는 청소년의 비율은 8퍼센트도 안 된다.[22]

리처드 루브는 저서 『자연에서 멀어진 아이들(*Last Child in the Woods*)』에서 요즘 아이들이 '자연결핍장애'라는 것을 겪고 있다고 말한다. 사실상 자연과 거의 접촉이나 교류하지 않고 자라는 것이다. 아이들은 이제 밖에 나가 뛰어놀지 않으므로 동네 공터나 가까운 공원, 냇가, 연못, 풀밭,

숲 등에서 아주 피상적인 수준으로라도 다른 생명체와 접촉할 일이 없다. 그는 어느 4학년 학생의 말을 인용한다. "저는 집 안에서 노는 게 더 좋아요. 전기 콘센트들이 전부 집에 있으니까요."[23]

요즘 부모들은 자녀에게 야외가 위험한 장소라는 인식을 심어 준다. 언제든 나쁜 사람을 만날 수 있고 광견병이나 다른 질병에 걸린 동물들이 돌아다니며 항상 온갖 종류의 사고가 일어날 수 있는 곳이라고 말이다. 게다가 법률적 문제가 발생할까 봐 어른의 감독이 없는 상태로 아이들이 야외에서 노는 것을 금지하는 각종 법령과 규정까지 존재하니 자연은 더욱 암울한 공간으로 인식될 수밖에 없다. 부모들이 조직적 활동이 아닌 야외 활동을 하지 못하도록 아이들을 막는 것도 놀랄 일은 아니다.

전문가들은 자연결핍장애와 관련된 건강 문제들을 분류하여 정리하기 시작했다. 여기에는 좌식 생활방식 때문에 생기는 신체적 질병뿐만 아니라 점점 발생 빈도가 늘고 있는 우울증이나 여타 정신적 질환도 포함된다. 어떤 전문가들은 일부 형태의 주의력결핍과잉행동장애(Attention Deficit Hyperactivity Disorder, ADHD)와 자연결핍장애 사이에 관련이 있을 가능성이 있다고 본다.[24]

작가이자 나비 연구가인 로버트 마이클 파일은 한 걸음 더 나아가, 아이들이 점점 자연과 멀어지면서 '경험의 멸종'에 이르고 있다고 말한다. 그가 말하는 경험의 멸종이란, 자연 세계와 접촉하는 시간이 계속 줄어들어 우리가 자연으로부터 완전히 소외되고 자기 자신으로부터도 소외되는 것을 의미한다. 지구의 다른 생명력을 경험하지 못하는 것은 인간의 잠재의식에 영향을 미친다. 점점 자연에 반감을 가질 뿐만 아니라 지구의 고통에도 무심해진다. 또 점점 더 고립되고 외로워진 나머지 인간은 자기 자신의 행성에 살면서도 외계인인 듯 느낀다. 아무리 '진짜인 것처럼' 느껴도 가상 경험은 우리와 관련된 모든 생명체에 대해 느끼는 연결감과 소속감을 결코 대신할 수 없다. 파일은 이렇게 썼다.

> 간단히 말해, 다른 생물 종을 잃어버리면 자연에 대한 우리의 경험이 위태롭다. ……살아 있는 생명체와의 직접 접촉은 우리에게 중요한 영향을 미치며 그것은 결코 다른 대리 경험으로 대체할 수 없다. 나는 생태적 위기가 찾아온 주요 원인 중 하나가 인간이 자신의 삶의 기반인 자연과 멀어진 것이라고 생각한다. 우리에게는 살아 있는 자연계와 친밀한 관계가 부족하다. ……경험의 멸종은…… 자연에 대한 이반을 낳으며 그것의 반복은 우리에게 재앙적인 결과를 안겨 줄 수도 있다.[25]

교육과정에서 생명애 동질감을 회복하기 위해 커리큘럼과 교수법을 혁신적으로 개조하는 데 참여하는 교육가들이 점차 늘고 있다. 윌슨은 자연계가 지구상에서 가장 정보가 풍부한 환경이라고 주장한다.[26] 가톨릭 신부이자 역사가인 토머스 베리도 거기에 동의하면서, 만일 인류가 초기부터 다른 생명체가 아무것도 없는 달에서 살았다면 과연 인간의 내러티브와 의식을 형성하는 데 반드시 필요한 은유들을 발전시킬 수 있었을지 상상해 보라고 말한다. 만일 그랬다면 우리는 다른 생명체가 우리 자신의 경험과 관련이 있을 수 있다는 사실을 상상조차 하지 못할 것이다. 그러한 관련성을 인식하는 것이 바로 은유적 사고와 인지 발달의 기초인데 말이다.

'인지적 생명애(cognitive biophilia)'라는 말을 만들어 낸 인류학자 엘리자베스 로런스는, 인간이 인지 발달을 위한 상징과 이미지들을 만드는 과정에서 오래전부터 자연이 주요한 원천이었다고 설명한다.[27] 최근에 나온 연구 결과를 보면 자연과 많이 접촉하는 것이 아동기와 청소년기의 인지 발달에 중대한 영향을 미친다는 사실을 알 수 있다.

한편 사회학자 스티븐 켈러트는 의외의 의견을 제시한다. 자연과의 교감이 비판적 사고가 발달하는 데 필수적이라는 것이다. 성장기에 있는 아이의 정신은 끊임없이 자연 현상을 관찰하면서 그것이 자신이 속한 세계에 어떤 영향을 주는지 이해하려고 애쓰기 때문이다. 비는 왜 하늘에서 떨어지고 태양은 왜 매일 다시 뜰까? 왜 꽃은 1년 중 특정한 시기에만 피고 왜 고양이는 쥐를 잡아먹을까? 그림자란 무엇일까? 바람은 어디에서 불어오는 걸까? 더우면 왜 땀이 날까? 의식의 발생에 대해 이야기할 때 사실상 우리가 염두에 두고 있는 것은 어린아이가 현상과 현상을 관련지어 생각하고 예측 가능한 관계를 깨달으며 세상 속에서 자신의 위치를 확인하는 과정이다. 자연과 접촉하는 기회가 줄어들면 존재라는 말이 뜻하는 바를 이해하기가 더욱 어렵다. 켈러트는 이렇게 결론을 내린다. "아이들에게 비판적 사고, 창조적 탐구, 문제 해결, 지적 발달을 위한 기회를 자연계만큼 풍부하게 제공하는 영역은 거의 없다."[28] 자연은 경외감과 경이로움의 원천이다. 자연이 없다면 인간의 상상력도 존재할 수 없고, 상상력이 없으면 인간 의식도 퇴화할 수밖에 없다.

미국 젊은이들이 가장 자주 쓰는 단어가 'awesome'(경외감을 뜻하는 'awe'에서 나온 말로 놀랍군! 헐! 대박! 짱이다! 정도의 의미 — 옮긴이)이라는 사실은 흥미롭다. 거의 두 문장 중에 한 문장에는 이 말이 등장한다. 이 단어를 남용하는 이유가 자라면서 놀랄 만한 일이 거의 없었기 때문은 아닐까? 자연의 경이로움을 느낄 일이 없는 세상, 조그만 컴퓨터 모니터 위의 픽셀을 통해 현실이 재현되는 세상이니 말이다. 세상의 모든 존재를 8센티미터짜리 스마트폰 화면에 맞게 축소시켜 놓으면서, 우리는 자아만 한껏 부풀려 놓고 경외감은 잃어버리는 우를 범하고 있는 것이 아닐까? 아이들이 고개를 들어 하늘의 별을 보는 대신 2차원 평면 스크린만 줄곧

들여다보고 있다면 기술의 과도한 자극들 때문에 지루해질 뿐이지 어떻게 존재에 대한 경외감을 경험할 수가 있겠는가?

초저녁마다 수많은 아이가 마당이 아닌 텔레비전 앞에 모여들기 시작하자 레이철 카슨은 이와 같은 주제에 대해 고민했다. 17만 5000년 동안 아이들은 밤하늘의 별을 보면서 무한한 우주의 심오한 신비를 궁금해했다. 하지만 이제는 현실의 폭이 급격히 줄어들었다. 아이들은 환한 불빛이 나오는 박스 앞에 앉아서 작은 인물들이 화면 속을 활보하는 모습을 들여다본다. 카슨은 이렇게 썼다.

> 아이들의 세상은 신선하고 새롭고 아름다우며 경이로움과 흥분으로 가득 차 있다. ……놀라움과 경이로움을, 인간 존재의 경계를 넘어서는 무언가에 대한 인식을 지켜 주고 키워 주는 것은 어떤 가치를 지닐까? 자연계를 탐험하는 것은 단순히 어린 시절이라는 황금기를 즐겁게 보내는 방법일 뿐인가, 아니면 거기엔 보다 더 깊은 의미가 있는 것인가? 나는 거기에 분명히 더 깊은 의미가, 영구적 힘을 가지는 중요한 의미가 있다고 확신한다. …… 지구의 아름다움을 마음속에 간직하는 것은 삶을 지속하는 한 사그라지지 않을 강인함을 비축하는 것과 같다.[29]

생명애를 중시하는 교육가들은 우리가 인공적인 현실을 받아들이려고 서두르면 자연과의 친밀한 관계를 잃어버릴지도 모르며 그것이 앞으로 인간 의식이 발전하는 데에 문제를 일으킬 수 있다고 우려한다.

미국, 캐나다, 호주, 스웨덴의 학교에서 진행한 연구를 보면 카슨의 걱정이 기우가 아님을 알 수 있다. 연구자들은 아이들이 인공적으로 조성된 놀이터에서 놀 때와 자연 속에서 놀 때 뚜렷한 차이를 보인다고 밝혔다. 인공적인 놀이터에서 아이들은 신체 조건에 따라 사회적 서열 관계를 만들었다. 반면 자연 속의 놀이터에서는 보다 평등한 사회적 조직을 형성했을 뿐만 아니라 상상을 통한 놀이를 더 즐기고 경이로움을 더 많이 표현했다. 신체 조건보다는 창의성에 따라 사회적 지위가 결정되었다. 일리노이 대학교 인간환경연구소의 전문가들은 그런 종류의 많은 연구를 종합해 보면 "녹색 공간이 건강한 아동 발달을 돕는다."는 사실이 명확해진다고 말한다.[30]

자연 속에서 뛰어놀아야 경이로운 체험을 할 수 있고 상상력과 창의력이 발달한다는 사실을 보여 주는 수많은 연구 결과가 나와 있다. 그럼에도 '보다 건강한 세대를 위한 협회(Alliance for a Healthier Generation)'의 보고서에 따르면 미국 초등학교 중 거의 3분의 1이 쉬는 시간을 규칙적으로 정해 놓지 않고 있으며 아이들 중 25퍼센트는 자유 시간에 어떤 신체적 활동에도 참여하지 않는다. 초등학교에 적절한 자격을 갖춘 체육 교사를 채용하도록 의무화하고 있는 주는 일곱 개에 불과하다.[31]

앞으로는 이러한 상황이 바뀔지도 모른다. 아이들의 주의 지속 시간이 줄어들고 ADHD가 늘어나는 상황에 경각심을 느끼는 교육계 종사자들이 점차 늘고 있다. 그들은 이러한 상황이 발생한 이유 중의 하나가, 기나긴 진화의 세월 동안 인간이 생물학적으로 자연의 리듬 및 주기와 맞춰서 생활했지만 이제는 그 연결이 끊어졌기 때문이라고 생각한다. 20세기 동안, 특히 지난 20년간 자연의 리듬이 점차 인공적인 리듬으로 대체된 것이다. 온갖 종류의 전자 매체를 통한 자극이 넘쳐나고 끊임없이 정보가 쏟아지는 세상에서 자란 요즘 청소년들은 집중력이 떨어진다는 사실을 보여 주는 연구 결과가 최근 속속 등장했다. 교실에서는 멀티태스킹과 주의력 분산이 일상화되었고, 곰곰이 생각하여 사고를 조리 있게 정리하고 집요하게 생각하여 결론을 이끌어 내는 능력을 아이들에게서 찾아보기가 점점 힘들다. 중학교에 들어갈 무렵이 되면 많은 아이가 과부하에 걸려 지쳐 버린다.

새로운 정보통신기술이 크게 보급된 지역이나 나라일수록 ADHD가 더 만연한다. 그리고 도처의 학교들이 일명 '주의력 피로(attention fatigue)' 때문에 아이들의 학업 성적이 떨어진다고 보고하고 있다. 지금까지 사용된 일시적인 치료 방법은 약물치료뿐이었다. 오늘날 미국을 비롯한 여러 선진국에서 상황이 악화되는 것을 막아 보고자 수많은 청소년에게 리탈린(Ritalin: ADHD에 처방되는 약 이름 — 옮긴이) 등의 약물을 처방했다. 하지만 상황이 호전될 기미는 보이지 않고 오히려 더 심각해질 뿐이다.

아이들은 자신을 봐 달라고 들리지 않는 비명을 지르는 신호와 이미지, 데이터들 때문에 매순간 쉽게 주의력이 흐트러진다. 그런데 생물권 보호라는 사명을 실천하기 위해서는 평생 동안 지속적인 관심과 집중력과 인내가 필요하다. 현재와 미래의 세대들이 그러한 장기적인 사명에 마음을 기울이도록 만들기 위해서는 어떻게 해야 할까? 생물권의 안녕은 수천 년의 역사를 통해 측정되는 것이며, 그런 만큼 그러한 긴 시간을 염두에 두고 사고하는 인간 의식이 반드시 필요하다.

어떻게 해야 고대 과거에 대한 인식과 먼 미래에 대한 예측을 함께 아우를 수 있을 만큼 우리의 시간 감각을 확장할 수 있을까? 일부 교육 전문가들은 학생들이 순환하는 계절 주기를 지닌 자연계의 리듬과 환경을 가급적 오랜 시간 체험하는 것이 그 답이 될 수 있다고 말한다. 미시간 대학교의 환경심리학자 스티븐 캐플런과 레이철 캐플런은 아웃워드 바운드(Outward Bound: 자연 속의 야외 활동을 통한 학습 프로그램을 진행하는 기관 — 옮긴이) 스타일의 자연 체험 프로그램에 참여한 청소년을 대상으로 9년간 연구를 수행했다. 참가자들은 자연 속에서 2주간 시간을 보낸 후에 개인적인 내면의 평온함과 안정감이 더 높아졌고 명료하게 사고하는 능력이 향상되었음이 드러났다.

스웨덴 웁살라 대학교 주거도시연구소의 심리학 교수 테리 하르티그도 비슷한 연구를 실시했다. 그는 무작위로 선출한 개인에게 '주의집중 능력'을 다 소진하도록 설계한 일련의 작업을 40분간 수행하라고 요청했다. 그러고 나서 '동네 자연보호구역을 걷거나, 도심을 산책하거나, 또는 가만히 앉아서 음악을 들으며 잡지를 읽는 것' 가운데 원하는 방식을 택해 다시 40분을 보내라고 했다. 실험 결과 하르티그는 다음과 같은 사실을 발견했다. "자연보호구역을 산책하고 돌아온 사람들이 다른 참가자들보다 기본적인 맞춤법 교정 과제를 더 훌륭하게 수행했다. 또한 그들은 더 긍정적인 감정 상태를 나타냈고 분노도 적게 느꼈다."[32] ADHD 아동을 대상으로 한 다른 연구들도 자연 속의 야외 활동을 늘리면(심지어 창밖으로 녹색 나무들을 보는 횟수만 늘려도) 아이들의 집중력이 향상된다는 사실을 보여 준다.[33]

그렇다면 학생들을 자연과 다시 연결하고 그들의 생명애 동질감을 회복시키며 공감 능력 및 비판적 사고력을 향상시키기 위해 교육 전문가들은 지금 무엇을 하고 있을까? 리처드 루브는 핀란드 교육 시스템에서 실시하는 놀라운 접근법을 소개한다. 2003년 OECD 보고서에 따르면 핀란드는 OECD 31개국 가운데 식자율은 1위였고 수학 및 과학에서는 5위 안에 들었다. (미국은 OECD 국가 중에서 중간 수준으로 핀란드보다 훨씬 뒤처진다.) 핀란드는 상당히 비정통적인 방법으로 이런 개가를 올렸다. 첫째, 핀란드 아이들은 만 7세가 되기 전에는 학교에 가지 않는다. 둘째, 핀란드 교육 시스템에서 중요시하는 것은 교실의 주의 집중과 운동장의 자유로운 놀이 사이에 균형을 맞추는 것이다. 아이들은 45분마다 반드시 운동장에 나가 15분간 놀며 휴식을 취한다. 셋째, 학교 수업을 지역사회로 확장하여 연결한다. 또한 학교 주변의 다양한 자연 환경 속에서 수업을 진행한다. 핀란드 사회보건부가 밝히는 교육철학의 신념은 다음과 같다. "학습의 핵심은 이해하기 쉽게 만든 정보를 습득하는 것이 아니라 아동과 환경 사이의 상호작용에 있다."[34]

미국에서도 학생들의 생물권 의식을 키우기 위해 많은 학교가 실험적 시도를 하고 있다. 현재 진행 중인 다양한 교육 개혁 운동 가운데 대표적인 것이 환경에 기반을 둔 교육, 경험 중심의 교육, 지역사회 지향의 교육이다. 생물권 의식 함양 교육을 실시하는 40개 학교의 성과에 대해 교육환경원탁회의가 작성한 보고서를 보면 전반적으로 모든 학과에서 표준 시험 성적이 놀랍게 상승했음을 알 수 있다.[35]

유럽과 미국의 학교들은 캠퍼스 안에 풀과 나무를 늘리고 있다. 영국의 3만 개 학교 운동장 가운데 3분의 1이 '풍경 속에서 학습하기' 프로그램을 통해 녹색 공간으로 변모했다.[36] 또 스웨덴과 캐나다, 미국에서도 비슷한 프로그램을 진행 중이다.

자연은 별나고 낯선 것이 아니다

학교들은 지역사회와 연계하기 위해 지역 수목원, 동물원, 공원, 야생동물 치료센터, 동물보호구역, 동물보호단체, 환경단체, 대학연구소 등과 공식적인 협력 관계를 맺기 시작했다. 이제 학생들은 직접 참여와 여타 생명체에 봉사하는 활동을 통해 특정한 주제를 학습할 수 있다.

이와 같은 교육계의 노력에서 나타나는 공통점은 학습에 수평적으로 접근한다는 것이다. 이 접근법은 학생들이 스스로 소속되고 생물권을 구성하는 많은 생태적 공동체에 직접 참여하여 자아를 확장하는 데 초점을 둔다.

교육 전문가들은 생물권 의식을 함양하는 것이 결코 쉬운 일이 아님을 잘 안다. 특히 세계 인구의 절반 이상이 자연과 동떨어지도록 설계된 밀집형 도시나 교외 지역에 살고 있는 오늘날에는 더욱 그러하다. 도시계획가와 건축가들 사이에서는 도심 풍경에 자연을 되살리고 우리 생활 속에 자연을 다시 끌어오는 것이 중요한 테마가 되었다.

우리는 심지어 가장 메마른 도시환경에도 수많은 야생 생명체들(새·곤충·다람쥐·토끼·너구리·주머니쥐 등. 심지어 사슴·여우·코요테도 목격되고 풍부한 식물들도 살고 있다.)이 존재한다는 사실을 잊고 지낸다. 도시계획가와 많은 시민단체는 야생동물을 몰아내거나 죽이는 방법을 택하는 대신, 대도시 지역 여기저기에 흩어져 있는 생태 공간을 재건하여 도시 생물권을 부활할 새롭고 창의적인 방법을 모색하고 있다. 도시 및 교외 공간에 자연을 되살리는 문제를 둘러싸고 종종 논란이 벌어지기도 한다. 교외 지구를 개발하면서 기존 야생동물 서식지가 줄어들자 생존을 위해 도심 지역으로 들어오는 야생동물이 늘고 있다. '야생'과 '문명'의 이러한 갑작스러운 교차가 어떤 이들에게는 환영할 만한 현상이지만 어떤 이들은 두려운 조짐으로 느끼기도 한다.[37]

주거지역이나 상업지역에 갑자기 야생동물이 등장하자 동물에 부상당한 사람들이 소송을 제기하거나 또는 인근 지역의 사슴을 모두 죽이는 등의 조치를 즉각 취해야 한다는 목소리가 자주 들린다.[38] 이에 따라 많은 도시의 사법 당국은 도시 생활과 야생생물이 조화를 이룰 수 있는 지점을 찾기 위해 노력하고 있다.

다른 생물에 대한 공감과 염려가 늘어나면서 '도시 생활'의 의미를 다시 생각하는 움직임도 생겨났다. 풍광을 살리는 도시화, 녹색 도시 등은 도시계획을 새로운 각도에서 바라보려는 노력의 일환으로 등장했다. 많은 지역이 야생의 삶과 도시 및 교외의 삶을 조화롭게 통합하기 위해서 삼림지대, 습지, 도심 계곡, 여타의 야생동물 서식지를 만들고 있다. 원래 개방된 공간이었던 곳과 자연 서식지, 동물의 이동 경로 등을 해치지 않고 그 주변에 인간과 다른 생명체들이 공존할 수 있는 통합 환경의 조성을 강조하고 있다.

미국과 유럽은 도시 및 시골의 토지 이용 형태도 매우 다르고 생물권을 되살리기 위한 접근법도 상당히 다르다. 우리는 샌안토니오와 로마의 마스터플랜을 수립할 때 이미 그와 같은 점을 인식했다. 미국은 확장된 도심에, 교외 거주지의 가장자리와 시골 지역이 인접하는 형태를 띤다. 유럽은 도시의 밀집도가 미국보다 더 높고 중세 시대 성벽들 때문에 도시 확장이 제한을 받을 때가 많다. 또 시골이 도시 입구 바로 밖에 위치하기도 한다. 이처럼 매우 다른 환경을 갖고 있기 때문에 생물권 구상을 바탕으로 도시 지역을 개조할 때 서로 다른 접근법이 필요하다.

미국의 도시설계가인 벤 브리드러브는 인간과 야생동물이 공존하는 환경을 만드는 것에 대해서 조심스럽지만 낙관적으로 전망한다. 그는 "미국에서 관리가 안 되고 있는 가장 넓은 생태계는 교외 지역이다."라고 말한다. 얼핏 생각하면 이해가 안 갈 수도 있지만 분명 공감이 가는 말이다.[39]

유럽의 대도시 지역들은 도시의 야생성을 회복하고 도시의 생물권 의식을 확립하는 측면에서 미국이나 세계 다른 지역들보다 훨씬 앞서 있다. 유럽의 많은 도시가 도시 공간의 절반이나 그 이상을 녹지와 숲, 농작물 지대로 사용한다. 또한 도심 안이나 도심 가까운 곳에 냇가, 작은 숲, 풀밭 등을 유지하거나 되살리기 위해 애쓴다. 예를 들어 스위스 취리히의 4분의 1은 숲으로 남아 있다.

다행히도 많은 유럽 도시는 과거 왕실 소유였던 삼림지를 개발에서 제외했고, 이들 삼림지를 야생동물이 살 수 있는 터전으로 보호하거나 또는 공원으로 만들어 지역 주민들이 자연과 어울릴 수 있는 공간으로 변화시켰다. 『녹색 도시—유럽 도시들에서 배운다(*Green Urbanism: Learning from European Cities*)』의 저자 티모시 비틀리는 유럽의 많은 지역사회가 '도시적인 것과 자연적인 것의 역사적 반목'을 싫어하며 '기본적으로 자연환경에 둘러싸여 있는' 도시 지역에 사는 것을 선호한다고 말한다.[40]

1890년 미국 통계국은 더 이상 미개척지가 없다고 공식 발표했다. 오늘날 신세대 교육 전문가들과 도시설계가들은 인간 사회와 자연을 구분짓던 울타리를 허물고 이제는 배려하는 태도로 야생의 자연과 새로운 관계를 수립해야 한다고 말한다. 그래야만 우리가 자연으로 돌아가서 생태학적 의식이 충만한 보다 지속 가능한 방식으로 살아가는 법을 배울 수 있기 때문이다. 윌슨은 새로운 영역을 탐험하고 싶어 하는 학생들의 타고난 성향을 이끌어 내되, 학생들이 황량한 먼 우주 공간이 아니라 아직도 '탐험이 충분히 이루어지지 않은 이 지구'에 호기심과 관심을 갖도록 이끌라고 교육 전문가들에게 촉구한다. 윌슨은 말한다. "창의적 잠재력은 화성에 사람 몇 명을 보낸다고 실현되는 것이 아니다. 창의적 잠재력은 이 행성, 바로 지구를 탐험했을 때 실현된다.우리 모두를 둘러싼 생명체들을 끊임없이 깊게 알아가는 과정을 통해서 말이다."[41]

도심에 자연의 특성을 다시 불어넣는다면 자라나는 세대에게 가까이에서 자연을 경험하고, 생명애 동질감을 회복하고, 진화론적 친족들의 관계를 이해하고, 생물권 의식을 함양하는 기회를 줄 수 있다. 바로 그렇기 때문에 우리가 3차 산업혁명 마스터플랜을 수립할 때 로마 같은 지역을 도시생물권으로 재구상한 것이다. 생물권 의식 함양을 교육의 궁극적인 목표로 잡는다면, 생물권 자체가 교실이 되도록 모든 도심 환경을 생물권 안에 포함해야 한다. 그래야 학생들이 지구와의 관계, 지구에 대한 책임을 배우고 그 관계에 동참할 수 있다.

생물권 전체로 확장한 사고를 토대로 하는 공감적 경험, 분산적이며 협업적인 학습 과정을 채택하는 쪽으로 교육이 변화한다면, 우리는 역시 분산과 협업, 공감을 기반으로 돌아가는 3차 산업혁명 패러다임에 필요한 비판적 사고 능력과 의식을 아이들에게 키워 줄 수 있다.

회의적인 사람들은 전 세계의 교육 시스템을 개혁하여 생물권 의식을 키운다는 것이 실현 가능한지 의심하면서, 3차 산업혁명을 이끌어 갈 노동력을 50년 이내에 준비할 수 있다는 생각에 조소를 보낼지도 모른다. 하지만 유럽과 미국에서 인간 의식과 본성에 대한 계몽주의적 사고를 전파하고 1차 산업혁명 추진에 필요한 교육 시스템을 정립하는 데 그와 비슷한 시간이 걸렸다는 점을 떠올려 보라. 그렇다면 결코 우리가 못 해내란 법도 없지 않은가?

9

산업 시대에서 협업의 시대로

나는 이 책의 제목을 정하느라 몇 달간 고뇌의 시간을 보냈다. '산업(industrial)'이라는 단어가 표지에 박혀 있으면 사람들이 과연 편안하게 느낄까? 너무 복고 냄새가 나는 건 아닐까? 산업이란 엔지니어나 노조 지도자들이 관심을 가지는 주제가 아니던가. 산업 하면 떠오르는 것이 작업자들이 조립라인을 따라 늘어서서 컨베이어 벨트를 따라 지나가는 제품에 아무 생각 없이 조그마한 부품을 끼워 넣는 장면이다. 우리가 인터넷에 접속하고 페이스북에 가입하면서부터 그런 것은 모두 옛날이야기가 되지 않았나? 그렇기도 하고 그렇지 않기도 하다.

3차 산업혁명은 대산업 시대 전설의 마지막 편이면서 동시에 다가오는 협업 시대의 첫 편이기도 하다. 다시 말해서 3차 산업혁명은 경제사의 두 시대, 근면한 행동 방식이 특징이던 시대와 협력적 행동 방식이 특징인 시대를 잇는 과도기를 의미한다.

산업 시대가 규율과 근면한 노동, 권위의 하향식 흐름, 금융자본의 중요성, 시장의 작용, 소유권 관계를 중시했다면 협업 시대는 창의적인 놀이와 피어투피어 상호작용, 사회적 자본, 개방형 공유체 참여, 글로벌 네트워크 접속 등을 보다 중시한다.

3차 산업혁명은 향후 수십 년간 빠르게 움직여 아마 2050년경에 절정에 올라 21세기 후반부 내내 안정세를 유지할 것이다. 이미 시대는 3차 산업혁명 종형 곡선의 오르막 구간에 아주 가까이 접근했다. 그래서 우리가 새로운 경제 시대를 가늠해 볼 수 있는 것이다. 새로운 시대는 지난 200년 동안 경제 발달을 특징지었던 근면한 방식을 뛰어넘어 협업적 생활 방식으로 우리를 안내할 것이다. 산업혁명에서 협업 혁명으로 탈바꿈하는 것은 경제사에서 중요한 전환점이다. 이 중대한 변화가 무엇을 의미하는지 이해하기 위해서는 고전 경제 이론의 마지막 남은 교리를 다시 살펴볼 필요가 있다. 그 속에 들어 있는 모순이 바로 당면한 변혁과 맥락이 닿아 있기 때문이다.

공급은 나름의 수요를 창출하는가

19세기 초 프랑스의 고전 경제학자 장바티스트 세는 애덤 스미스와 마찬가지로 뉴턴의 은유법을 차용해 공급은 영구기관(perpetual motion machine: 한번 운동을 시작하면 멈추지 않는 기관 — 옮긴이)처럼 끊임없이 나름의 수요를 발생시킨다고 주장했다. 그는 다음과 같이 썼다. "하나의 제품을 만들자마자 바로 그 순간부터 그 제품의 가치만큼 다른 제품을 위한 시장이 형성된다. ……한 개의 제품을 만들면 즉시 다른 제품의 판로가 열리는 것이다."[1](세의 법칙: 제품을 생산하면, 또는 제품을 공급하면 해당 생산물의 가치만큼 소득이 창출되고 이 소득이 수요로 나타나 일반적 과잉생산 없이 수요가 존재한다는, 다시 말해서 생산물은 생산물과 교환되어 공급은 필연적으로 등량(等量)의 수요를 낳는다는 고전경제학파의 명제로서 '판로설'이라고도 한다. — 옮긴이) 나중에 신고전파 경제학자들은 세의 뉴턴 은유법 차용을 좀 더 다듬어서 경제적 힘이 일단 운동을 시작하면 다른 외부의 힘이 작용하기 전까지는 그 운동을 계속한다고 주장했다. 이 주장에 따르면 새로운 노동 절약 기술은 생산성을 높이고 공급자가 더 많은 재화를 더 낮은 단가로 생산할 수 있도록 이끈다. 이렇게 더 낮은 가격의 재화를 더 많이 공급하면 그것은 나름의 수요를 창출하고, 이렇게 확대된 수요는 더 많은 생산을 자극하고 다시 수요에 불을 붙이며, 이런 식으로 생산과 소비가 끝없는 확장 사이클에 들어간다는 논리다.

조금 더 따라가 보자. 판매하는 재화의 가치가 높아지면 늘어난 생산 수준에 맞추기 위해 고용이 증가하고, 기술 진보가 초기에 초래했던 고용 감소는 빠르게 회복된다. 또한 기술혁신이 안겨 준 가격 하락과 생산성 증가는 소비자에게 다른 제품을 살 수 있는 여윳돈이 늘어난다는 뜻이므로 경제의 다른 분야에서도 생산성을 자극하고 고용이 증가한다.

이 주장의 당연한 귀결은 신기술이 등장하여 노동자를 대체하더라도 실업 문제는 예외 없이 저절로 해결된다는 논지로 흐른다. 실업자 수의 증가는 결국 임금 하락을 부른다. 임금이 하락하면 고용주는 비싼 자본재를 더 구매하기보다는 인력을 추가로 채용하여 기술이 고용에 미치는 충격을 완화한다는 얘기다.

그러나 고전 경제 이론의 중심 가정, 즉 공급이 나름의 수요를 창출한다는 가정은 그 지속적 유효성에 심각한 의문을 제기하는 새로운 현실에 직면했다.

경제학자들은 심히 유감스럽게도 시간이 지남에 따라 생산성 증가가 자동적으로 소비자 수요 증가나 고용 증가로 연결되지 않는 양상을 목도했다. 심지어 몇몇은 정반대의 결과, 즉 일자리와 구매력의 감소로 이어졌다. 나는 1995년 출간한 『노동의 종말』에서 최초로 이 현상을 세상에 알렸다.

지난 50년간의 경제성장과 고용 추이를 연구하던 사람들은 미국에서 경제 팽창이 있을 때마다 고용 창출의 폭이 감소한 것을 보고 매우 난감해 했다. 1950년대, 1960년대, 1970년대의 경기 확장 때 민간 부문 일자리는 3.5퍼센트 증가했다. 하지만 1980년대와 1990년대의 경기 확장 때에는 고용이 단지 2.4퍼센트 증가했다. 또한 21세기 첫 10년간의 확장기에 고용은 실제로 해마다 0.9퍼센트씩 감소했다.[2] 경제학자들은 이제 '고용 없는 회복'을 이야기했다. 50년 전이라면 웃음거리로 치부되었을 표현이다.

어떤 이들은 발 빠르게 인력을 해외에 아웃소싱한 탓이라고 말하지만 더 중요한 범인은 종종 생산성 그 자체에 있다. 이는 경제 시스템의 작동 방식에 대한 우리의 모든 믿음에 반한다. 공장 생산에서 금융 서비스까지 모든 산업에서 기업은 생산성의 놀라운 향상을 경험했고, 덕분에 더 많은 결과물을 더 적은 노동력으로 생산했다. 이와 더불어 기업들은 기록적인 속도로 노동자를 해고했다. 샌프란시스코 연방준비은행총재 재닛 옐런은 이 추세와 관련해 2009년 사분기 동안 GDP에 변동이 없었음에도 고용은 4퍼센트나 감소한 사실을 적시했다. 달리 말하면 그 기간에 기업들은 노동자 1인당 산출에서 4퍼센트 증가 효과를 봤다는 뜻이다.[3] 이러한 생산성 증가의 많은 부분은 공급망 관리 부문의 효율 증가에 기인한다.

제조 분야만큼 생산성 증가와 고용 감소의 괴리가 큰 분야도 없다. 1995년과 2002년 사이에 세계 20대 경제국에서 3100만 개 이상의 제조업 일자리가 사라졌다. 이 기간 동안 생산성은 4.3퍼센트 증가했고 전 세계 산업 생산은 30퍼센트 증가했다.[4] 이것이 말하는 현실은 제조업자들이 더 적은 노동력으로 더 많은 재화를 생산할 수 있다는 것이다. 심지어 중국조차도 같은 기간 1500만 개의 공장 일자리가 줄어들었는데, 이는 전체 노동력의 15퍼센트에 해당한다. 반면에 자동화된 스마트 기술을 도입하여 생산량은 놀라운 수준으로 증가했다. 같은 기간 여타 주요 경제국의 제조업 일자리는 16퍼센트 감소했고, 미국에서는 11퍼센트 이상 감소했다.[5] 2010년 기준 미국의 제조업 노동자는 2000년에 비해 38퍼센트나 많은 시간당 생산량을 기록하고 있다. 이 10년 동안 제조 생산량은 비교적 안정세를 유지했지만 같은 양을 생산하는 데 더 적은 노동력이 필요했기 때문에 고용은 32퍼센트 이상 감소했다.[6]

철강업은 이 추세를 아주 잘 보여 준다. 1982년과 2002년 사이에 미국의 철강 생산은 7500만 톤에서 1억 200만 톤으로 증가했다. 하지만 철강 노동자 수는 28만 9000명에서 7만 4000명으로 감소했다.[7] 공장에 도입한 지능형 기술이 인간 노동을 대량으로 대체하면서 이런 식의 놀라운 생산성 증가가 제조 부문 전반을 강타했다. 이제는 극빈국조차 가장 싼 노동력도 그들을 대체하는 지능형 기술보다 더 싸거나 더 효율적일 수 없는 상황이다.

보다 효율적인 기술이 계속 도입되면 이런 추세는 가속화하여 현재 1억 6300만 명인 전 세계 제조업 근로자는 2040년이 되면 불과 수백만 명 선으로 줄어들 것이다. 전 세계적으로 공장 일자리가 거의 사라지는 셈이다.[8]

화이트칼라와 서비스산업도 비슷한 수준의 극적인 생산성 향상을 경험하고 있는데, 그 과정에서 기록적인 숫자의 노동자를 해고했다. 비서, 문서 정리원, 회계장부 담당자, 전화교환원, 은행 창구 직원 등은 지능형 기술이 도입됨에 따라 사실상 거의 사라진 전통적 화이트칼라 직업군에 속한다.

소매업 분야도 비슷한 변화를 겪었다. 자동 계산 라인이 계산대 근무자를 대체했고 자동 배송 부문이 출현하여 매장 뒤편 사무실 인력도 이제 필요 없다. 마찬가지로 여행업계 역시 사람의 도움 없이 고객과 실시간으로 대화하고 여행 및 호텔 등을 예약할 수 있는 음성인식 기술을 계속 도입하고 있다. 심지어 병원도 지능형 기술로 이행 중인데, 간단한 수술과 의학 진단에서 청소와 유지 관리에 이르는 일상적인 일을 로봇에게 맡기는 추세다. 전철 운행 시스템과 자동화 무기 시스템에서부터 주식시장에서 주식을 사고파는 일에 이르기까지 지능형 기술은 인간이 수행하던 다수의 일자리를 장악하고 있다.

곧 인간과 같은 이동성을 지닌 차세대 로봇이 출현할 예정인데, 이들은 감정과 인지 기능까지 탑재하고 민첩하게 수많은 정보를 동원하여 인간의 문의나 지시에 응답하거나 반응할 것이다.

최근에 이루어진 생산성 향상은 대부분 지금까지 제조와 금융, 도소매 분야에서 발생했다. 하지만 재생 가능 에너지는 물론이고 지능형 기술이 더 빠르고 저렴해진다면 미국에서 지난 30년간 비교적 생산성이 답보 상태였던 나머지 경제 분야도 비슷한 생산성 향상을 경험할 것이다.

난제는 만약 지능형 기술과 로봇, 자동화의 적용으로 생산성이 증가하여 계속해서 전 세계적으로 노동자들이 일자리에서 밀려나 한계 고용이나 실업 상태가 된다면, 구매력이 감소해서 더 이상 경제가 성장하지 못하는 지경에 이를 수도 있다는 점이다. 다시 말해서 스마트 기술이 계속해서 노동자를 대체하면 수입 없는 사람들이 늘어나고, 그렇게 되면 생산된 제품이나 서비스는 누가 산단 말인가?

지능형 기술은 이제 막 세계경제에 영향을 주기 시작했을 뿐이다. 향후 수십 년간 수천만 명의 노동자가 산업 분야 및 부문을 막론하고 지능형 기계로 대체될 것이다. MIT의 레이 커즈와일은 "인간이 만드는 기술의 변화 속도가 계속 가속화하고 있으며 그 힘도 기하급수적으로 커지고 있다."[9]라고 말한다. 커즈와일은 현재와 같은 기하급수적 기술변화 속도라면 21세기가 끝날 무렵 "우리는 대략 2만 년 동안의 진보를 목격하거나(다시 말하지만 '현재의 속도 그대로'일 경우다.) 20세기에 우리가 이룬 것보다 대략 1000배가 더 큰 진보를 목도할 것"으로 추정한다. 다른 식으로 표현하자면 10년마다 진보의 속도가 두 배가 되기 때문에 우리는 필경 "(현재의 속도를 기준으로) 25일마다 한 세기에 맞먹는 진보를 경험할 것"이다.[10]

커즈와일 등의 과학자들은 21세기가 끝나기 전에 스마트 기술이 "아무 도움을 받지 않을 때의 인간 지능보다 수조 배의 수조 배만큼 강력해진다면"[11] 인간 사회에 어떤 영향을 미칠지 한번 상상해 보라고 요구한다.

이것이 전문적이든 기술적이든 일반적이든 인간의 작업에 미칠 영향은 너무 엄청나서 매우 충격적이다. 산업 시대가 노예제를 끝냈듯이 협업 시대는 대량 임금노동에 종지부를 찍을 것이다. 나와 협력하는 사실상 모든 글로벌 기업이 향후 수십 년 사이에 지능형 기술이 인간 노동을 대량으로 대체할 거라고 예측한다. 19세기와 20세기가 기계를 작동하는 대량 노동이 특징이었다면, 21세기는 지능형 기술 시스템을 프로그래밍하고 모니터링하는 소규모 하이테크 전문 노동력이 특징이다. 그렇다면 21세기가 계속 진행되는 동안 수억 명의 사람을 어떻게 계속 고용 상태로 유지할 것인가 하는 문제가 남는다.

3차 산업혁명은 수백만 개의 전통적 대량 임금노동 일자리를 만들어 낼 역사상 마지막 기회다. 수십 년간 혹은 수백 년간 기술 진보를 무산시킬 수도 있는 연쇄적인 대재앙이 일어나지 않는 한 말이다. 3차 산업혁명을 통해 분산 및 협업 시대로 이행하기 위한 인프라를 구축하는 일은 산업 시대와 그에 수반된 대량 노동력에 종말을 고하는 신호다. 하지만 향후 40년간 주요 인프라를 구축하기 위해서는 마지막으로 대량 노동력이 필요할 수밖에 없다.

우리는 글로벌 에너지 체계를 재생 가능 전력으로 바꾸어야 하고, 수억 개의 빌딩을 미니 발전소로 전환해야 하며, 글로벌 인프라 전반에 수소 및 여타 저장 기술을 도입해야 한다. 또한 전 세계 전력 그리드와 전선을 디지털 기술 및 지능형 공익사업 네트워크로 재설비해야 하고, 플러그인 전기 자동차와 수소 연료전지 차량을 도입하여 운송 시스템을 혁신해야 한다. 이런 일에는 소규모의 하이테크 기획 팀은 물론이고 고도로 숙련된 대량 산업 노동력도 필요하기 마련이다.

얄궂은 점은 21세기 전반기에는 전통적 산업 노동력의 도움으로 새로운 경제 시스템을 위한 지능형 인프라를 구축하지만, 이 과정을 완성하고 나면 21세기 후반의 지능형 인프라 경제는 자신을 구축한 바로 그 전통 산업의 일자리를 없애 버릴 것이라는 사실이다.

전 세계가 3차 산업혁명의 다섯 가지 핵심 요소를 구축하기 위해 전력투구한다면 수십만 개의 새로운 사업과 수억 개의 새로운 일자리가 생길 것이다. 현재의 예상대로라면 유년기 단계의 3차 산업혁명 인프라는 전 대륙에서 2040년에서 2050년 사이에 구축을 완료될 것이며, 그때가 되면 산업 노동력은 피크에 이르러 정체될 것이다. 그러고 나면 새로운 3차 산업혁명 인프라로 생긴 시너지 효과가 세계경제를 역사적 전환점에 옮겨 놓았을 것이고 세계 곳곳에서 3차 산업혁명은 지고 협업 시대가 성하기 시작할 것이다. 우리가 사는 방식은 그때쯤 이미 근본적으로 변해 있을 것이다. 우리 조상들이 수렵채집 생활에서 중앙집권형 수리 농경의 생활 방식으로 이행했던 것처럼, 또는 더 가깝게는 농경 시대에서 산업 문명으로 이행한 것처럼 말이다.

세계 인구가 농경 방식에서 산업 방식으로, 그리고 시골 생활에서 도시 생활로 탈바꿈하는 데 채 100년도 걸리지 않았다는 사실을 상기해 보자. 커즈와일 등은 산업 시대에서 협업 시대로 이행하는 데에는 그것의 절반이나 더 적은 시간밖에 걸리지 않을 것이라고 예측한다.

우리는 준비를 갖춰야 한다. 인류를 산업 시대에서 벗어나 협업적 미래에 참여하도록 준비해야 한다. 우리의 증조부들이 농경·시골 생활에서 산업·도시 생활에서 도시 생활로 이동했듯이 말이다.

일이란 무엇인지 다시 생각해야 한다

일에 대한 우리의 생각을 바꾸는 것이 이번에는 어느 때보다 쉽지 않을 것이다. 농경이 기계적·화학적 대용물로 인간 노동을 대체하기 시작했을 때 대체된 수백만 명의 인력은 도시로 이주해 공장의 숙련, 비숙련 노동자가 되었다. 그리고 다시 공장들이 자동 생산을 시작했을 때 수백만 명의 블루칼라 인력은 셔츠를 바꿔 입고 기술을 업그레이드해서 급성장하는 서비스산업에서 화이트칼라 노동력에 합류했다. 마찬가지로 서비스산업이 대량 노동을 지능형 기술로 교체하기 시작했을 때 그 인력은 의료사업과 복지사업, 엔터테인먼트, 여행 및 관광 등의 돌봄산업(caring industries) 및 체험 분야(experiential fields)로 자리를 옮겼다.

하지만 오늘날 농경, 산업, 서비스, 돌봄 및 체험 등 네 분야 모두가 대량 임금노동을 소규모의 하이테크 노동력과 정교하고 신속한 스마트 기술 시스템으로 대체하고 있다. 그렇다면 세상이 3차 산업혁명의 인프라 단계를 지나 완전한 분산 및 협업 시대에 접어들면 수백만 명이나 되는 산업 시대의 대량 임금노동자들은 어떻게 되느냐 하는 의문이 생긴다. 어떻게 보면 이 경우의 일에 대한 개념 변화는 수백만 명의 농노들이 봉건제도의 고용 관계에서 해방되어 자유계약자가 되도록 강요받으며 시장경제에서 임금노동자가 되었던 시절의 대격변과 유사하다.

그렇기 때문에 문제는 단순히 노동력을 어떻게 재교육하느냐 하는 것이 아니라 일의 의미를 어떻게 재구상하느냐 하는 것이다. 사람들이 일할 수 있는 영역은 시장, 정부, 비공식 경제, 시민사회로 네 곳이다. 그러나 지능형 기술 시스템 도입으로 시장 부문의 고용은 계속 줄어들 것이다. 전 세계적으로 정부도 조세 징수나 국방 서비스와 같은 다양한 분야에서 노동력을 줄이고 지능형 기술을 도입하고 있다. 비공식 경제는 가내 생산이나 물물교환, 극단적으로는 암시장이나 범죄적 경제활동 등을 포함하는데, 전통적 경제가 하이테크 사회로 이행함에 따라 비공식 경제도 줄어들 것이다.

결국 고용 수단으로 우리에게 남는 것은 시민사회뿐이다. 이 영역은 종종 '제3부문'으로 불리는데 이 표현에는 시장이나 정부보다 덜 중요하다는 생각이 담겨 있다. 이 부문의 단체들 또한 '비영리'나 '비정부기구'라는 과소평가된 용어로 불린다. '무엇이다.'가 아니라 '무엇이 아니다.'로 이들을 정의하는 표현이다.

시민사회는 인간이 사회적 자본을 만들어 내는 곳으로 종교 및 문화 단체, 교육, 연구, 의료, 사회복지, 스포츠, 환경 그룹, 오락 활동, 사회적 연대를 조성키 위한 목적의 지지 단체 등 다양한 범위의 이익 단체로 구성된다.

종종 사회생활의 뒷전으로 격하되거나 경제나 정치에 비해 중요성이

미미한 것으로 간주되지만 시민사회는 문명을 펼치는 가장 중요한 무대다. 내가 아는 한 역사상 시장과 정부가 먼저 조성되고 나서 문화가 형성된 예는 없다. 오히려 시장과 정부가 문화의 연장선상에서 조성된다. 문화는 우리를 민족으로 묶고 서로를 확장된 가상의 가족으로 공감할 수 있게 사회적 내러티브를 창조하는 공간이다. 공동의 유산을 공유하기 때문에 우리는 스스로를 하나의 공동체로 생각하고 신뢰를 축적한다. 그러한 신뢰 없이는 시장이나 정부를 세우고 유지할 수 없다. 시민사회는 시장이나 정부에 투자할 사회적 자본(실제로는 축적된 신뢰)을 생성하는 곳이다. 시장이나 정부가 그 안에 내포된 사회적 신뢰를 파괴한다면 사람들은 결국 자신의 지지 의사를 철회하거나 이 두 분야를 새로 조직하라고 강요할 것이다.

시민사회는 또한 떠오르는 경제 세력이다. 존스홉킨스 시민사회연구센터가 40여 나라에서 실시한 2010년 경제 분석에 따르면 제3부문 운영비용이 2조 2000억 달러에 이른다. 자료 정리를 완성한 미국, 캐나다, 프랑스, 일본, 호주, 체코, 벨기에, 뉴질랜드 등 8개국을 보면 제3부문이 평균적으로 GDP의 5퍼센트를 차지한다. 이는 곧 이들 국가에서 비영리 부문의 GDP 공헌도가 이제 전기와 가스, 수도 등의 공익사업 분야 GDP를 능가하며, 놀랍게도 건설 부문 GDP(5.1퍼센트)에 맞먹고 은행과 보험 같은 금융서비스 분야의 GDP(5.6퍼센트)에 근접한다는 얘기다. 비영리 부문은 또한 평균 7퍼센트인 운송·저장·통신 분야의 GDP 공헌도에도 가까이 다가서고 있다.[12]

'제3부문'은 많은 국가에서 고용의 상당 부분을 차지한다. 물론 수백만 명의 사람이 시민사회 단체에서 자신의 재능이나 자원, 기술, 시간을 자원봉사하고 있지만, 여기서 임금을 받고 일하는 사람들의 수도 수백만 명에 이른다. 놀라운 일이 아닐 수 없다.

조사 대상 42개국에서 비영리 부문은 풀타임으로 계산했을 때 5600만 명의 노동자, 즉 적극적 경제활동 인구의 5.6퍼센트에 맞먹는 노동자를 고용하고 있다.[13] 비영리 부문 노동력은 이제 조사 대상 국가의 전통적 시장 부문의 영역별(건축·교통·공익사업·통신·산업 제조업의 대다수) 노동력을 넘어섰다. 비영리 부문의 성장세는 유럽이 가장 높은데 현재 미국을 초월했다. 네덜란드는 임금 노동자의 15.9퍼센트라는 인상적인 비율이 비영리 부문에서 일하고 있다. 벨기에는 비영리 부문 노동자가 전체 노동자의 13.1퍼센트에 이르고 영국은 11퍼센트, 아일랜드는 10.9퍼센트, 프랑스는 9퍼센트에 달한다. 미국은 9.2퍼센트, 캐나다는 12.3퍼센트다.[14]

더 흥미로운 점은 제3부문이 세계 여러 지역에서 가장 빠르게 성장하는 고용 부문이라는 사실이다. 프랑스, 독일, 네덜란드, 영국에서 비영리 부문은 1990년부터 2000년까지 전체 고용 성장의 40퍼센트를 차지하며 380만 개의 일자리를 창출했다.[15]

제3부문은 개인이나 기업의 기부금 또는 정부 보조금에 전적으로 의존하고, 따라서 혼자서 기능할 수도 없으며 수백만 개의 일자리를 만들어 내는 것은 더더욱 불가능하다고 많이들 오해한다. 하지만 실제로는 조사 대상 42개국 제3부문의 총수입 중 약 50퍼센트 정도는 제품 매출과 서비스 수수료가 차지한다. 정부 보조금이 36퍼센트를 구성하고 개인적 자선은 단지 14퍼센트를 차지할 뿐이다.[16]

지구상 곳곳의 똑똑한 젊은이들 상당수가 시장이나 정부의 전통적인 일자리를 회피하고 비영리 제3부문에서 일하는 것을 선호한다. 인터넷과 함께 자라고 분산 및 협업 소셜 공간에서 활발히 활동하는 세대는 제3부문의 분산 및 협업 특성을 보다 매력적인 대안으로 여기기 때문이다. 가상공간의 힘줄을 구성하는 오픈 소스 공유체처럼 제3부문 역시 사람들이 자신의 재능을 공유하고 사회적 연결이라는 순전한 기쁨을 맛보며 함께 살아가는 공유체다. 또한 인터넷과 마찬가지로 시민사회의 핵심 전제도 더 큰 네트워크 공동체를 위해 자신이 할 수 있는 일을 다하는 것이 개별 구성원뿐만 아니라 전체 그룹의 가치를 최적화하는 것이라는 생각이다.

시장에서는 사람들 사이의 관계가 대개 도구적이며 목적(각 개인의 물질적 사리를 최적화하는 것)을 위한 수단이다. 이와 달리 제3부문에서는 사람들 사이의 관계가 그 자체로 목적이 된다. 그래서 단순한 실용적 가치보다 내재적인 가치로 충만하다.

21세기 중엽이 되면 시민사회는 시장 못지않은 중요한 고용원이 될 것이다. 시장 자본을 창조하는 것은 점점 더 지능형 기술에 의존하는 데 반해 사회적 자본을 창조하는 것은 인간 상호 관계에 의존한다는 간단한 이유 때문이다. 시민사회의 고용 증가와 더불어 더욱더 지능화하고 자동화하는 세계경제에서 재화와 서비스를 구매하는 데 필요한 소비자 소득 중 시민사회가 공헌하는 비율도 증가할 것이다.

19세기와 20세기의 산업혁명이 사람들을 농노 신분과 노예제도, 도제 노동에서 해방한 것과 마찬가지로 3차 산업혁명과 그로 인한 협업 시대는 인간을 기계화한 노동에서 해방하고 심오한 놀이(deep play)에 참여케 할 것이다. 사회성이란 결국 놀이의 문제다. 내가 '심오한 놀이'라고 표현한 이유는 하찮은 오락거리를 말하는 것이 아니고 동료 인간과의 공감적 접촉 유지를 말하는 것이기 때문이다. 심오한 놀이는 보편성을 추구하는 공동의 노력 과정에서 우리가 서로를 경험하는 방법이다. 또한 스스로를 초월해서 더 크고 포괄적인 생명 공동체에 연결하는 방식이다. 제3부문은 결국 우리가 우리 존재의 의미 탐구라는 인생 여정의 가장 중요한 부분에 아주 단순한 수준으로라도 참여할 수 있는 영역이다.

프리드리히 실러는 시장 시대의 여명기인 1795년에 작성한 논문 「인간의 미학 교육에 관한 고찰(On the Aesthetic Education of Man)」에 다음과 같이 썼다. "사람은 자신이 인간임을 완전히 느낄 때만 놀이를 한다. 그리고 사람은 놀이를 할 때만 온전히 인간이다."[17]

19세기와 20세기에는 근면함이 사람의 표지(標識)였고 생산적인 노동자가 되는 것이 삶의 목표였다. 물질적인 부를 맹렬하게 추구하면서 수 세대의 사람들이 기계로 변했다. "우리는 일하기 위해 살았다." 3차 산업혁명과 협업 시대는 인류를 실용적 세계에 갇힌 기계화된 삶에서 해방시키고 자유를 들이마실 수 있는 기회를 제공한다. "우리는 놀기 위해 산다." 프랑스의 철학자 장 폴 사르트르는 자유와 놀이 사이의 긴밀한 관계를 포착해 다음과 같이 썼다. "사람이 스스로 자유롭다고 생각하고 자신의 자유를 사용하고 싶을 때⋯⋯ 그의 활동은 놀이로 나타난다."[18] 여기에 나는 덧붙이고 싶다. 사람이 놀이에 열중하고 있을 때보다 더 자유롭다고 느낄 때가 있는가?

향후 40년은 우리에게 소중한 시간이 될 것이다. 밀레니엄 세대와 그 자녀들은 산업 경제와 협업 경제 양쪽 모두에서 일하고 사는 법을 배워야 할 것이다. 하지만 그들의 자녀들은 갈수록 더 많이 시민사회에 고용되어 사회적 자본을 창조할 것이다. 그러는 동안 상업 영역에서는 인간 노동의 많은 부분(물론 전부는 아닐 것이다.)을 지능형 기술로 대체할 것이다.

경제적 생존을 확보하기 위한 고되고 단조로운 일에서 인류를 자유롭게 한다는 전망은 오랜 세월 철학자들의 꿈이었다. 인간 영혼이 날아올라 존재의 의미와 거대한 세상 구조 속 자신의 위치를 찾을 수 있다면, 그 오래된 영적 탐구를 하면서 광활한 사회적 미개척지를 배회할 수 있다면, 지구상 모든 인간에게 가장 소중한 선물이 될 것이다. 너무나 오랫동안 우리는 지상의 한정된 시간 중 과도하게 많은 부분을 생존이라는 최소한의 안락을 꾸려가는 데 사용했다. 초월적 영역에서 심오한 놀이를 즐길 시간도, 삶을 반추할 여유도 거의 없었다.

시민사회를 발전시키고 사회적 자본을 창조하는 데 우리의 시간과 관심을 더 많이 쏟을 수 있다는 가능성은 당연히 매혹적이므로 전 세계 선진국 곳곳에서 급속히 호응하고 있다. 하지만 우리는 여전히 인류의 40퍼센트가 하루에 2달러 이하를 벌고 있다는 현실에서 벗어날 수 없다. 이것은 겨우 목숨을 부지할 정도의 돈이다. 이 비극적인 현실은 두 가지 요인으로 더욱 악화되고 있다. 하나는 기본 식량과 건축자재에서 교통비에 이르기까지 모든 것의 가격이 무서울 정도로 변동하고 있다는 사실이다. 다른 하나는 더욱 섬뜩한 것으로, 2차 산업혁명이 긴 종반기에 들어서면서 기후변화가 세계 농경에 즉각적인 영향을 미치고 있다는 사실이다.

3차 산업혁명은 적어도 1차, 2차 산업혁명에서 사실상 소외되었던 지구상 극빈국들도 다음 50년 동안에는 분산 자본주의라는 새로운 시대로 도약할 수 있다는 가능성을 제시한다. 사실 나를 포함해 어느 누구도 우리 앞에 놓인 도전의 막대함을 의심하는 사람은 없다. 시장과 비공식 경제 부문에서 단순 노역과 고된 노동을 하고 있는 인류의 40퍼센트에게 그 고역의 족쇄에서 해방되는 데 필요한 물질적 안위 수준을 확보해 주는 것, 나아가 그들이 자유롭게 사회적 자본을 추구하면서 심오한 놀이에 참여할 수 있게 하는 것 또한 두 말할 필요도 없이 위압을 느낄 정도로 벅찬 과제다. 산업이 유발한 기후변화를 완화할 수 있도록 경제생활을 재조직해야 할 필요성까지 감안하면 더욱더 어려운 과제다. 하지만 역사상 처음으로 우리는 최소한 그 가능성을 상상할 수 있는 수준에 이르렀다. 그래서 나는 우리가 성공할지도 모른다는 조심스러운 희망을 갖는다.

역사에 등장한 모든 문명은 중요한 심판의 순간을 경험했다. 어떤 문명이든 새로운 미래에 대비하기 위해 급격히 경로를 변경하거나 아니면 종말의 가능성을 맞이하도록 강요받았다는 얘기다. 일부는 제때에 스스로 변화할 수 있었지만 일부는 그렇지 못했다. 그러나 과거에는 문명의 붕괴가 시공간적으로 한정된 범위에서 일어났고 인류 전체에 영향을 미치지도 못했다. 지금 이 시점이 과거와 다른 까닭은 기후변화로 지구의 온도와 화학 구성의 질적 변화 가능성이 증대하고 있다는 사실에 기인한다. 이는 동식물의 대멸종을 불러올 수도 있고 그와 더불어 실제로 우리 인류가 대규모 죽음을 맞이할 수도 있는 사안이다.

당면한 중대 과제는 인류의 공적 자본, 시장 자본, 특히 사회적 자본을 활용해서 3차 산업혁명 경제와 탄소 후 시대로 이행하는 것이다. 이런 규모의 변화를 위해서는 그에 걸맞은 생물권 의식으로 도약할 필요가 있다. 우리는 우리 인류뿐만이 아니라 지구 위에서 진화를 겪으며 체류 중인 동료 여행자 모두를 확장된 글로벌 가족으로 생각해야 한다. 그래야만 우리가 공유하는 생물권 공동체를 구하고 미래 세대를 위해 이 행성을 쇄신할 수 있다.

감사의 말

먼저 3차 산업혁명의 마스터플랜을 관리 감독하고 이 책의 편집에 크게 기여한 우리의 글로벌 운영 책임자 니컬러스 이즐리에게 감사의 뜻을 전한다. 또한 일상적인 업무 및 작업을 철저히 관리하고 책을 편집하는 데 귀중한 조언을 아끼지 않은 프로그램 감독 앤드루 리노우즈, 그리고 원고 준비에 많은 도움을 제공한 플로르 드 슬루버, 앨마 벨라스퀘스, 발보나 티카, 로렌 부시, 바트 프로부스트, 디뱌 수살라 등 우리의 인턴들에게도 심심한 감사를 표한다.

더불어 이 프로젝트에 깊은 헌신과 열정을 보여 준 담당 편집자 에밀리 칼턴에게도 감사의 마음을 전한다. 그녀의 많은 조언과 의견 덕분에 성공적으로 집필을 마쳤다. 나의 에이전트 래리 커시바움 역시 빼놓을 수 없다. 처음 기획 단계 때부터 편집과 관련된 여러 제안을 내놓았을 뿐 아니라 이 책을 글로벌 시장에 성공적으로 포지셔닝하는 데도 많은 도움을 제공했다.

지난 9년 동안 우리의 유럽 지역 활동을 지휘한 안젤로 콘솔리 씨께 특별한 감사를 표한다. 콘솔리 씨의 정치적 통찰력과 지치지 않는 헌신 덕분에 3차 산업혁명에 대한 비전을 유럽 전역에 현실화할 수 있었다.

마지막으로 지난 22년간 한결같이 나를 지지하며 소중한 조언을 아끼지 않은 나의 아내 캐럴 그룬월드에게 깊은 고마움을 표한다. 이 지구상에 존재하는 모든 사람과 생명체를 위해 보다 지속 가능한 세상을 만들고픈 당신과 나의 꿈이 우리의 여정을 인도하는 영감이 되고 있소이다.

주(註)

1 모두가 놓친 진짜 경제 위기

1 Yergin, Daniel. (1992). *The Prize: The Epic Quest for Oil, Money and Power.* NewYork: Simon & Schuster, p. 625.

2 Trillin, Calvin. (1974, January 21). U.S. Journal: *Boston Parallels. NewYorker.* p. 67.

3 Mouawad, J. (2009, July 10). One Year After Oil's Price Peak: Volatility. *Green (blog). New York Times.* Retrieved from http://green.blogs.nytimes.com/2009/07/10/one-year-after-oils-price-peak-volatility/.

4 Weekly All Countries Spot Price FOB Weighted by Estimated Export Volume (Dollarsper Barrel). (March 9, 2011). *U.S. Energy Information Administration (EIA) Independent Statistics and Analysis.* Retrieved from http://www.eia.doe.gov/dnav/pet/hist/Leaf Handler.ashx?n=PET&s=WTOTWORLD&f=W.

5 Ibid.

6 Diouf, J. (2009, October 14). Opening statement by the director-general, address presented at Committee on World Food Security, 35th Session, Rome.

7 Meyers, W. H., & Meyer, S. (2008, December 8). Causes and Implications of the Food Price Surge, Food and Agricultural Policy Research Institute (FAPRI), University of Missouri-Columbia, December 2008. Rep. No. FAPRI-MU A. Comparison based on 2003 levels.

8 U.S. Field Production of Crude Oil (Thousand Barrels per Day). (2010, July 29).

U.S. *Energy Information Administration*. Retrieved from http://tonto.eia.doe.gov/dnav/pet/hist/LeafHandler.ashx?n=PET&s=MCRFPUS2&f=A.

9 International Energy Agency. (2010). *World Energy Outlook 2010: Executive Summary.* Paris: Author, p. 6.

10 Inman, M. (2010, November 9). Has the World Already Passed "Peak Oil"? *National Geographic News.* Retrieved from http://news.nationalgeographic.com/news/energy/2010/11/101109-peak-oil-iea-world-energy-outlook/.

11 BP Amoco Statistical Review of World Energy 2000. (2000, June 21). *BP Global.* Retrieved from http://www.bp.com/genericarticle.do?categoryId=2012968&contentId=2001815.

12 GDP Growth (Annual %). (n.d.). *World Bank.* Retrieved from http://data.worldbank.org/indicator/NY.GDP.MKTP.KD.ZG.

13 Blair, D. (2010, December 9). Oil Price Rise Puts Pressure on OPEC. *Financial Times.* http://www.ft.com/cms/s/0/cf79bac8-03bc-11e0-8c3f-00144feabdc0.html#axzz1IagH4LTi.

14 Pfeifer, S. (2011, January 4). Rising Oil Price Threatens Fragile Recovery *Financial Times.* http://www.ft.com/cms/s/0/056db69c-1836-11e0-88c9-00144feab49a.html#axzz1IagH4LTi.

15 Ibid.

16 Wolf, M. (2011, January 4). In the Grip of a Great Convergence. *Financial Times.* http://www.ft.com/cms/s/0/072c87e6-1841-11e0-88c9-00144feab49a.html#axzz1IagH4LTi.

17 Ibid.

18 Ibid.

19 Edwards, J. (2002, March 14). [E-mail message to Jeremy Rifkin]; Edwards, John D. Twenty-First Century Energy: *transition from Fossil Fuels to Renewable*, Non-polluting Energy Sources. University of Colorado, Department of Geological Sciences—MARC. April 2001.

20 Rich, M., Rampell, C., & Streitfeld, D., (2011, February 25). Rising Oil Prices Pose New Threat to U.S. Economy. *New York Times*, p. A1.

21 Farchy, J., & Hook, L., (2011, February 25). Supply Fears and Parallels with Gulf War Spook Market. Financial Times, p. 3.

22 Su, B. W. (2001). Employment Outlook: 2000-10 *The U.S. Economy to 2010:* Washington, DC: Bureau of Labor Statistics, http://www.bls.gov/opub/mlr/2001/11/art1full.pdf.

23 Annual U.S. Bankruptcy Filings by District 1990–994. (n.d.). *American Bankruptcy Institute.* Retrieved from http://www.abiworld.org/AM/

AMTemplate.cfm?Section =Home&TEMPLATE=/CM/ContentDisplay.cfm&CONTENTID=35484.

24 Annual U.S. Bankruptcy Filings by District 2001–004. (n.d.). *American Bankruptcy Institute.* Retrieved from http://www.abiworld.org/AM/AMTemplate.cfm?Section=Home&TEMPLATE=/CM/ContentDisplay.cfm&CONTENTID=35453.

25 United States Census Bureau. (n.d.). *Median and Average Sales Prices of New Homes Sold in United States.* Retrieved from http://www.census.gov/const/uspriceann.pdf.

26 Bureau of Labor Statistics. (2010, January 8). *The Employment Situation—ecember 2009* [Press release]. http://www.bls.gov/news.release/archives/empsit_01082010.pdf.

27 United States Federal Reserve. (2008, December 11). *Flow of Funds Accounts of the United States: Flow and Outstandings Third Quarter 2008.* Washington, DC: Author.

28 Krugman, P. (2010, December 12). Block Those Metaphors. *New York Times* P. A25.

29 RealtyTrac. (2011, January 12). *Record 2.9 Million U.S. Properties Receive ForeclosureFilings in 2010 Despite 30-Month Low in December* [Press release]. Retrieved from http://www.realtytrac.com/content/press-releases/record-29-million-us-properties-receive-foreclosure-filings-in-2010-despite-30-month-low-in-december-6309.

30 Peck, D. (2010, March). How a New Jobless Era Will Transform America. *Atlantic,* p.44.

31 Wolf, M. (2008, September 23). Paulson's Plan Was Not a True Solution to the Crisis. *Financial Times.* Retrieved from http://us.ft.com/ftgateway/superpage.ft?news_id=fto092320081447402080.

32 Parker, K. (2010, December 5). Can the City on a Hill Survive? *Washington Post,* p.A23.

33 Jarraud, M., & Steiner, A. (2007, November 17). Foreword. *Climate Change 2007: Synthesis Report.* Valencia, Spain: Intergovernmental Panel on Climate Change. Retrieved from http://www.ipcc.ch/publications_and_data/ar4/syr/en/frontmattersforeword.html.

34 Solomon, S., et al. (2007). Climate Change 2007: *The Physical Science Basis. Contribution of Working Group I to the Fourth Assessment Report of the Intergovernmental Panel on Climate Change.* Cambridge: Cambridge University Press. Retrieved from http://www.ipcc.ch/publications_and_data/publications_ipcc_fourth_assessment_report_wg1_report_the_physical_science_basis.htm.

35 Bernstein, L., Bosch, P., Canziani, O., Chen, Z., Christ, R., Davidson, O., Yohe, G. (2007,November 17). *Climate Change 2007: Synthesis Report.* Valencia, Spain: Intergovernmental Panel on Climate Change. Retrieved from http://www.ipcc.ch/pdf/assessment-report/ar4/syr/ar4_syr.pdf.

36 Raup, D. M., & Sepkoski, J. J. (1982). Mass Extinction in the Marine Fossil Record. *Science, 215* (4539), 1501–1503.

37 Whitty, J. (2007, May/June). Gone: Mass Extinction and the Hazards of Earth's Vanishing Biodiversity. *Mother Jones.* Retrieved from http://motherjones.com/environment/2007/05/gone.

38 Houghton, J. (1997). *Global Warming: The Complete Briefing* (2nd ed.). Cambridge: Cambridge University Press, p. 127.

39 Beardsley, T. (1998, October). In the Heat of the Night. *Scientific American,* 279 (4), p. 20.

40 Solomon, S., Qin, D., Manning, M., Marquis, M., Averyt, K., Tignor, M., Chen, Z. (2007). Observations: Surface and Atmospheric Change. In *Climate Change 2007: The Physical Science Basis. Contribution of Working Group I to the Fourth Assessment Report of the Intergovernmental Panel on Climate Change.* Cambridge: Cambridge University Press, p. 254. Retrieved from http://www.ipcc.ch/pdf/assessment-report/ar4/wg1/ar4-wg1-chapter3.pdf

41 Bernstein, L., Bosch, P., Canziani, O., Chen, Z., Christ, R., Davidson, O., Yohe, G. (2007,November 17). Observed Changes in Climate and Their Effects. In *Climate Change 2007:Synthesis Report.* Valencia, Spain: Intergovernmental Panel on Climate Change, p. 32.Retrieved from http://www.ipcc.ch/pdf/assessment-report/ar4/syr/ar4_syr.pdf.

42 Webster, P., Holland, G., Curry, J., & Chang, H. (2005). Changes in Tropical Cyclone Number, Duration, and Intensity in Warming Environment. *Science,* 309 (5742), 1844–1846.

43 Schneeberger, C., Blatter, H., Abe-Ouchi, A., & Wild, M. (2003). Modeling Changesin the Mass Balance of Glaciers of the Northern Hemisphere for a Transient 2xCO2 Scenario. *Journal of Hydrology, 282* pp. 145–163.

44 Bernstein, L., Bosch, P., Canziani, O., Chen, Z., Christ, R., Davidson, O., Yohe, G.(2007, November 17). *Climate Change 2007: Synthesis Report.* Valencia, Spain: Intergovernmental Panel on Climate Change, p. 49.

45 Parry, M., Canziani, O., Palutikof, J., van der Linden, P., & Hanson, C. (2007). Polar Regions (Arctic and Antarctic). In *Climate Change 2007: Impacts, Adaptation and Vulnerability. Contribution of Working Group II to the Fourth Assessment Report of the Intergovernmental Panel on Climate Change.* Cambridge: Cambridge University

Press, p. 676. Retrieved from http://www.ipcc.ch/publications_and_data/ar4/wg2/en/ch15.html; Instanes, A. (2005). Infrastructure: Buildings, Support Systems, and Industrial Facilities. In *Arctic Climate Impact Assessment*. Cambridge: Cambridge University Press. Retrieved from http://www.acia.uaf.edu/PDFs/ACIA_Science_Chapters_Final/ACIA_Ch16_Final.pdf.

46 Lean, G. (2008, August 31). For the First Time in Human History, the North Pole Can Be Circumnavigated. *The Independent*. Retrieved from http://www.independent.co.uk/environment/climate-change/for-the-first-time-in-human-history-the-north-pole-can-be-circumnavigated-913924.html.

47 Walter, K. M., Zimov, S. A., Chanton, J. P., Verbyla, D., & Chaplin, F. S. (2006). Methane Bubbling from Siberian Thaw Lakes as a Positive Feedback to Climate Warming. Nature, 443 (7), pp. 71–5; Walter, K. M., Smith, L. C., & Chapin, F. S. (2007). Methane Bubbling from Northern Lakes: Present and Future Contributions to the Global Methane Budget. *Philosophical Transactions of the Royal Society*, 365, pp. 1657–676;Mascarelli, A. (2009, March 5). A Sleeping Giant? *Nature Reports Climate Change*. Retrieved from http://www.nature.com/climate/2009/0904/full/climate.2009.24.html.

48 Hansen, J., Sato, M., Kharecha, P., Beerling, D., Berner, R., Masson-Delmotte, V., Zachos, J. C. (2008). Target Atmospheric CO2: Where Should Humanity Aim? *OpenAtmospheric Science Journal*, 2 (1), p. 217.

49 Achenbach, J., & Fahrenthold, D. A. (2010, August 3). Oil Spill Dumped 4.9 Million Barrels into Gulf of Mexico, Latest Measure Shows. *Washington Post*. Retrieved from http://www.washingtonpost.com/wp-dyn/content/article/2010/08/02/AR2010080204695.html.

50 CNN Political Unit. (2011, April 19). CNN Poll: Support for Increased Offshore Oil Drilling On Rise. *CNN Political Ticker*. Retrieved April 19, 2011, from http://political ticker.blogs.cnn.com/2011/04/19/cnn-poll-support-for-increased-offshore-oil-drilling-on-rise/.

51 Crooks, E. (2011, January 4). US Oil Groups Seek Easing of Drilling Curbs. *Financial Times*. Retrieved from http://www.ft.com/cms/s/0/f313329c-1835-11e0-88c9-00144fe ab49a.html#axzz1IagH4LTi.

52 Crude Oil and Total Petroleum Imports Top 15 Countries. (February 25, 2011). *U.S.Energy Information Administration*. Retrieved from http://www.eia.doe.gov/pub/oil_gas/petroleum/data_publications/company_level_imports/current/import.html.

53 Graves, S. W. (2009, September 1). The Contract from America. *Contract from America*.Retrieved from http://www.thecontract.org/the-contract-from-

america/.

2 새로운 내러티브

1 Getting to $787 Billion. (2009, February 17). *Wall Street Journal.* Retrieved from http://online.wsj.com/public/resources/documents/STIMULUS_FINAL_0217.html.

2 Rankin, J. (2010, September 30). EU "Must Spend €1 Trillion" on Electricity Grid. *European Voice.* Retrieved from http://www.europeanvoice.com/article/2010/09/electricity-grid-system-needs-1-trillion-investment-/69073.aspx.

3 European Photovoltaic Industry Association (EPIA). (2009). *Solar Photovoltaic Electricity: A Mainstream Power Source in Europe by 2020.* (Set for 2020 report). Retrieved from http://www.setfor2020.eu/uploads/executivesummary/SET%20For%202020%20 Executive%20Summary%20final.pdf.

4 Global Prospects of the Solar Power Station Market: Harness the Sun's Energy. (2010). Q-Cells. Retrieved from http://www.q-cells.com/en/sytems/market_potential/index.html.

5 Stevens, H., & Pettey, C. (2008, June 23). Gartner Says More Than 1 Billion PCs in Use Worldwide and Headed to 2 Billion Units by 2014. *Gartner.* Retrieved from http://www.gartner.com/it/page.jsp?id=703807.

6 Wollman, D. (2010, October 10). Internet Users to Surpass 2 Billion in 2010: UN Report. *Huffington Post.* Retrieved from http://www.huffingtonpost.com/2010/10/20/internet-users-to-surpass_n_770405.html.

7 European Photovoltaic Industry Association (EPIA). (2009, April). *Global Market Outlook for Photovoltaics until 2013.* Brussels, Belgium: Author, pp. 3–; Global Wind Energy Council (GWEC). (2009). *Global Wind 2008 Report.* Brussels, Belgium: Author, p. 10.

8 Lewis, N. S., & Nocera, D. G. (2006). Powering the Planet: Chemical Challenges in Solar Energy Utilization [Abstract]. *Proceedings of the National Academy of Sciences of the United States of America,* 103 (43).

9 European Photovoltaic Industry Association (EPIA). (2010, June 23). Roofs Could Technically Generate Up to 40% of EU's Electricity Demand by 2020 [Press release]. Retrieved from http://www.epia.org/fileadmin/EPIA_docs/public/100623_PR_BIPV_EN.pdf.

10 Zweibel, K., Mason, J., & Fthenakis, V. (2007, December 16). A Solar Grand Plan. *Scientific American,* pp. 64–73.

11 European Photovoltaic Industry Association (EPIA). (2010, May). *Global Market*

Outlook for Photovoltaics until 2014. Brussels, Belgium: Author. Retrieved from http://www.epia.org/fileadmin/EPIA_docs/public/Global_Market_Outlook_for_Photovoltaics_until_2014.pdf.

12 EWEA: Factsheets. (2010). *European Wind Energy Association*. Retrieved March 14, 2011, from http://www.ewea.org/index.php?id=1611.

13 United States Department of Energy, Office of Energy Efficiency and Renewable Energy. (May, 2010). Wind and Water Program: Building a New Energy Future with Wind Power [Brochure]. Retrieved from http://www1.eere.energy.gov/windandhydro/pdfs/eere_wind_water.pdf.

14 Wald, M. L. (2010, October 12). Offshore Wind Power Line Wins Praise and Backing. *New York Times*, pp. 1–3.

15 Archer, C. L., & Jacobson, M. Z. (2005). Evaluation of Global Wind Power. *Journal of Geophysical Research, 110* (D12110).

16 Dixon, D. (2007). *Assessment of Waterpower Potential and Development Needs*. Palo Alto, CA: Electric Power Research Institute.

17 Green, B. D., & Nix, R. J., (November, 2006) *Geothermal—he Energy Under Our Feet* National Renewable Energy Laboratory Technical Report (Report No. NREL/TP-840-40665), p. 3. Retrieved from http://www1.eere.energy.gov/geothermal/pdfs/40665.pdf.

18 The Geothermal Energy Association. (2010). Geothermal Energy in 2010. *PennEnergy*. Retrieved from http://www.pennenergy.com/index/power/display/8301455971/articles/power-engineering/volume-114/Issue_7/departments/View-on-Renewables/Geothermal_Energy_in_2010.html.

19 MIT. (2006). *The Future of Geothermal Energy: Impact of Enhanced Geothermal Systems (EGS) on the United States in the 21st Century*. Idaho Falls, ID: U.S. Department of Energy. Retrieved from http://www1.eere.energy.gov/geothermal/future_geothermal.html.

20 World Bio Energy Association (2009, November). WBA Position Paper on Global Potential of Sustainable Biomass for Energy [Press release]. Retrieved from http://www.worldbioenergy.org/system/files/file/WBA_PP1_Final%20 2009-11-30.pdf.

21 Appleyard, D. (2010, June 1). The Big Question: Could Bioenergy Power the World? *Renewable Energy World*. Retrieved from http://www.renewableenergyworld.com/rea/news/article/2010/06/the-big-question-could-bioenergy-power-the-world.

22 Renewable Energy for America: Biomass. (n.d.). Natural Resources Defense Council. Retrieved from http://www.nrdc.org/energy/renewables/biomass.

asp#note3.

23 Pimentel, D., & Patzek, T. W. (2005). Ethanol Production Using Corn, Switchgrass, and Wood; Biodiesel Production Using Soybean and Sunflower [Abstract]. *Natural Resources Research, 14 (1), 65–76.*

24 Tob, P., & Wheelock, C. (2010, Fall). *Executive Summary: Waste-to-Energy Technology Markets.* Retrieved from https://www.pikeresearch.com/wordpress/wp-content/uploads/2010/12/WTE-10-Executive-Summary.pdf.

25 Renewable Energy World, "Feed-In Tariffs Go Global." (July-August 2009). Retrieved from http://www.earthscan.co.uk/Portals/0/pdfs/Mendonca_Jacobs_REW.pdf/.

26 Rifkin, J., Easley, N., & Laitner, J. A. "Skip" (2009). *San Antonio: Leading the Way Forward to the Third Industrial Revolution–ecommendations* (Rep.) p. 26.

27 Ibid.

28 Ekhart, M. T. (2010, December 3). Standing Up for Clean Energy. *Washington Post.* Retrieved from http://www.washingtonpost.com/wp-dyn/content/article/2010/12/03/AR2010120305574.html; Yildiz, O. (2010, November 23). Electric Power Annual. U.S. Energy Information Administration. Retrieved from http://www.eia.doe.gov/cneaf/electricity/epa/epa_sum.html.

29 Report Calls for Boost to Industry through Open Markets. (2010, October 13). *European Parliament.* Construction Statistics. Retrieved March 18 from http://www.europarl.europa.eu/news/public/story_page/052-86235-281-10-41-909-20101008STO86176-2010-08-10-2010/default_en.htm.

30 Warren, A. (2009, May 17). If we don't know how many buildings are out there, how can we plan cuts in emissions? *Click Green.* Retrieved April 4, 2011, from http://www.clickgreen.org.uk/opinion/opinion/12171-if-we-don%E2%80%99t-know-how-many-buildings-are-out-there,-how-can-we-plan-cuts-in-emissions.html.

31 Martin, A. (2007, November 15). In Eco-Friendly Factory, Low-Guilt Potato Chips. *New York Times.* Retrieved from http://www.nytimes.com/2007/11/15/business/15plant.html.

32 Camus, M. (2008, July 8). World's Largest Rooftop Solar Power Station Being Built in Zaragoza. *GM Media Online.* Retrieved from http://archives.media.gm.com/archive/documents/domain_138/docId_46878_pr.html.

33 Bouygues Construction. (n.d.). First Positive-Energy Building [Press release]. Retrieved from http://www.bouygues-construction.com/667i/sustainable-development/news/first-positive-energy-building.html&.

34 Morales, A. (2010, November 2). Huhne Says Nuclear, Wind at Heart of U.K.'s

"Green Revolution." *BusinessWeek*. Retrieved from http://www.businessweek.com/news/2010-11-02/huhne-says-nuclear-wind-at-heart-of-u-k-s-green-revolution-.html.

35 CETRI-TIRES, Sviluppo Italia Sicilia, and Universita' Degli Studi Di Palermo–acolta'Di Ingegneria. Ipotesi Di Piano Di Valorizzazione Energetica, Capacity Building per Tecnologie E Potenziale Del Fotovoltaico Sui Tetti Siciliani. Tech. Palermo, 2010.

36 Wei, M., Patadia, S., & Kammen, D. M. (2009). Putting Renewables and Energy Efficiency to Work: How Many Jobs Can the Clean Energy Industry Generate in the US? Energy Policy, 38, p. 1. Retrieved from http://rael.berkeley.edu/sites/default/files/Wei PatadiaKammen_CleanEnergyJobs_EPolicy2010_0.pdf.

37 PRODI, R. (JUNE 16, 2003). "The Energy Vector of the Future." Retrieved from ftp://ftp.cordis.lu/pub/sustdev/docs/energy/sustdev_h2_keynote_prodi.pdf.

38 European Parliament Committee on Industry, Research and Energy. (2008). *Draft Report on the Proposal for a Council Regulation Setting up the Fuel Cells and Hydrogen Joint Undertaking.* Brussels: European Parliament, p. 38.

39 LaMonica, M. (2009, May 18). Cisco: Smart Grid Will Eclipse Size of Internet. *CNET News.* Retrieved from http://news.cnet.com/8301-11128_3-10241102-54.html.

40 *The US Smart Grid Revolution, KEMA's Perspectives for Job Creation.* (2008, December 23). Retrieved from KEMA. http://www.kema.com/services/consulting/utility-future/job-report.aspx.

41 Rankin, J. (2010, September 30). EU "Must Spend €1 Trillion" on Electricity Grid. *European Voice.* Retrieved from http://www.europeanvoice.com/article/2010/09/electricity-grid-system-needs-1-trillion-investment-/69073.aspx.

42 Borbely, A., & Kreider, J. F. (2001). *Distributed Generation the Power Paradigm for the New Millennium.* Washington, DC: CRC Press, p. 47.

43 Interview with EU Competition Commissioner Neelie Kroes on energy. (2006, March 22). *EurActiv.* Retrieved from http://www.euractiv.com/en/energy/interview-eu-competition-commissioner-neelie-kroes-energy/article-153617/.

44 Ibid.

45 Ibid.

46 Nuclear Power in France. (2010, December 17). *World Nuclear Association.* Retrieved from http://world-nuclear.org/info/default.aspx?id=330&terms=france.

47 Kamenetz, A. (2009, July 1). Why the Microgrid Could Be the Answer to Our

Energy Crisis. *Fast Company.* Retrieved from http://www.fastcompany.com/magazine/137/beyond-the-grid.html.

48 Litos Strategic Communication. (n.d.). *What the Smart Grid Means to America's Future.* U.S. Department of Energy, p. 5.

49 The White House, Department of Energy. (2009, March 19). *President Obama Announces $2.4 Billion in Funding to Support Next Generation Electric Vehicles* [Pressrelease]. Retrieved from http://www.whitehouse.gov/briefing-room/Statements-and-Releases/2009/03?page=5.

50 Ramsey, M. (2011, February 24). GE, Siemens Set Challenge to Car Charger Start-Ups. *Wall Street Journal.* Retrieved from http://online.wsj.com/article/SB10001424052748703775704576162552192684150.html.

51 PRTM. (2009, December 10). PRTM Analysis Shows Worldwide Electric Vehicle Value Chain to Reach $300B+ by 2020, Creating More than 1 Million Jobs [Press release]. Retrieved from http://www.prtm.com/NewsItem.aspx?id=3609&langtype=1033.

52 Ibid.

53 Lovins, A. B. and Williams, B. D. (2000). "From Fuel Cells to a Hydrogen-Based Economy." *Public Utilities Fortnightly 25*: 552.

54 Initiative "H2 Mobility"—ajor Companies Sign Up to Hydrogen Infrastructure Built-up Plan in Germany. (2009, September 10). *Daimler.* Retrieved from http://www.daimler.com/dccom/0-5-658451-1-1236356-1-0-0-0-0-0-13-7165-0-0-0-0-0-0-0.html.

55 The World Factbook. (2011). *Central Intelligence Agency.* Retrieved from https://www.cia.gov/library/publications/the-world-factbook/.

56 European Parliament. (2007, May 14). *Written Declaration Pursuant to Rule 116 of the Rules of Procedure on Establishing a Green Hydrogen Economy and a Third Industrial Revolution in Europe through a Partnership with Committed Regions and Cities, SMEs*

3 이론을 넘어 실천으로

1 Nasa Temp Data. (2010, December 22). E-mail message to J. Rothwell.

2 U.S. Energy Information Administration (2008, December). Annual Energy Outlook 2009 Early Release: Tables 2, 4, 5, and 18. Retrieved from http://www.eia.doe.gov/oiaf/aeo/aeoref_tab.html.

3 UN-Habitat. (2008). *State of the World's Cities 2008/2009: Harmonious Cities.* London: Earthscan.

4 The Principal Agglomerations of the World. (2011, January 1). *City Population*. Retrieved from http://www.citypopulation.de/world/Agglomerations.html.

5 World Vital Events Per Time Unit: 2011. (2011). *U.S. Census Bureau*. Retrieved from http://www.census.gov/cgi-bin/ipc/pcwe.

6 Imhoff, M. L., Bounoua, L., Ricketts, T., Loucks, C., Harriss, R., & Lawrence, W. T. (2004). Global Patterns in Human Consumption of Net Primary Production. *Nature*, 429, p. 870–873.

7 World Population: 1950–050. (2010, December 28). *U.S. Census Bureau. Retrieved* from http://www.census.gov/ipc/www/idb/worldpopgraph.php.

8 Tainter, J. A. (1988). *The Collapse of Complex Societies*. Cambridge: Cambridge University Press, p. 133.

9 Ibid., p. 145.

10 Harl, K. (2001). Early Medieval and Byzantine Civilization: Constantine to Crusades. *Encarta Online Encyclopedia*. Retrieved from www.tulane.edu/~august/h303/byzantine.html.

11 ICF Consulting. (2005, July). *Alamo Regional Industry Cluster Analysis*. San Francisco: Author; Laitner, S., & Goldberg, M. (1996). *Planning for Success: An Economic Development Guide for Small Communities*. Washington, DC: American Public Power Association.

12 ICF Consulting. (2005, July). *Alamo Regional Industry Cluster Analysis*. San Francisco: Author.

13 Laitner, J. A., & Goldberg, M. (1996). Planning for Success: *An Economic Development Guide for Small Communities*. Washington, DC: American Public Power Association.

14 Ibid., p. 12.

15 Ibid.

16 Ibid., p. 13.

17 Clinton, B. (2010, September 19). *Face the Nation* [Transcript, television broadcast]. CBS Broadcasting Inc.

18 Rifkin, J., Easley, N., & Laitner, J. A. "Skip." (2009). San Antonio: Leading the Way *Forward to the Third Industrial Revolution*, p. 59.

19 Harman, G. (2010, January 6). Operation: CPS. *San Antonio Current*. Retrieved from http://www.sacurrent.com/.

20 Ibid.

21 South Texas Nuclear Project—he Record. (n.d.). *Public Citizen*. Retrieved from http://www.citizen.org/Page.aspx?pid=2178.

22 Rifkin, J., Easley, N., & Laitner, J. A. "Skip." (2009). *San Antonio: Leading the Way*

Forward to the Third Industrial Revolution, p. 56.

23 Ibid.

24 Harman, G. (2010, January 6). Operation: CPS. *San Antonio Current*. Retrieved from http://www.sacurrent.com/news/story.asp?id=70826.

25 Smith, R. (2010, February 18). Small Reactors Generate Big Hopes. *Wall Street Journal*. *Retrieved from* http://online.wsj.com/article/SB10001424052748703444804575071402124482176.html.

26 Negin, E. (2010, July 23). Renewable Energy Would Create More Jobs Than Nuclear Power. *Statesman.com*. Retrieved from http://www.statesman.com/opinion/negin-renewable-energy-would-create-more-jobs-than-819936.html.

27 Schlissel, D., & Biewald, B. (2008). *Nuclear Power Plant Construction Costs*. Cambridge, MA: Synapse Energy Economics.

28 Rifkin, J., Easley, N., & Laitner, J. A. "Skip." (2009). *San Antonio: Leading the Way Forward to the Third Industrial Revolution*, p. 55.

29 Smith, R. (2009, August 12). Electricity Prices Plummet. *Wall Street Journal*. Retrieved from http://online.wsj.com/article/SB125003563550224269.html?KEYWORDS=electricity+prices+plummet.

30 CPS Energy. (2010, May 10). *Vision 2020 Plan: Board of Trustees Forward* [Slide presentation].

31 Admin. (2010, July 2). GM Expands Initial Volt Launch Market. *IVeho*. Retrieved from http://www.iveho.com/2010/07/02/gm-expands-initial-volt-launch-market-2/#more-1064.

32 Our History: Honorary Members. (n.d.). *The International SeaKeepers Society*. Retrieved from http://www.seakeepers.org/history-honorary.php.

33 *Monaco en Chiffres*. (2010). Principaute de Monaco, p. 143.

34 Jeremy Rifkin Enterprises. (2009). *Climate Change Master Plan Report for Monaco*.

35. Ibid.

36 Ibid.

37 Ibid.

38 Monaco, Principaute de Monaco, Departement de l'Equipement, de l'Environnementet de l'Urbanisme & Direction de l'Environnement. (2010). *Plan Energie Climat dela Principaute de Monaco*. Retrieved from http://www.paca.developpement-durable.gouv.fr/IMG/pdf/Grandes_Lignes_du_plan_d_actions_de_la_Principaute_de_Monaco_cle7da677.pdf.

4 분산 자본주의

1 Patterns of Railroad Finance, 1830–850. (1954, September). *Business History Review*, 28: 248–263.
2 Chandler, A. D., Jr. (1977). The Visible Hand: *The Managerial Revolution in American Business*. Cambridge, MA: Belknap Press, p. 91.
3 Burgess, G. H., & Kennedy, M. (1940). *Centennial History of the Pennsylvania Railroad Company*. Philadelphia: Ayer Company, p. 807; U.S. Bureau of Statistics (1894) *Statistical Abstract of the United States 1893. Bureau of the Census Library*, pp. 718, 721.
4 Stover, J. F. (1961). *American Railroads*. Chicago: University of Chicago Press, p. 135; Ripley, W. Z. (1912). Chapters 14–5. In Railroads: Rates and Regulations. New York: Longmans, Green, and Co.
5 Chandler, A. D., Jr. (1977). Revolution in Transportation and Communication. In *The Visible Hand: The Managerial Revolution in American Business*. Cambridge, MA: Belknap Press, p. 120.
6 Malone, D. (1946). *Dictionary of American Biography* (Vol. VII). New York: Ch. Scribner's Sons, p. 461; Burgess, G. H., Kennedy M. C., "Centennial History of the Pennsylvania Railroad 1846–946" (1949), The Pennsylvania Railroad Company, Philadelphia, pp. 514–515.
7 Taylor, F. (1947). *The Principles of Scientific Management*. New York: W. W. Norton, pp. 235–36.
8 Ibid.
9 Anderson, R. O. (1984). *Fundamentals of the Petroleum Industry*. Norman: University of Oklahoma Press, p. 20.
10 Ibid., pp. 29–30.
11 Annual Energy Review 2009. (2010, August 19). *U.S. Energy Information Administration*. Retrieved from http://www.eia.doe.gov/aer/eh/eh.html.
12 A Brief History: The Bell System. (2010). AT&T. Retrieved from http://www.corp.att.com/history/history3.html.
13 DLC: The World's Top 50 Economies: 44 Countries, Six Firms. (2010, July 14). *Democratic Leadership Council*. Retrieved from http://www.dlc.org/ndol_ci.cfm?contentid=255173&kaid=108&subid=900003.
14 Armed Forces: Engine Charlie. (1961, October 6). *TIME*. Retrieved from http://www.time.com/time/magazine/article/0,9171,827790,00.html.
15 The Dramatic Story of Oil's Influence on the World. (1993). *Oregon Focus*. pp. 10–11.

16. Kristof, N. D. (2010, November 6). Our Banana Republic. *New York Times.* Retrieved from http://www.nytimes.com/2010/11/07/opinion/07kristof.html?_r=1&ref=nicholas dkristof.
17 Rich, F. (2010, November 13). Who Will Stand Up to the Superrich? *New York Times.* Retrieved from http://www.nytimes.com/2010/11/14/opinion/14rich.html?src=twrhp.
18 Wikipedia: Size Comparisons. (2011, March 31). *Wikipedia.* Retrieved from http://en.wikipedia.org/wiki/Wikipedia:Size_comparisons.
19 Wikipedia.org Site Info. (n.d.). *Alexa the Web Information Company.* Retrieved from http://www.alexa.com/siteinfo/wikipedia.org.
20 3D printing:The Printed World [Editorial]. (2011, February 10). *The Economist.* Retrieved March 29, 2011, from http://www.economist.com/node/18114221?story_id=18114221.
21 Ibid.
22 Etsy Lets Artists Create a Living. (2008, July 1). *Rare Bird, Inc.* Retrieved from http://www.rarebirdinc.com/news/articles/etsy.html.
23 Botsman, R., & Rogers, R. (2010). From Generation Me to Generation We. In *What's Mine Is Yours: The Rise of Collaborative Consumption.* New York: HarperBusiness, p. 49; Kalin, R. (2011, March 28). Etsy—peaking Engagement Request [E-mail to theauthor].
24 Microfinance and Financial Inclusion. (2010, December 19). *Financial Times.* Retrieved from http://www.ft.com/cms/s/0/cc076c20-0b99-11e0-a313-00144feabdc0.html#axzz1EoWZY7ga.
25 At a Glance, December, 2010. (n.d.). *Grameen Shakti.* Retrieved from http://www.gshakti.org/index.php?option=com_content&view=article&id=140:ataglancedecember,2010&Itemid=78.
26 About Us. (n.d.). Kiva. Retrieved from http://www.kiva.org/about.
27 Ibid.
28 Facts & History. (n.d.). *Kiva.* Retrieved from http://www.kiva.org/about/facts.
29 Community Supported Agriculture. (n.d.). *Local Harvest.* Retrieved from http://www.localharvest.org/csa/.
30 Keegan, P. (2009, August 27). Car-Rental, Auto Industry React to Zipcar's Growing Appeal. *CNNMoney.* Retrieved from http://money.cnn.com/2009/08/26/news/companies/zipcar_car_rentals.fortune; Green Benefits. (2011). *Zipcar.* Retrieved from http://www.zipcar.com/is-it/greenbenefits.
31 Ibid.
32 Fenton, C. (n.d.). Guiding Principles. *CouchSurfing.* Retrieved from http://www.

couchsurfing.org/about.html/guiding.
33 Statistics. (n.d.). *CouchSurfing.* Retrieved from http://www.couchsurfing.org/statistics.html.
34 British Have Smallest Homes in Europe. (2002, May 3). *The Move Channel.* Retrieved from www.themovechannel.com; Housing Vacancy Survey—nnual 2002. (2002). *U.S. Census Bureau.* Retrieved from http://www.census.gov/; Summers, A. A., Cheshire, P. C., & Senn, L. (1993). *Urban Change in the United States and Western Europe: Comparative Analysis and Policy.* Washington, DC: Urban Institute Press, p. 517.
35 Weingroff, R. F., "Federal-Aid Highway Act of 1956, Creating the Interstate System." (1996). Retrieved from http://www.nationalatlas.gov/articles/transportation/a_highway.html; McNichol, D., (2006). *The Roads that Built America: The Incredible Story of the U.S. Interstate System.* New York: Sterling Publishing Co., pp. 112–14.
36 William Haycraft [Interview by D. McNichol]. (2003, January 14). As cited in Mc-Nichol, D. (2006). *The Roads that Built America,* p. 127.
37 Anthony Caserta, FHWA tunnel engineer [Interview by D. McNichol]. (2003, April); FHWA Bridge Table, December 2002 as cited in McNichol, D. (2006). *The Roads that Built America,* p. 11.
38 Pernick, Ron and Wilder, Clint (2007). The Clean Tech Revolution: *The Next Big Growth and Investment Opportunity,* p. 280.
39 DeSanctis, G., & Fulk, J. (1999). *Shaping Organization Form: Communication, Connection, and Community.* Thousand Oaks, CA: Sage, p. 105.

5 보수와 진보를 뛰어넘어

1 Mallet, V. (2011, March 27). Spain: Indignant in Iberia. *Financial Times.* Retrieved from http://www.ft.com/intl/cms/s/0/13d1f2b4-8895-11e0-afe1-00144feabdc0.html#axzz 1NwtWYrhu.
2 Ibid.
3 Nuclear power plants, worldwide. (n.d.). *European Nuclear Society.* Retrieved April 18, 2011, from http://www.euronuclear.org/info/encyclopedia/n/nuclear-power-plantworld-wide.htm; Schlissel, D., & Biewald, B. (2008). *Nuclear Power Plant Construction Costs* (Rep.). Cambridge, MA: Synapse Energy Economics; International Energy Agency. (2010). *Key World Energy Statistics,* p. 6 (Rep.). Paris: IEA.

4 Chris Huhne, Speech to LSE: Green Growth: The Transition to a Sustainable Economy. (2010, November 2). *Department of Energy and Climate Change.* Retrieved April 18, 2011, from http://www.decc.gov.uk/en/content/cms/news/lse_chspeech/lse_chspeech.aspx.

5 Private Secretary to Gregory Barker MP. (2011, January 11). RE: Follow up on December Telephone Conference [E-mail to the author].

6 About Coops Europe. (2010). *Cooperatives Europe.* Retrieved from http://www.coopseurope.coop/spip.php?rubrique18.

7 Office of the Governor of Massachusetts. (2010, July 12). Governor Patrick Announces Ambitious Region-Wide Energy Efficiency and Renewable Energy Goals [Press release]. Retrieved from http://www.mass.gov/?pageID=gov3pressrelease&L=1&L0=Home&sid=Agov3&b=pressrelease&f=100712_energy_efficiency_goals&csid=Agov3.

8 Behr, P. (2010, February 26). Battle Lines Harden over New Transmission Policy in Rumbles. *New York Times.* http://www.nytimes.com/cwire/2010/02/26/26climatewirebattle-lines-harden-over-new-transmission-po-77427.html.

9 Wald, M. L. (2009, July 14). Debate on Clean Energy Leads to Regional Divide. *New York Times.* http://www.nytimes.com/2009/07/14/science/earth/14grid.html.

10 Eggen, D., & Kindy, K. (2010, July 22). Three of Every Four Oil and Gas Lobbyists Worked for Federal Government. *Washington Post,* p. A01.

11 Ibid.

12 Fisher, N. (2011, February 14). Cutting Fossil Fuel Subsidies: Third Time's the Charm? Americans for Energy Leadership. Retrieved from http://leadenergy.org/2011/02/cutting-fossil-fuel-subsidies-third-times-the-charm/.

13 Broder, J. M. (2010, October 20). Climate Change Doubt Is Tea Party Article of Faith. *New York Times.* Retrieved from http://feeds.nytimes.com/click.phdo?i=1ec15f84f5c15c237ad33c5311cd0955.

14 Ibid.

15 Ibid.

16 Callahan, D. (2010, August 8). As the Green Economy Grows, the "Dirty Rich" Are Fading Away. *Washington Post,* B01.

6 세계화에서 대륙화로

1 Browne, P. (2010, March 17). More Firms Join Desertec Solar Project. Green (blog).

New York Times. Retrieved from http://green.blogs.nytimes.com/2010/03/17/more-firms-join-desertec-solar-project/?pagemode=print.

2 Humber, Y., & Cook, B. (2007, April 18). Russia Plans World's Longest Tunnel, A Link to Alaska. *Bloomberg.* Retrieved from http://www.bloomberg.com/apps/news?pid=new sarchive&sid=a0bsMii8oKXw.

3 Alfred, R. (2008, April 25). April 25, 1859: Big Dig Starts for Suez Canal. *Wired.com.* Retrieved from http://www.wired.com/science/discoveries/news/2008/04/dayintech_0425.

4 Interesting Facts. (n.d.). *Panama Canal Museum.* Retrieved from http://panamacanal museum.org/index.php/history/interesting_facts/.

5 Bangkok Declaration (1967). (n.d.). *The Official Website of the Association of Southeast Asian Nations.* Retrieved from http://www.aseansec.org/1212.htm.

6 Cebu Declaration on the Acceleration of the Establishment of an ASEAN Community by 2015, Cebu, Philippines, 13 January 2007. (n.d.). *The Official Website of the Association of Southeast Asian Nations.* Retrieved April 8, 2011, from http://www.aseansec.org/19260.htm.

7 Overview. (n.d.). *The Official Website of the Association of Southeast Asian Nations.* Retrieved from http://www.aseansec.org/64.htm.

8 ASEAN Nuclear Power Frameworks and Debates. (2009, April 15). *Nautilus Institute.* Retrieved from http://gc.nautilus.org/Nautilus/australia/reframing/aust-ind-nuclear/ind-np/asean-nuclear-power/asean-framework.

9 Cebu Declaration on East Asian Energy Security, Cebu, Philippines. *The Official Website of the Association of Southeast Asian Nations.* 15 January 2007 (date of declaration). Retrieved from http://www.aseansec.org/19319.htm.

10 ASEAN Plan of Action for Energy Cooperation (APAEC) 2010–2015. (2010, November 8). *Asean Centre for Energy.* Retrieved April 19, 2011, from http://www.aseanenergy.org/index.php/about/work-programmes.

11 Ibid.

12 Ibid.

13 Ibid.

14 Country Comparison: GDP (Purchasing Power Parity). (n.d.). *Central Intelligence Agency.* Retrieved from https://www.cia.gov/library/publications/the-world-factbook/rankorder/2001rank.html.

15 African Union in a Nutshell. (n.d.). *African Union.* Retrieved from http://www.africa-union.org/root/au/AboutAu/au_in_a_nutshell_en.htm.

16 Access to Electricity. (2009). *World Energy Outlook.* Retrieved from http://www.worldenergyoutlook.com/electricity.asp.

17 Africa-EU Energy Partnership. (n.d.). Africa-EU Renewable Energy Cooperation Programme. Brussels, Belgium: European Union Energy Initiative (EUEI), p. 2.; Joint Africa EU Strategy Action Plan 2011–013. (November 30, 2010.). Council of the European Union: Brussels, Belgium.

18 Africa-EU Energy Partnership. (n.d.). *Africa-EU Renewable Energy Cooperation Programme.* Brussels, Belgium: European Union Energy Initiative (EUEI), p. 2.

19 First Steps to Bring Saharan Solar to Europe. (2010, February 22). *European Union Information Website.* Retrieved April 8, 2011, from http://www.euractiv.com/en/energy/steps-bring-saharan-solar-europe/article-184274.

20 Pfeiffer, T. (2009, August 23). Europe's Saharan Power Plan: Miracle or Mirage? *Reuters.* Retrieved from http://www.reuters.com/article/idUSTRE57N00920090824.

21 Ryan, Y. (2010, May). Should the Sahara's Solar Energy Power Europe? *Take Part* (blog). Retrieved from http://www.takepart.com/news/2010/05/14/harnessing-the-saharas-energy-for-europe.

22 Ibid.

23 Rosenthal, E. (2010, December 24). African Huts Far From the Grid Glow with Renewable Power. *African Huts Far From the Grid Glow with Renewable Power.* Retrieved from http://www.nytimes.com/2010/12/25/science/earth/25fossil.html.

24 Declaration of Margarita: Building the Energy Integration of the South. (2007, April 17). *Comunidad Andina.* Retrieved from http://www.comunidadandina.org/ingles/documentos/documents/unasur17-4-07.htm.

25 Energy Information Administration. (2011). *Country Analysis Briefs: Brazil.* US Department of Energy: Washington, DC, pp. 4–8.

26 International Energy Data and Analysis for Brazil. (2011, January). *U.S. Energy Information Administration.* Retrieved from http://eia.gov/countries/?fips=BR#.

27 South America: Venezuela. (n.d.). *Central Intelligence Agency.* Retrieved from https://www.cia.gov/library/publications/the-world-factbook/geos/ve.html.

28 Romero, S. (2006, September 17). From a Literary Lion in Caracas, Advice on Must-Reads. *New York Times.* Retrieved from http://query.nytimes.com/gst/fullpage.html?res=950DE1DB1331F934A2575AC0A9609C8B63.

29 Carter, Jimmy. (1979, July 15.) "The Crisis of Confidence." Speech. Presidential Public Address. Retrieved from http://www.pbs.org/wgbh/americanexperience/features/primary-resources/carter-crisis/.

30 Ibid.

31 Canada-U.S. Relations: A Unique and Vital Relationship. (n.d.). *Government of Canada.* Retrieved from http://www.canadainternational.gc.ca/can-am/offices-

bureaux/welcome-bienvenue.aspx?lang=eng&menu_id=146&menu=L.
32 Canada-U.S. Energy Relations. (2009, April 14). *Government of Canada.* Retrieved from http://www.canadainternational.gc.ca/washington/bilat_can/energy-energie.aspx?lang=eng.
33 Imports, Exports and Trade Balance of Goods on a Balance-of-Payments Basis, by Country or Country Grouping. (2010, June 10). *Statistics Canada.* Retrieved from http://www40.statcan.gc.ca/l01/cst01/gblec02a-eng.htm.
34 Rifkin, J. (2005, March). Continentalism of a Different Stripe: Are Canadian Provinces and the Blue States in the U.S. Quietly Forging a Radical New North American Union? This American Says, "Yes." *The Walrus.* Retrieved from http://www.walrusmagazine.com/articles/2005.03-politics-north-american-union/.
35 Region, N. E. (n.d.). Pacific Northwest Economic Region: About Us—ackground. *Pacific Northwest Economic Region.* Retrieved from http://www.pnwer.org/AboutUs/Background.aspx.
36 Cernetig, M. (2007, April 14). Cascadia: More Than a Dream. *Discovery Institute.* Retrieved from http://www.discovery.org.
37 Du Houx, R. (2008, November/December). New England Governors, Eastern Canadian Premiers Establish Working Partnerships at Conference. *Maine Democrat.* Retrieved from http://www.polarbearandco.com/mainedem/agc.html.
38. Ibid.
39 Office of the Governor of Massachusetts Deval L. Patrick. (2010, July 12). Governor Patrick Announces Ambitious Region-Wide Energy Efficiency and Renewable Energy Goals [Press release]. Retrieved from http://www.mass.gov/?pageID=gov3pressrelease&L=1&L0=Home&sid=Agov3&b=pressrelease&f=100712_energy_efficiency_goals&csid=Agov3.

7 애덤 스미스에게서 벗어나라

1 Randall, J. H. (1976). *The Making of the Modern Mind: A Survey of the Intellectual Background of the Present Age.* New York: Columbia University Press, p. 259.
2 Smith Adam. *The Essays of Adam Smith.* 1776. p. 384. Retrieved from http://books.google.com/books?id=keEURjQkAW8C&printsec=frontcover&dq=Smith+Adam.+The+Essays+of+Adam+Smith&hl=en&ei=j6WcTZ-1LsLJ0QHp853mAg&sa=X&oi=book_result&ct=result&resnum=3&ved=0CDoQ6AEwAg#v=onepage&q=%22the%20 greatest%20discovery%22&f=false.

3 Whitehead, A. N. (1952). *Science and the Modern World.* New York: New American Library, p. 50.

4 Miller, G. T. (1971). *Energetics, Kinetics, and Life: An Ecological Approach.* Belmont, CA: Wadsworth, p. 46.

5 Soddy, F. (1911). *Matter and Energy* New York: H. Holt and Co., pp. 10–11.

6 Canterbery, E. R. (2003). Isaac Newton and the Economics Paradigm: Newton, Natural Law and Adam Smith. In *The Making of Economics.* River Edge, NJ: World Scientific Pub, p. 75.

7 Laslett, P. (1967). Second Treatise. In *John Locke: Two Treatises of Government Cambridge*: Cambridge University Press, p. 312.

8 Schrodinger, E. (1947). *What Is Life?* New York: Macmillan, pp. 72–75.

9 Miller, G. T. (1971). *Energetics, Kinetics and Life: An Ecological Approach.* Belmont, CA: Wadsworth, p. 291.

10 Ibid.

11 Ensminger, M. E. (1991). *Animal Science.* Danville, IL: Interstate.

12 Quoted in Doyle, J. (1985). *Altered Harvest: Agriculture, Genetics, and the Fate of the World's Food Supply.* New York: Viking.

13 Brown, Lester, et al., *State of the World 1990.* New York: Norton, p. 5, table 1-1.

14 Cattle Feeding Concentrates in Fewer, Larger Lots, *Farmline*, June 1990, 2.

15 Steinfeld, H., Gerber, P., Wassenaar, T., Castel, V., Rosales, M., & De Haan, C. (2006). *Livestock's Long Shadow,* p. xxi (Rep.). Rome: FAO.

16 de Condorcet, Marquis. (1795). Outlines of an Historical View of the Progress of the *Human Mind.* London: J Johnson, pp. 4–5.

17 Ayres, R. U., & Ayres, E. (2010). *Crossing the Energy Divide: Moving from Fossil Fuel Dependence to a Clean-Energy Future* (p. 11). Upper Saddle River, NJ: Wharton School Pub.

18 Ibid., pp. 12–3, 205–206.

19 Ibid., pp. 13–14.

20 Ortega Coba and Luis Antonio, email with the author, April 27, 2011.

21 The American Physical Society Panel on Public Affairs, & The Materials Research Society. (2011). *Energy Critical Elements: Securing Materials for Emerging Technologies.* Washington, DC: American Physical Society, p. 1.

22 Reeve, A. (1986). *Property.* London: Macmillan, p. 124; Schlatter, R. 1973; *Private Property: The History of an Idea.* New York: Russel & Russel, p. 154.

23 Eckert, P., & Blanchard, B. (2010, January 21).
Clinton Urges Internet Freedom, Condemns Cyber Attacks. *Reuters India.* Retrieved from http://in.reuters.com/article/idINIndia-45574120100121.

24 Diehl, J. (2010, October 25). Time to Reboot Our Push for Global Internet Freedom. *Washington Post*, p. A19.
25 Dobb, M. M. (1947). *Studies in the Development of Capitalism*. New York: International Publishers, p. 143.
26 Internet Usage Statistics. (n.d.). *Internet World Stats*. Retrieved from http://www.internet worldstats.com/stats.htm.
27 Levine, M. (2009, March 8). Share My Ride. *New York Times*, p. MM36.
28 Kuznets, S. (1934). "National Income, 1929–932." 73rd US Congress, 2nd Session, Senate document no. 124, p. 7. Retrieved from http://library.bea.gov/cdm4/document .php?CISOROOT=/SOD&CISOPTR=888.
29 Kuznets, S. (1962, October 20). How to Judge Quality. *New Republic*, pp. 29–32.
30 Orme, J. (1978). Time: Psychological Aspects: Time, Rhythms, and Behavior. In T. Carlstein, D. Parkes, & N. J. Thrift (Eds.), *Making Sense of Time*. New York: J. Wiley, p. 67.
31 Hammer, K. (1966). Experimental Evidence for the Biological Clock. In J. T. Fraser (Ed.), *The Voices of Time: A Cooperative Survey of Man's Views of Time as Expressed by the Sciences and by the Humanities*. New York: G. Braziller; Meerloo, J. A. (1970). *Along the Fourth Dimension: Man's Sense of Time and History*. New York: John Day Company, p. 67; Sharp, S. (1981–982). Biological Rhythms and the Timing of Death. Omega Journal of Death and Dying, 12, pp. 15–23.

8 교실의 탈바꿈

1 Barringer, F. (2010, November 26). In California, Carports that Can Generate Electricity. *New York Times*, p. A23.
2 Ibid.
3 Zeller, T., Jr. (2010, December 29). Utilities Seek Fresh Talent for Smart Grids. *New York Times*. Retrieved from http://www.nytimes.com/2010/12/30/business/energy-environment/30utility.html?src=busln.
4 Gruchow, P. (1995). *Grass Roots: The Universe of Home*. Minneapolis, MN: Milkweed Editions.
5 Ulrich, R. (1984). View through a Window May Influence Recovery from Surgery. *Science*, 224, p. 421.
6 Barfield, O. (1965). *Saving the Appearances: A Study in Idolatry*. New York: Harcourt, Brace & World.
7 Arousing Biophilia: A Conversation with E. O. Wilson. Orion, Winter 1991.

Retrieved from http://arts.envirolink.org/interviews_and_conversations/EOWilson.html.

8 Roszak, T. (1996, January 1). The Nature of Sanity. *Psychology Today.* Retrieved March 9, 2011, from http://www.psychologytoday.com/articles/199601/the-nature-sanity.

9 Roszak, T. (1992). *The Voice of the Earth.* New York: Simon & Schuster.

10 Bragg, E. A. (1996). Towards Ecological Self: Deep Ecology Meets Constructionist Self-Theory. *Journal of Environmental Psychology*, 16, pp. 93–108.

11 Ibid.

12 Salomon, G. (1993). Chapter 1. In *Distributed Cognitions: Psychological and Educational Considerations.* Cambridge, England: Cambridge University Press, p. 43.

13 Virtual Classroom Discusses War And Peace. (2003, March 26). *Swissinfo.* Retrieved from http://www.swissinfo.ch/eng/index/Virtual_classroom_discusses_war_and_peace.html?cid=3235036.

14 Winograd, M., & Hais, M. D. (2008). *Millennial Makeover: MySpace, YouTube, and the Future of American Politics.* New Brunswick, NJ: Rutgers University Press.

15 Memory Bridge Classroom Experience. (n.d.). *Memory Bridge: The Foundation for Alzheimer's and Cultural Memory.* Retrieved from http://memorybridge.org.

16 Bruffee, K. A. (1999). *Collaborative Learning: Interdependence and the Authority of Knowledge, 2nd Edition.* Baltimore, MD: John Hopkins University Press, p. 66.

17 Ibid., p. XIV.

18 Brown, A. L., Ash, D., Rutherford, M., Nakagawa, K., Gordon, A., & Campione, J. C. (1993). Distributed Expertise in the Classroom. In G. Salomon (Ed.), *Distributed Cognitions: Psychological and Educational Considerations.* Cambridge: Cambridge University Press.

19 Ibid.

20 Ibid.

21 Bruffee, K. A. (1999). *Collaborative Learning: Higher Education, Interdependence, and the Authority of Knowledge, 2nd Edition.* Baltimore, MD: John Hopkins University Press.

22 St. George, D. (2007, June 19). Getting Lost in the Great Outdoors. *Washington Post.* Retrieved from http://www.washingtonpost.com/wp-dyn/content/article/2007/06/18/AR2007061801808.html.

23 Louv, R. (2005). *Last Child in the Woods: Saving Our Children from Nature-Deficit Disorder.* Chapel Hill, NC: Algonquin Books of Chapel Hill, p. 10.

24 Ibid., pp. 34–50.

25 Pyle, R. M. (1993). *The Thunder Tree: Lessons from an Urban Wildland. Boston,* MA:Houghton Mifflin.

26 Wilson, E. O. (1993). Biophilia and the Conservation Ethic. In S. R. Kellert & E. O.Wilson (Eds.), *The Biophilia Hypothesis.* Washington, DC: Island Press.

27 Lawrence, E. (1993). The Sacred Bee, the Filthy Pig, and the Bat out of Hell: Animal Symbolism as Cognitive Biophilia. In S. R. Kellert & E. O.Wilson (Eds.), *The Biophilia Hypothesis.* Washington, DC: Island Press.

28 Kellert, S. R. (2002). Experiencing Nature: Affective, Cognitive, and Evaluative Development in Children. In P. H. Kahn & S. R. Kellert (Eds.), *Children and Nature: Psychological, Sociocultural, and Evolutionary Investigations.* Cambridge, MA: MIT Press, pp. 124–125.

29 Carson, R., & Kelsh, N. (1998). *The Sense of Wonder.* New York: HarperCollins, pp. 54, 100.

30 Taylor, A. F., Wiley, A., Kuo, F., & Sullivan, W. (1998). Growing Up in the Inner City: Green Spaces as Places to Grow. *Environment and Behavior*, 30 (1), pp. 3–27.

31 Physical Activity and Education. (2009). *Alliance for a Healthier Generation.* Retrieved from http://healthiergeneration.org/schools.aspx?id=3302.

32 Clay, R.A. (2001). Green Is Good for You. *Monitor on Psychology*, 32 (4), p. 40.

33 Faber Taylor, A., Kuo, F. E., & Sullivan, W. C. (2002, February). Views of Nature and Self-Discipline: Evidence from Inner City Children. *Journal of Environmental Psychology*, pp. 46–3; Taylor, A. F., Kuo, F. E., & Sullivan, W. C. (2001, January). Coping with ADD: The Surprising Connection to Green Play Settings. *Environment and Behavior*, 33 (1), pp. 54–77.

34 Louv, R. (2005). *Last Child in the Woods*, p. 203.

35 Lieberman, G. A., & Hoody, L. L. (1998). *Closing the Achievement Gap: Using the Environment as an Integrating Context for Learning.* Poway, CA: Science Wizards.

36 National Wildlife Federation. (n.d.). *Be Out There: Schoolyard Habitats How-to-Guide* [Brochure]. Reston, VA.

37 Wolch, J., Gullo, A., & Lassiter, U. (1997). Changing Attitudes Toward California's Cougars. *Society & Animals*, 5, pp. 95–16.

38 Ibid.

39 Louv, R. (2005). Wonder Land: Opening the Fourth Frontier. In *Last Child in the Woods: Saving Our Children from Nature-Deficit Disorder.* Chapel Hill, NC: Algonquin Books of Chapel Hill, p. 243.

40 Beatley, T. (2000). *Green Urbanism: Learning from European Cities.* Washington, DC: Island Press, p. 197.

41 Arousing Biophilia: A Conversation with E. O. Wilson. *Orion*, Winter 1991.

Retrieved from http://arts.envirolink.org/interviews_and_conversations/EOWilson.html.

9 산업 시대에서 협업의 시대로

1 Bell, J. F. (1985). *A History of Economic Thought.* New York: Ronald Press, pp. 285–286.
2 Goodman, P. S. (2010, February 21). Despite Signs of Recovery, Chronic Joblessness Rises. *New York Times*, p. 1.
3 Yellen, J. L. (2010, February 22). *The Outlook for the Economy and Monetary Policy.* Speech presented at Presentation to the Burnham-Moores Center for Real Estate School of Business Administration, University of San Diego, San Diego, CA.
4 Carson, J. G. (2003, October 24). U.S. Weekly Economic Update: Manufacturing Payrolls Declining Globally: The Untold Story (Part 2). *AllianceBernstein.* Retrieved from https://www.alliancebernstein.com.
5 Carson, J. G. (2003, October 24). U.S. Weekly Economic Update: Manufacturing Payrolls Declining Globally: The Untold Story (Part 2). *AllianceBernstein.* Retrieved from https://www.alliancebernstein.com.
6 Sherk, J. (2010, October 12). Technology Explains Drop in Manufacturing Jobs. *The Heritage Foundation.* Retrieved from http://www.heritage.org/research/reports/2010/10/technology-explains-drop-in-manufacturing-jobs.
7 Schwartz, N. D. (2003, November 24). Will "Made in USA" Fade Away? Yes, We'll Still Have Factories, and Great Ones Too. We Just Might Not Have Many Factory Workers. Why Those Jobs Are Never Coming Back. *CNNMoney.com.* Retrieved from http://money.cnn.com/magazines/fortune/fortune_archive/2003/11/24/353800/index.htm.
8 Carson, J. G. (2003, October 24). U.S. Weekly Economic Update: Manufacturing Payrolls Declining Globally: The Untold Story (Part 2). *AllianceBernstein.* Retrieved from https://www.alliancebernstein.com; Carson, J. G. (2003, October 10). U.S. Weekly Economic Update: Manufacturing Payrolls Declining Globally: The Untold Story. *Alliance-Bernstein.* Retrieved from https://www.alliancebernstein.com.
9 Kurzweil, R. (2005). The Six Epochs. In *The Singularity Is Near: When Humans Transcend Biology.* New York: Viking, pp. 7–8.
10 Ibid., p. 11.

11 Ibid., p. 9.

12 Ibid., pp. 198–200.

13 Salamon, L. M. (2010). Putting the Civil Society Sector on the Economic Map of the World. *Annals of Public and Cooperative Economics*, 81 (2), p. 187.

14 Ibid., p. 188.

15 Salamon, L. M., Anheier, H., List, R., Toepler, S., & Sokolowski, W. S. (1999). *Global Civil Society: Dimension of the Nonprofit Sector* (Comparative Nonprofit Sector Project, The John Hopkins Center for Civil Society Studies). Retrieved from www.jhu.edu/~ccss/pubs/books/gcs.

16 Ibid., p. 189.

17 Schiller, F. In E. M. Wilkinson & L. A. Willoughby (Trans.). *On the Aesthetic Education of Man, In a Series of Letters.* Oxford: Clarendon Press, 1967.

18 Sartre, J. (1974). *The Writings of Jean-Paul Sartre* (Vol. 2). Evanston, IL: Northwestern University Press.

찾아보기

ㄱ

가브리엘, 지그마어(Gabriel,Sigmar) 104
가스콘, 미겔 세바스티안(Gascón, Miguel Sebastián) 206
가이스, 오로라(Geis, Aurora) 116 117 134 136 137
거스트너, 루이스(Gerstner, Louis) 89
건설업원탁회의(Construction Industry Round Table) 113
게바라, 체(Guevara, Che) 22
게이츠, 빌(Gates, Bill) 76
경제협력개발기구(Organization for Economic Cooperation and Development, OECD) 13
고님, 와엘(Ghonim, Wael) 309
고레 섬(Gorée) 235
고르바초프, 미하일(Gorbachev, Mikhail) 245
고어, 앨(Gore, Al) 212
골드스미스, 잭(Goldsmith, Zac) 213
골드스미스, 제임스(Goldsmith, James) 213
골드스미스, 테디(Goldsmith, Teddy) 213
공감(empathy) 54 115 155 176 183 217 218 259 331 338 339 341 342 344-346 350 351 355 356 357 364-369 381 383
공동 기술 이니셔티브(Joint Technology Initiative, JTI) 78
공동체 지원 농업(Community Supported Agriculture, CSA) 178 179
구글(Google) 63 171 172 174 230 308 309 313
구르마이, 지타(Gurmai, Zita) 106
국내총생산(gross domestic product, GDP) 12 162 290 291
국제에너지기구(International Energy Agency, IEA) 27
굿에너지(Good Energies) 63
귀도니, 움베르토(Guidoni, Umberto) 106
그라민 샤크티(Grameen Shakti, GS) 177
그라민 은행(Grameen Bank) 176 177
그랜트, 율리시스 S.(Grant, Ulysses S.) 189
그로스, 베르나르디노 레온(Gross, Bernardino León) 206
그리드와이즈 얼라이언스(GridWise Alliance) 81
그린피스(Greenpeace) 251
그릴리, 호러스(Greeley, Horace) 11
글로벌 그린하우스 네트워크(Global Greenhouse Network) 41
글로벌인터넷자유컨소시엄(Global Internet Freedom Consortium) 309
글로벌 피크 오일 생산(global peak oil production) 27
기후변화에 관한 정부 간 패널(Intergovernmental Panel on Climate) 40 44 143
기후 보고서(Climate Report) 42

ㄴ

나뷰르스, 피에르(Nabuurs, Pier) 83 88 97 102
남미국가연합(Union of South American Nations, UNASUR) 253 254
남미에너지협의회(Energy Council of South America) 254

네스, 아르네(Næss, Arne) 346
『노동의 종말(The End of Work)』 374
노스이스트전력공사(Northeast Utilities) 92
뉴레프트 운동(New Left movement) 22
뉴욕 에너지국(New York Power Authority) 92
뉴잉글랜드 및 캐나다 동부 주지사 회담(Conference of New England Governors and Eastern Canadian Premiers,NEG/ECP) 264
뉴턴, 아이작(Newton, Isaac) 277 285
닉슨, 리처드 M.(Nixon, Richard M.) 23

ㄷ

다 그라사 카르발류, 마리아(da Graca Carvalho, Maria) 102
다윈, 찰스(Darwin, Charles) 270
다임러(Daimler) 92 94 95 97 99 316
다임러, 고틀리에프(Daimler, Gottlieb) 98
대공황(Great Depression) 33 37 112
대륙화(continentalization) 231 233 234 236 245 253 261 266
대불황(Great Recession) 37 132 189
대처, 마거릿(Thatcher, Margaret) 210
더용, 바우터르(de Jong, Wouter) 118
데 산톨리, 리비오(de Santoli, Livio) 128 332
데이, 캐서린(Day, Catherine) 101
데일리, 허먼(Daly, Herman) 283 301
데저텍(Desertec Industrial Initiative) 237 250 251
도건, 바이런(Dorgan, Byron) 222-224
도너휴, 토머스(Donohue, Thomas J.) 189
도브, 모리스(Dobb, Maurice) 313
독일(Germany) 14 44 65 67 78 82 83 86 87 92 94 95 98 103 104 106 119 160 181 184 204 205 217 224 240 244 251 281 293 382
독일 수소 및 연료전지 기술협회(National Organization of Hydrogen and Fuel Cell Technology) 95
드골, 샤를(de Gaulle, Charles) 210
디마스, 스타브로스(Dimas, Stavros) 101

ㄹ

라이넨, 조(Leinen, Joe) 105 106
라페, 프랜시스 무어(Lappé, Frances Moore) 288
랑글레, 클로드(Lenglet, Claude) 102
러바인, 마크(Levine, Mark) 314
러브록, 제임스(Lovelock, James) 320 321
레니에 3세(Rainer III, Prince) 144
레이건, 로널드(Reagan, Ronald) 261
레이트너, 존(Laitner, John A.) 301 302
로런스, 엘리자베스(Lawrence, Elizabeth) 359
로마(Rome) 118 120 122-128 207-209 217-219 240 295 332 367 368
로마 생물권(Roman biosphere) 124 125 127 128
로빈스, 아모리(Lovins, Amory) 82
로이드, 앨런(Lloyd, Alan) 118
로작, 시어도어(Roszak, Theodore) 345
로즌솔, 엘리자베스(Rosenthal, Elisabeth) 252
로크, 존(Locke, John) 285 304 336
록펠러, 존 D.(Rockefeller, John D.) 167
롬바르도, 라파엘레(Lombardo, Raffaele) 72
루브, 리처드(Louv, Richard) 357 364
리눅스(Linux) 171
리드, 해리(Reid, Harry) 225 269
린드(Linde) 95

ㅁ

마굴리스, 린(Margulis, Lynn) 320 321
마스다르(Masdar) 257
마오쩌둥(Mao Zedong) 22

마이코스키, 블레이크(Mycoskie, Blake) 186
마이크로소프트(Microsoft) 34 127 171
마초 문화(machismo) 202-204
매그너슨, 리사(Magnuson, Lisa) 334
매코널, 미치(McConnell, Mitch) 225
매코믹, 바이런(McCormick, Byron) 118
머시, 조애나(Macy, Joanna) 346
메르켈, 앙겔라(Merkel, Angela) 14 78 94 98 103-106 216 217
메모리 브리지 이니셔티브(Memory Bridge Initiative) 350
메히아, 마리아 엠마(MejiaVélez,Maria Emma) 254
멕시코(Mexico) 25 117 129 130 258 259 262
멕시코 만 기름유출 사고(BP oil spill) 47 48
모나코(Monaco) 118 143-150
무뇨스 레오스, 라울(Muñoz Leos,Raúl) 258
무바라크, 호스니(Mubarak, Hosni) 309
미국에너지효율경제협회(American Council for an Energy-Efficient Economy,ACEEE) 301
미래정보교환회의(Congressional Clearinghouse on the Future) 41
밀너, 앤턴(Milner, Anton) 114
밀러, 타일러(Miller, G. Tyler) 287
밀리밴드, 데이비드(Miliband, David) 210 215 221 223 224
밀리밴드, 랄프(Miliband, Ralph) 210 213
밀리밴드, 매리언(Miliband, Marion) 212
밀리밴드, 에드워드(Miliband, Edward) 213

ㅂ

바바 무사, 아부바카리(Baba Moussa,Aboubakari) 251
바이오미미크리(biomimicry) 300
바이트만, 옌스(Weidmann, Jens) 94
바커, 그레그(Barker, Greg) 213 214
바커, 피터(Bakker, Peter) 234
바텐팔(Vattenfall) 95
바텔스, 귀도(Bartels, Guido) 83 88
바필드, 오언(Barfield, Owen) 343
바호주, 마누엘(Barroso, Manuel) 14 97
발다치, 존(Baldacci, John) 268
발스트룀, 마르고트(Wallström, Margot) 100
발전 차액 지원 제도(feed-in tariffs) 67 68 72
버냉키, 벤(Bernanke, Ben) 30
버즈카(Buzzcar) 182
베네수엘라(Venezuela) 48 254 256
베를루스코니, 실비오(Berlusconi, Silvio) 207
베리, 토머스(Berry, Thomas) 359
베버, 막스(Weber, Max) 162
베세릴, 카르멘(Becerril, Carmen) 114
베트남 전쟁(Vietnam War) 260
벤츠, 카를(Benz, Karl) 99
부르지오, 가브리엘레(Burgio, Gabriele) 294
부시, 조지(Bush, George W.) 54 139 222
부시, 조지(Bush, George H. W.) 261, 262
북미 원자력 혁신(Nuclear Innovation North America, NINA) 135
북미자유무역협정(North American Free Trade-Agreement, NAFTA) 236 261
「불편한 진실(An Inconvenient Truth)」 212
브라운, 고든(Brown, Gordon) 210 211 213 215
브라질(Brazil) 46 254 255
브래드버리, 켄턴(Bradbury, Kenton) 88
브러피, 케네스(Bruffee, Kenneth) 352-355
브리드러브, 벤(Breedlove, Ben) 367
브린, 세르게이(Brin, Sergey) 230
블레어, 토니(Blair, Tony) 210 211
블룸, 해럴드(Blum, Harold) 286

비롤, 파티(Birol, Fatih) 29
비크만, 안데르스(Wijkman, Anders) 106
비틀리, 티모시(Beatley, Timothy) 368

ㅅ

4차 중동전쟁(Yom Kippur War) 20
사코니, 귀도(Sacconi, Guido) 106
사파테로, 호세 루이스 로드리게스(Zapatero,José Luis Rodríguez) 14 202-207
사회다윈주의(Social Darwinism) 271
사회적 기업가 정신(social entrepreneurship) 185
사회주의 인터내셔널(Socialist International) 216
3차 산업혁명(Third Industrial Revolution, TIR) 57 58 72 139
3차 산업혁명 글로벌 비즈니스 원탁회의(Third Industrial Revolution Global CEO Business Roundtable) 114 118 151 215 294
샌안토니오(San Antonio) 80 115-118 128-132 134-138 140 141-143 145 335 367
생명애(biophilia) 340-343 345 347 359 361 364 368
생물권 의식(biosphere consciousness) 208 217 272 323 335 338 340 342-344 347 348 350 365 368 369 386
생태심리학(ecopsychology) 345 356
생태학적 자아(ecological self) 346 347 357
석유수출국기구(Organization of Petroleum Exporting Countries, OPEC) 20
성과 계약(performance contracting) 183 184
세, 장바티스트(Say, Jean-Baptiste) 161 277 372
세계바이오에너지협회(World Bioenergy Association) 65
세계화(globalization) 26 27 38 39 220 231 233 234 261 356
세부 에너지 선언(Cebu Energy Declaration) 247
셰어, 헤르만(Scheer, Hermann) 251
셸 오일 컴퍼니(Shell Oil Company) 27
소디, 프레더릭(Soddy, Fredrick) 283 301
소셜 네트워크(social networking) 15 172 203 307 308 339 349
수력(hydropower) 64 68 69 75 77 170 249 250 252 268
수소(hydrogen) 59 60 76-78 80 91 93-95 99 102 107 118 149 222 223 247 256 303 332 378
『수소 혁명(Hydrogen Economy)』 82 256 257
수에즈 운하(Suez Canal) 238
수평적 권력(lateral power) 15 32 58 81 219 220
수평적 학습(lateral learning) 352 353 355 356
쉬르, 알란(Schurr, Allan) 83
슈나이더 일렉트릭(Schneider Electric) 118
슈뢰딩거, 에어빈(Schrödinger, Erwin) 286
슈타인마이어, 프랑크발터(Steinmeier, Frank-Walter) 104
3D프린팅(3D printing) 173 174
스리마일 섬(Three Mile Island) 49 135 136
스마트 그리드(smart grid) 55 60 78-84 90 91 102 140 215 226 227 244 250 251 268 334 335
스미스, 애덤(Smith, Adam) 161 277 278 279 285 336 372
스코티시 파워(Scottish Power) 82 87
스탠더드 오일 컴퍼니(Standard Oil Company) 167
시드, 존(Seed, John) 347
시스코 시스템스(Cisco Systems) 13 79
CH2M 힐(CH2M Hill) 13 114 118
CPS 에너지(CPS energy) 80 116 136 141 142
식량농업기구(Food and Agricultural Organization, FAO) 25
신재생 에너지 의무할당제(Renewable Portfolio

Standard, RPS) 73
실러, 프리드리히(Schiller, Friedrich) 384

ㅇ

아럽(Arup) 13
아세안 연합(ASEAN Union) 245 247
I-Go 180
IBM 13 79 82 83 85 88 89 90 118 171
아이젠하워, 드와이트(Eisenhower, Dwight D.) 195
아인슈타인, 알베르트(Einstein, Albert) 282 283
아프리카연합(African Union) 236 248 251
아프리카-유럽 에너지 파트너십(Africa-Europe Energy Partnership, AEEP) 248
악시오나 에너지(Acciona Energia) 13
알레만노, 잔니(Alemanno, Gianni) 118 124 126 128
알무니아, 호아킨(Almunia, Joaquin) 101
알베르 2세 대공(Albert II, Prince) 143
애덤스, 샘(Adams, Sam) 20 21
애버크롬비(Abercrombie, L. J.) 352
애플(Apple) 34
액스워디, 로이드(Axworthy, Lloyd) 263
에너지 서비스 회사(energy services companies, ESCOs) 153
에너지 협력을 위한 아세안 계획(ASEAN Plan of Action for Energy Cooperation,APAEC) 243
에어로 바이어런먼트(AeroVironment) 92
에어즈, 로버트(Ayres, Robert) 293
에이드리언 스미스+고든 길 건축(Adrian Smith + Gordon Gill Architecture) 13 152
ADM 178
AOL 34
AT&T 168 195
APT 242
에코탤리티(ECOtality) 92
에피파니, 굴리엘모(Epifani, Guglielmo) 217 218
NH 호텔(NH Hotels) 294 295 296
엔트로피(entropy) 40 281 283 284 286 287 290 292 296-299 300 302 325
NTR 87
엣시(Etsy) 174 175 176
연방주택관리국(Federal Housing Administration, FHA) 196
열역학(thermodynamics) 41 280-284 286 287 290-294 296 299 301-303
영구 동토층(permafrost) 44
영국(United Kingdom) 20 21 28 71 88 160 169 210-216 237 246 285 293 305 312 319 320 343 365 382
옐런, 재닛 L.(Yellen, Janet L.) 374
오바마, 버락(Obama, Barack) 38 46-48 54 55 189 215 221 222 224 227
OMV 95
옴, 존 E.(Orme, John E.) 323
와데, 압둘라예(Wade, Abdoulaye) 235
왈카 기술 단지(Walqa Technology Park) 126
울프, 마틴(Wolf, Martin) 29 30
워런, 조지프(Warren, Joseph) 20
워싱턴, 조지(Washington, George) 22
워튼 스쿨의 최고경영자 프로그램(Wharton School's Advanced Management Program, AMP) 11 82
원자력(nuclear power) 49 74 81 88 134-138 140 195 211-215 221 226 240
월드, 매슈(Wald, Matthew) 226
웨어, 벤저민(Warr, Benjamin) 293 301
위키피디아(Wikipedia) 58 171 307

위트레흐트(Utrecht) 118 150-54
윈드, 제리(Wind, Jerry) 224 225
윌리스 타워(Willis Tower) 152
윌슨, 찰스 어윈(Wilson, Charles Erwin) 169
윌슨, E. O.(Wilson, E. O.) 341 342 345 359 368
유럽석탄철강공동체(European Coal and Steel Community Pact, ECSC) 240
유럽소비자연합(European Consumers' Organization, BEUC) 219
유럽원자력공동체(European Atomic Energy Community, Euratom) 240
유럽중소기업협의회(European Association of Craft, Small, and Medium-sized Enterprises, UEAPME) 219
유럽 청정 도시 운송(Clean Urban Transport for Europe, CUTE) 99
유엔(United Nations) 25 40 42 44 120 143 319
은디아예, 무스타파(Ndiaye, Moustapha) 235
EDF 86 87 92
EnBW 86 87 95
E.ON 86 87 88 89
EU 집행위원회(European Commission) 220 222
이즐리, 니컬러스(Easley, Nicholas) 5 119
이탈리아 14 65 72 75 118 122 127 207-210 217-219 240 294 295
이튼(Eaton) 92

ㅈ

장 칼뱅(Calvin, John) 336
전기 자동차(electric vehicles) 55 60 91-94 140 247 295 303 332 378
전력연구협회(Electric Power Research Institute, EPRI) 66 82
절약공유협약(Shared Savings Agreements)
정보통신기술(Information and Communication Technology, ICT) 혁명 35 81 338 363
제오르제스크 로에겐, 니콜라스(Georgescu-Roegen, Nicholas) 283 301
제퍼슨, 토머스(Jefferson, Thomas) 22 267
조세담보금융(tax increment financing, TIF) 152
조지 3세(George III, King) 20
존슨, 린든(Johnson, Lyndon) 210
주간(州間)고속도로법(Interstate Highway Act of 1956) 194
주의력결핍과잉행동장애(ADHD) 358
중소기업(Small-and Medium-Sized Enterprises, SMEs) 72 84 142 174 221 224
지구온난화(global warming) 40 41 43 49 66 69 106 144 150 211 212 229 243 255 290 296 300
지능형 기술(intelligent technology) 375 376 377 379 380 383 384
지멘스(Siemens) 79 92 118
GM 71 92 118 140 149 168 169 316
지열 에너지(geothermal energy) 65 77
집카(Zipcar) 181

ㅊ

차베스, 우고(Chavez, Hugo) 256 258 259
참여과학자연대(Union of Concerned Scientists) 139
챈들러, 앨프리드(Chandler, Alfred) 162
처칠, 윈스턴(Churchill, Winston) 210
1973년 보스턴 오일 파티(Boston Oil Party of 1973) 20
천연자원보호협회(Natural Resources Defense Council, NRDC) 66
철도산업(railroad industry) 160 164
체르노빌 원전 사고 49

체이스, 로빈(Chase, Robin) 181
체체, 디터(Zetsche, Dieter) 94 95
추, 스티븐(Chu, Steven) 224 334

ㅋ

카길(Cargill) 178
카빌, 제임스(Carville, James) 49
카소, 마크(Casso, Mark) 113
카스트로, 피델(Castro, Fidel) 256
카스트로, 훌리안(Castro, Julián) 137
카슨, 레이철(Carson, Rachel) 361
카우치 서핑(Couch Surfing) 182 183
카터, 지미(Carter, Jimmy) 259
칼린, 로브(Kalin, Rob) 174-176
캐나다(Canada) 48 49 148 181 261-265 268 269 361 365 381 382
캐머런, 데이비드(Cameron, David) 71 210 213-216
캐스케디아(Cascadia) 267
캐플런, 레이철(Kaplan, Rachel) 363
캐플런, 스티븐(Kaplan, Stephen) 363
캔터베리, 레이(Canterbery, E. Ray) 284 285
캘러핸, 데이비드(Callahan, David) 229
커즈와일, 레이(Kurzweil, Ray) 377
케네디, 로버트(Kennedy, Robert) 260
케네디, 존 F.(Kennedy, John F.) 260
KEMA 81 83 88 97 102 118
케이퍼턴, 개스턴(Caperton, Gaston) 330
켈러트, 스티븐(Kellert, Stephen) 360
켈리, 헨리(Kelly, Henry) 224
콘솔리, 안젤로(Consoli, Angelo) 6 105 106 117 217
콘에디슨(ConEdison) 80 92
콜, 헬무트(Kohl, Helmut) 103
콜러, 허버트(Kohler, Herbert) 97 99
쿠멜, 라이너(Kümmel, Reiner) 293
쿠즈네츠, 사이먼(Kuznets, Simon) 318
쿨롬 테크놀로지스(Coulomb Technologies) 92
쿱스 유럽(Coops Europe) 219
Q-셀(Q-Cells) 13 114 118
크루스, 네일리(Kroes, Neelie) 85 86 101
클라센, 우츠(Claassen, Utz) 87
클라우지우스, 루돌프(Clausius, Rudolph) 281
클린턴, 빌(Clinton, Bill) 49
클린턴, 힐러리(Clinton, Hillary) 223 224 308
키르치네르, 네스토르(Kirchner, Néstor) 254
키바(Kiva) 177 178

ㅌ

탄소 시대(Carbon Era) 25 170
탐스(TOMS) 185 186
태양광발전(photovoltaic(PV) electricity) 72 253
태양광 에너지(solar energy) 63 71 147 251 295
태평양북서경제지역(Pacific Northwest Economic Region, PNWER) 265 266 267
텀스, 클로드(Turmes, Claude) 69 105 106
테스케, 스벤(Teske, Sven) 251
테이센, 요하네스(Teyssen, Johannes) 87
테일러, 프레더릭(Taylor, Frederick) 165
토요타(Toyota) 92 316
토인비, 아널드(Toynbee, Arnold) 199
토털(Total) 95
티 파티 운동(Tea Party movement) 50 229

ㅍ

파나마 운하(Panama Canal) 238
파일, 로버트 마이클(Pyle, Robert Michael) 358
파커, 브래드(Parker, Brad) 333
파판드레우, 게오르기오스(Papandreou, George) 216
판게아(Pangaea) 235 236 238 239

패러다임 전환(paradigm shift) 356
패트릭, 데발(Patrick, Deval) 269
페어호이겐, 귄터(Verheugen, Günter) 100 114 115
페이지, 래리(Page, Larry) 230
페인, 토머스(Paine, Thomas) 22
페일린, 세라(Palin, Sarah) 47 48
페트리니, 카를로(Petrini, Carlo) 126
포드, 헨리(Ford, Henry) 57
포토치닉, 야네즈(Potocˇnik, Janez) 100
푀테링, 한스게르트(Pöttering, Hans-Gert) 106
풍력(wind power) 55 62 63 64 67-69 71 77 117 128 134 143 147-149 170 225 237 249-252 257 266 268 269 298 311
프랭클린, 벤저민(Franklin, Benjamin) 22
프로디, 로마노(Prodi, Romano) 14 75 76 77 106 222
프로디, 비토리오(Prodi, Vittorio) 77 106
프로부스트, 루디(Provoost, Rudy) 88
프리토레이(Frito-Lay) 70
플러그인 전기 자동차(plug-in cars) 295 303 332
플로렌츠, 카를하인츠(Florenz, Karl-Heinz) 106
피니, 잔프랑코(Fini, Gianfranco) 218
피에발그스, 안드리스(Piebalgs, Andris) 100
피터슨, 랠프(Peterson, Ralph) 114
필립스(Philips Lighting) 88

ㅎ

하드버거, 필(Hardberger, Phil) 116 138
하르티그, 테리(Hartig, Terry A.) 364
하타르, 마리(Hattar, Marie) 80
한센, 제임스(Hansen, James) 45 46
해니건, 브라이언(Hannegan, Bryan) 66
해리스, 마이크(Harris, Mike) 264
허리케인(hurricanes) 43
허버트 종형 곡선(Hubbert bell curve) 27
허버트, 매리언 킹(Hubbert, M. King) 27
헨더슨, 조지프(Henderson, Joseph) 273
호응정치센터(Center for Responsive Politics) 192
호치민(Ho Chi Minh) 22
회전문(revolving door) 196 228
후쿠시마 원전 사고 49
휘트먼, 크리스틴 토드(Whitman, Christine Todd) 139
휸, 크리스(Huhne, Chris) 214 215

3차 산업혁명

수평적 권력은 에너지, 경제, 그리고 세계를 어떻게 바꾸는가

1판 1쇄 펴냄 2012년 5월 1일
1판 3쇄 펴냄 2012년 6월 5일

지은이 제러미 리프킨
옮긴이 안진환
발행인 박근섭·박상준
편집인 장은수
펴낸곳 (주)민음사

출판등록 1966. 5. 19. 제16-490호
주소 (135-887) 서울시 강남구 신사동 506번지
강남출판문화센터 5층
대표전화 515-2000 | 팩시밀리 515-2007
홈페이지 www.minumsa.com

ISBN 978-89-374-8466-7 03320